“十二五”普通高等教育本科国家级规划教材

分析化学简明教程

（第三版）

主　编　胡育筑

副主编　范国荣　高金波

科学出版社

北　京

内 容 简 介

本书为"'十二五'普通高等教育本科国家级规划教材"，是分析化学立体化系列教材之一。

本书内容包括误差和分析数据处理、化学分析和仪器分析、附录。其中化学分析和仪器分析部分的内容包括重量分析法、滴定分析法概论、酸碱滴定法、络合滴定法、沉淀滴定法、氧化还原滴定法、电位法及永停滴定法、光谱分析法概论、紫外-可见分光光度法、红外分光光度法、荧光分析法、原子吸收分光光度法、核磁共振波谱法、质谱法、色谱分析法概论等。

与本书配套的有《分析化学》(第三版)、《仪器分析选论》、《分析化学习题集》(第二版)、《分析化学实验》及《分析化学多媒体教学软件》。

本书可作为高等学校药学、药物制剂学、制药工程、生物化工、生物技术、中药学等专业的教学用书，也可作为化学、化工、医学、环境等相关专业分析化学课程的教学参考书，并可供从事分析化学工作的科技人员参考。

图书在版编目(CIP)数据

分析化学简明教程/胡育筑主编. —3 版. —北京：科学出版社，2012
普通高等教育"十一五"国家级规划教材
ISBN 978-7-03-034890-6

Ⅰ.①分… Ⅱ.①胡… Ⅲ.①分析化学-高等学校-教材 Ⅳ.①O65

中国版本图书馆 CIP 数据核字(2012)第 130570 号

责任编辑：赵晓霞 / 责任校对：钟　洋
责任印制：赵　博 / 封面设计：迷底书装

科学出版社 出版
北京东黄城根北街 16 号
邮政编码：100717
http://www.sciencep.com
北京凌奇印刷有限责任公司印刷
科学出版社发行　各地新华书店经销
*
2004 年 9 月第　一　版　　开本：787×1092　1/16
2008 年 9 月第　二　版　　印张：20
2012 年 6 月第　三　版　　字数：507 000
2024 年 12 月第二十次印刷
定价：59.00 元
(如有印装质量问题，我社负责调换)

《分析化学简明教程》(第三版)

编写委员会

主　编　胡育筑

副主编　范国荣　高金波

编　委(以姓氏汉语拼音为序)

陈志琼(重庆医科大学)
丁立新(佳木斯大学)
杜迎翔(中国药科大学)
范国荣(第二军医大学)
冯志君(皖南医学院)
高金波(佳木斯大学)
郝小燕(贵阳医学院)
何　华(中国药科大学)
胡育筑(中国药科大学)
黄庆华(广东药学院)
蒋　晔(河北医科大学)
李星全(哈尔滨医科大学)
彭　茵(大连医科大学)
魏芳弟(南京医科大学)
闻　俊(第二军医大学)
姚卫峰(南京中医药大学)
钟　晨(广东药学院)

第三版前言

《分析化学简明教程》(第三版)是在《分析化学简明教程》(第二版)的基础上，由中国药科大学、广东药学院、第二军医大学、佳木斯大学、河北医科大学、贵阳医学院、哈尔滨医科大学、南京医科大学、南京中医药大学、大连医科大学、重庆医科大学及皖南医学院十二所院校分析化学学科的教师，结合各校教学实践，取众校之长、补原教材之短，适当调整内容修订而成。

本书仍定位于主要供本科或大专药学及相关专业学时相对较少的分析化学课程的教学使用，授课学时为50～80学时。本书努力体现少而精，药学特色鲜明和有利于教学的特点；在基本概念、主要内容、计量单位等方面力求严谨规范，内容充实、紧跟学科发展，文字精练，难易适度，使用方便；致力于使学生掌握药学各专业及相关专业必需的分析化学基本理论、基本知识和基本技能，熟悉联系药学实际、反映药学学科前沿发展的新知识。

与第二版教材相比，本书压缩了部分实用性不强的内容，增加了有关分析方法验证、分析仪器新技术、医药环境分析及临床医药品分析的内容；强调将分析化学基础和医药实践相结合，应用示例大多来自《中华人民共和国药典》2010版，符合药典对药物质量控制及药品检验方法验证的有关规定。本书是分析化学立体化系列教材之一。该立体化系列教材还包括《分析化学》(第三版)、《分析化学习题集》(第二版)、《分析化学实验》、《仪器分析选论》及《分析化学多媒体教学软件》等，可根据需要选用作为辅助教材或参考资料。

第一版、第二版教材主审孙毓庆教授自始至终热情指导和支持本书编委会的工作。第二版部分编委为本书的编写给予了很多帮助。在本书编写过程中得到各院校及科学出版社诸多同志的大力支持，在此一并致谢。

由于编者水平有限，书中的疏漏和不妥之处在所难免，恳请读者批评指正。

编　者

2012年3月

第二版前言

本书第一版自2004年出版以来，受到各兄弟院校分析化学任课教师和学生的欢迎和支持，在教学中发挥了积极作用。2007年，本书被教育部列入“普通高等教育‘十一五’国家级规划教材”。经过8所高校药学专业9名教师的通力合作，我们终于完成了本书的编写工作。

参加编写的所有编委都是长期工作在药学专业分析化学教学和科研第一线的教师，多数编委曾经在教学中直接使用过本书第一版教材。在编写过程中，编者充分研究了第一版在使用过程中的经验和不足，对本书进行了修改、润色和补充。

作为简明教程，并不仅仅是字数少，而更要体现少而精、特色鲜明和有利于教学的原则。为此，我们充分考虑了我国药学专业对分析化学课程的要求，借鉴现有各种教材的特色和优点，删除相对陈旧的内容，适当添加反映医药发展动向的新技术，特别是补充了对《中国药典》(2005年版)收载方法的介绍，以体现分析化学在药学中应用的特点。由多所院校合编的教材，虽然能够博采众长，但往往在内容、形式、风格上难以统一，为此，我们在后期的统稿审定工作中投入了较多力量，力求风格均衡协调，内容前后呼应，术语严谨规范。为方便教学，各章附有习题(含答案)，附录包括了方便学生学习使用的分析化学常用数据表。由全体编委参加编写的配套多媒体教学光盘也将出版发行。

普通高等教育“十一五”国家级教材中供药学专业使用的分析化学立体化系列教材还有《分析化学》(第二版)、《分析化学习题集》(第二版)、《分析化学实验》、《仪器分析选论》等。使用本书时可根据实际需要选用和参考这些相关教材，以适合不同层次的教学需要。

本书第一版的部分编委未直接参加这次编写工作，但他们为本书的出版创造了良好的工作基础，特别是孙毓庆教授为本书担任主审，李章万、赵怀清教授多次提供了宝贵的修改建议；我们还得到了中国药科大学、沈阳药科大学及科学出版社的大力支持，在此一并致谢。

限于编者的水平与经验，书中难免存在错误与不当之处，恳请读者批评指正。

编　者

2008年7月

第一版前言

《分析化学简明教程》是在《普通高等教育“十五”国家级规划教材》分析化学系列教材中《分析化学》(孙毓庆，2003，科学出版社)的基础上，根据目前药学及相关专业教学改革中削减化学类基础课程的趋势，需要适用于学时数少到中等的分析化学理论课程的教材，而组织编写的。

本书编写指导思想继续强调“三基”(基本内容，基本理论与基本技能)和“五性”(思想性，科学性，先进性，启发性与适用性)，内容选择和章节编排努力结合学科特点，注重向生命科学倾斜。编写过程中，大力吸收目前国内外先进教材的优点，在基本概念、主要内容、计量单位等方面力求严谨规范，争取做到内容充实、紧跟学科发展，叙述简明扼要、文字精练、深浅适度、使用方便，充分体现少而精、特色鲜明和利于教学的原则。

遵循上述原则，我们将原《分析化学》教材的内容精简近二分之一，还对原书的内容和叙述作了较多的改进，力求符合教学规律。考虑到生命科学的学科发展及不同院校的教学需求，本书比原《分析化学》教材增加了毛细管电泳法及原子吸收分光光度法两章。

本书可作为普通高等学校药学、药物制剂学、制药工程、生物化工、生物技术、中药学等专业的教学用书，也可作为化学、化工、医学、环境等相关专业分析化学课程的教学参考书，并可作为从事分析工作的科技人员的参考用书。

《普通高等教育“十五”国家级规划教材》分析化学系列教材由《分析化学》、《仪器分析选论》、《分析化学简明教程》、《分析化学习题集》、《分析化学实验》及《分析化学多媒体教学软件》组成。使用本教材的任课教师可根据教学实际需要选用系列教材的相关内容。

本书由胡育筑主编，孙毓庆主审。参加本书编写工作的有：胡育筑(中国药科大学，第1、3、6、13、16、19章)，孙毓庆(沈阳药科大学，第2、11、20章)，杜迎翔(中国药科大学，第4、12章)，袁波(沈阳药科大学，第5章)，赵怀清(沈阳药科大学，第7、17章)，范国荣(第二军医大学，第8、9、10章)，李章万(四川大学，第14、15、18章)，最后由胡育筑统稿。

《分析化学》教材主编孙毓庆教授自始至终热情指导本书各位作者的工作，协助主编完成组织和统稿工作，在全书的编写中发挥了核心作用。第二军医大学吴玉田教授、北京大学郑斯成教授作为系列教材的主要参加者为本书的编写提供了热情宝贵的帮助和支持。编写中我们还得到中国药科大学、沈阳药科大学及科学出版社的大力支持，一并致谢。

书中的错误与不当之处，恳请读者批评指正。

编　者

2004年7月

目　录

第1章　绪　论

1.1　分析化学的任务和作用

分析化学(analytical chemistry)是研究物质组成和结构信息的科学。作为化学学科的重要分支,分析化学的任务主要是鉴定物质的化学组成,测定物质有关组分的含量及化学结构。通俗地说,分析化学是测量物质的组成和结构的学科,它回答样品里“有什么”(定性分析)和“有多少”(定量分析)的问题。

分析化学提供有关物质组成和结构的信息,促进了生命科学、材料科学、环境科学和能源科学的发展,在国民经济发展、资源开发利用、医药卫生、国防建设等诸多领域中发挥了重要作用,被称为国民经济和科学技术的眼睛。

药品作为一种特殊商品,其质量直接影响用药的有效和安全,关系到国民的生命安全和健康水平。因而各国政府对药品的研究开发、生产、储存、运输和使用,都有严格的法律法规和管理体制,通过颁布国家药品标准等方式对药物质量进行全面监督管理。而药品标准所用的方法就是以药物为分析对象的分析技术,分析化学为药物的分析检测提供了理论、方法和手段。

分析化学是药学各专业重要的专业基础课。分析化学课程的学习要求学生不仅能系统地掌握分析化学的基础理论、基本概念、实验仪器和实验技能,了解分析化学学科在生命科学前沿的发展热点,而且能够较全面地提高学习能力和综合素质,为后续专业课的学习打下良好的基础。

1.2　分析化学方法的分类

分析化学方法按分析任务分类,可分为定性分析(qualitative analysis)、定量分析(quantitative analysis)和结构分析(structural analysis);按分析对象分类,可分为无机分析和有机分析;按照方法原理分类,可分为化学分析和仪器分析;按照试样用量分类,可分为常量分析、半微量分析、微量分析、超微量分析等。

1.2.1　定性分析、定量分析与结构分析

定性分析的任务是鉴定试样的元素、离子、基团以及化合物的组成;定量分析的任务是测定物质中有关组分的含量;结构分析的任务是研究物质分子或晶体的结构。在试样成分已知时,可以直接进行定量分析。否则,需先进行定性分析,而后进行定量分析。对于新发现的化合物,需首先进行结构分析,以确定分子结构。对于复杂体系样品经常需要先分离,而后进行定性分析及定量分析。

1.2.2　无机分析与有机分析

无机分析的对象是无机物。在无机分析中要求鉴定试样的化学组成及组分的含量,分属于无机定性分析和无机定量分析。有机分析的对象是有机物,包括测定元素组成、官能团分析及结构分析。

1.2.3 化学分析与仪器分析

以物质的化学反应为基础的分析方法称为化学分析法。根据化学反应的现象和特征，鉴定物质的化学组成的方法称为化学定性分析法；根据化学反应中试样和试剂的用量，测定物质组成中组分含量的方法称为化学定量分析法。化学分析法仪器简单，结果准确，应用范围广泛，又称为经典分析法。

以物质的物理或物理化学性质为基础的分析方法称为仪器分析法。仪器分析法大多具有快速、灵敏度高、专属性强的特点，根据其原理又可分为电化学分析、光谱分析、质谱分析、色谱分析等。

1.2.4 常量、半微量、微量与超微量分析

根据分析过程中试样的取样量，即固体样品的试样质量或液体样品的试液体积，可将分析方法分为常量分析、半微量分析、微量分析和超微量分析(表 1-1)。

表 1-1 分析方法的取样量

方法	试样质量/mg	试液体积/mL
常量分析	>100	>10
半微量分析	10～100	1～10
微量分析	1～10	0.01～1
超微量分析	<1	<0.01

在化学分析中，一般采用常量或半微量分析方法。进行微量分析及超微量分析时，大多需要采用仪器分析方法。

根据试样中被测组分的含量，又可将分析方法粗略分为常量组分分析(>1%)、微量组分分析(0.01%～1%)和痕量组分分析(<0.01%)。应注意被测组分的含量和取样量属于不同的概念，不能混淆。因而，微量组分分析不一定是微量分析，常量组分分析可采用常量分析方法，也可能使用半微量或微量分析方法。

对痕量组分含量的表示有时还常用非法定计量单位 ppm、ppb、ppt，ppm 表示质量比或体积比为 10^{-6}(parts per million)，ppb 表示质量比或体积比为 10^{-9}(parts per billion)，ppt 表示质量比或体积比为 10^{-12}(parts per trillion)。

1.3 分析化学的起源、发展和展望

1.3.1 分析化学的起源和发展

分析化学有悠久的历史，其起源和萌芽可以追溯到古代炼金术。古代农业、医药业和金属冶炼等技术的发展都离不开对物质组成的了解，由此推动了各种定性和定量检测技术的发展，但没有形成系统的理论。直到 19 世纪末，质量守恒定律、元素周期律和溶液平衡理论的建立与发展奠定了分析化学的理论基础，分析化学由检测技术发展成为一门独立的学科。

20 世纪以来，分析化学经历了三次巨大的变革。第一次变革在 20 世纪初，溶液四大平衡(酸碱平衡、氧化还原平衡、络合平衡及沉淀平衡)理论的发展，使化学分析的理论趋于成熟和完善；第二次变革在第二次世界大战前后至 20 世纪 60 年代，物理学、电子学、半导体及原子能

技术的发展促进了仪器分析的发展；第三次变革是20世纪70年代末至今，分析化学学科以现代分析仪器和计算机技术的结合为手段，以提高分析方法的灵敏度、准确度和选择性，实现自动化和智能化为目标，以化学计量学、过程分析、形态分析、无损分析、在线分析以及联用技术的发展为标志，在理论、方法、技术、仪器方面都有了前所未有的进展，发展到了具有综合性和交叉性特征的分析科学阶段。

1.3.2 现代分析化学的发展趋势

21世纪是科学技术日新月异、迅猛发展的新世纪。生命科学、材料科学、环境科学的迅速发展，对分析化学提出了更高的要求，也为其发展提供了机遇。随着科学技术的发展，当代分析化学的研究和应用范围越来越广泛，除了传统的化学、生物学、医药学、材料科学和环境科学等领域外，还涉及化学信息学、生物信息学、纳米分析化学和芯片分析化学等新兴分支学科，在基因组学、蛋白质组学和代谢组学中的分析、生物单分子及单细胞分析、各类探针和传感技术研究、与重大疾病相关的生物分析等方面都有较大的发展。

当前分析化学的发展方向是高灵敏度、高选择性、高自动化、数字化和智能化；运用先进的科学技术发展新的分析原理，研究建立原位(in situ)、体内(in vivo)、实时(real time)、在线(on line)的新型动态分析以及无损探测和多元监测的理论、技术、方法及仪器已成为当代分析化学发展的主流和热点。

21世纪的分析化学将进一步突破纯化学领域，作为多学科性的交叉学科，与生物学、数学、物理学、计算机学等学科紧密结合，为科技发展、人类进步作出更大的贡献。

（中国药科大学 胡育筑）

第2章 误差和分析数据处理

由于受方法、仪器、试剂和分析者等因素的影响，任何定量分析的结果都不可能与真实值完全一致，不可避免地会产生误差。此外，一个分析全过程要经过多个步骤才能完成，每步测量的误差都会影响分析结果的准确性。因此，我们进行定量分析时，必须掌握误差的来源、性质以及减免方法，实验数据的有效数字及相关运算的规则，应用统计学处理数据的方法以及相关的分析质量控制的基本知识。

2.1 测量误差

了解测量误差的特点和类型，有利于分析误差，找出产生误差的原因并设法消除，正确评价分析测试结果。测量数据中存在的误差主要有两种表示方法：绝对误差与相对误差。根据误差的来源和特点，把误差分为系统误差和偶然误差。

2.1.1 绝对误差与相对误差

测量值与真值（真实值）之差称为绝对误差（absolute error）。若以 x 代表测量值，以 μ 代表真值，则绝对误差 δ 为

$$\delta = x - \mu \tag{2-1}$$

绝对误差以测量值的单位为单位，若为正值，即测量值大于真值，称为正误差，若为负值，即测量值大于真值，称为负误差。

绝对误差与真值之比称为相对误差（relative error）。相对误差反映测量误差在测量结果中所占的比例，用$\frac{\delta}{\mu}$表示，通常以%或‰表示，则单次测量值 x 的相对误差表示为

$$\frac{\delta}{\mu}(\%) = \frac{x-\mu}{\mu} \times 100\% \tag{2-2}$$

如果不知道真值，可以用多次测量值的平均值 $\bar{x}$ 代替式(2-2)中的 μ 进行计算。

2.1.2 系统误差和偶然误差

按误差的来源和特点，可把误差分为系统误差和偶然误差两类。

系统误差（systematic error）也称可定误差（determinate error），是由某种确定的原因引起的，一般以固定的方向（正或负）和大小重复产生。根据系统误差的来源，又分为方法误差、仪器或试剂误差及操作误差三种。

偶然误差（random error）又称随机误差（accidental error）或不可定误差（indeterminate error），是由实验过程中不确定因素的随机变动引起的单次测量值对平均值的偏移。

偶然误差反映了测量值的变异性。单次测量产生的偶然误差大小和正负不固定；而多次测量产生的误差分布符合正态分布，表现为大误差出现的概率小，小误差出现的概率大。

系统误差与偶然误差有时不能决然区分。例如，观察滴定终点颜色的改变，有人总是偏

深，产生属于操作误差的系统误差。但在多次测定观察滴定终点时，又不可能完全一致，因而产生偶然误差。

2.1.3　准确度和精密度

准确度和精密度是评价分析质量最重要的指标。

1. 准确度与误差

准确度(accuracy)表示分析结果与真值接近的程度。误差越大，准确度越低；反之，准确度越高。准确度的大小用绝对误差或相对误差表示；进行多次平行测量时，以其结果的算术平均值与真值间的误差判断准确度。

【例 2-1】 若测得纯 NaCl 中 Cl 的质量分数为 60.52%，而其真实含量(理论值)为 60.66%。计算测定结果的绝对误差和相对误差。

解　　绝对误差 = 60.52% − 60.66% = −0.14%

$$相对误差=\frac{60.52\%-60.66\%}{60.66\%}\times 1000‰=-2.3‰$$

应注意，定量分析的结果用相对误差衡量比绝对误差显得更为合适。例如，用分析天平称量两个样品，一个是 0.0021 g，另一个是 0.5432 g，二者的绝对误差都是 0.0001 g，但相对误差前一个是(1/21)×100%；另一个是(1/5432)×100%，前者比后者大得多。因此，对于高含量组分测量的相对误差可以要求严些，如常量化学定量分析，相对误差一般允许为 3‰；而对于低含量组分测定的相对误差则允许大些，如微量分析相对误差可放宽为 1%甚至更大。

评价一个分析方法的准确度，可将测定结果与另一个已知准确度的方法平行测定的结果进行比较；也可应用回收率实验进行验证。原料药用已知纯度的对照品进行测定，制剂用含已知量被测物的模拟样品进行测定。回收率(%)为回收量(测得量)和加入量的比值(%)。对基质复杂或无法获得全部组分纯品的样品，可向样品中加入已知量被测物测定计算加样回收率。

2. 精密度与偏差

在一定测试条件下，对同一均匀样品，平行测量的各测量值之间互相接近的程度称为精密度(precision)。各测量值间越接近，精密度就越高；反之，精密度越低。精密度可用平均偏差、相对平均偏差、标准偏差与相对标准偏差表示。

平均偏差　若令 $\bar{x}$ 代表一组平行测定的平均值，则定义单个测量值 x_i 的偏差 d 为

$$d=x_i-\bar{x} \tag{2-3}$$

d 值有正有负。各单个偏差绝对值的平均值称为平均偏差(average deviation)：

$$\bar{d}=\frac{\sum_{i=1}^{n}|x_i-\bar{x}|}{n} \tag{2-4}$$

式中，n 表示测量次数。注意平均偏差总是正值。

相对平均偏差　相对平均偏差(relative average deviation，RAD)定义为

$$\text{RAD}=\frac{\bar{d}}{\bar{x}}\times 100\%=\frac{\sum_{i=1}^{n}(|x_i-\bar{x}|)/n}{\bar{x}}\times 100\% \tag{2-5}$$

相对平均偏差是平均偏差的相对值，使用更为客观方便，有时也用千分率(‰)表示。

标准偏差 标准偏差(standard deviation，S)又称标准差，定义如式(2-6)所示。

$$S=\sqrt{\frac{\sum_{i=1}^{n}(x_i-\bar{x})^2}{n-1}} \quad 或 \quad S=\sqrt{\frac{\sum_{i=1}^{n}x_i^2-\frac{1}{n}\left(\sum_{i=1}^{n}x_i\right)^2}{n-1}} \tag{2-6}$$

标准偏差使用偏差平方和取代平均偏差中的偏差绝对值的加和，用自由度($n-1$)取代实验次数(n)，可突出较大偏差对计算结果的影响。

相对标准偏差 相对标准偏差(relative standard deviation，RSD)类似于相对平均偏差，定义为

$$\text{RSD}=\frac{S}{\bar{x}}\times 100\% \tag{2-7}$$

相对标准偏差也称为变异系数(coefficient of variation，CV)。对要求较高的分析测试数据，应该用 RSD 表示分析结果的精密度。

【例 2-2】 五次标定某溶液的浓度，结果为 0.2043 mol/L、0.2041 mol/L、0.2049 mol/L、0.2039 mol/L 和 0.2043 mol/L。计算测定结果的平均值、平均偏差、相对平均偏差、标准偏差及相对标准偏差。

解 平均值 $\bar{x}=(0.2043+0.2041+0.2049+0.2039+0.2043)/5=0.2043(\text{mol/L})$

平均偏差 $\bar{d}=(0.0000+0.0002+0.0006+0.0004+0.0000)/5=0.0002(\text{mol/L})$

相对平均偏差 $\text{RAD}=\bar{d}/\bar{x}=(0.0002/0.2043)\times 1000‰=0.9‰$

标准偏差 $S=\sqrt{\frac{(0.0000)^2+(0.0002)^2+(0.0006)^2+(0.0004)^2+(0.0000)^2}{5-1}}$

$=0.0004(\text{mol/L})$

相对标准偏差 $\text{RSD}=(0.0004/0.2043)\times 100\%=0.2\%$

3. 准确度与精密度的关系

测量值的准确度表示测量结果的正确性，精密度表示测量结果的重复性或再现性。现举例说明定量分析中的准确度与精密度的关系。有 4 人对某同一样品进行测定，每人都测定 6 次。样品的真实含量为 10.00%，其测定结果如图 2-1 所示。

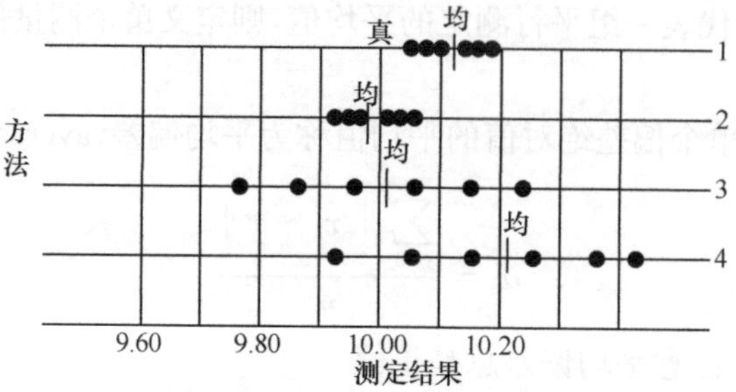

图 2-1 定量分析中的准确度和精密度

由图 2-1 可以看出，第一人测量结果的精密度好，准确度不好；第二人的精密度、准确度都好；第三人的精密度不好，准确度好；第四人的精密度、准确度都不好。由此可以得出结论：一组测量值的精密度高，其平均值的准确度未必也高。这是因为准确度是在一定精密度下多次测量的平均值与真值相符的程度，每个测量值都可能包含一定系统误差，影响测量值的准确度；而精密度又是保证准确度的前提条件，没有好的精密度就不可能有好的准确度。精密度与准确度都好的测量值才符合定量分析的要求。

2.1.4 误差的传递

定量分析的结果通常由多步测量并通过计算获得。每一步测量都可能有误差，并传递到后面的步骤。总的误差是各步误差的合成，涉及误差传递(propagation of error)的问题。

考察各步误差对结果的影响，最方便的方法是极值误差法。例如，一般分析天平的称量误差为 0.0001 g，用减量法称量两次的最大误差是±0.0002 g。为了使称量的相对误差小于 0.1%，取样量就必须大于 0.2 g。此法也同样可用于对滴定管滴定数据的计算。一般滴定管的读数误差是±0.01 mL，一次滴定需两次读数，可能产生的最大误差是±0.02 mL。为了使滴定的相对误差小于 0.1%，应消耗的滴定剂体积就必须大于 20 mL。如此计算出结果的误差应该是最大的，所以称为极值误差法。

2.2 有效数字及运算规则

2.2.1 有效数字

有效数字(significant figure)是指在科学记数中记录的有意义的数字，也就是实际能测量到的数字。

保留有效数字位数的原则是：在记录测量数据时，只允许保留一位可疑数，即允许数据的末位数欠准，其误差是末位数的±1 个单位。记录测量数据的位数，必须与所使用的方法及仪器的准确程度相适应。

例如，用 50 mL 量筒量取 25 mL 溶液，由于只能准确到 1 mL，因此只能记为两位有效数字 25 mL，即末位的 5 有可能存在±1 mL 的误差。用 25 mL 移液管量取 25 mL 溶液，则应记成 4 位有效数字为 25.00 mL，因为移液管可准确到±0.01 mL。

从 0 至 9 这十个数字中，只有 0 既可是有效数字，也可是做定位用的无效数字。例如，0.06050 中 6 后面的两个 0 都是有效数字；而 6 前面的两个 0 则是用于定位的数字。末位 0 说明该质量可准确至十万分之一克，因此为四位有效数字。

应该注意，当单位改变时，有效数字的位数保持不变。为此最好用 10 的幂次表示记录的实验数据，称为科学计数法。例如，0.1427 g 按科学计数法表示为 1.427×10^{-1} g，单位为 mg 时为 1.427×10^{2} mg，仍然为四位有效数字。

首位数为 8 或 9 的数字可多计一位有效数字，这是由于首位数大的数字同样的绝对误差其相对误差小。例如，86 g 可认为是 3 位有效数字；pH 及 p*K* 等对数或反对数值的有效数字由小数部分决定，如 pH 8.02 为两位有效数字。

2.2.2 数字修约规则

从前述偶然误差传递原理可知，通过运算得到的结果的有效数字位数取决于各测量值，特别是误差大的测量值的影响。因此，对有效数字位数多的数字，应将多余的数字舍弃。这称为有效数字的修约。

目前修约规则多建议采用四舍六入五留双的规则，即当多余尾数≤4 时舍去，≥6 时进位。若多余尾数为 5，5 后数字不为零，则进位；5 后数字为零，则取决于 5 前数字的奇偶：奇数则进，偶数则弃，称为“奇进偶舍”。

【例 2-3】 将测量值 4.135、4.125、4.105、4.1251、4.1250 及 4.1349 修约为三位数。

解　4.135 修约为 4.14；4.125 为 4.12；4.105 为 4.10(0 视为偶数)；4.1251 为 4.13；4.1250 为 4.12；4.1349 为 4.13。

在使用该规则时，应注意只允许对原测量值一次修约至所需位数，不能分次修约；为防止误差累积，对参加运算的所有数据可先多保留一位有效数字，运算后再将结果修约成和测量准确度相符合的位数；此外，对准确度和精密度计算结果的修约一般最多取两位有效数字，而且修约的结果应使其变得更差些。例如，某计算结果的标准偏差为 0.213，取两位有效数字，宜修约成 0.22；取一位为 0.3。

2.2.3　运算规则

根据误差传递规律，按照有效数字的运算法则合理取舍，才能正确表达分析结果。加减和乘除运算的误差传递方式不同，其运算规则分述如下。

加减法运算所得结果的误差是各个数值绝对误差的传递结果。所以计算结果的绝对误差必须与各数据中绝对误差最大的数据相当，即几个数据相加或相减的和或差的有效数字的保留，应以小数点后位数最少，即绝对误差最大的数据为依据。例如

$$\begin{array}{r} 5.345 \\ +6.728 \\ \hline 12.073 \end{array} \qquad \begin{array}{r} 7.26\times10^{14} \\ -6.69\times10^{14} \\ \hline 0.57\times10^{14} \end{array}$$

左式结果有效数字从 4 位增加到 5 位，右式从 3 位减少到 2 位。

此外，加减法运算结果由于有效数字位数的变化，可能会产生无效数字。例如

$$\begin{array}{r} 18.9984032 \\ 18.9984032 \\ +83.80 \\ \hline 121.7968064 \end{array}$$

结果应保留小数点后两位，即 121.80，为 5 位有效数字，而 68064 均为无效数字；注意这里舍去数字首位数为 6，所以根据有效数字取舍原则应该进位；若结果所得和为 121.7948064，则结果为 121.79。

为了便于计算，可先按绝对误差最大数据的有效数字修约其他各数据，而后计算。如上式，先把第 1 个数据修约成 19.00 后再相加，结果相同。

乘除法运算的积或商的误差是各个数据相对误差的传递结果，即几个数据相乘或相除时积或商的有效数字该保留的位数，应以参加运算的数据中相对误差最大的那个数据为依据。例如，0.12×1.6782，可先修约成 0.12×1.7 而后计算，结果是 0.20。

2.3　有限量实验数据的统计处理

如前所述，实验误差中的系统误差是可定和设法予以校正的。在消除或校正了系统误差后，测量值仅存在偶然误差的前提下就可以进行统计分析。根据统计学理论，测量值的偶然误差总体分布服从正态分布，但实际分析测试中，测量次数是有限量的，实验数据的偶然误差服从 t 分布。

2.3.1　t 分布和平均值的置信区间

t 分布曲线（图 2-2）中的 f 称为自由度。若实验次数为 n，这里 $f=n-1$。由图 2-2 可知，当自由度较小时，数据的集中程度较小，分散程度较大，分布曲线的形状将变矮、较宽；反之则变胖、较窄。t 分布曲线下一定范围内的面积，就是该范围内测量值出现的概率。当 t 一定时，由于 f 的不同，相应曲线所包含的面积不同，概率也就不同。

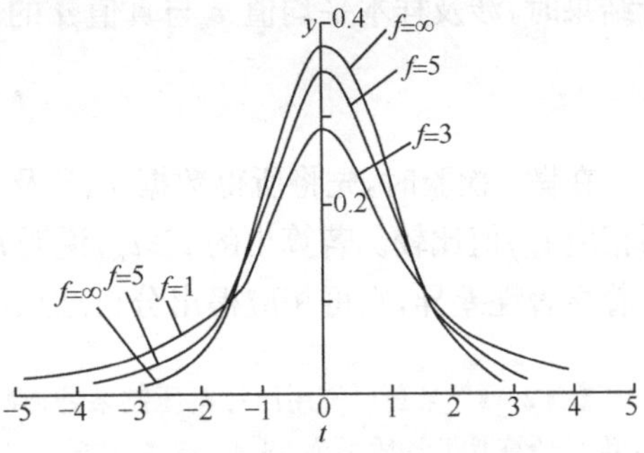

图 2-2　t 分布曲线

表 2-1 列出了一定自由度和概率下 t 分布的临界值。由于 t 与 α、f 有关，用 $t_{\alpha,f}$ 表示，这里 α 称为显著性水平(level of significance)，定义为表示在某一 t 值时，测量值 x 与真值 μ 有显著差别的概率；而 $\alpha=1-P$，P 称为置信水平(confidence level)或置信度。

应用表 2-1 中的 $t_{\alpha,f}$ 临界值，就可根据多次测量的样本平均值 $\bar{x}$，估计真值 μ 的置信区间，上限为 $\mu=\bar{x}+tS/\sqrt{n}$；下限为 $\mu=\bar{x}-tS/\sqrt{n}$，即

$$\mu=\bar{x}\pm tS/\sqrt{n} \tag{2-8}$$

表 2-1　t 分布临界值表

双侧 检验 α	0.10	0.05	0.01	双侧 检验 α	0.10	0.05	0.01
单侧	0.05	0.025	0.005	单侧	0.05	0.025	0.005
$f=1$	6.314	12.706	63.657	$f=12$	1.782	2.179	3.055
2	2.920	4.303	9.925	13	1.771	2.160	3.012
3	2.353	3.182	5.841	14	1.761	2.145	2.977
4	2.132	2.776	4.604	15	1.753	2.131	2.947
5	2.015	2.571	4.032	20	1.725	2.086	2.845
6	1.943	2.447	3.707	25	1.708	2.060	2.787
7	1.895	2.365	3.499	30	1.697	2.042	2.750
8	1.860	2.306	3.355	40	1.684	2.021	2.704
9	1.833	2.262	3.250	60	1.671	2.000	2.660
10	1.812	2.228	3.169	∞	1.645	1.960	2.576
11	1.796	2.201	3.106		(u)	(u)	(u)

2.3.2　显著性差别检验

在定量分析中，常需要对测量结果的平均值与精密度等是否存在着显著性差别做出判断，称为显著性差别检验，最常用的是 t 检验与 F 检验。

1. t 检验

t 分布除了用于计算置信区间外，还经常用于样本平均值与标准值间的比较或两组有限量测量数据样本平均值的比较，称为 t 检验，用于考察准确度是否存在着统计学上显著性的差别。

(1) 样本平均值与标准值的比较。用基准物质、对照品或用理论真值评价分析方法或分析结果时，涉及样本平均值 $\bar{x}$ 与真值 μ 的比较问题，即已知真值的 t 检验。

$$t=\frac{|\bar{x}-\mu|}{S}\sqrt{n} \tag{2-9}$$

在做 t 检验时，先将所得数据 $\bar{x}$、S 及 n 代入式(2-9)，求出统计量 t，而后与由表 2-1 查得的相应 $t_{\alpha,f}$ 值比较。若算出的 $t \geqslant t_{\alpha,f}$ 说明 t 与 μ 间存在着显著性差异；若 $t<t_{\alpha,f}$ 说明两者不存在着显著性差异，则可相应得出分析结果或方法正确的结论。

【例 2-4】 某药厂使用压片机压制某种标准质量为 100 mg 的药片，为检查机器是否工作正常，抽取 25 片称量计算其平均质量为 98.4 mg，标准差为 4.5 mg，则机器是否正常工作？

解　总体均数 $\mu_0=100$ mg，则

$$t=\frac{|98.4-100|}{\frac{4.5}{\sqrt{25}}}=1.778$$

查表　$t_{0.05,24}=2.064>1.778$

结论：95%置信水平以上样本均数 98.4 和总体均数 100 不存在显著差异，即可认为机器正常工作，统计意义上不存在显著性差异。

(2) 两个样本平均值的比较。主要用于检验两个分析人员、两种分析方法或两个实验室对同一样品的分析结果是否存在显著性差异；或者用于检验两个样本平行分析所得结果是否存在显著性差异。

以两组数据均值差 $|\bar{x}_1-\bar{x}_2|$ 取代式(2-9) 中的 $|x-\mu|$，按式(2-10)计算统计量 t。

$$t=\frac{|\bar{x}_1-\bar{x}_2|}{S_R}\sqrt{\frac{n_1\times n_2}{n_1+n_2}} \tag{2-10}$$

式(2-10)中的 S_R 称为合并标准偏差(pooled standard deviation)；n_1、n_2 分别为两组数据的测量次数。若已知 S_1 和 S_2 没有显著性差异(见 F 检验)，S_R 可按式(2-11)计算。

$$S_R=\sqrt{\frac{(n_1-1)S_1^2+(n_2-1)S_2^2}{n_1+n_2-2}} \tag{2-11}$$

将 S_R、$\bar{x}_1$、$\bar{x}_2$ 及 n_1、n_2 代入式(2-10)，求出统计量 t 与表 2-1 查得的临界值 $t_{\alpha,f}$ 比较，若 $t<t_{\alpha,f}$，说明两组数据的平均值不存在显著差异，可以认为两个均值属于同一总体，即 $\mu_1=\mu_2$。若 $t\geqslant t_{\alpha,f}$，结论与上述相反，说明两个均值不属于同一总体，两组平均值间存在着系统误差。这种检验称为双样本等方差假设的 t 检验。

如果 S_1 和 S_2 存在显著性差异，则应该应用双样本异方差假设的 t 检验，其计算方法可参考统计学的有关书籍。

【例 2-5】 某实验室对一产品测定了 11 次，其平均含量为 32.6，标准方差为 6.55；另一实验室用同法测定该产品 13 次，平均含量为 31.6，标准方差为 4.05，则两实验室的结果有无显著差异？

解

$$S_R^2=\frac{10\times 6.55+12\times 4.05}{22}=5.19$$

$$t=\frac{32.6-31.6}{\sqrt{5.19(1/11+1/13)}}=1.071$$

查表 2-2，得 $t_{0.05,22}=2.074>1.071$，则结论为 95%置信水准上两组均数不存在显著性差异，即可认为两个实验室的测定统计意义上不存在显著性差异。

因 $t_{0.05,9}=2.262$，则结论为：两个方法所得结果无显著差异，即统计意义上不存在系统误差。

2. F 检验

F 检验是通过比较两组数据的方差（S^2），以确定其精密度是否存在显著性差异。方法是先计算出两个样本的方差，然后计算方差比 F。

$$F=\frac{S_1^2}{S_2^2}\qquad (S_1>S_2) \tag{2-12}$$

求出的 F 值与方差比的单侧临界值（F_{α,f_1,f_2}）比较，若 $F<F_{\alpha,f_1,f_2}$ 说明两组精密度不存在显著性差别；反之，则结论相反。

表 2-2 是 95%置信水平的 F 分布临界值表。F 与置信水平及 S_1 和 S_2 的自由度 f_1 和 f_2 有关。使用该表时必须注意 f_1 为大方差数据的自由度；f_2 为小方差数据的自由度。

表 2-2　F 分布临界值表（α=0.05，单侧检验）

f_2 \ f_1	2	3	4	5	6	7	8	9	10	15	20	60	∞
2	19.0	19.2	19.2	19.3	19.3	19.4	19.4	19.4	19.4	19.4	19.4	19.5	19.5
3	9.55	9.28	9.12	9.01	8.94	8.89	8.85	8.81	8.79	8.70	8.66	8.57	8.53
4	6.94	6.59	6.39	6.26	6.16	6.09	6.04	6.00	5.96	5.86	5.80	6.69	5.63
5	5.79	5.41	5.19	5.05	4.95	4.88	4.82	4.77	4.74	4.62	4.56	4.43	4.36
6	5.14	4.76	4.53	4.39	4.28	4.21	4.15	4.10	4.06	3.94	3.87	3.74	3.67
7	4.74	4.35	4.12	3.97	3.87	3.79	3.73	3.68	3.64	3.51	3.44	3.30	3.23
8	4.46	4.07	3.84	3.69	3.58	3.50	3.44	3.39	3.35	3.22	3.15	3.01	2.93
9	4.26	3.86	3.63	3.48	3.37	3.29	3.23	3.18	3.14	3.01	2.94	2.79	2.71
10	4.10	3.71	3.48	3.33	3.22	3.14	3.07	3.02	2.98	2.85	2.77	2.62	2.54
15	3.68	3.29	3.06	2.90	2.79	2.71	2.64	2.59	2.54	2.40	2.33	2.16	2.07
20	3.49	3.10	2.87	2.71	2.60	2.51	2.45	2.39	2.35	2.20	2.12	1.95	1.84
60	3.15	2.76	2.53	2.37	2.25	2.17	2.10	2.04	1.99	1.84	1.75	1.53	1.39
∞	3.00	2.60	2.37	2.21	2.10	2.01	1.94	1.88	1.83	1.67	1.57	1.32	0.00

【例 2-6】 用两种方法测定同一样品中某组分。第 1 种方法共测 6 次，$S_1=0.055$；第 2 种方法共测 4 次，$S_2=0.022$。试问这两种方法的精密度有无显著性差别。

解 $f_1=6-1=5$；$f_2=4-1=3$。由表 2-2 查得 $F_{0.05,5,3}=9.01$。用实验测得的标准差代入式(2-12)计算方差比：

$$F=0.055^2/0.022^2=6.2$$

$F<F_{0.05,5,3}$因此，S_1 与 S_2 无显著性差别，即两种方法的精密度相当。

3. 使用显著性检验的几点注意事项

(1) 两组数据的显著性检验。检验的顺序是先进行 F 检验，而后进行 t 检验。由 F 检验确认两组数据的精密度无显著性差别后，可作为是同一总体的样本，因此可合并在一起计算合并方差，否则应该按照双样本异方差假设进行 t 检验。

(2) 单侧与双侧检验。检验两个分析结果是否存在着显著性差异时，用双侧 α 检验。若检验某分析结果是否明显大于(或小于)某值，则用单侧检验。

(3) 置信水平 P 或显著性水平 α 的选择。t 与 F 的临界值和 α 有关。α 选择过小(P 过大)，则放宽对差别要求的限度，容易把本来有差别的情况判定为没有差别(犯第二类错误——以假为真)；α 选择过大(P 过小)，则提高对差别要求的限度，容易把本来没有差别的情况判定为有差别(犯第一类错误——以真为假)。在分析化学中，通常以 $\alpha=0.05$ 或 $P=95\%$作为判断差别是否显著的标准。

(4) 大多数商品统计软件，如 Excel、SPSS 等，都可根据实验数据计算提供反映实际显著性水平的概率 P。P 越小说明有较大的概率接受统计假设。

2.3.3 可疑数据的取舍

在测量中有时会出现可疑数据。对可疑数据若已知产生原因则可以舍弃；否则应采用统计检验的方法，确定该可疑值与其他数据是否来源于同一总体，以决定取舍。通常多用 G 检验法或 Q 舍弃商法检验逸出值。这里只介绍 G 检验法(Grubbs 检验法)。

检验步骤：①算出包括可疑值在内的平均值；②计算可疑值($x_{可疑}$)与平均值($\overline{x}$)之差；③算出包括可疑值在内的标准偏差 S；④用式(2-13)求 G 值；⑤根据表 2-3 查出 G 的临界值 $G_{n,\alpha}$。若计算出的 G 值大于 G 临界值，则该可疑值可以舍弃。

$$G=\frac{|x_{可疑}-\overline{x}|}{S} \tag{2-13}$$

表 2-3 G 检验临界值($G_{n,\alpha}$)

α \ n	3	4	5	6	7	8	9	10	11	12	20	25	30
0.10	1.15	1.46	1.67	1.83	1.94	2.03	2.11	2.18	2.23	2.29	2.56	2.66	2.75
0.05	1.15	1.48	1.71	1.89	2.02	2.13	2.21	2.29	2.36	2.41	2.71	2.82	2.91
0.01	1.15	1.50	1.76	1.97	2.14	2.27	2.39	2.48	2.56	2.64	3.00	3.14	3.24

分析数据的统计处理一般应先进行可疑数据的检验，而后进行 F 检验和 t 检验。

2.3.4 回归与相关简介

两个变量间的相互关系常用回归统计分析予以研究，用一元回归方程评价两个变量间的线性关系，用相关系数评价变量间线性相关的程度。

1. 回归分析

设 x 为自变量，y 为因变量，两变量之间的关系是线性的，n 次测量值为(x_1, y_1)、(x_2, y_2)、(x_3, y_3)、…、(x_n, y_n)，则可通过回归分析为 y 和 x 配置最优直线方程为 $y=a+bx$，a 相当于直线的截距，b 为斜率。这里 y 允许有偏差，符合正态分布，x 统计意义上无偏差。若 a、b 的值已知，对于每个实验值 x_i 可计算出预测的 y_i^*，即 $y_i^*=a+bx_i(i=1,2,\cdots,n)$。$y_i^*$ 和 y_i 间的误差称为残差，用使残差平方和最小的原理求出 a、b 的方法即最小二乘法，又称为回归法，故 a、b 又称为回归系数，其数学表达式如下：

$$a=\frac{\sum_{i=1}^{n} y_i - b\sum_{i=1}^{n} x_i}{n} \qquad b=\frac{n\sum_{i=1}^{n} x_i y_i - \sum_{i=1}^{n} x_i \cdot \sum_{i=1}^{n} y_i}{n\sum_{i=1}^{n} x_i^2 - \left(\sum_{i=1}^{n} x_i\right)^2} \tag{2-14}$$

2. 相关系数

在统计学中，用相关系数 r 定量描述两个变量的相关性，定义为

$$r=\frac{\sum_{i=1}^{n}(x_i-\overline{x})(y_i-\overline{y})}{\sqrt{\sum_{i=1}^{n}(x_i-\overline{x})^2 \cdot \sum_{i=1}^{n}(y_i-\overline{y})^2}} \tag{2-15}$$

r 是一个介于 0 和 ±1 之间的数值，即 $0<|r|<1$；r 越接近 ±1，二者的相关性越好；当 $r=+1$ 或 -1 时，表示(x_1, y_1)、(x_2, y_2)、…完全在一条直线上；当 $r=0$ 时，表示二者完全不相关。$r>0$ 时，称为正相关；$r<0$ 为负相关。

目前，回归与相关的计算都可用计算软件或计算器迅速得出截距 a、斜率 b 及相关系数 r。此外，对其他函数关系的拟合方法及相关系数的统计分析在分析化学中也有较多应用，有兴趣的同学可查阅有关数理统计书籍，因篇幅关系，这里不予介绍。

2.4　分析质量及其评价方法

2.4.1　提高分析准确度的方法

为了保证分析结果的准确度，就需要努力减免分析过程中的误差，重点要注意以下几点。

1. 选择恰当的分析方法

各种分析方法的灵敏度和准确度有所不同。例如，化学分析法的灵敏度虽然不高，对微量组分的含量经常测不出或无法测准，但对常量组分的测定能获得比较准确的分析结果，相对误差一般不超过千分之几；而多数仪器分析法灵敏度高，用于微量组分测定虽然其相对误差较大，但可以符合要求，对常量组分的测定却可能无法达到化学分析法的准确程度。因此，仪器分析法比较适用于微量组分的分析，化学分析法则更为适宜于常量组分的分析。必须根据分析对象、样品情况及对分析结果的要求，选择适宜的分析方法。不仅要考虑试样的组成条件，

测定中的干扰因素以及实验室条件等，还要注意在同等条件下选用简便、快速、廉价的分析方法。

2. 减小测量误差

为了保证分析结果的准确度，要根据误差传递规律，尽量对每一测量步骤可能产生的误差做到心中有数，减小各步的测量误差。例如，在称量中应设法减小称量误差。一般分析天平的称量误差为 0.0001 g，用减量法称量两次的最大误差是±0.0002 g。为了使称量的相对误差小于 0.1%，取样量就得大于 0.2 g。在含有滴定操作的分析方法中，要设法减小滴定管读数误差。一般滴定管的读数误差是±0.01 mL，一次滴定需两次读数，因此可能产生的最大误差是±0.02 mL。为了使滴定的相对误差小于 0.1%，应消耗的滴定剂的体积就必须大于 20 mL，一般应使用 25 mL 滴定管，以便减小相对误差。

3. 消除测量中的系统误差

既然系统误差是由确定的原因引起的，对测量过程中的系统误差应该能够予以监控和消除。一个好的分析方法，不应该存在明显的方法误差。但应注意测量过程的系统误差有时无法完全避免，如仪器、试剂误差或者操作误差，则应该采取以下措施予以消除或者校正。

(1) 校准仪器。定量分析中所使用的各种计量仪器，如天平砝码、移液管、滴定管、容量瓶等都应该按照规定进行校准，仪器分析中所用的仪器应该按照有关规定进行系统适用性实验，以保证所用仪器的可靠性，以便减免系统误差。

(2) 空白实验。在不加待测组分的情况下，用测定样品相同的方法、步骤进行定量分析，把所得结果作为空白值，从样品的分析结果中扣除。这样可以消除由于试剂不纯或容器污染等因素造成的系统误差。空白实验对微量或痕量分析尤其重要。

(3) 对照实验。对照实验可分为两种。一种是测定与试样相近的标准样品，如中药分析中采用的对照药材以及用于测定某几种待测元素的合金标准样品。标准样品的基质和试样接近。如果没有合适的标准样品，也可以用已有可靠结果的样品代替标准试样进行实验，由分析结果与已知含量的差值，求出分析结果的系统误差。用此误差对实际样品的定量结果进行校正，便可减免系统误差。另一种是采用新方法时，同时采用其他成熟的方法进行对照实验，对样品平行进行测定，如果经过统计检验证实两种方法得到的结果不存在显著差异，则可以认为两种方法不存在系统误差。类似的方法也可以考察两台仪器或者两个实验室，两个分析者是否存在系统误差。

(4) 回收实验。在没有标准样品，对试样的组成也未知时，无法直接用纯物质进行对照实验，可以采用加样回收实验法，即向样品中加入一定量的待测组分的纯物质(对照品)，用同一方法进行定量分析。由分析结果中被测组分含量的增加值与加入量之差，即可计算回收率，回收率(%)为回收量(测得量)和加入量的比值(%)。这种加样回收实验可显示系统误差，消除试样基体效应的影响，对测定结果进行校正。

4. 减少随机误差

如前所述，根据偶然误差的分布规律，增加平行测定次数，可以减少偶然误差对分析结果的影响；但随着测定次数的增加，精密度提高的趋势减缓，一般平行测定 3 次即可；对要求较高的实验，可以增加至 5～9 次。

2.4.2　分析结果的数据处理

1. 有效数字

分析结果的有效数字主要取决于所用方法和仪器，按照实际能够测准的数值记录、计算和处理；也要考虑样品中测定组分的含量，高含量(>10%)组分的测定，一般要求四位有效数字；含量在 1%～10%的可要求三位有效数字；含量小于 1%的组分只要求两位有效数字。分析中的误差或偏差通常取 1～2 位有效数字，还经常通过修约使结果变坏，如某计算结果的标准偏差为 0.213，取两位宜修约成 0.22，取一位则为 0.3。

2. 公差

公差是生产部门对分析结果允许误差制定的质量指标。若超过规定指标，则实验结果可疑，应予以重新测定。公差的确定一般根据产品要求，如大规模的工业生产，允许误差应该放宽；也受到试样组成和待测组分含量的影响，样品越复杂，含量越低，允许误差也应该越宽；此外，各种分析方法的准确度不同，则公差范围也不同。例如，分光光度法和色谱分析法相对误差较大，而化学分析法小，则前者的公差范围就可大一点。表 2-4 所列数据仅供参考。

表 2-4　待测组分的含量和公差范围的关系

待测组分 w/%	90	80	40	20	10	5	1	0.1	0.01	0.001
公差/%	±0.3	±0.4	±0.6	±1.0	±1.2	±1.6	±5.0	±20	±50	±100

2.4.3　分析方法的质量保证

1. 分析方法的标准化

为了保证分析测试结果的可靠性和准确性，必须要有分析方法的标准化和规范化。对新建立的分析方法应按照一定的程序和要求以证实其可靠性和可行性，这是保证分析质量的必要环节，也是所建立的方法能否被同行重复和验证，发表以后能被他人应用，有实用价值的基础。

美国药典从 1990 版起增加了一个附录“药典方法的有效化”(validation of compendial methods)，其目的就是把药品检验方法的建立和改进标准化，以保证方法的准确可靠。1990 年，由美国、日本和欧盟三方的政府药品注册部门和制药行业发起组织了人用药物注册技术要求国际协调会(International Conference on Harmonization of Technical Requirements for Registration of Pharmaceuticals for Human Use，ICH)。ICH 颁发了多个有关药品的质量及稳定性、标准方法验证等内容的文件。目前，这些文件已成为国际公认的对医药品分析方法进行验证的指导性规则。《中华人民共和国药典》(2010 版)(以下简称《中国药典》)附录收载的“药品质量标准分析方法验证指导原则”，就是依据 ICH 的相关文件，并结合我国国情制定的。

2. 分析方法的验证

根据《中国药典》的规定，药品分析方法的验证内容有：准确度、精密度(包括重复性、中间精密度和重现性)、专属性、检测限、定量限、线性、范围和耐用性，对不同药品的验证内容见表 2-5。

表 2-5　药品质量标准分析方法验证的项目和内容

内容＼项目	鉴别	杂质测定		含量测定及溶出量测定
		定量	限度	
准确度	－	＋	－	＋
精密度				
重复性	－	＋	－	＋
中间精密度	－	＋[a]	－	＋[a]
专属性[b]	＋	＋	＋	＋
检测限	－	－[c]	＋	－
定量限	－	＋	－	－
线性	－	＋	－	＋
范围	－	＋	－	＋
耐用性	＋	＋	＋	＋

资料来源：国家药典委员会. 中华人民共和国药典(2010 年版二部)，附录Ⅹ Ⅸ A. 北京：化学工业出版社，2010

注：a 已有重现性验证，不需验证中间精密度。

b 如一种方法不够专属，可用其他分析方法予以补充。

c 视具体情况予以验证。

对于定量分析方法，最重要的方法学验证内容是准确度和精密度。

准确度　对于含量测定方法的准确度的验证，原料药可用已知纯度的对照品或样品进行测定，或用本法所得结果与已知准确度的另一个方法测定的结果进行比较；制剂可根据工艺和处方自制模拟样品来代替试样进行回收实验，以计算待测组分的回收率，如不能得到制剂的全部组分，也可向制剂中加入已知量的被测物测定其加样回收率；杂质定量测定也采用加样回收实验法进行。

测定方法要求在规定范围内，至少用 9 个测定结果进行评价。例如，设计 3 个不同浓度的溶液，每个浓度各分别制备 3 份供试样品溶液，进行测定后计算已知加入量的回收率(%)及其相对标准偏差或置信区间。根据待测组分的含量，常量组分回收率一般要求在 99%～101%，微量组分的回收率可放宽至 90%～110%。

精密度　ICH 和《中国药典》将精密度分为重复性(repeatability)、中间精密度(intermediate precision)和重现性(reproducibility)三种。

在相同条件下，由同一个分析人员测定所得结果的精密度为重复性；在同一个实验室，不同时间由不同分析人员用不同设备测定结果之间的精密度，称为中间精密度；在不同实验室由不同分析人员测定结果之间的精密度，称为重现性。

精密度的评价要求在规定范围内至少用 9 个测定结果计算其标准偏差、相对标准偏差和置信区间。

专属性　在样品基质其他组分存在下准确地测定被测物的能力称为专属性，反映了分析方法本身抗干扰的能力。对于定量化学分析，显然分析方法的专属性也是保证测定结果准确、可靠的重要指标。药品检验中的鉴别反应、杂质检查、含量测定方法，均应评价其专属性。

分析方法专属性的考察一般根据样品情况，对包含共存物质和待测组分的混合样品予以测定评价，有时也采用强光照射，高温，高湿，酸、碱水解或氧化的方法对样品进行加速破坏，以研究降解产物是否干扰主成分的分析考察其专属性。

其他　分析方法中的定量限、检测限、线性等其他验证内容、方法和要求请参考有关文献。

习　题

1. 指出下列各种误差是系统误差还是偶然误差？如果是系统误差，请区别方法误差、仪器和试剂误差或操作误差，并给出它们的消除办法。①砝码受腐蚀；②容量瓶与移液管不配套；③在重量分析中，样品的非被测组分被共沉淀；④试剂含被测组分；⑤样品在称量过程中吸湿；⑥化学计量点不在指示剂的变色范围内；⑦分光光度法测定中，吸光度几次读数结果不一致（读数误差）；⑧分光光度测定中，波长指示器所示波长与实际波长不符。
2. 说明误差与偏差、准确度与精密度的区别。
3. 为什么统计检验的正确顺序是：先进行可疑数据的取舍，再进行 F 检验，在 F 检验通过后，才能进行 t 检验？
4. 说明双侧检验与单侧检验的区别，什么情况用前者，什么情况用后者？
5. 进行下述运算，并给出适当位数的有效数字。

   (1) $\dfrac{0.0324\times8.1\times2.12\times10^{2}}{1.050}$　　(2) $\dfrac{2.2856\times2.51+5.42-1.8940\times7.50\times10^{-3}}{3.5462}$

   (3) pH＝2.10，求$[H^{+}]$＝？

   ［(1) 53.0；(2) 3.144；(3) 7.9×10^{-3} mol/L］
6. 测定碳的相对原子质量所得数据：12.0080、12.0095、12.0099、12.0101、12.0102、12.0106、12.0111、12.0113、12.0118 及 12.0120。试计算：(1) 平均值；(2) 标准偏差；(3) 平均值的标准偏差；(4) 平均值在 99%置信水平的置信限。
7. 用化学法与高效液相色谱法（HPLC），测定同一样品——复方乙酰水杨酸（APC）片剂中乙酰水杨酸的含量，测得的标示量%（按处方组分量计算的质量分数）如下：

   HPLC（3 次进样的均值）：97.2%、98.1%、99.9%、99.3%、97.2% 及 98.1%；化学法：97.8%、97.7%、98.1%、96.7%及 97.3%。

   问：(1) 数据中有无逸出值；(2) 两种方法结果的精密度与平均值是否存在显著性差别；(3) 在该分析中 HPLC 法可否替代化学法？

   ［(1) 无逸出值；(2) F＝4.1，t＝1.4，无显著性差异；(3) 可以］
8. 邻二氮菲比色法测定水样中的含铁量，配制一系列亚铁离子标准溶液，以溶剂为空白，在波长 510 nm 测定溶液的吸光度 A，所得数据如下：

c/(mg/50 mL)	0.050	0.100	0.150	0.200	0.250
A	0.096	0.191	0.275	0.376	0.474

试求：(1) 吸光度-浓度（A-c）的回归方程式；(2) 相关系数；(3) A＝0.231 时，样品溶液中亚铁离子的浓度。

［(1) $A=0.001+1.88c$；(2) 0.9994；(3) 0.122 mg /50 mL］

（中国药科大学　胡育筑）

第3章　重量分析法

利用化学反应及其计量关系测定物质组分含量的方法分为重量分析法(gravimetric analysis)和滴定分析法(titration analysis)两大类。

重量分析包括分离和称量两个过程。通常先用适当的方法将试样中的被测组分与其他组分分离,获得有固定组成且可称量的纯净化合物,再计算出待测组分的含量。

重量分析法可分为沉淀重量法(precipitation gravimetry)、挥发重量法(volatilization gravimetry)和萃取重量法(extraction gravimetry)。

沉淀重量法是利用沉淀反应使待测组分以难溶化合物形式生成沉淀;挥发重量法是利用物质的挥发性质,通过加热或其他方法使挥发性组分从试样中挥发逸出;萃取重量法是利用被测组分与其他组分在互不相溶的溶剂中的溶解度不同进行分离分析的方法。

重量分析法通过称量直接进行定量分析,对被称量的物质需恒定质量,即连续两次干燥或灼烧后的称量质量差在0.3 mg以下,称为恒量。作为经典的化学分析方法,重量分析法虽然比较烦琐,耗时长,但具有不使用基准物质,准确度较高的特点,相对误差一般可达到0.1%~0.2%,目前在药物分析中仍然有广泛的应用。

3.1　沉淀重量法

3.1.1　沉淀形式和称量形式

沉淀重量法是把适量的沉淀剂加入试液,使被测组分定量沉淀析出得到沉淀形式(precipitation form),沉淀再经过滤、洗涤,在适当温度下烘干或灼烧,转化为称量形式(weighing form),然后称量并计算被测组分在试样中的含量。沉淀形式与称量形式可以相同,也可以不同。例如,以 $BaCl_2$ 为沉淀剂,用重量法测定 SO_4^{2-},沉淀形式和称量形式都是 $BaSO_4$;而在 Ca^{2+} 的测定中,沉淀形式是 CaC_2O_4,灼烧后所得的称量形式是 CaO。

为了保证足够的准确度并便于操作,沉淀重量法对沉淀形式和称量形式有一定的要求。对沉淀形式的要求:①沉淀的溶解度小,要求沉淀溶解损失的量应不超出分析天平的称量误差,即小于0.2 mg;②沉淀的纯度高;③沉淀便于洗涤和过滤;④沉淀易于转化为具有固定组成的称量形式。对称量形式的要求:①要有确定的化学组成;②稳定,不受空气中水分、CO_2 和 O_2 等的影响;③摩尔质量要大,所得称量形式的质量较大,以减少称量的相对误差。

3.1.2　沉淀形态和沉淀条件的选择

1. 沉淀的形态

根据物理性质,可粗略地将沉淀分为晶形沉淀(crystalline precipitate)和无定形沉淀(amorphous precipitate),无定形沉淀又称非晶形沉淀或胶状沉淀。例如,$BaSO_4$ 是典型的晶形沉淀,$Fe_2O_3 \cdot nH_2O$ 是典型的非晶形沉淀,AgCl 沉淀是一种凝乳状沉淀。它们之间的主要差别是颗粒大小不同。晶形沉淀的颗粒直径为0.1~1 μm,无定形沉淀的颗粒直径一般小于

0.02 μm,凝乳状沉淀的颗粒大小介于两者之间。

沉淀的类型首先取决于沉淀的性质,同时也与形成沉淀时的条件以及沉淀的预处理有关。在重量分析中,希望晶形沉淀的颗粒较大,无定形沉淀要紧密,以便于洗涤和过滤,沉淀的纯度也高。因此了解沉淀的形成以及如何控制沉淀的条件,对重量分析是很重要的。

2. 沉淀的形成

沉淀的生成过程可大致分为晶核形成和晶核成长两个步骤。

(1) 晶核的形成　晶核的形成分两种情况:一种是均相成核作用;另一种是异相成核作用。均相成核作用是在过饱和溶液中,组成沉淀物质的离子(又称构晶离子),由于静电作用而缔合,自发地形成晶核。一般而言,均相成核的能力(形成晶核的数目)是随溶液过饱和程度的增加而增大的。而异相成核,是在沉淀的介质和容器中存在着大量肉眼看不到、起着晶种作用的固体微粒,构晶离子扩散到这些微粒上诱导晶核形成的过程。晶核形成以哪一种成核作用为主,是与沉淀物的性质及沉淀条件有关的。

(2) 晶核的成长　形成晶核以后,构晶离子扩散并沉积到晶核上,晶核逐渐长大成沉淀微粒。如沉淀微粒互相凝聚,就生成了无定形沉淀;如溶液中的构晶离子继续在沉淀微粒周围定向排列,则生成晶形沉淀。

而沉淀颗粒的大小由晶核形成速率和晶粒成长速率的相对大小决定,若晶核形成速率小于晶核成长速率,则可得较大颗粒沉淀,且能定向排列为晶形沉淀;若晶核生成过快,只能聚集成细小的胶状沉淀。冯·韦曼(Von Weimarn)提出了一个经验公式,即沉淀生成的初始速率与溶液的相对过饱和度成正比。溶液的相对过饱和度越小,则晶核的形成速率越慢,可望得到较大颗粒的沉淀。

3. 沉淀条件的选择

在沉淀重量法中,为了获得准确的分析结果,要求沉淀完全、纯净、易于过滤洗涤。为此,必须根据不同形态的沉淀,选择不同的沉淀条件。

1) 晶形沉淀的沉淀条件

(1) 在适当稀的溶液中进行沉淀　这样溶液的相对过饱和度不大,减弱均相成核趋势,有利于减小成核数量,容易得到大颗粒晶形沉淀,沉淀易过滤、洗涤。同时晶粒大,比表面小,表面吸附作用小,有利于得到纯净沉淀。但对于溶解度较大的沉淀,必须考虑溶解损失,即溶液不能太稀。

(2) 在热溶液中进行沉淀　一般难溶化合物的溶解度随温度升高而增大,沉淀吸附杂质的量随温度升高而减少。在热溶液中进行沉淀,可降低相对过饱和度,减少成核数量,得到颗粒大的晶形沉淀;同时又能减少杂质的吸附,有利于得到纯净的沉淀。对于热溶液中溶解度较大沉淀,应放冷后再过滤,以减少损失。

(3) 在不断搅拌下缓慢加入沉淀剂　这样可防止局部过浓现象,使得到的沉淀颗粒大、纯净。

(4) 陈化　沉淀析出后,让初生的沉淀和母液一起放置,这个过程称为陈化。陈化过程中,因小晶粒的溶解度大于大晶粒,小晶粒逐渐溶解,大晶粒逐渐长大。此外,随着小晶粒的溶解,被吸附在沉淀内部的杂质将重新进入溶液,可提高沉淀的纯度。加热和搅拌可增加沉淀的溶解速率和离子在溶液中的扩散速率,能缩短陈化时间。

2）无定形沉淀的沉淀条件

无定形沉淀的溶解度一般很小，溶液中相对过饱和度相当大，很难通过减小溶液的相对过饱和度来改变沉淀的物理性质。无定形沉淀颗粒小，吸附杂质多，容易胶溶，而且沉淀的结构疏松，不易过滤洗涤。因此对无定性沉淀主要是设法破坏胶体，防止胶溶，加速沉淀的凝聚。

(1) 在较浓溶液和热溶液中沉淀　可降低沉淀的水化程度，减少沉淀的含水量。同时也有利于沉淀凝集，得到紧密的沉淀，方便过滤。提高温度还可减少表面吸附，使沉淀纯净。

(2) 加入大量电解质　用易挥发的电解质，如盐酸、氨水、铵盐等洗涤沉淀，可防止胶体溶液形成，降低水化程度，使沉淀凝聚；也可将吸附层中难挥发的杂质交换出来。

(3) 搅拌下快速沉淀　可稍快地加入沉淀剂，在不断搅拌下沉淀。

(4) 不必陈化　洗涤完毕后，趁热过滤，不需陈化。因无定形沉淀放置后，将逐渐失去水分而聚集得更为紧密，使已吸附的杂质难以洗去。

3）改进沉淀结构的方法——均匀沉淀

均匀沉淀是利用在溶液中的化学反应缓慢产生所需的沉淀剂，使溶液过饱和度很小，避免局部过浓现象，使沉淀在整个溶液中缓慢、均匀析出，得到颗粒大，结构紧密、纯净而易于过滤洗涤的沉淀。

例如，均匀沉淀法沉淀 Ca^{2+} 时，在 Ca^{2+} 的酸性试液中加入乙二酸铵，然后加入尿素，加热煮沸，尿素逐渐发生水解

$$(NH_2)_2CO + H_2O = 2NH_3 + CO_2$$

生成的 NH_3 使溶液酸度逐渐降低，$[C_2O_4^{2-}]$ 逐渐增大，使 CaC_2O_4 沉淀均匀缓慢析出，得到的 CaC_2O_4 晶形沉淀颗粒大、纯净。

此外，还可使用有机沉淀剂来实现均匀沉淀。有机沉淀剂选择性好，生成的沉淀溶解度小，吸附无机杂质少，并且沉淀的相对分子质量大，有利提高分析的准确度，因此常被采用。

3.1.3 沉淀的完全程度及其影响因素

沉淀重量法中，沉淀的溶解损失是误差的主要来源之一。因此有必要了解沉淀的溶解度及其影响因素，以便控制沉淀条件，降低溶解损失。

1. *溶解度、溶度积和条件溶度积*

在沉淀的平衡过程中，除了被测离子与沉淀剂形成沉淀的主反应之外，若还存在多种副反应，如水解效应、络合效应和酸效应等，则此时构晶离子在溶液中以多种型体存在，其各种型体的总浓度分别为[M′]和[A′]。引入相应的副反应系数 α_M、α_A，则对于 MA 型沉淀

$$K_{sp} = [M][A] = \frac{[M'][A']}{\alpha_M \alpha_A} = \frac{K'_{sp}}{\alpha_M \alpha_A}$$

即

$$K'_{sp} = [M'][A'] = K_{sp}\alpha_M \alpha_A \tag{3-1}$$

式中，K'_{sp} 称为条件溶度积。由此可见，副反应的发生，使条件溶度积 K'_{sp} 大于 K_{sp}。此时沉淀的实际溶解度为

$$S = [M'] = [A'] = \sqrt{K'_{sp}} = \sqrt{K_{sp}\alpha_M \alpha_A}$$

与络合物的条件稳定常数 K'_{MY} 及氧化还原电对的条件电位 $\varphi^{\ominus\prime}$ 类似，沉淀的条件溶度积 K'_{sp} 也随沉淀条件的变化而改变。K'_{sp} 能反映溶液中沉淀平衡的实际情况，较之用溶度积 K_{sp} 更能反映沉淀反应的完全程度。

2. 影响沉淀溶解度的因素

影响沉淀溶解度的因素主要有同离子效应、盐效应、酸效应和络合效应。

(1) 同离子效应　当沉淀反应达到平衡后，向溶液加入含构晶离子的试剂使沉淀溶解度降低的现象，称为同离子效应。例如，用重量法测 SO_4^{2-}，当加入等物质的量的沉淀剂 $BaCl_2$ 时，$BaSO_4$ 的溶解度为

$$S=[Ba^{2+}]=[SO_4^{2-}]=\sqrt{K_{sp}}=\sqrt{1.1\times10^{-10}}=1.0\times10^{-5}(mol/L)$$

在 200 mL 溶液中 $BaSO_4$ 的溶解损失量为

$$1.0\times10^{-5}\,mol/L\times0.2\,L\times233.4\,g/mol=5\times10^{-4}\,g=0.5\,mg$$

沉淀溶解损失的量超出沉淀重量法的要求。

若加入过量的 $BaCl_2$，使反应达到平衡时的 $[Ba^{2+}]=0.010\,mol/L$，则溶解度为

$$S=[SO_4^{2-}]=\frac{K_{sp}}{[Ba^{2+}]}=\frac{1.1\times10^{-10}}{0.01}=1.1\times10^{-8}(mol/L)$$

则在 200 mL 溶液中 $BaSO_4$ 沉淀的溶解损失量为

$$1.1\times10^{-8}\,mol/L\times0.2\,L\times233.4\,g/mol=5.1\times10^{-7}\,g=5.1\times10^{-4}\,mg$$

显然，已远远小于允许误差，可以认为沉淀完全。

因此，在沉淀重量法中，常加入过量沉淀剂，利用同离子效应来降低溶解度，以使沉淀完全。一般情况下，沉淀剂过量 50%～100%，如果沉淀剂不易挥发，则以过量 20%～30%为宜。若沉淀剂过量太多，有时可能引起盐效应、酸效应及络合效应等副反应，反而使沉淀的溶解度增大。

(2) 盐效应　沉淀的溶解度随着溶液中电解质浓度的增加而增大的现象，称为盐效应。盐效应发生的原因是溶液的离子强度增大，使离子的活度系数减小。高价离子的活度系数受离子强度的影响较大，所以构晶离子的电荷越高，盐效应越严重。一般由盐效应引起沉淀溶解度增加不是很大，与其他因素相比，影响要小得多，常可以忽略不计。

(3) 酸效应　溶液酸度的影响称为酸效应。发生酸效应的原因主要是溶液中 H^+ 浓度对弱酸、多元酸等离解平衡的影响。例如，Ca^{2+} 在乙二酸溶液中的沉淀反应，在 pH 为 2.0 时 CaC_2O_4 的溶解度已超出分析要求；pH 为 4.0 时的溶解度比 pH 为 2.0 时小 10 倍，为使沉淀溶解损失在允许范围之内，沉淀应在 pH 4～12 的溶液中进行。

(4) 络合效应　若溶液中存在能与构晶离子生成可溶性络合物的络合剂，则会使沉淀的溶解度增大，甚至不产生沉淀，这种现象称为络合效应。例如，用 Cl^- 沉淀 Ag^+ 时，若溶液中存在 NH_3，则能生成 $[Ag(NH_3)]^+$ 或 $[Ag(NH_3)_2]^+$，此时 AgCl 溶解度就远大于在纯水中的溶解度。

此外，水解作用、形成胶体溶液、温度、溶剂和颗粒大小与结构等都会影响沉淀的溶解度。

3.1.4 影响沉淀纯度的因素

沉淀重量法中，不仅要求沉淀的溶解度小，而且要求所获得的沉淀要纯净，沉淀被玷污是误差的另一个主要来源。影响沉淀纯度的主要因素是共沉淀和后沉淀现象。

1. 共沉淀

当沉淀从溶液中析出时，溶液中某些可溶性杂质夹杂在沉淀中沉下来，这种现象称为共沉

淀。产生共沉淀现象主要有下面几种。

(1) 表面吸附　在沉淀颗粒里，正负离子按一定的晶格顺序排列，处于内部的离子都被异电荷离子所包围，整个沉淀内部处于静电平衡状态。但在沉淀的表面，至少有一面没有包围。由于静电引力，暴露的表面具有吸引异电荷离子的能力。表面吸附作用有选择性，优先吸附沉淀中组成相同、大小相近、电荷相同的离子或能与沉淀中离子生成溶解度小的化合物的离子；浓度相同时，高价离子因静电引力强而先被吸附；电荷相同的离子，浓度大的先被吸附。例如，用过量的 K_2SO_4 溶液与 $BaCl_2$ 溶液作用时，$BaSO_4$ 表面首先吸附 SO_4^{2-}，形成第一吸附层，使沉淀表面带负电荷，然后又吸引溶液中带异电荷离子 K^+，构成中性的双电层。K_2SO_4 过量越多，被共沉淀的也越多。第二吸附层离子与沉淀的结合不像第一层那样紧密，较易与溶液中其他离子交换。例如，用 NH_4^+ 置换 K^+，可使钾盐变成易挥发除去的铵盐。洗涤沉淀是减少或消除表面吸附的有效方法。

(2) 形成混晶　如果被吸附的杂质和构晶离子具有相同的晶格、电荷和相近的离子半径，杂质离子可进入晶格排列中，形成同形混晶，如生成 $BaSO_4$ 沉淀时，若有杂质 Pb^{2+} 存在，有可能产生 $PbSO_4$ 和 $BaSO_4$ 的混晶。事先分离除去杂质是减少或消除同形混晶的最好方法。有时杂质离子并不位于正常晶格的位置上，而是位于晶格空隙中，此时形成异形混晶。若在沉淀时加入沉淀剂的速度慢，沉淀进行陈化，可以减少或消除异形混晶的生成。

(3) 包埋　沉淀形成过快，可使起初吸附在表面的杂质被后来的沉淀所掩盖，包藏在沉淀内部，这种共沉淀被称为包埋。在晶体成长过程中，由于晶面缺陷和晶面生长的各向不均匀性，也可将母液包埋在晶体内部的小孔穴中发生共沉淀。对沉淀重结晶或陈化是减少或消除包埋的方法。

2. *后沉淀*

后沉淀是指沉淀析出后，溶液中的杂质离子慢慢沉淀到原沉淀上的现象。例如，Ca^{2+}、Mg^{2+} 共存时，加入沉淀剂 $C_2O_4^{2-}$，由于 CaC_2O_4 溶解度小而先生成沉淀，但由于沉淀表面的吸附作用，CaC_2O_4 沉淀表面会吸附 $C_2O_4^{2-}$，放置一段时间后，当表面吸附的 $C_2O_4^{2-}$ 的浓度增大至 $[Mg^{2+}][C_2O_4^{2-}]=K_{sp}(MgC_2O_4)$，$MgC_2O_4$ 沉淀也在原 CaC_2O_4 沉淀表面析出，出现后沉淀。沉淀在溶液中放置时间越长，后沉淀现象越严重。缩短沉淀与母液共置的时间是减少或消除后沉淀的方法。

3.1.5 沉淀的处理技术

(1) 沉淀的过滤　对于需要灼烧的沉淀常用定量滤纸过滤，并根据沉淀的性状选用不同紧密程度的滤纸。一般无定形沉淀选用疏松滤纸，以免过滤太慢；晶形沉淀可用较紧密滤纸。为了使滤纸不致迅速被沉淀堵塞，应采用倾泻法过滤。若沉淀溶解度随温度升高增大甚少，应趁热过滤。用烘干法称量的沉淀一般用玻璃砂芯坩埚或玻璃砂芯漏斗过滤，根据沉淀的性状选用不同号(不同微孔直径)的玻璃砂芯滤器，采用倾析法过滤。

(2) 沉淀的洗涤　此处理可洗去沉淀表面的吸附杂质和混杂在沉淀中的母液。洗涤时为了减少沉淀的溶解损失和防止形成胶溶，需选择合适的洗液。一般溶解度很小而不形成胶体的沉淀可用蒸馏水洗涤；溶解度大的晶形沉淀可用易挥发或易分解的沉淀剂稀溶液洗涤；易胶溶的无定形沉淀应用易挥发电解质的稀溶液洗涤。洗涤应采用少量多次的方法，洗涤洁净与否应进行检查。

(3) 沉淀的干燥、灼烧和恒量　干燥是为了除去沉淀中的水分和挥发性物质，同时使沉淀组分固定为称量形式。干燥的温度和时间随沉淀性质而定，一般是 110～120 ℃烘 40～60 min，即可放冷称量至恒量。有时需经高温灼烧才能彻底去除水分和挥发性物质，并使沉淀在较高温度分解为组成固定的称量形式。一般灼烧温度在 800 ℃以上，如 $MgNH_4PO_4 \cdot 6H_2O$ 沉淀在 1100 ℃灼烧成 $Mg_2P_2O_7$ 称量形式，放冷后称量至恒量。

3.1.6　称量形式与结果计算

沉淀重量法中，多数情况下称量形式与被测组分的形式不同，这就需要将测得称量形式的质量换算成被测组分的质量。被测组分的摩尔质量与称量形式的摩尔质量之比是常数，称为换算因数或称量因子，常以 F 表示。

在计算换算因数时，经常要在待测组分的摩尔质量和称量形式的摩尔质量上乘以适当系数，使分子分母中所含欲测成分的原子数或分子数相等。例如

被测组分	称量形式	换算因数
Fe	Fe_3O_4	$3M_{Fe}/M_{Fe_3O_4}$
Na_2SO_4	$BaSO_4$	$M_{Na_2SO_4}/M_{BaSO_4}$

由称量形式的质量 m，试样的质量 m_s 及换算因数 F，即可求得被测组分的质量分数为

$$w=\frac{mF}{m_s}\times 100\% \tag{3-2}$$

【例 3-1】 为测定氯霉素眼药膏中氯霉素（化学式为 $C_{11}H_{12}O_5N_2Cl_2$）的含量，称取药膏 1.18 g，经处理除去有机物，将其中氯转化为无机 Cl^- 后，加入 $AgNO_3$ 试剂使生成 AgCl 沉淀，过滤洗涤，干燥至恒量，所得沉淀精确称量为 0.0150 g。计算眼药膏中氯霉素的含量。（已知 $M_{C_{11}H_{12}O_5N_2Cl_2}=323.1$ g/mol，$M_{AgCl}=143.3$ g/mol）

解

$$F=\frac{M_{C_{11}H_{12}O_5N_2Cl_2}}{2M_{AgCl}}$$

$$w_{氯霉素}=\frac{mF}{m_s}\times 100\%=\frac{0.0150\times 323.1/(2\times 143.3)}{1.18}\times 100\%=1.43\%$$

3.2　挥发重量法

3.2.1　方法和原理

挥发重量法是利用被测组分的挥发性或可转化为挥发性物质，通过加热等方法使挥发性组分挥发逸出或用吸收剂吸收至恒量，根据挥发前后试样的质量差或吸收前后吸收剂的质量差来计算被测组分含量的方法。挥发重量法又分为直接法和间接法。

1. 直接法

直接法是通过挥发分离，直接称量被测组分或其衍生物的质量。例如，有机化合物碳、氢元素分析，是将样品置于封闭管道中高温通氧炽灼后，其中的氢和碳分别生成 H_2O 与 CO_2，用高氯酸镁吸收 H_2O，用碱石棉吸收 CO_2，最后分别称量其增加的质量，即可换算得到样品的含氢量和含碳量。又如，《中国药典》规定的药物炽灼残渣测定和中药灰分测定，也属于直接法。此时测定的不是挥发性物质，而是测定样品经高温氧化挥发后剩下的不挥发性无机化合物。

2. 间接法

间接法是利用加热等方法使试样中挥发性组分逸出以后，称量其残渣，由挥发前后试样的质量差来计算该挥发组分的含量。

例如，药典规定的药物纯度检查项目中对多数化学药物的“干燥失重”检查项目就是利用挥发法测定药物干燥至恒量后减少的质量，这里的被测组分包括吸湿水、结晶水及其他在规定条件下能挥发的物质。

根据试样的耐热性不同和水分挥发的难易，测定干燥失重常用的干燥方式有以下三种。

(1) 常压恒温干燥　通常是将试样置电热干燥箱中，以 105 ℃加热干燥至恒量。适用于性质稳定，受热不易挥发、氧化、分解或变质的试样。若水分较难挥发除去，可适当提高温度。

(2) 减压加热干燥　使用减压电热干燥箱，减压至 2.7×10^3 Pa 以下，在较低温度下(如 60～80 ℃)干燥至恒量。适用于熔点低、受热不稳定及难赶除水分的试样。

(3) 干燥剂干燥　将试样置于盛有干燥剂的干燥器内干燥至恒量。适用于具有升华性、低熔点、受热不稳定，容易分解变质的试样。

3.2.2　应用示例

1. 阿司匹林干燥失重

将供试品混合均匀，取约 1 g，置于已恒量(与供试品相同条件下干燥至恒量)的扁形称量瓶中，精密称量，置于五氧化二磷为干燥剂的干燥器中，在 60 ℃减压干燥至恒量。由减少的质量和取样量计算供试品的干燥失重，减失质量不得超过 0.5%。

2. 阿司匹林炽灼残渣

将供试品混合均匀，取约 1 g，置于灼烧至恒量的坩埚中，精密称定，缓缓炽灼至完全炭化，放冷。加硫酸 0.5～1 mL 使湿润，低温加热至硫酸蒸气除尽后，在 700～800 ℃灼烧使完全灰化，移置干燥器内，放冷。精密称定后，再在 700～800 ℃炽灼至恒量，即得。残渣不得超过 0.1%。

3.3　萃取重量法

利用被测组分在两种互不相溶的溶剂中分配比的不同，可通过萃取达到分离被测组分进行含量测定的目的。以合适溶剂萃取分离，再将溶剂蒸干，称量干燥萃取物的质量以计算被测物的含量，这就是萃取重量法。

1. 分配比

实际萃取体系中，常遇到离解、缔合和络合等，溶质 A 在有机相和水相中有多种形式存在，定义溶质 A 在两相中各形态浓度和之比为分配比(distribution ratio)，用 D 表示，即

$$D=\frac{c_{有}}{c_{水}}=\frac{[A_1]_{有}+[A_2]_{有}+\cdots+[A_n]_{有}}{[A_1]_{水}+[A_2]_{水}+\cdots+[A_n]_{水}} \tag{3-3}$$

分配比通常不是常数，改变溶质和有关试剂浓度，D 值会变动。若 $D>1$，表明溶质大部分被萃取入有机相。一般要求 $D>10$，才可达到满意的萃取效果。

2. 萃取效率

萃取效率是衡量萃取完全程度的量，常用萃取百分率 E 表示，即

$$E=\frac{\text{溶质 A 在有机相中的总量}}{\text{溶质 A 的总量}}\times 100\%=\frac{c_{有} V_{有}}{c_{水} V_{水}+c_{有} V_{有}}\times 100\% \tag{3-4}$$

式中，$c_{有}$ 和 $c_{水}$ 分别为有机相和水相中溶质的浓度；$V_{有}$ 及 $V_{水}$ 分别为有机相和水相的体积。式(3-4)各项除以 $c_{水} V_{有}$ 则得萃取效率与分配比的关系式为

$$E=\frac{D}{D+V_{水}/V_{有}}\times 100\% \tag{3-5}$$

当 $V_{水}/V_{有}=1$ 时，萃取效率仅与分配比有关。D 较大时，萃取较完全；D 不高时，可采用多次萃取以提高 E。如用 $V_{有}$(mL)溶剂萃取 $V_{水}$(mL)试液时，设试液含有 m_0(g)溶质 A，一次萃取后水相中剩余溶质 A 为 m_1(g)，此时分配比为

$$D=\frac{c_{有}}{c_{水}}=\frac{(m_0-m_1)/V_{有}}{m_1/V_{水}}$$

则

$$m_1=m_0\frac{V_{水}}{DV_{有}+V_{水}}$$

可导出，当用 $V_{有}$(mL)溶剂萃取 n 次时，水相剩余溶质 A 为 m_n(g)，则

$$m_n=m_0\left(\frac{V_{水}}{DV_{有}+V_{水}}\right)^n \tag{3-6}$$

由式(3-6)，可证得同样量的萃取溶剂分少量多次萃取比全量一次萃取的萃取效率高。

习　题

1. 晶形沉淀与无定形沉淀的沉淀条件有什么区别？为什么？
2. 影响沉淀溶解度的因素有哪些？要获得纯净而易于过滤洗涤的沉淀须采取哪些措施？
3. 测定 0.1300 g 某样品中 As_2O_3 的含量，将 As_2O_3 溶于 NaOH 溶液，处理为 AsO_4^{3-}，然后形成 Ag_3AsO_4 沉淀，过滤洗涤后，将沉淀溶于 HNO_3，再以 AgCl 形式沉淀和称量，AgCl 沉淀的质量为 0.2135 g，求(1)AgCl 换算为 As_2O_3 的 F 值；(2)As_2O_3 的质量分数。

[(1) 0.2301；(2) 37.79%]

4. 写出下列各组的换算因数表达式。

	称量形式	被测组分
(1)	Al_2O_3	Al
(2)	$BaSO_4$	$(NH_4)_2Fe(SO_4)_2\cdot 6H_2O$
(3)	Fe_2O_3	Fe_3O_4
(4)	$PbCrO_4$	Cr_2O_3

$$\left[(1)\ \frac{2M_{Al}}{M_{Al_2O_3}};(2)\ \frac{M_{(NH_4)_2Fe(SO_4)_2\cdot 6H_2O}}{2M_{BaSO_4}};(3)\ \frac{2M_{Fe_3O_4}}{3M_{Fe_2O_3}};(4)\ \frac{M_{Cr_2O_3}}{2M_{PbCrO_4}}\right]$$

5. 用碱石灰吸收法测定泡腾制剂中 CO_2 含量。取碱石灰于小盒中称量后置于储水容器中，将 0.3008 g 制剂粉末置于水中，密闭，振摇 30 min 后，取出碱石灰经处理后称量，增量 0.0186 g。计算(1)制剂中 CO_2 释放量(mg/g)；(2)制剂中 CO_2 的质量分数。

[(1) 61.8 mg/g；(2) 6.18%]

6. 有 10 mL 含碘 1 mg 的水溶液，用 10 mL CCl_4 一次萃取和每次用 5 mL CCl_4 分两次萃取，已知 $D=45$，求

(1)萃取百分率;(2)计算结果说明,用同样体积的萃取液,一次萃取还是分多次萃取的效率高?

[(1) 一次萃取 97.83%,两次萃取 99.82%;(2) 分多次萃取的效率高]

7. 已知 H_2SO_4 的 $K_{a_2}=1.0\times10^{-2}$,$PbSO_4$ 的 $K_{sp}=1.6\times10^{-8}$,求 $PbSO_4$ 沉淀在 0.10 mol/L 的 HNO_3 中的溶解度。

[4.2×10^{-4} mol/L]

8. 今有 pH 3.0 的 0.010 mol/L EDTA 溶液,内含 0.010 mol/L HF 及 0.010 mol/L $CaCl_2$ 溶液。问:(1)EDTA 对沉淀的络合效应是否可以忽略?(2)能否生成 CaF_2 沉淀?

[(1) 可以忽略;(2) 能生成 CaF_2 沉淀]

9. pH 2.0 时,计算 CaC_2O_4 的溶解损失量,设溶液总体积为 250 mL。(已知 CaC_2O_4 的 $pK_{sp}=8.75$;$H_2C_2O_4$ 的 $pK_{a_1}=1.23$;$pK_{a_2}=4.19$;$M_{CaC_2O_4}=128.10$)

[18.4 mg]

(广东药学院　黄庆华　钟　晨)

第4章 滴定分析法概论

滴定分析法(titrimetric analysis)是将已知准确浓度的试剂溶液——标准溶液通过滴定管滴加到被测物质溶液中，使其与待测物质发生化学反应，直到按化学式计量关系定量反应完为止，然后根据标准溶液的浓度和体积，计算出被测物质的含量。由于这种测定方法是以测量溶液体积为基础，故又称为容量分析(volumetric analysis)，它是化学分析中最常用的方法。滴定分析法具有操作简单、分析速率快、测定准确度高的特点，广泛应用于常量分析和半微量分析。

4.1 滴定分析法的基础

4.1.1 基本术语

标准溶液 已知准确浓度的试剂溶液称为标准溶液(standard solution)。

标定 确定标准溶液的准确浓度的操作称为标定(standardization)。

滴定 通过滴定管滴加标准溶液的过程称为滴定(titration)；所使用的标准溶液称为滴定剂。

化学计量点 滴定过程中，待滴定组分的物质的量浓度和滴定剂的物质的量浓度达到相等时的点称为化学计量点(stoichiometric point，sp)，也称为等当点(equivalent point)。

指示剂 在滴定分析中，为判断试样的化学反应程度，在化学计量点前后有明显颜色变化的试剂称为指示剂(indicator)。

滴定终点 用指示剂或终点指示器判断化学计量点，停止滴定对应的点称为滴定终点(end point)。

滴定终点误差 由于滴定终点与化学计量点不相符合产生的误差称为滴定终点误差。一般滴定终点误差应控制在允许的误差范围内。

4.1.2 滴定分析对化学反应的要求

并不是所有的化学反应都能适用于滴定分析法。凡适用于滴定分析的化学反应必须具备以下三个条件。

(1) 反应必须定量完成，即待测物质与标准溶液之间的反应要严格按一定的化学计量关系进行，反应的定量完全程度要达到99.9%以上。

(2) 反应必须迅速完成。对于速度较慢的反应可采取加热、使用催化剂等方法提高反应速率。

(3) 必须有适宜的指示剂或其他简便可靠的方法确定终点。

4.1.3 滴定分析法的分类和滴定方式

根据所应用的化学反应类型的不同，常用的滴定分析法可分为酸碱滴定法、沉淀滴定法、络合滴定法和氧化还原滴定法等。

滴定分析大多在水溶液中进行。当被测物质因在水中的溶解度小或其他原因不能以水为溶剂时，有时可采用水以外的溶剂为滴定介质，称为非水滴定法。

滴定分析法有以下几种滴定方式：

直接滴定法 凡能满足上述要求的化学反应，可直接用标准溶液滴定被测物质，称为直接滴定法，如用 HCl 标准溶液滴定 NaOH 试样溶液。

对因某种原因不能直接滴定的情况，可选用下述间接滴定方式。

返滴定法 又称剩余滴定法或回滴定法。当反应速率较慢或者反应物是固体时，滴定剂加入样品后反应无法在瞬时定量完成，此时可先加入一定量过量的标准溶液，待反应定量完成后用另外一种标准溶液作为滴定剂滴定剩余的标准溶液。

例如，对固体碳酸钙($CaCO_3$)的测定，可先加入一定量的过量 HCl 标准溶液至试样中，加热使样品完全溶解，冷却后再用 NaOH 标准溶液返滴定剩余的 HCl。

置换滴定法 对于不按确定化学计量关系反应(如伴有副反应)的物质可通过其他化学反应间接进行滴定，即加入适当试剂与待测物质反应，使其被定量地置换成另外一种可直接滴定的物质，再用标准溶液滴定此生成物。

例如，硫代硫酸钠($Na_2S_2O_3$)不能直接滴定重铬酸钾($K_2Cr_2O_7$)，因为 $K_2Cr_2O_7$ 能将 $S_2O_3^{2-}$ 氧化成 $S_4O_6^{2-}$ 和 SO_4^{2-} 的混合物，化学计量关系不确定，无法采用直接滴定法测定。若在酸性 $K_2Cr_2O_7$ 溶液中加入过量 KI，定量置换出 I_2，再用 $Na_2S_2O_3$ 标准溶液滴定生成的 I_2，即可定量测定 $K_2Cr_2O_7$。

其他间接滴定法 除了返滴定法和置换滴定法，对本身不参加滴定反应的物质，有时可应用其他的化学反应间接进行测定。例如，Ca^{2+} 本身没有还原性，但对 Ca^{2+} 的测定也可应用氧化还原反应。方法是在 Ca^{2+} 溶液中加入乙二酸($H_2C_2O_4$)，使其生成 CaC_2O_4 沉淀，沉淀完全后，将沉淀过滤洗净，用 H_2SO_4 溶解，再用 $KMnO_4$ 标准溶液滴定反应生成的 $H_2C_2O_4$ 从而间接测定 Ca^{2+} 的含量。

显然，返滴定法、置换滴定法及其他间接滴定法的应用，扩展了滴定分析法的应用范围。

4.1.4 滴定曲线和滴定突跃

滴定曲线 在滴定过程中，加入的滴定剂和被滴定组分发生化学反应所引起的变化可以采用滴定曲线予以描述。以溶液中与组分浓度相关的某种参数，如酸碱滴定中的 pH、络合滴定或沉淀滴定中的金属离子浓度的负对数(pM)以及氧化还原滴定中的电极电势(φ)等为纵坐标，以加入的滴定剂体积(或滴定分数)为横坐标绘制的曲线，称为滴定曲线，如图 4-1 所示。

滴定曲线的形状取决于被滴定物质的性质或浓度。滴定开始时，加入滴定剂引起的浓度或相关参数变化比较平缓。其变化的速率与被滴定物质的性质(如被滴定酸的强弱)或滴定反应平衡常数有关。至化学计量点附近，溶液中与浓度相关的参数将发生突变，曲线形成陡坡；化学计量点后，曲线又趋于平缓。

滴定突跃和突跃范围 在化学计量点前后±0.1%范围内，溶液的浓度相关参数(如酸碱滴定中的 pH)的急剧变化称为滴定突跃，突跃所在的纵坐标的取值范围称为突跃范围。突跃范围反映了滴定反应的完全程度，是选择指示剂的重要依据。滴定反应的平衡常数越大，即反应越完全，滴定突跃就越大，滴定越准确。以后各章将讨论突跃范围的影响因素。

变色范围和变色点 指示剂大多为有两种不同颜色型体的有机化合物，其在滴定溶液中

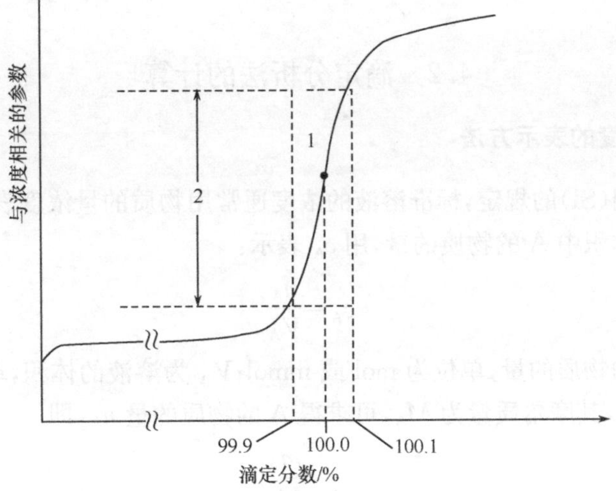

图 4-1　滴定曲线

1. 化学计量点；2. 滴定突跃

型体的种类及量的变化取决于溶液的性质(如 pH)。滴定突跃时,溶液与浓度相关的性质发生急剧变化,使指示剂由一种型体转变为另一种型体,溶液颜色发生明显变化,指示滴定终点到达。一种型体颜色变为另一型体颜色的溶液参数的范围称为指示剂的变色范围(colour change interval)。一般当两种型体浓度之比超过 10 时,人眼可观察到的是浓度较大型体的颜色。因此指示剂变色范围即两种型体的浓度比为 1∶10～10∶1。当两种型体浓度相等(1∶1)时,呈现中间过渡颜色,称为指示剂的理论变色点。

变色范围和变色点在选择指示剂时有重要意义。指示剂选择的一般原则是:其变色点应尽可能接近化学计量点,变色范围全部或部分落在滴定突跃范围内。

4.1.5　标准溶液与基准物质

在滴定分析中,无论采用何种滴定方式,都离不开标准溶液。能用于直接配制标准溶液或测定标准溶液浓度的物质,称为基准物质。基准物质应符合下列条件:

(1) 试剂组成和化学式完全相符。

(2) 纯度一般应在 99.9%以上,稳定,且不发生副反应。

(3) 最好有较大的相对分子质量,以减少称量误差。

常用的基准物质有纯化合物和纯金属,如邻苯二甲酸氢钾、硼砂、氯化钠、乙二酸钠、重铬酸钾、三氧化二砷、氧化锌、苯甲酸、锌、铝、铜等,其干燥方法和应用条件可查阅有关手册或教材。

标准溶液的配制分为直接法和间接法:

直接法　准确称取一定量基准物质,用适量溶剂溶解后定量转移到容量瓶中,稀释至刻度即成。根据称取的基准物质的质量和容量瓶的容积计算出标准溶液的准确浓度。

标定法　由于没有相应的基准物质,大多数标准溶液不能用直接法配制。为此,需先配制成近似于所需浓度的溶液，再用基准物质(或已用基准物质标定的标准溶液)来标定其准确浓度。

4.2 滴定分析法的计算

4.2.1 标准溶液浓度的表示方法

按照国际单位制(SI)的规定，标准溶液的浓度通常用物质的量浓度表示。溶质 A 的物质的量浓度是指单位体积中 A 的物质的量，用 c_A 表示：

$$c_A=\frac{n_A}{V_A} \tag{4-1}$$

式中，n_A 为溶质 A 的物质的量，单位为 mol 或 mmol；V_A 为溶液的体积，单位为 L 或 mL。若物质 A 的质量为 m_A，其摩尔质量为 M_A，可求得 A 的物质的量 n_A，即

$$n_A=\frac{m_A}{M_A} \tag{4-2}$$

由此可导出溶质的质量 m_A 与物质的量浓度 c_A、溶液的体积 V_A 和摩尔质量 M_A 间的关系，即

$$c_A=\frac{m_A}{M_A V_A} \tag{4-3}$$

【例 4-1】 已知浓盐酸的密度为 1.19 g/mL，其中 HCl 含量为 37%(g/g)，求每升浓盐酸中所含的 n_{HCl}、c_{HCl} 和 m_{HCl}。

解

$$n_{HCl}=\frac{m_{HCl}}{M_{HCl}}=\frac{1.19\ \text{g/mL}\times1000\ \text{mL}\times37\%}{36.40\ \text{g/mol}}=12\ \text{mol}$$

$$c_{HCl}=\frac{n_{HCl}}{V_{HCl}}=\frac{12\ \text{mol}}{1.0\ \text{L}}=12\ \text{mol/L}$$

$$m_{HCl}=c_{HCl}V_{HCl}M_{HCl}=n_{HCl}M_{HCl}$$

$$=12\ \text{mol}\times36.4\ \text{g/mol}\approx440\ \text{g}$$

在生产实践中经常需要滴定分析大批样品，为了计算方便，常用滴定度(titer)来表示标准溶液的浓度。滴定度以每毫升标准溶液所能滴定的被测物质的质量表示，其形式为 $T_{T/A}$，下标 T 表示滴定剂，A 表示被测物质，$T_{T/A}$表示每毫升滴定剂可滴定待测物质 A 的质量，单位为 mg/mL 或 g/mL。例如，$T_{NaOH/HCl}=0.003646$ g/mL，表示每毫升 NaOH 标准溶液恰能与 0.003646 g HCl 反应。《中国药典》中药品含量测定应用滴定分析方法时就使用这种滴定度进行计算。

4.2.2 滴定计算的基本公式

1. 滴定剂与被滴定物质间的计量关系

对于任一滴定反应

$$tT+aA\longrightarrow P$$

式中，T 为滴定剂；A 为待测物质；P 为生成物。当滴定达到化学计量点时，t mol 的 T 恰好与

a mol 的 A 完全作用，即

$$n_T : n_A = t : a$$

则

$$n_A = \frac{a}{t} n_T \quad 或 \quad n_T = \frac{t}{a} n_A \tag{4-4}$$

设待测物质和滴定剂溶液其体积分别为 V_A、V_T，浓度为 c_A、c_T，根据式(4-1)可导出达到化学计量点时物质的量之间关系的计算式为

$$c_A V_A = \frac{a}{t} c_T V_T \tag{4-5}$$

2. 待测物的质量和滴定度

对待测物质 A 的质量 m_A 和滴定剂 T 间的关系，根据式(4-4)和式(4-5)有

$$m_A = \frac{a}{t} c_T V_T M_A \tag{4-6a}$$

式中，V_T 为滴定剂的体积，单位为 L；M_A 为物质 A 的摩尔质量，单位为 g/mol。

由于滴定分析时，滴定体积 V_T 一般以 mL 为单位，而浓度 c_T 的单位为 mol/L，计算时需注意将 V_T 的单位由 mL 换算为 L，即乘以 1/1000，则有

$$m_A = \frac{a}{t} c_T V_T \frac{M_A}{1000} \tag{4-6b}$$

由滴定度的定义可得计算滴定度的公式为

$$T_{T/A} = \frac{a}{t} c_T \frac{M_A}{1000} \tag{4-7}$$

正确应用式(4-6)或式(4-7)的关键是，根据反应式搞清滴定剂和待测物的计量关系 a/t。对应用返滴定法、置换滴定法及间接滴定法测定的样品，要从两个以上的反应中找出实际参加反应的物质的量之间的关系。

例如，在酸性溶液中以 $K_2Cr_2O_7$ 为基准物质标定 $Na_2S_2O_3$ 溶液的浓度时，反应分两步进行。首先，在酸性溶液中 $K_2Cr_2O_7$ 与过量的 KI 反应析出 I_2，反应式为

$$Cr_2O_7^{2-} + 6I^- + 14H^+ \rightleftharpoons 3I_2 + 2Cr^{3+} + 7H_2O$$

然后，用 $Na_2S_2O_3$ 标准溶液滴定析出的 I_2。反应式为

$$I_2 + 2S_2O_3^{2-} \rightleftharpoons 2I^- + S_4O_6^{2-}$$

在第一个反应中 1 mol $K_2Cr_2O_7$ 产生 3 mol I_2，在第二个反应中 1 mol I_2 和 2 mol $Na_2S_2O_3$ 反应。由此可见，$K_2Cr_2O_7$ 与 $Na_2S_2O_3$ 间的物质的量之比为 1∶6，即

$$\frac{a}{t} = \frac{1}{6}$$

故有

$$n_{Na_2S_2O_3} = 6n_{K_2Cr_2O_7}$$

3. 质量分数的计算

药物的含量测定是指测试并计算药物中活性成分的质量分数。若称取试样 S(g)，测得被测物 A 的质量为 m_A(g)，则被测物的质量分数为

$$w_A(\%)=\frac{m_A}{S}\times 100\% \tag{4-8}$$

即

$$w_A(\%)=\frac{\frac{a}{t}c_T V_T \frac{M_A}{1000}}{S}\times 100\% \tag{4-9}$$

若已知标准溶液的滴定度 $T_{T/A}$，则可根据式(4-7)导出

$$w_A(\%)=\frac{T_{T/A}V_T}{S}\times 100\% \tag{4-10}$$

4.2.3 滴定分析计算实例

1. $c_A V_A=\frac{a}{t}c_T V_T$

此式可用于标准溶液稀释或增浓的计算。若 c_T、V_T 为初始浓度和体积，则 c_A、V_A 为稀释或增浓后溶液的浓度和体积；也可用于标准溶液的浓度计算。

【例 4-2】 现有 HCl 溶液(0.0976 mol/L) 4800 mL，欲使其浓度为 0.1000 mol/L，则应加入 HCl(0.05000 mol/L)多少毫升？

解 设应加入 HCl 溶液 V mL，根据溶液增浓前后溶质的物质的量应相等，则

$$0.5000\times V+0.0976\times 4800=0.1000\times(4800+V)$$

$$V=28.80\ \text{mL}$$

2. $m_A=\frac{a}{t}c_T V_T\frac{M_A}{1000}$

此式常用来计算配制一定浓度标准溶液应称取的试剂的质量，也可用于估算应称取被测试样的质量。

【例 4-3】 用 Na_2CO_3 标定 0.2 mol/L HCl 标准溶液时，若使用 25 mL 的滴定管，问应称取基准物 Na_2CO_3 多少克？

解

$$2HCl+Na_2CO_3 \rightleftharpoons 2NaCl+CO_2+H_2O$$

$$n_{Na_2CO_3}=\frac{a}{t}n_{HCl}=\frac{a}{t}c_{HCl}V_{HCl}M_{Na_2CO_3}$$

若使用 25 mL 滴定管，通常消耗标准溶液应在 20～24 mL，则可按 22 mL 计算所需基准物质的量，即根据式(4-7)有

$$m_{Na_2CO_3}=\frac{1}{2}\times 0.2\times 22\times\frac{106.0}{1000}=0.23(\text{g})$$

用分析天平称量时，一般按±10%为允许的称量误差，这里 Na_2CO_3 的称量范围应为 0.23±0.23×10%=0.23±0.02 g，即 0.21～0.25 g。

以上方法也可变换为计算标准溶液的物质的量浓度或滴定度。

【例 4-4】 标定 NaOH 标准溶液时称取邻苯二甲酸氢钾(KHP)基准物质0.4925 g。若终点时用去 NaOH 溶液 23.50 mL，求 NaOH 溶液的物质的量浓度。若欲用此标准溶液测定化学纯邻苯二甲酸氢钾的含量，计算其滴定度。

解　滴定剂到终点时，NaOH 和 KHP 的物质的量应相等，即

$$n_{NaOH}=n_{KHP}$$

$$c_{NaOH}V_{NaOH}=\frac{m_{KHP}}{M_{KHP}}$$

$$c_{NaOH}\times 23.50/1000=\frac{0.4925}{204.2}$$

即

$$c_{NaOH}=0.1026(mol/L)$$

$$T_{NaOH/KHP}=0.1026\times\frac{204.2}{1000}=0.02095(g/mL)$$

故该 NaOH 标准溶液 1 mL 相当于 0.02095 g 的 KHP。

3. $w_A(\%)=\dfrac{\dfrac{a}{t}c_TV_T\dfrac{M_A}{1000}}{S}\times 100\%$

【例 4-5】 测定工业用纯碱 Na_2CO_3 的含量，称取 0.2560 g 试样，用 0.2000 mol/L HCl 标准溶液滴定。若终点时消耗 HCl 溶液 22.93 mL，则该 HCl 溶液对 Na_2CO_3 的滴定度是多少？并计算试样中 Na_2CO_3 的质量分数。

解　滴定到终点时 $n_{Na_2CO_3}=\frac{1}{2}n_{HCl}$，故有

$$T_{HCl/Na_2CO_3}=\frac{1}{2}c_{HCl}\frac{M_{Na_2CO_3}}{1000}=\frac{1}{2}\times 0.2000\times\frac{106.0}{1000}=0.1060(g/mL)$$

$$w_{Na_2CO_3}(\%)=\frac{0.010\,00\times 22.93}{0.2560}\times 100\%=94.9\%$$

4.3　滴定分析中的化学平衡

化学反应必须在平衡状态才能达到定量分析的要求。常见的化学平衡包括水的离解平衡、酸碱平衡、溶度积平衡、络合平衡、氧化还原平衡等。化学分析体系中常存在多种成分，因而也存在多种化学平衡。

综合应用化学平衡、电荷平衡和质量平衡，可系统处理任意一个平衡系统的平衡问题，通过计算可以判断一个反应是否适合分析的要求。选择实验条件以及评价副反应对测定的干扰都可从化学平衡体系的分析入手。因此，化学平衡是化学分析方法的理论基础。下面先介绍分布系数和副反应系数的概念，然后讨论电荷平衡、质量平衡及化学平衡的系统处理方法。

4.3.1　分布系数和副反应系数

在滴定分析过程已达平衡的溶液中往往存在多种型体，各种存在型体的平衡浓度之和称为分析浓度，常用 c 表示。定义一定型体的平衡浓度占分析浓度的比值为该种型体的分布系数，用 δ_n 表示，这里 n 为型体的电荷数。各种存在型体分布系数的加和应等于 1。例如，乙酸

溶液中有 HAc 和 Ac^- 两种型体，以[HAc]和[Ac^-]表示 HAc 和 Ac^- 的平衡浓度，则两者的和为分析浓度 c。

设 δ_0 为 HAc 的分布系数，δ_1 为一价离子 Ac^- 的分布系数，则

$$\delta_0=\frac{[HAc]}{c} \qquad \delta_1=\frac{[Ac^-]}{c} \qquad \delta_0+\delta_1=1$$

根据化学平衡的基本原理，凡是影响化学平衡的因素都能改变溶液体系中各种型体的浓度，即使分布系数 δ_n 发生变化。

滴定分析中的基本滴定反应称为主反应，影响主反应化学平衡的因素表现为副反应。副反应是和化学反应的反应物或生成物发生的其他反应。由于副反应影响化学平衡，有可能减少参加主反应组分型体的浓度，以至影响主反应。若反应物发生副反应不利于主反应的进行；而生成物发生副反应则有利于主反应。

为了定量地表示副反应进行的程度，引入副反应系数 α。设主反应中某组分型体 Y 的浓度为[Y]，则分析浓度 c 和[Y]的比值应反映副反应干扰的程度，定义为副反应系数 α，即

$$\alpha=\frac{c}{[Y]} \tag{4-11}$$

不难理解，副反应系数是分布系数的倒数，即

$$\delta_n=\frac{[Y]}{c}=\frac{1}{\alpha} \tag{4-12}$$

两者在滴定分析过程发生的各种化学平衡中有着广泛的应用。

4.3.2 溶液中化学平衡的处理方法

溶液中除了存在基于化学反应的四大化学平衡外，还存在电荷平衡和质量平衡。

电荷平衡(charge balance)　是指在一个化学平衡体系中正离子浓度的总和和负离子浓度的总和相等，即溶液总是电中性的。这种正、负电荷平衡的代数表达式称为电荷平衡式(charge balance equation)。

例如，K_2HPO_4 溶液中的离子有 K^+、$H_2PO_4^-$、HPO_4^{2-} 和 PO_4^{3-}，其电荷平衡式为

$$[H^+]+[K^+]=[OH^-]+[H_2PO_4^-]+2[HPO_4^{2-}]+3[PO_4^{3-}]$$

式中，各项的系数为相应离子的价态，二价离子[HPO_4^{2-}]的系数为 2，三价离子[PO_4^{3-}]的系数为 3，中性分子不参与电荷平衡式。

质量平衡(mass balance)　又称为物料平衡(material balance)。在一个化学平衡体系中，某一组分的分析浓度等于该组分各种存在形式的平衡浓度之和，其数学表达式称为质量平衡式(mass balance equation)。

例如，c mol/L Na_2HPO_4 水溶液的质量平衡因溶液中含有 Na^+、HPO_4^{2-}、$H_2PO_4^-$、H_3PO_4、PO_4^{3-}、H^+ 和 OH^- 七种离子，应该有

总钠：$[Na^+]=2c$

总磷：$[H_3PO_4]+[H_2PO_4^-]+[HPO_4^{2-}]+[PO_4^{3-}]=c$

总氢：$3[H_3PO_4]+2[H_2PO_4^-]+[HPO_4^{2-}]+[H^+]-[OH^-]=c$

式中，[H_3PO_4]前面的系数 3 表示每个 H_3PO_4 分子含有 3 个 H^+，其他离子浓度前的系数可依此类推。溶液中的 H^+ 除了来源于 Na_2HPO_4 外，也应包括由水分子离解所得的 H^+，其浓度[H^+]在数值上等于[OH^-]，所以应该减去。由此可以看出，质量平衡式联系了分析浓度和

平衡浓度。

化学平衡的系统处理方法　在写出体系中所有化学反应平衡的数学关系式的基础上，增加电荷平衡式和质量平衡式，再用解联立方程组的方法求解各有关组分型体的活度。

【例 4-6】 用化学平衡的系统处理方法分析纯水的离解平衡。

解　水的离解平衡式为　$H_2O \rightleftharpoons H^+ + OH^-$

电荷平衡：　$[H^+]=[OH^-]$

质量平衡：　$[H^+]=[OH^-]=c$

水离解的平衡常数：　$K_w=[OH^-][H^+]=1.0\times10^{-14}$

列出未知数为$[H^+]$和$[OH^-]$，由以上各式有

$$[H^+][OH^-]=[H^+]^2=1.0\times10^{-14}$$

$$[H^+]=[OH^-]=1.0\times10^{-7}\,mol/L$$

$$pH=-lg[H^+]=-lg\,(1.0\times10^{-7})=7.00$$

习　题

1. 能用于滴定分析的化学反应必须具备哪些条件？作为基准物质的试剂又应具备什么条件？
2. 下列物质中哪些可用直接法配制标准溶液？哪些只能用间接法配制？为什么？

   $NaOH$、H_2SO_4、HCl、$KMnO_4$、$K_2Cr_2O_7$、$AgNO_3$、$NaCl$、$Na_2S_2O_3$
3. 用于滴定分析的化学反应为什么必须有确定的化学计量关系？什么是化学计量点？什么是滴定终点？
4. 写出下列物质溶液的电荷平衡式：(1)H_2SO_4；(2)H_3AsO_4；(3)$MgBr_2$。
5. 写出下列物质在水溶液中的质量平衡式：(1)$Mg(OH)_2$；(2)NaH_2PO_4。(设分析浓度均为 c mol/L)
6. 试计算 $K_2Cr_2O_7$ 标准溶液(0.02000 mol/L)对 Fe、FeO、Fe_2O_3 和 Fe_3O_4 的滴定度。

   [0.006702 g/mL；0.008622 g/mL；0.009581 g/mL；0.009262 g/mL]
7. 将 0.5500 g 不纯 $CaCO_3$ 溶于 25.00 mL 0.5020 mol/L HCl 溶液中，煮沸，过量的 HCl 溶液用 NaOH 溶液返滴定，消耗 NaOH 溶液 4.20 mL，若用 NaOH 溶液直接滴定 20.00 mL HCl 溶液，消耗 20.67 mL，计算试样中 $CaCO_3$ 的含量。

   [95.6%]
8. 称取铁矿试样 0.3143 g，溶于酸并还原为 Fe^{2+}，用 0.020 00 mol/L $K_2Cr_2O_7$ 溶液滴定，消耗了 21.30 mL。计算试样中 Fe_2O_3 的质量分数。

   [64.94%]
9. 为了测定溶液中 Ca^{2+} 的含量，将 Ca^{2+} 沉淀为乙二酸钙，经过滤洗涤后，将沉淀溶解在酸中，用 $KMnO_4$ 标准溶液滴定至淡紫色时为终点。标定该标准溶液的浓度时，精密称取 0.3562 g 基准乙二酸钠，用水溶解并稀释至 250 mL，精密量取 10.00 mL，用该标准溶液滴定至终点，消耗 48.36 mL。计算 $KMnO_4$ 标准溶液的浓度。

   [0.010 63 mol/L/L]
10. 应用化学平衡的系统处理方法计算 Hg_2Cl_2 溶液中 Hg_2^{2+} 的浓度。(已知 Hg_2Cl_2 的 $K_{sp}=1.2\times10^{-18}$)

    [6.7×10^{-7} mol/L]

(贵阳医学院　郝小燕)
(中国药科大学　胡育筑)

第5章　酸碱滴定法

酸碱滴定法(acid-base titrations)是以质子转移反应为基础的滴定分析方法。一般的酸、碱以及能与酸、碱直接或间接发生质子转移反应的物质，几乎都可以用酸碱滴定法滴定，因此它的应用十分广泛。

酸碱平衡是酸碱滴定法的基础，本章首先简述了酸碱溶液平衡的基本原理，以质子理论处理有关酸碱平衡中酸度的计算，然后讨论酸碱滴定的理论和应用方法。

5.1　水溶液中的酸碱平衡

5.1.1　质子论的酸碱概念

1. 酸碱的定义

按广义的酸碱概念，凡能给出质子(H^+)的物质称为酸，如 HCl、HAc、NH_4^+、HPO_4^{2-} 等。凡能接受质子的物质称为碱，如 Cl^-、Ac^-、NH_3、PO_4^{3-} 等。酸(HA)失去质子后变成相应的碱(A^-)，而碱(A^-)接受质子后变成相应的酸(HA)，这种互相依存又互相转化的性质称为共轭性，对应的酸碱构成共轭酸碱对。因此，酸碱的关系可表示如下：

$$\underset{\text{酸}}{HA} \rightleftharpoons \underset{\text{碱}}{A^-} + \underset{\text{质子}}{H^+}$$

HA 和 A^- 互为共轭酸碱对。HA 是 A^- 的共轭酸，A^- 是 HA 的共轭碱。

因此，酸和碱可以是中性分子，也可以是阴离子或阳离子。有些物质既能给出质子又能接受质子，称为两性物质，如 H_2O、HCO_3^-、HPO_4^{2-} 等。

2. 酸碱反应的实质

根据质子论的酸碱概念，酸碱反应的实质是质子的转移，而质子的转移是通过溶剂合质子来实现的。溶剂合质子是 H^+ 在溶剂中的存在形式，若以 SH 表示溶剂分子，HA 代表酸，酸和溶剂作用生成溶剂合质子的过程可表示为

$$HA + SH \rightleftharpoons SH_2^+ + A^-$$

例如，盐酸与氨在水溶液中的反应可表示为

$$HCl + H_2O \rightleftharpoons H_3O^+ + Cl^-$$

$$NH_3 + H_3O^+ \rightleftharpoons NH_4^+ + H_2O$$

$$\text{总式}\quad HCl + NH_3 \rightleftharpoons NH_4^+ + Cl^-$$

在非水溶剂(SH)中，酸(HA)碱(B)反应可表示如下：

$$HA + SH \rightleftharpoons A^- + SH_2^+$$

$$B + SH_2^+ \rightleftharpoons BH^+ + SH$$

总式　$$HA + B \rightleftharpoons BH^+ + A^-$$

酸$_1$　碱$_2$　　酸$_2$　碱$_1$

共轭

共轭

酸碱反应是两个酸碱对的相互作用，酸(HA)失去质子，变成其共轭碱(A^-)；碱(B)获得质子，变成其共轭酸(BH^+)。质子由酸 HA 转移给碱 B，反应的结果是各反应物转化成它们各自的共轭碱或共轭酸。

值得注意的是，按质子论的酸碱定义，盐的水解和电解质的离解都是酸碱质子转移反应。例如，下列两个反应都属于酸碱质子转移反应。

CO_3^{2-} 的水解：　$CO_3^{2-} + H_2O \rightleftharpoons HCO_3^- + OH^-$

HAc 的离解：　$HAc + H_2O \rightleftharpoons H_3O^+ + Ac^-$

在 CO_3^{2-} 的水解反应中，由于 CO_3^{2-} 夺取质子的能力比 H_2O 的强，因此 H_2O 是酸，CO_3^{2-} 是碱；在 HAc 的离解中，由于 HAc 给出质子的能力比 H_2O 的强，因此 H_2O 是碱，HAc 是酸。由此可见，酸碱是相对的，同一物质在不同的溶剂中可表现出不同的酸碱性。例如，HNO_3 在水溶液中表现为强酸性，而在冰醋酸溶液中表现为弱碱性，在浓硫酸中则显碱性。

3. 溶剂的质子自递反应

在溶剂分子间发生的质子转移反应，称为溶剂的质子自递反应(autoprotolysis reaction)。前已述及，水是一种两性物质，在水分子之间发生的质子传递反应，其结果生成自身的共轭酸碱 H_3O^+ 和 OH^-，反应式为

$$H_2O + H_2O \rightleftharpoons H_3O^+ + OH^-$$

这种反应的平衡常数称为溶剂的质子自递常数(autoprotolysis constant)，以 K_s 表示。水的质子自递常数又称为水的离子积，以 K_w 表示。则

$$K_w = [H_3O^+][OH^-] = 1.0 \times 10^{-14} \quad (25\ ℃) \tag{5-1}$$

即

$$pK_w = pH + pOH = 14$$

4. 酸碱的强度

我们在无机化学中已经学过，在水溶液中酸、碱的强度用其平衡常数 K_a、K_b 衡量。K_a(或 K_b)值越大，酸(或碱)性越强。例如

$$HCl + H_2O \rightleftharpoons H_3O^+ + Cl^- \qquad K_a = 1.55 \times 10^6$$

$$HAc + H_2O \rightleftharpoons H_3O^+ + Ac^- \qquad K_a = 1.75 \times 10^{-5}$$

$$NII_4^+ + H_2O \rightleftharpoons H_3O^+ + NH_3 \qquad K_a = 5.5 \times 10^{-10}$$

则这三种酸的强度顺序为 HCl＞HAc＞NH_4^+。

在水溶液中，共轭酸碱对 HA 和 A^- 的离解常数 K_a 和 K_b 之间的关系为

$$K_a \cdot K_b = K_w \tag{5-2}$$

或

$$pK_a + pK_b = pK_w$$

可见酸的强度与其共轭碱的强度是反比关系。酸越强(pK_a 越小),其共轭碱越弱(pK_b 越大);反之亦然。例如,HCN 在水中是很弱的酸($K_a = 6.2\times10^{-10}$),其共轭碱 CN^- 则表现为较强的碱,其 K_b 值可由式(5-2)求出,即

$$K_b = \frac{K_w}{K_a} = \frac{1.0\times10^{-14}}{6.2\times10^{-10}} = 1.6\times10^{-5}$$

或

$$pK_b = pK_w - pK_a = 14.00 - 9.21 = 4.79$$

因此我们可用 pK_a 统一地表示酸碱的强度。

多元酸(碱)在水中是逐级解离的,溶液中存在多个共轭酸碱对,情况比较复杂,其逐级共轭酸碱对的 K_a 与 K_b 之间仍有上述确定关系。例如,H_3PO_4 是三元酸,在水溶液中分三级解离,存在三个共轭酸碱对,由各对共轭酸碱对的关系可推出它们的 K_a 与 K_b 有如下关系:

$$H_3PO_4 \underset{K_{b_3}}{\overset{K_{a_1}}{\rightleftharpoons}} H_2PO_4^- \underset{K_{b_2}}{\overset{K_{a_2}}{\rightleftharpoons}} HPO_4^{2-} \underset{K_{b_1}}{\overset{K_{a_3}}{\rightleftharpoons}} PO_4^{3-}$$

$$K_{a_1}K_{b_3} = K_{a_2}K_{b_2} = K_{a_3}K_{b_1} = K_w$$

【例 5-1】 计算 HS^- 的 K_b 值。

解 HS^- 为两性物质,这里指的是作为碱时的离解常数,由

$$HS^- + H_2O \rightleftharpoons H_2S + OH^-$$

查得 H_2S 的 $K_{a_1} = 5.1\times10^{-8}$,则

$$K_{b_2} = \frac{K_w}{K_{a_1}} = \frac{1.00\times10^{-14}}{5.1\times10^{-8}} = 2.0\times10^{-7}$$

5.1.2 溶液中酸碱组分的分布

1. 酸的浓度和酸度

酸的浓度和酸度在概念上是不同的。酸度是指溶液中 H^+ 的浓度,严格地说是指 H^+ 的活度,常用 pH 表示。酸的浓度是指在一定体积溶液中含有某种酸溶质的量,即酸的分析浓度。同样,碱的浓度和碱度在概念上也是不同的。碱度常用 pOH 表示。习惯上用 c 表示酸或碱的分析浓度,并用$[H^+]$、$[OH^-]$来表示溶液中 H^+ 和 OH^- 的平衡浓度。

2. 酸碱的分布系数

分析化学中所使用的试剂许多是弱酸或弱碱。在弱酸(碱)平衡体系中,存在的多种型体的浓度分布是由溶液的酸度决定的。因此酸度是影响各类化学反应的重要因素。

酸碱平衡体系各种存在型体的平衡浓度随溶液中 pH 的变化而变化。第 4 章已经介绍了分布系数,这里用 δ_n 表示电荷数为 n 的酸碱型体的分布系数。

对一元弱酸如冰醋酸,在溶液中只能以 HAc 和 Ac^- 两种型体存在。设 c 为 HAc 的总浓度,[HAc]、$[Ac^-]$分别代表 HAc 和 Ac^- 的平衡浓度。δ_0 为 HAc 的分布系数,δ_1 为 Ac^- 的分布系数,则有

$$\delta_0=\frac{[HAc]}{c}=\frac{[HAc]}{[HAc]+[Ac^-]}=\frac{[H^+]}{K_a+[H^+]} \tag{5-3a}$$

$$\delta_1=\frac{[Ac^-]}{c}=\frac{[Ac^-]}{[HAc]+[Ac^-]}=\frac{K_a}{K_a+[H^+]} \tag{5-3b}$$

$$\delta_0+\delta_1=1$$

不难理解，酸碱平衡体系中分布系数与 pH 的关系能定量地说明溶液中酸、碱型体的分布情况，对于掌握与控制分析条件有重要的指导意义。

【例 5-2】 计算 pH=5.00 时，HAc 和 Ac^- 的分布系数。

解

$$\delta_0=\frac{[H^+]}{K_a+[H^+]}=\frac{1.0\times10^{-5}}{1.8\times10^{-5}+10^{-5}}=0.36$$

$$\delta_1=1.00-0.36=0.64$$

二元酸、三元酸也可以采用类似的方法处理。

由此可见，对于一定的酸(碱)，分布系数是溶液酸度的函数。如果以 pH 为横坐标，分布系数为纵坐标，可绘制各种酸碱的 δ-pH 曲线。以 HAc 为例，其 δ-pH 曲线如图 5-1 所示。

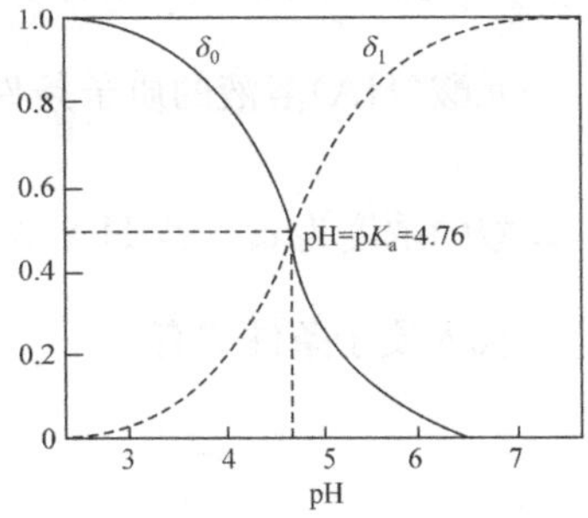

图 5-1　冰醋酸溶液中 HAc、Ac^- 的分布系数与溶液 pH 的关系曲线

由图 5-1 可知，δ_1 随 pH 的增高而增大，δ_0 随 pH 的增高而减小。当 pH$<$pK_a 时，主要存在型体是 HAc；当 pH$>$pK_a 时，主要存在型体是 Ac^-。δ_0 与 δ_1 曲线相交在 $\delta_0=\delta_1=0.5$ 处，由式(5-3a)和式(5-3b)可知，此时$[HAc]=[Ac^-]$，$[H^+]=K_a$，即 pH$=$pK_a，HAc 和 Ac^- 各占一半。这一结论可应用于任何一元弱酸(碱)。同时，只要知道某一元酸(碱)在一定 pH 的分布系数和酸(碱)的分析浓度，就很容易计算它在该 pH 时的平衡浓度。

5.1.3　酸碱体系的 pH 计算

1. 质子条件式

酸碱反应的本质是质子的转移，因此，在处理酸碱反应的平衡问题时，要根据共轭酸碱对之间质子转移的平衡关系式进行计算，即酸碱反应达到平衡时，酸失去的质子数应该等于碱得到的质子数。这种质子平衡关系称为质子条件，其数学表达式称为质子条件式(proton balance equation)。质子条件式是处理酸碱平衡计算问题的基本关系式，是计算溶液中 H^+ 的浓度与有关组分浓度的基础，应予以熟练掌握。

书写质子条件式可以根据第 4 章介绍的化学平衡的系统处理方法由质量平衡和电荷平衡求得，也可由更为简便常用的零水准法进行计算，其方法是选择溶液中大量存在并参加质子转移的物质为“零水准”(又称参考水准)，然后根据质子转移数相等的数量关系写出质子条件式。

以一元弱酸 HA 为例，溶液中大量存在并参与质子转移的物质是 HA 和 H_2O，选二者作为零水准，溶液中存在的反应有

$$HA+H_2O \rightleftharpoons H_3O^++A^-$$
$$H_2O+H_2O \rightleftharpoons H_3O^++OH^-$$

因此，H_3O^+ 为得质子产物，A^-、OH^- 为失质子产物，得失质子数应当相等，故质子条件式为

$$[H_3O^+]=[A^-]+[OH^-]$$

式中，$[H_3O^+]$为 H_2O 得质子后的产物浓度；$[A^-]$和$[OH^-]$分别是 HA 和 H_2O 失去质子后产物的浓度。若两端乘以溶液的体积就表示得失质子的物质的量相等。

因此，选好零水准后，只要将所有得到质子后的产物写在等式的一端，所有失去质子后的产物写在另一端，就得到了质子条件式。质子条件式中不出现零水准物质。在处理多元酸碱问题时，对得失质子数多于 1 个的产物要加上得失质子的数目作为平衡浓度前的系数。为简化起见，H_3O^+ 以 H^+ 表示。以 H_2CO_3 为例，其质子条件式是

$$[H^+]=[HCO_3^-]+2[CO_3^{2-}]+[OH^-]$$

这里零水准物质是 H_2CO_3 和 H_2O，CO_3^{2-} 是 H_2CO_3 失去两个质子后的产物，按得失质子数相等的原则，$[CO_3^{2-}]$应乘以 2。

2. 一元酸碱溶液的 pH 计算

一元酸(HA)溶液的质子条件式是

$$[H^+]=[A^-]+[OH^-]$$

设酸的浓度为 c_a。若 HA 为强酸，则$[A^-]$的分布系数 $\delta_1=1$，$[A^-]=c_a$，而$[OH^-]=\dfrac{K_w}{[H^+]}$，代入质子条件式有

$$[H^+]=c_a+\frac{K_w}{[H^+]} \tag{5-4}$$

该式的精确解需解一元二次方程，得

$$[H^+]=\frac{c_a+\sqrt{c_a^2+4K_w}}{2} \tag{5-5a}$$

通常分析化学计算溶液时的允许相对误差为 5%，即当 $c_a \geqslant 20[OH^-]$时，以上质子条件式中的$[OH^-]$项可忽略，则有

$$[H^+]=[A^-]=c_a \tag{5-5b}$$

若 HA 为弱酸，根据式(5-3b)得

$$[A^-]=c_a\delta_1=\frac{c_aK_a}{[H^+]+K_a}$$

故

$$[H^+]=\frac{c_aK_a}{[H^+]+K_a}+\frac{K_w}{[H^+]} \tag{5-6a}$$

或

$$[H^+]^3+K_a[H^+]^2-(c_aK_a+K_w)[H^+]-K_aK_w=0$$

式(5-6a)是计算一元弱酸溶液$[H^+]$的精确式，需解三次方程。实际工作中通常根据计算$[H^+]$时的允许误差，视弱酸的 K_a 和 c_a 的大小给予简化处理。

当 $c_aK_a \geqslant 20K_w$ 时，水的离解影响很小，式(5-6a)中含 K_w 项可略去，则

$$[H^+]=\frac{c_aK_a}{[H^+]+K_a}$$

$$[H^+]^2=K_a(c_a-[H^+])$$

$$[H^+]=\frac{-K_a+\sqrt{K_a^2+4K_ac_a}}{2} \tag{5-6b}$$

式(5-6b)是计算一元弱酸溶液$[H^+]$的近似式。当$c_aK_a \geqslant 20K_w$且$c_a/K_a \geqslant 500$时，弱酸的离解对总浓度的影响也可略去，$c_a-[H^+]\approx c_a$，得到最简式

$$[H^+]=\sqrt{K_ac_a} \tag{5-6c}$$

【例 5-3】 计算 NH_4Cl 溶液(0.10 mol/L)的 pH。

解 由于$c_aK_a \geqslant 20K_w$，$c_a/K_a=\frac{0.10}{5.7\times10^{-10}}>500$，故可按最简式计算

$$[H^+]=\sqrt{K_ac_a}=\sqrt{5.7\times10^{-10}\times0.10}=7.5\times10^{-6}(\text{mol/L})$$

$$\text{pH}=5.13$$

一元弱碱(B)在水溶液中的质子条件式为

$$[OH^-]=[BH^+]+[H^+]$$

因此，采取与处理弱酸溶液相似的方法，即将式(5-6a)～式(5-6c)中的c_a、$[H^+]$和K_a，分别换成c_b、$[OH^-]$和K_b，就可用于计算弱碱溶液中OH^-的浓度。

3. 多元酸碱溶液的 pH 计算

以二元酸 H_2A 为例，其溶液的质子条件式为

$$[H^+]=[HA^-]+2[A^{2-}]+[OH^-]$$

设 H_2A 的浓度为c_a，应用计算二元酸溶液中$[HA^-]$、$[A^{2-}]$分布系数的式(5-4b)和式(5-4c)就可得到计算$[H^+]$的精确式为

$$[H^+]=\frac{c_aK_{a_1}[H^+]}{[H^+]^2+K_{a_1}[H^+]+K_{a_1}K_{a_2}}+\frac{2c_aK_{a_1}K_{a_2}}{[H^+]^2+K_{a_1}[H^+]+K_{a_1}K_{a_2}}+\frac{K_w}{[H^+]} \tag{5-7a}$$

与对一元弱酸处理的方法相似，当$c_aK_{a_1} \geqslant 20K_w$时，忽略水的离解，含$K_w$项可略去；通常二元酸的$K_{a_1} \gg K_{a_2}$，酸的第二级离解也可忽略，故式(5-7a)可简化成近似式(5-7b)

$$[H^+]=\frac{c_aK_{a_1}}{[H^+]+K_{a_1}} \tag{5-7b}$$

则

$$[H^+]=\sqrt{(c_a-[H^+])K_{a_1}}$$

当$c_a/K_{a_1} \geqslant 500$时，可同时忽略酸的离解对总浓度的影响，即$c_a-[H^+]\approx c_a$，得到最简式(5-7c)

$$[H^+]=\sqrt{K_{a_1}c_a} \tag{5-7c}$$

多元碱溶液的$[OH^-]$可仿照多元酸的方法同样处理。

4. 两性物质溶液的 pH 计算

以 NaHA 为例，该溶液的质子条件式为

$$[H^+]+[H_2A]=[A^{2-}]+[OH^-]$$

设 NaHA 的浓度为c_a，而K_{a_1}、K_{a_2}分别为 H_2A 的一级和二级离解常数，若以计算分布系数的公式代入，得到计算$[H^+]$的精确式为

$$[H^+]+\frac{c_a[H^+]^2}{[H^+]^2+K_{a_1}[H^+]+K_{a_1}K_{a_2}}=\frac{c_aK_{a_1}K_{a_2}}{[H^+]^2+K_{a_1}[H^+]+K_{a_1}K_{a_2}}+\frac{K_w}{[H^+]} \tag{5-8a}$$

由于通常两性物质放出质子和接受质子能力都比较弱，因此可认为$[HA^-]\approx c_a$，将该溶液的质子条件式简化为

$$[H^+]+\frac{c_a[H^+]}{K_{a_1}}=\frac{c_aK_{a_2}}{[H^+]}+\frac{K_w}{[H^+]}$$

则

$$[H^+]=\sqrt{\frac{K_{a_2}c_a+K_w}{1+\frac{c_a}{K_{a_1}}}}$$

当$c_aK_{a_2}\geqslant 20K_w$时，$K_w$项也可略去，式(5-8a)可简化为近似式(5-8b)。

$$[H^+]=\sqrt{\frac{K_{a_2}c_a}{1+\frac{c_a}{K_{a_1}}}} \tag{5-8b}$$

若$c_a/K_{a_1}\geqslant 20$，则分母中的1可略去，得最简式(5-8c)为

$$[H^+]=\sqrt{K_{a_1}K_{a_2}} \tag{5-8c}$$

【例5-4】 计算KHC_2O_4溶液(0.10 mol/L)的pH($K_{a_1}=6.5\times10^{-2}$，$K_{a_2}=6.1\times10^{-5}$)。

解 由于$c_aK_{a_2}\geqslant 20K_w$，$c_a/K_{a_1}<20$，因此应用近似式求算，则

$$[H^+]=\sqrt{\frac{0.10\times6.1\times10^{-5}}{1+\frac{0.10}{6.5\times10^{-2}}}}=1.6\times10^{-3}(\text{mol/L})$$

$$pH=2.80$$

5. *缓冲溶液的pH计算*

常用的缓冲溶液大都由弱酸及其共轭碱，或弱碱及其共轭酸所组成。根据无机化学中所学的知识，当c_a和c_b较大时，缓冲溶液的pH用下列公式计算：

$$[H^+]=\frac{c_a}{c_b}K_a \quad 或 \quad pH=pK_a+\lg\frac{c_b}{c_a} \tag{5-9}$$

5.2 酸碱指示剂

5.2.1 指示剂的变色原理

酸碱指示剂(acid-base indicator)是一些有机弱酸或弱碱染料，这些弱酸或弱碱与其共轭碱或酸具有不同的颜色。现以HIn代表弱酸指示剂，其离解平衡表示如下：

$$HIn \rightleftharpoons In^- + H^+$$

酸式色　　碱式色

从离解平衡式可以看出，随着溶液pH的提高，平衡向右方移动，HIn由酸式转变为碱式，

溶液由酸式色变成碱式色；反之，则由碱式色变成酸式色。

若以 InOH 代表弱碱指示剂，其离解平衡表示如下：

$$\underset{\text{碱式色}}{InOH} \rightleftharpoons \underset{\text{酸式色}}{In^+} + OH^-$$

由此可见，酸碱指示剂的变色和溶液的 pH 相关。

5.2.2　指示剂的变色范围

上面讨论了指示剂为什么会随溶液酸碱性的改变而变色，但是更为重要的是，酸碱指示剂在怎样的 pH 条件下颜色会发生突变。因为只有知道了在怎样的 pH 条件下颜色会发生突变，才有可能用它指示终点。为此，必须讨论指示剂的颜色变化与溶液 pH 之间的关系。

现以弱酸指示剂为例说明。如前所述，弱酸指示剂在溶液中的离解平衡可用下式表示：

$$HIn \rightleftharpoons In^- + H^+$$

平衡时有

$$\frac{[H^+][In^-]}{[HIn]} = K_{In} \tag{5-10a}$$

式中，K_{In}为指示剂的离解平衡常数，称为指示剂常数(indicator constant)。在一定温度下 K_{In}为常数。式(5-10a)可改写为

$$\frac{[In^-]}{[HIn]} = \frac{K_{In}}{[H^+]} \tag{5-10b}$$

式(5-10b)表明在一定酸度范围内$[In^-]$和$[HIn]$的比值决定了溶液的颜色，即溶液的颜色是由指示剂常数 K_{In}和溶液的 pH 两个因素决定的。对一定指示剂在一定温度下的 K_{In}是常数，因此溶液的颜色取决于溶液的 pH。换句话说，在一定的 pH 条件下，溶液有一定的颜色，当 pH 改变时，溶液的颜色就相应地发生改变。

不难理解，溶液中指示剂的颜色是两种不同颜色的混合色。当两种颜色的比是 1∶10 或 1∶10 以上时，一般我们只能看到浓度较大的那种颜色。因此，把能够看到颜色变化的指示剂浓度比($[In^-]/[HIn]$)的范围定为 1∶10～10∶1。如果用溶液的 pH 表示，则为

$$\frac{[In^-]}{[HIn]} = \frac{K_{In}}{[H^+]} = \frac{1}{10} \qquad [H^+] = 10K_{In} \qquad pH = pK_{In} - 1$$

$$\frac{[In^-]}{[HIn]} = \frac{K_{In}}{[H^+]} = 10 \qquad [H^+] = \frac{1}{10}K_{In} \qquad pH = pK_{In} + 1$$

由此可见，当 pH 在 $pK_{In}-1$ 以下时，溶液只显示酸式的颜色；pH 在 $pK_{In}+1$ 以上时，只显示指示剂碱式的颜色。pH 在 $pK_{In}-1$ 到 $pK_{In}+1$ 之间，我们才能看到指示剂的颜色变化情况。因此，指示剂的变色范围(colour change interval)为

$$pH = pK_{In} \pm 1 \tag{5-11}$$

当溶液中$[HIn]=[In^-]$时，溶液中$[H^+]= K_{In}$，即 $pH = pK_{In}$，这是两者浓度相等时的 pH，溶液的颜色是酸式色和碱式色的中间色。而在实际滴定时，在指示剂变色过程中有一点颜色变化特别明显，如甲基橙，当 pH 约为 4 时为显著的橙色，这一点为实际变色点，即滴定终点。

因此，理论上指示剂的变色范围是两个 pH 单位。但实验测得的指示剂变色范围并不都

是两个 pH 单位，而是略有上下。这是由于实验测得的指示剂变色范围是人目视确定的，人眼对不同颜色的敏感程度不同，观察到的变色范围也不同。

综上所述，可得出以下几点结论：

(1) 各种指示剂的变色范围随指示剂常数 K_{In}的不同而不同。有的在酸性溶液中变色，如甲基橙、甲基红等；有的在中性附近变色，如中性红、酚红等；有的在碱性溶液中变色，如酚酞、百里酚酞等。

(2) 各种指示剂在变色范围内显示出逐渐变化的过渡颜色，即

$$\frac{[In^-]}{[HIn]}:\left(<\frac{1}{10}\right)\longrightarrow\left(\frac{1}{10}\right)\longrightarrow(1)\longrightarrow\left(\frac{10}{1}\right)\longrightarrow(>10)$$

酸式色　略带碱式色　中间色　略带酸式色　碱式色

(3) 由实验测得的各种指示剂变色范围一般为 1～2 个 pH 单位。

(4) 指示剂的变色范围越窄越好。

常用的酸碱指示剂列于表 5-1。

表 5-1 几种常用的酸碱指示剂

指示剂	变色范围(pH)	颜色		pK_{In}	浓度	用量/(滴/10 mL 试液)
		酸色	碱色			
百里酚蓝	1.2～2.8	红	黄	1.65	0.1%的 20%乙醇溶液	1～2
甲基黄	2.9～4.0	红	黄	3.25	0.1%的 90%乙醇溶液	1
甲基橙	3.1～4.4	红	黄	3.45	0.05%的水溶液	1
溴酚蓝	3.0～4.6	黄	紫	4.1	0.1%的 20%乙醇溶液或其钠盐的水溶液	1
溴甲酚绿	3.8～5.4	黄	蓝	4.9	0.1%的乙醇溶液	1
甲基红	4.4～6.2	红	黄	5.1	0.1%的 60%乙醇溶液或其钠盐的水溶液	1
溴百里酚蓝	6.2～7.6	黄	蓝	7.3	0.1%的 20%乙醇溶液或其钠盐的水溶液	1
中性红	6.8～8.0	红	黄橙	7.4	0.1%的 60%乙醇溶液	1
酚红	6.7～8.4	黄	红	8.0	0.1%的 60%乙醇溶液或其钠盐的水溶液	1
酚酞	8.0～10.0	无	红	9.1	0.5%的 90%乙醇溶液	1～3
百里酚酞	9.4～10.6	无	蓝	10.0	0.1%的 90%乙醇溶液	1～2

5.3 水溶液中的酸碱滴定

在酸碱滴定中，重要的是要估计被测定物质能否被准确滴定，滴定过程中溶液的 pH 变化情况以及如何选择合适的指示剂确定滴定终点。为了选择合适的指示剂指示终点，必须了解在滴定过程中溶液 pH 的变化规律，特别是化学计量点附近 pH 的变化。滴定过程中溶液 pH 的变化规律通常用滴定曲线来描述。以滴定过程中酸(或碱)的标准溶液的加入量为横坐标，对应溶液的 pH 为纵坐标，所绘得的曲线为酸碱滴定曲线(acid-base titration curve)。下面介绍几种基本类型酸碱滴定过程中 pH 的变化规律及指示剂的选择方法。

5.3.1 强酸(强碱)的滴定

强酸与强碱相互滴定的基本反应为

$$H^+ + OH^- \rightleftharpoons H_2O$$

反应的平衡常数称为滴定反应常数，以 K_t 表示。

$$K_t = \frac{1}{[H^+][OH^-]} = \frac{1}{K_w} = 1.00\times10^{14}$$

这是所有酸碱滴定中最大的滴定反应常数，说明强酸和强碱的反应完全程度最高。

现以 NaOH 滴定 HCl 为例讨论，设 HCl 的浓度 $c_a = 0.1000$ mol/L，体积 $V_a = 20.00$ mL；NaOH 的浓度 $c_b = 0.1000$ mol/L，滴定时加入的体积为 V_b(mL)，整个滴定过程可分为以下4个阶段。

1) 滴定开始前($V_b=0$)

溶液的酸度等于盐酸的原始浓度，则

$$[H^+] = 0.1000\ \text{mol/L} \qquad \text{pH} = 1.00$$

2) 滴定开始至化学计量点前($V_a > V_b$)

随着 NaOH 的不断滴入，溶液中$[H^+]$逐渐减小，其大小取决于剩余 HCl 的量和溶液的体积，即

$$[H^+] = \frac{V_a - V_b}{V_a + V_b} \cdot c_a$$

例如，滴入 NaOH 19.98 mL(化学计量点前 0.1%)时

$$[H^+] = \frac{20.00 - 19.98}{20.00 + 19.98} \times 0.1000 = 5.00\times10^{-5}\ (\text{mol/L})$$

$$\text{pH} = 4.30$$

3) 化学计量点时($V_a = V_b$)

滴入 NaOH 20.00 mL 时，NaOH 和 HCl 以等物质的量相互作用，溶液呈中性，即

$$[H^+] = [OH^-] = 10^{-7}\ \text{mol/L} \qquad \text{pH} = 7.00$$

4) 化学计量点后($V_b > V_a$)

溶液的 pH 由过量的 NaOH 的量和溶液的体积来决定，即

$$[OH^-] = \frac{V_b - V_a}{V_b + V_a} \cdot c_b$$

例如，滴入 NaOH 20.02 mL(化学计量点后 0.1%)时

$$[OH^-] = \frac{20.02 - 20.00}{20.02 + 20.00} \times 0.1000 = 5.00\times10^{-5}\ (\text{mol/L})$$

$$\text{pOH} = 4.30 \qquad \text{pH} = 9.70$$

用类似的方法可以计算出滴定过程中各点的 pH，其数据列于表 5-2。以表中数据作 pH-V曲线(图 5-2)就是强碱滴定强酸的滴定曲线。

表 5-2　用 NaOH(0.1000 mol/L)滴定 20.00 mL HCl(0.1000 mol/L)溶液的 pH 变化(室温下)

加入的 NaOH		剩余的 HCl		$[H^+]$	pH	
摩尔分数/%	V/mL	摩尔分数/%	V/mL			
0	0	100	20.00	1.00×10^{-1}	1.00	
90.0	18.00	10	2.00	5.00×10^{-3}	2.30	
99.0	19.80	1	0.20	5.00×10^{-4}	3.30	
99.9	19.98	0.1	0.02	5.00×10^{-5}	4.30	突跃范围
100.0	20.00	0	0	1.00×10^{-7}	7.00	突跃范围
		过量的 NaOH		$[OH^-]$		突跃范围
100.1	20.02	0.1	0.02	5.00×10^{-5}	9.70	突跃范围
101	20.20	1.0	0.20	5.00×10^{-4}	10.70	

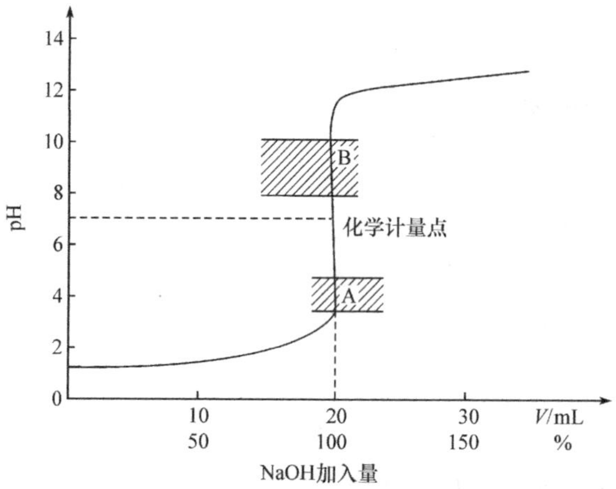

图 5-2　NaOH 溶液(0.1000 mol/L)滴定 20.00 mL HCl 溶液(0.1000 mol/L)的滴定曲线
A. 甲基橙;B. 酚酞

从表 5-2 和图 5-2 可以看出,从滴定开始到加入 NaOH 溶液 19.98 mL 时,溶液的 pH 仅改变了 3.30 个 pH 单位。但加入 NaOH 溶液从 19.98～20.02 mL,即在化学计量点前后 ±0.1%范围内时,溶液的 pH 由 4.30 急剧增到 9.70,增大了 5.40 个 pH 单位,即$[H^+]$降低了 25 万倍,溶液由酸性突变到了碱性。这种 pH 的突变称为滴定突跃,突跃所在的 pH 范围称为滴定突跃范围。显然,滴定突跃是选择指示剂的依据。凡是变色范围全部或部分的 pH 处于滴定突跃范围内的指示剂都可以用来指示滴定的终点。本例中可选酚酞、甲基红、甲基橙等作为指示剂。如果用强酸滴定强碱,则滴定曲线恰和图 5-2 的曲线对称,即 pH 变化方向相反。

酸碱的浓度可以影响滴定突跃范围的大小。本例中,若用 0.01 mol/L、0.1 mol/L 和 1 mol/L三种浓度的标准溶液进行滴定,滴定突跃的 pH 分别为 5.30～8.70、4.30～9.70、3.30～10.70。可见,溶液浓度越大,突跃范围越大,可供选择的指示剂越多;溶液浓度越小,突跃范围越小,指示剂的选择受到限制越多。例如,用 0.01 mol/L 强碱溶液滴定0.01 mol/L强酸溶液,由于其突跃范围减小到 pH 5.30～8.70,就不能使用甲基橙指示剂指示滴定终点。应该指出的是,分析工作者可根据对分析结果准确度的要求(±0.1%或±0.2%)确定滴定突跃范围和选择适宜的指示剂。

5.3.2　一元弱酸(碱)的滴定

一元弱酸(碱)的滴定包括强酸滴定一元弱碱和强碱滴定一元弱酸，其化学计量点的 pH 取决于其共轭酸或共轭碱溶液的酸度，滴定反应分别是

$$BOH+H^+ \rightleftharpoons H_2O+B^+ \qquad K_t=\frac{K_b}{K_w}$$

$$HA+OH^- \rightleftharpoons H_2O+A^- \qquad K_t=\frac{K_a}{K_w}$$

因此，滴定反应常数 K_t 比强酸碱滴定的 K_t 小，说明反应的完全程度较前类滴定差，而且酸(碱)性越弱，K_t 越小，逆反应程度越大，到一定限度时，准确滴定就不可能了。

现以 NaOH 滴定 HAc 为例说明。设 HAc 的浓度 $c_a=0.1000$ mol/L，体积 $V_a=20.00$ mL；NaOH 的浓度 $c_b=0.1000$ mol/L，滴定时加入的体积为 V_b(mL)，整个滴定过程仍分为 4 个阶段。

1) 滴定开始前($V_b=0$)

溶液的$[H^+]$主要来自 HAc 的离解，由于 $c_a K_a>20K_w$，$c_a/K_a>500$，因此应按最简式(5-6c)计算，即

$$[H^+]=\sqrt{K_a c_a}=\sqrt{1.76\times10^{-5}\times0.1000}=1.33\times10^{-3}(\text{mol/L})$$

$$pH=2.88$$

2) 滴定开始至化学计量点前($V_a>V_b$)

由于 NaOH 的滴定，溶液中存在 HAc-NaAc 缓冲体系，因此其 pH 计算为

$$pH=pK_a+\lg\frac{[Ac^-]}{[HAc]}$$

$$[Ac^-]=\frac{c_bV_b}{V_a+V_b} \qquad [HAc]=\frac{c_aV_a-c_bV_b}{V_a+V_b}$$

因为 $c_a=c_b=0.1000$ mol/L，所以

$$pH=pK_a+\lg\frac{V_b}{V_a-V_b}$$

例如，滴入 NaOH 19.98 mL(化学计量点前 0.1%)时

$$pH=4.75+\lg\frac{19.98}{20.00-19.98}=7.75$$

3) 化学计量点时($V_a=V_b$)

此时为 NaAc 溶液，其酸度由 HAc 的共轭碱 Ac^- 的 K_b 和 c_b 决定，由于溶液的体积增大一倍，因此 $c_b=0.05000$ mol/L，又因 $c_bK_b>20K_w$，$c_b/K_b>500$，则

$$[OH^-]=\sqrt{K_bc_b}=\sqrt{\frac{K_w}{K_a}c_b}$$

$$=\sqrt{\frac{1.00\times10^{-14}}{1.76\times10^{-5}}\times5.000\times10^{-2}}$$

$$=5.33\times10^{-6}(\text{mol/L})$$

$$pOH=5.27 \qquad pH=8.73$$

4) 化学计量点后($V_a<V_b$)

由于过量 NaOH 的存在，抑制了 Ac^- 的水解，溶液的 pH 仅由过量的 NaOH 的量和溶液

体积来决定,其计算方法与强碱滴定强酸相同。例如,滴入 NaOH 溶液 20.02 mL(化学计量点后 0.1%)时,pOH=4.30,pH=9.70。

计算结果见表 5-3,滴定曲线见图 5-3,虚线为强碱滴定强酸的前半部分。可见,滴定突跃范围为 pH 7.75～9.70,小于图 5-2 和表 5-2 的 pH 4.30～9.70。在化学计量点时,由于 Ac^- 显碱性,滴定溶液的 pH 不等于 7,而在偏碱性区(pH 8.73)。显然在酸性区内变色的指示剂如甲基橙、甲基红等都不能用,所以本滴定宜选用酚酞(pK_{In} 9.1)或百里酚酞(pK_{In}10.0)作指示剂。

表 5-3　用 NaOH(0.1000 mol/L)滴定 20.00 mL HAc(0.1000 mol/L)溶液 pH 的变化(室温下)

加入的 NaOH		剩余的 HAc		计算式	pH	
摩尔分数/%	V/mL	摩尔分数/%	V/mL			
0	0	100	20.00	$[H^+]=\sqrt{K_a c_a}$	2.88	
50	10.00	50	10.00		4.75	
90	18.00	10	2.00		5.71	
99	19.80	1	0.20	$[H^+]=K_a\cdot\frac{[HAc]}{[Ac^-]}$	6.75	
99.9	19.98	0.1	0.02		7.75	突跃范围
100	20.00	0	0	$[OH^-]=\sqrt{\frac{K_w}{K_a}\cdot c_b}$	8.73 (等量点)	
		过量的 NaOH				
100.1	20.02	0.1	0.02	$[OH^-]=10^{-4.3}$, $[H^+]=10^{-9.7}$	9.70	
101	20.20	1	0.20	$[OH^-]=10^{-3.3}$, $[H^+]=10^{-10.7}$	10.70	

比较用 NaOH(0.1000 mol/L)滴定不同强度的一元酸(0.1000 mol/L)的滴定曲线如图 5-4 所示。从图 5-4 中可以看出,被滴定的酸越弱,共轭碱的碱性越强,则滴定到化学计量点时溶液的 pH 越高,突跃范围越小。突跃范围的大小不仅取决于弱酸的强度(K_a),还和其浓度 c_a 有关。当 c_a 和 K_a 较大时,滴定突跃范围就大,反之则小。若滴定 0.1 mol/L 的弱酸欲达到 0.2%准确度的要求,即终点至化学计量点差(ΔpH)0.3 个单位,此时人眼能借助指示剂的颜色变化判断滴定终点,则弱酸溶液的 K_a 不应小于 10^{-7}。一般来说,当 $c_aK_a \geq 10^{-8}$、滴定突跃(ΔpH)≥0.6 单位时,才能用强碱直接滴定。

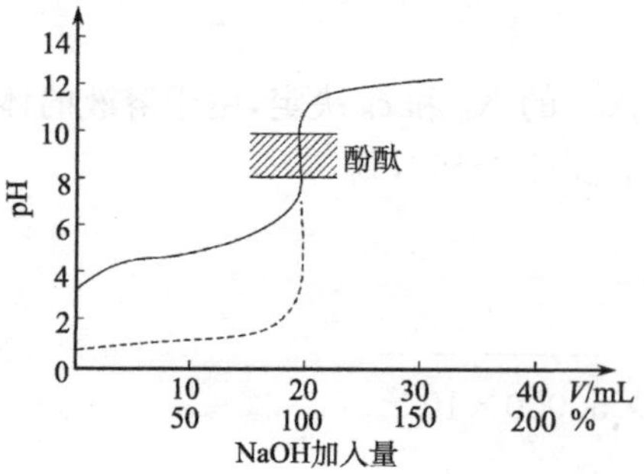

图 5-3　NaOH 溶液(0.1000 mol/L)滴定 20.00 mL HAc 溶液(0.1000 mol/L)的滴定曲线

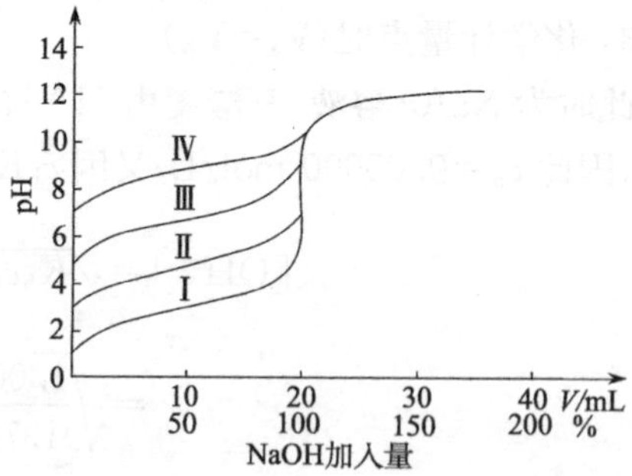

图 5-4　NaOH 溶液(0.1000 mol/L)滴定不同强度的酸(0.1000 mol/L)的滴定曲线

Ⅰ. $K_a=10^{-3}$;Ⅱ. $K_a=10^{-5}$;

Ⅲ. $K_a=10^{-7}$;Ⅳ. $K_a=10^{-9}$

对强酸(HCl)滴定弱碱($NH_3 \cdot H_2O$)时pH的变化情况可采用类似的方法处理。与强碱滴定弱酸比较，仅pH的变化方向相反，突跃范围的大小取决于碱的强度及其浓度。弱碱的K_b值越小，其共轭酸的酸性越强，化学计量点时pH越低，突跃范围越小。在化学计量点时由于NH_4^+显酸性，pH也不等于7，而是在偏酸性区(pH 5.28)，滴定突跃范围也在酸性区(pH 6.24～4.30)。因此，只能选用酸性区变色的指示剂，如用甲基橙、甲基红等指示终点。同样，只有满足$c_bK_b \geqslant 10^{-8}$时，才能以强酸滴定弱碱。

5.3.3 多元酸(碱)的滴定

1. 多元酸的滴定

常见的多元酸在水溶液中分步离解，如三元酸H_3PO_4，在水溶液中分三步离解：

$$H_3PO_4 \rightleftharpoons H^+ + H_2PO_4^- \qquad pK_{a_1}=2.12$$

$$H_2PO_4^- \rightleftharpoons H^+ + HPO_4^{2-} \qquad pK_{a_2}=7.21$$

$$HPO_4^{2-} \rightleftharpoons H^+ + PO_4^{3-} \qquad pK_{a_3}=12.66$$

对多元酸的滴定，当$c_aK_{a_1} \geqslant 10^{-8}$，且$K_{a_1}/K_{a_2} \geqslant 10^4$时，酸第一步离解的$H^+$与碱作用，而第二步离解的$H^+$不与碱同时作用，在第一化学计量点时出现pH突跃。如果$c_aK_{a_2} \geqslant 10^{-8}$，且$K_{a_2}/K_{a_3} \geqslant 10^4$，酸第二步离解的$H^+$与碱作用，而第三步离解的$H^+$不同时与碱作用，则又在第二个化学计量点附近出现第二个pH突跃。若$K_{a_1}/K_{a_2} < 10^4$时，两步中和反应交叉进行，即使是分步离解的两个H^+也将同时被滴定，只有一个突跃。而若$c_aK_{a_1} \geqslant 10^{-8}$，$c_aK_{a_2} < 10^{-8}$，但$K_{a_1}/K_{a_2} \geqslant 10^4$，此时只能是酸第一步离解的$H^+$被滴定，第二步离解的$H^+$不能被滴定，也只能形成一个突跃。

由此判断用NaOH滴定H_3PO_4可形成两个滴定突跃，其滴定反应可写成

$$H_3PO_4 + NaOH \rightleftharpoons NaH_2PO_4 + H_2O$$

$$NaH_2PO_4 + NaOH \rightleftharpoons Na_2HPO_4 + H_2O$$

多元酸滴定曲线的计算比较复杂，可通过实验测定和记录的pH绘制滴定曲线。图5-5是用强碱(NaOH)滴定磷酸的滴定曲线。

在实际工作中，选择指示剂通常只需计算化学计量点时的pH，然后选择在此pH附近变色的指示剂指示滴定终点。由于对多元酸滴定时指示剂选择的准确度要求不是很高，因此常用最简式计算。

第一化学计量点

$$[H^+]=\sqrt{K_{a_1}K_{a_2}}$$

$$pH=\frac{1}{2}(pK_{a_1}+pK_{a_2})=\frac{1}{2}(2.12+7.21)$$

$$=4.66$$

第二化学计量点

$$[H^+]=\sqrt{K_{a_2}K_{a_3}}$$

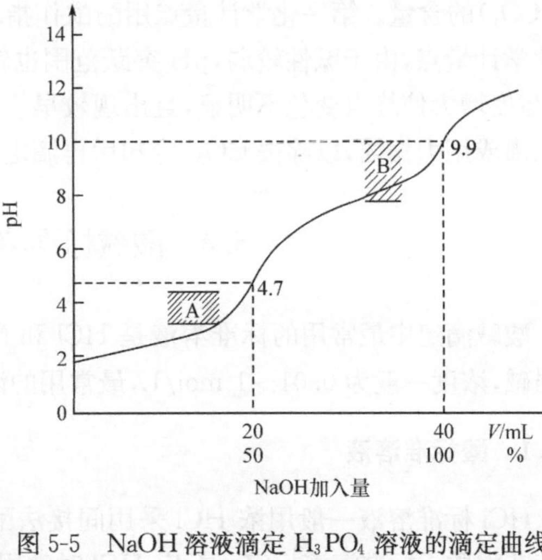

图5-5 NaOH溶液滴定H_3PO_4溶液的滴定曲线

A. 甲基橙；B. 酚酞

$$pH=\frac{1}{2}(pK_{a_2}+pK_{a_3})=\frac{1}{2}(7.21+12.66)=9.94$$

从上述讨论可以看出，各级电离常数相差较大的多元酸的滴定，实际上可以看成是不同强度一元酸混合物的滴定。

2. 多元碱的滴定

多元碱分步滴定的方法和多元酸的滴定相似，只需将 c_aK_a 换成 c_bK_b 即可。现以 HCl 滴定 Na_2CO_3 为例。Na_2CO_3 为二元碱，在水溶液中分步离解，$pK_{b_1}=3.75$，$pK_{b_2}=7.62$，显然 CO_3^{2-} 为可直接滴定的碱，可用强酸直接滴定，首先生成 HCO_3^-，再进一步滴定成 H_2CO_3，其滴定反应为

$$CO_3^{2-}+H^+ \rightleftharpoons HCO_3^-$$

$$HCO_3^-+H \rightleftharpoons H_2CO_3$$

由于 $K_{b_1}/K_{b_2}\approx 10^4$，两步中和反应有交叉，在第一化学计量点时有

$$[H^+]=\sqrt{K_{a_1}K_{a_2}}$$

$$pH=\frac{1}{2}(pK_{a_1}+pK_{a_2})=\frac{1}{2}(6.37+10.25)=8.31$$

故选酚酞作指示剂。

第二化学计量点时，溶液为 CO_2 的饱和溶液，在常压下其浓度约为 0.04 mol/L，则有

$$[H^+]=\sqrt{K_{a_1}c}=\sqrt{4.3\times10^{-7}\times4\times10^{-2}}=1.31\times10^{-4}(\text{mol/L})$$

$$pH=3.88$$

故可用甲基橙作指示剂。

工业上常采用双指示剂法测定纯碱 Na_2CO_3 和混合碱（$NaOH+Na_2CO_3$ 或 $NaHCO_3+Na_2CO_3$）的含量。第一化学计量点用酚酞作指示剂，混合指示剂改善终点的敏锐性；而对于第二化学计量点，由于碱性较弱，pH 突跃范围也较小，当用甲基橙为指示剂时，因溶液中 CO_2 过多，酸度增大使终点变色不明显，且出现较早。为提高测定的准确度，通常在接近终点时将溶液煮沸或用力振摇，以除去 CO_2，冷却后再滴定至终点。

5.4 酸碱标准溶液的配制与标定

酸碱滴定中最常用的标准溶液是 HCl 和 NaOH，也可用 H_2SO_4、HNO_3、KOH 等其他强酸强碱，浓度一般为 0.01～1 mol/L，最常用的浓度是 0.1 mol/L。

5.4.1 酸标准溶液

HCl 标准溶液一般用浓 HCl 采用间接法配制，即先配制成近似一定浓度的溶液，然后再用基准物质或标准溶液标定。标定 HCl 时常用的基准物质是无水碳酸钠和硼砂。

无水碳酸钠（Na_2CO_3）易制得纯品，价格便宜，但吸湿性强，用前应在 270～300 ℃干燥至恒量，置干燥器中保存备用。

硼砂($Na_2B_4O_7 \cdot 10H_2O$)有较大的相对分子质量，无吸湿性，也易制得纯品，其缺点是在空气中易风化失去结晶水，因此应保存在相对湿度为60%的密闭容器中备用，其标定反应为

$$Na_2B_4O_7 + 2HCl + 5H_2O \rightleftharpoons 4H_3BO_3 + 2NaCl$$

5.4.2 碱标准溶液

碱标准溶液一般用NaOH配制，NaOH易吸潮，也易吸收空气中的CO_2生成Na_2CO_3，因此用间接法配制。为了配制不含CO_3^{2-}的碱标准溶液，可采用浓碱法，即先用NaOH配成饱和溶液，在此溶液中Na_2CO_3的溶解度很小，待Na_2CO_3沉淀后，取上层澄清液稀释成所需浓度，再加以标定。标定NaOH标准溶液常用的基准物质有邻苯二甲酸氢钾、乙二酸等。最常用的邻苯二甲酸氢钾($K_{a_2} = 3.9 \times 10^{-6}$)易获得纯品，不吸潮，相对分子质量大，标定时可选用酚酞作指示剂，其标定反应为

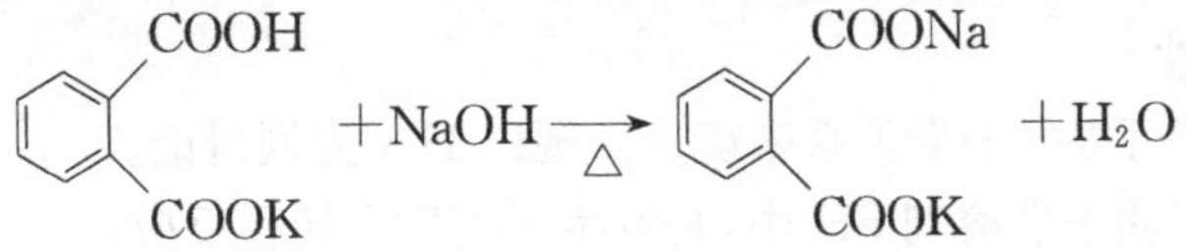

5.5 非水溶液中的酸碱滴定

酸碱滴定一般是在水溶液中进行的，但是由于许多弱酸或弱碱的c_aK_a或c_bK_b小于10^{-8}，有些有机酸或有机碱在水中溶解度很小，以水为介质难以滴定。而采用非水溶剂作为介质常常可以克服这些困难，从而扩大酸碱滴定的应用范围。这种在非水溶剂中进行的滴定分析称为非水滴定法(nonaqueous titrations)。非水滴定法可用于多种滴定分析，但在药物分析中以非水酸碱滴定法应用最为广泛，故这里主要讨论非水溶液中的酸碱滴定。

5.5.1 基本原理

1. 溶剂的性质

1) 溶剂的离解性

常用的非水溶剂中，只有惰性溶剂不能离解，其他溶剂均有不同程度的离解。在这些具有离解性的溶剂中，有下列平衡存在：

$$SH + SH \rightleftharpoons SH_2^+ + S^-$$

其中溶剂既起酸的作用，也起碱的作用，溶剂质子自递反应形成了溶剂合质子(SH_2^+)和溶剂阴离子(S^-)。

由于溶剂自身离解很弱，[SH]可看成定值，定义

$$K_s = [SH_2^+][S^-] \tag{5-12}$$

式中，K_s称为溶剂的质子自递常数或离子积。例如，乙醇的质子自递反应为

$$2C_2H_5OH \rightleftharpoons C_2H_5OH_2^+ + C_2H_5O^-$$

则质子自递常数$K_s = [C_2H_5OH_2^+][C_2H_5O^-] = 7.9 \times 10^{-20}$。水的质子自递常数$K_s = [H_3O^+][OH^-]$，即为水的离子积常数$K_w = K_s = 1 \times 10^{-14}$。

在一定温度下，不同溶剂因其离解程度不同而具有不同的质子自递常数。溶剂质子自递常数K_s的大小对滴定突跃范围有一定的影响。现以水和乙醇两种溶剂进行比较：

在水溶液中，若以 0.1 mol/L NaOH 滴定同浓度的一元强酸，当滴定到化学计量点前溶剂中 $[H_3O^+]=1\times10^{-4}$ mol/L 时，pH＝4，继续滴定到 NaOH 标准溶液过量，$[OH^-]=1\times10^{-4}$ mol/L，pOH＝4，此时 pH＝14－4＝10，即 pH 变化 4～10，有 6 个 pH 单位的变化。

在乙醇中，$C_2H_5OH_2^+$ 相当于水中 H_3O^+，而 $C_2H_5O^-$ 则相当于 OH^-，若同样以 0.1 mol/L C_2H_5ONa 标准溶液滴定酸，当滴定到还有 10^{-4} mol/L 的 $C_2H_5OH_2^+$ 时，即 $pH^*=4$，这里 pH^* 代表 $pC_2H_5OH_2$，与水溶液的 pH 意义相当；而滴定到溶液中有过量 10^{-4} mol/L C_2H_5ONa 时，$[C_2H_5O^-]=10^{-4}$ mol/L，即 $pC_2H_5O=4.0$。因为 $pC_2H_5OH_2+pC_2H_5O=19.1$，则此时 $pC_2H_5OH_2=19.1-4.0=15.1$。故在乙醇介质中 pH^* 的变化 4.0～15.1，有 11.1 个 pH^* 单位的变化，这比水为介质的溶液中突跃范围大 5.1 个 pH^* 单位。由此可见，溶剂的自身离解常数越小，突跃范围越大，表明滴定终点越敏锐。因此，原来在水中不能滴定的酸碱，在乙醇中有可能被滴定。

2）溶剂的酸碱性

溶剂的酸碱强度可根据平衡关系来衡量。现以 HA 为例讨论。

若将酸 HA 溶于质子性溶剂 SH 中，则发生下列质子转移反应：

$$HA+SH \rightleftharpoons SH_2^+ + A^-$$

溶剂的碱性越强，反应向右进行越完全，HA 在这种溶剂中显示的酸性越强。例如，将 HCl 溶于水和冰醋酸中，有下列质子转移反应：

$$HCl+H_2O \longrightarrow H_3O^+ + Cl^-$$

$$HCl+HAc \rightleftharpoons H_2Ac^+ + Cl^-$$

因为水的碱性比冰醋酸的碱性强，质子转移反应向右进行得较完全，所以 HCl 在水中的酸性比冰醋酸中强。

同理，碱 B 溶于溶剂 SH 中的平衡为

$$B+SH \rightleftharpoons BH^+ + S^-$$

溶剂的酸性越强，反应向右进行越完全，B 的碱性越强。例如，将 NH_3 溶于水和冰醋酸中，NH_3 在冰醋酸中的碱性比在水中强。

由此可见，酸、碱的强度不仅与酸、碱本身授、受质子的能力大小有关，而且与溶剂受、授质子的能力大小有关。在非水滴定中，对于弱酸性物质，应选择碱性溶剂，使物质的酸性增加；对于弱碱性物质，应选择酸性溶剂，使物质的碱性增加。

3）溶剂的极性

溶剂的介电常数(ε)能反映溶剂极性的强弱。极性强的溶剂介电常数大，反之介电常数小。

在介电常数较小的非水溶剂中，溶质分子的离解分为电离和离解两个步骤：

$$HA+SH \xrightleftharpoons{\text{电离}} SH_2^+ \cdot A^- \xrightleftharpoons{\text{离解}} SH_2^+ + A^-$$

溶质分子电离产生正负离子，借静电引力形成离子对，离子对再部分离解，才形成溶剂合质子和溶质阴离子。

在介电常数大的溶剂中，电子对易于离解。例如，溶剂水与乙醇的碱性相近，但 HAc 在水中酸度比在乙醇中大，这是因为水的介电常数(78.5)比乙醇的介电常数(24.3)高。

2. 均化效应和区分效应

常见矿酸(无机酸)在水中都是强酸，存在下列酸碱平衡反应：

$$HClO_4 + H_2O \rightleftharpoons H_3O^+ + ClO_4^-$$

$$HCl + H_2O \rightleftharpoons H_3O^+ + Cl^-$$

$$H_2SO_4 + H_2O \rightleftharpoons H_3O^+ + HSO_4^-$$

按酸碱质子理论，以上反应中水为碱，水分子接受了矿酸的质子形成其共轭酸——水合质子 H_3O^+，而酸分子失去了质子成为其共轭碱（ClO_4^-、Cl^-、HSO_4^- 等）。以上反应进行得十分完全，高氯酸和盐酸都被均化到 H_3O^+ 的强度水平，结果使它们的酸强度水平都相等，这种效应称为均化效应（levelling effect）。因此，水能调平高氯酸和盐酸，水溶液中 $HClO_4$ 和 HCl 的强度相同。具有均化效应的溶剂称为均化性溶剂，水是以上各种矿酸的均化性溶剂。水中能够存在的最强酸是 H_3O^+，最强碱是 OH^-。

但是在冰醋酸溶液中，酸碱平衡反应为

$$HClO_4 + HAc \rightleftharpoons H_2Ac^+ + ClO_4^- \qquad K = 1.3\times10^{-5}$$

$$HCl + HAc \rightleftharpoons H_2Ac^+ + Cl^- \qquad K = 2.8\times10^{-9}$$

即由于冰醋酸的碱性比 H_2O 弱，$HClO_4$ 和 HCl 不能被均化到相同的强度，K 值显示了 $HClO_4$ 是比 HCl 更强的酸，这种效应称为区分效应（differentiating effect），具有区分效应的溶剂称为区分性溶剂（differentiating solvent）。所以，冰醋酸是 $HClO_4$ 和 HCl 的区分性溶剂。

同样，水是盐酸和冰醋酸的区分性溶剂，若改用比水的碱性更强的液氨作为溶剂，盐酸和冰醋酸也可像盐酸和高氯酸一样被均化到 NH_4^+ 的强度水平，所以，液氨是盐酸和冰醋酸的均化性溶剂。在均化性溶剂中，溶剂合质子 SH_2^+（如 H_3O^+、H_2Ac^+、NH_4^+ 等）是溶液中能存在的最强酸，即共存酸都被均化到溶剂合质子的强度水平。同理，共存碱在强酸性溶剂中都被均化到溶剂阴离子的强度水平，溶剂阴离子 S^-（如 OH^-、NH_2、Ac^- 等）是溶液中的最强碱。因此，酸性溶剂是碱的均化性溶剂，对于在水中不能滴定的某些弱碱，选用酸性溶剂（如冰醋酸），使其碱性均化到溶剂阴离子（如 Ac^-）的强度水平后，可用标准酸溶液进行滴定。同样，碱性溶剂是酸的均化性溶剂，对于在水中不能滴定的某些弱酸，可选用碱性溶剂（如乙二胺），使其酸度均化到溶剂合质子（$NH_2CH_2CH_2NH_3^+$）的强度水平，便可用标准碱溶液进行滴定。

5.5.2　碱的滴定

1. 溶剂

滴定弱碱应选择酸性溶剂，使弱碱的强度调平到溶剂阴离子水平，即增强弱碱的强度，可使滴定突跃更加明显。冰醋酸是最常用的酸性溶剂。市售冰醋酸含有少量的水分，为避免水分存在对滴定的影响，一般需加入一定量的乙酸酐，使其与水反应转变成冰醋酸。

$$(CH_3CO)_2O + H_2O \longrightarrow 2CH_3COOH$$

从以上反应式可知，水与乙酸酐反应的物质的量比为 1∶1。若一级冰醋酸含水的质量分数为 0.20%，相对密度为 1.05，则除去 1000 mL 冰醋酸中的水应加相对密度 1.08、质量分数为 97.0%的乙酸酐的体积为

$$V = \frac{102.1\times1000\times1.05\times0.20\%}{18.02\times1.08\times97.0\%} = 11(\text{mL})$$

2. 标准溶液与基准物质

滴定碱的标准溶液常采用高氯酸的冰醋酸溶液。这是因为高氯酸在冰醋酸中有较强的酸性，且绝大多数有机碱的高氯酸盐易溶于有机溶剂，对滴定反应有利。

市售高氯酸为含 $HClO_4$ 质量分数为 70.0%～72.0%的水溶液，故需加入计算量的乙酸酐除去水分。如果配制高氯酸（0.1 mol/L）溶液 1000 mL，需要含 $HClO_4$ 质量分数为 70.0%、相对密度为 1.75 的高氯酸 8.5 mL，则为除去 8.5 mL 高氯酸中的水分应加入相对密度为 1.08、质量分数为 97.0%的乙酸酐的体积为

$$V=\frac{102.1\times 8.5\times 1.75\times 30\%}{18.02\times 1.08\times 97.0\%}=24(\text{mL})$$

高氯酸与有机化合物接触、遇热，极易引起爆炸，和乙酸酐混合时易发生剧烈反应并放出大量热。因此，在配制时应先用冰醋酸将高氯酸稀释后再在不断搅拌下缓缓滴加适量乙酸酐。测定一般样品时乙酸酐的量可多于计算量，不影响测定结果。

由于冰醋酸在室温低于 16 ℃时会结冰而影响使用，对不易乙酰化的样品可采用冰醋酸∶乙酸酐（9∶1）的混合溶剂配制高氯酸标准溶液，不仅能防止结冰，而且吸湿性小。有时也可在冰醋酸中加入 10%～15%丙酸防冻。但对易乙酰化的样品如芳香第一胺或第二胺，所加乙酸酐不宜过量，否则过量乙酸酐将使测定结果偏低。

标定高氯酸标准溶液浓度常用邻苯二甲酸氢钾为基准物质，以结晶紫为指示剂。应注意的是高氯酸标准溶液浓度受温度影响较大，这是因为多数有机溶剂的体膨胀系数比水大得多。例如，冰醋酸的体膨胀系数为 1.1×10^{-3}/℃，是水（0.21×10^{-3}/℃）的 5 倍，即温度改变 1 ℃，体积就有 0.11%的变化。所以用高氯酸冰醋酸标准溶液滴定样品时，若温度和标定时有显著差别，应重新标定或按式(5-13)加以校正。

$$c_1=\frac{c_0}{1+0.0011(t_1-t_0)} \tag{5-13}$$

式中，0.0011 为冰醋酸的体膨胀系数；t_0 为标定时的温度；t_1 为测定时的温度；c_0 为标定时的浓度；c_1 为测定时的浓度。

3. 指示剂

结晶紫（crystal violet）是以冰醋酸作滴定介质，高氯酸为滴定剂滴定碱时最常用的指示剂之一。结晶紫分子为多元碱，滴定时随着溶液酸度的增加，颜色由碱式色（紫色）变至蓝紫、蓝、蓝绿、绿、黄绿，最后转变为酸式色（黄色）。所以在滴定不同强度的碱时，其终点颜色变化不同。滴定较强碱时应以蓝色或蓝绿色为终点，滴定极弱碱则应以蓝绿色或绿色为终点，并作空白实验以减少滴定终点误差。建立方法时应以电位滴定法作对照，以确定终点的颜色。

5.5.3 酸的滴定

滴定不太弱的羧酸时，可用醇类作溶剂；对弱酸和极弱酸的滴定，则以碱性溶剂乙二胺或偶极亲质子性溶剂二甲基甲酰胺较为常用；混合酸的区分滴定以甲基异丁酮为区分性溶剂。混合溶剂甲醇-苯、甲醇-丙酮也经常使用。

滴定酸常用的标准溶液是甲醇钠的苯-甲醇溶液。甲醇钠由甲醇与金属钠反应制得，反应式为

$$2CH_3OH + 2Na \longrightarrow 2CH_3ONa + H_2\uparrow$$

标定碱标准溶液常用的基准物质为苯甲酸。

滴定酸最常用的指示剂是百里酚蓝(thymol blue)，适宜于在苯、丁胺、二甲基甲酰胺、吡啶、叔丁醇中滴定中等强度酸，变色敏锐，终点清楚，其碱式色为蓝色，酸式色为黄色。

5.6　应用与示例

5.6.1　药用 NaOH 的测定

NaOH 易吸收空气中的 CO_2，使部分 NaOH 变成 Na_2CO_3，形成 NaOH 和 Na_2CO_3 的混合碱，欲测定 NaOH 和 Na_2CO_3 的含量，有两种方法。

1. 双指示剂法

准确称取一定量的样品，溶解后，以酚酞为指示剂，用 HCl 标准溶液滴定至红色消失。记下用去 HCl 的体积(V_1)。这时 Na_2CO_3 被中和至 $NaHCO_3$，而 NaOH 全部被中和，再向溶液中加入甲基橙指示剂，继续用 HCl 滴定至橙色，记下用去 HCl 的体积(V_2)。

由于 Na_2CO_3 被中和到 $NaHCO_3$ 与 $NaHCO_3$ 被中和到 H_2CO_3 所消耗的 HCl 的物质的量相等，因此

$$Na_2CO_3\% = \frac{c_{HCl}V_2 \times \dfrac{M_{Na_2CO_3}}{1000}}{样品质量(g)} \times 100\%$$

中和 NaOH 所消耗的 HCl 量为 $V_1 - V_2$。

$$NaOH\% = \frac{c_{HCl}(V_1 - V_2) \times \dfrac{M_{NaOH}}{1000}}{样品质量(g)} \times 100\%$$

2. 氯化钡法

先取1份试样，以甲基橙为指示剂，用 HCl 标准溶液滴定至橙色。此时 NaOH 和 Na_2CO_3 都被滴定，设消耗 HCl 的体积 V_1。

另取1份等体积的试样溶液，加 $BaCl_2$，使 Na_2CO_3 变成 $BaCO_3$ 沉淀析出，然后以酚酞为指示剂，用 HCl 标准溶液滴定至红色褪去，记录 HCl 的体积 V_2，此量是滴定混合物中 NaOH 所消耗的体积，则

$$NaOH\% = \frac{c_{HCl}V_2 \times \dfrac{M_{NaOH}}{1000}}{样品质量(g)} \times 100\%$$

$$Na_2CO_3\% = \frac{c_{HCl}(V_1 - V_2) \times \dfrac{M_{Na_2CO_3}}{2000}}{样品质量(g)} \times 100\%$$

5.6.2　甲醛滴定法测定氨基酸含量

水溶液中的氨基酸为两性分子，因而不能直接用碱滴定氨基酸的羧基。甲醛可与氨基

酸上的—NH_3^+ 结合，形成—NH—CH_2OH、—N(CH_2—OH)$_2$ 等羟甲基衍生物，使 NH_3^+ 上的 H^+ 游离出来，这样就可以用碱滴定 NH_3^+ 放出 H^+，测出氨基氮，从而计算氨基酸的含量。

若样品中只含有单一的已知氨基酸，则可由此法滴定的结果算出氨基酸的含量。若样品中含有多种氨基酸(如蛋白质水解液)，则不能由此法算出氨基酸的含量。

$$\text{氨基氮(mg/mL)}=\frac{(V_1-V_2)\times c_{NaOH}\times 14.008}{2}$$

式中，V_1 为滴定待测液所消耗氢氧化钠标准溶液的平均毫升数；V_2 为滴定对照液所消耗氢氧化钠标准溶液的平均毫升数。

5.6.3　凯氏定氮法及其应用

凯氏定氮法(Kjeldahl determination)是测定化合物或混合物中总氮量的一种方法，即在有催化剂的条件下，用浓硫酸消化样品将有机氮都转变成无机铵盐，然后在碱性条件下将铵盐转化为氨，随水蒸气馏出并为过量的酸液吸收，再以标准碱滴定，就可计算出样品中的氮量。由于蛋白质含氮量比较恒定，可由其氮量计算蛋白质含量，故此法是经典的蛋白质定量方法。

蛋白质是含氮的有机化合物。食品与硫酸和催化剂一同加热消化，使蛋白质分解，分解的氨与硫酸结合生成硫酸铵。然后碱化蒸馏使氨游离，用硼酸吸收后再以硫酸或盐酸标准溶液滴定，根据酸的消耗量乘以换算系数，即为蛋白质含量。

(1) 有机物中的胺根在强热和 $CuSO_4$、浓 H_2SO_4 作用下，硝化生成$(NH_4)_2SO_4$ 反应方程式为

$$2NH_2^- + H_2SO_4 + 2H^+ = (NH_4)_2SO_4 \quad \text{(其中 }CuSO_4\text{ 作催化剂)}$$

(2) 使用凯氏定氮器，通过加碱作用后蒸馏释放出 NH_3，收集于 H_3BO_3 溶液中，反应方程式为

$$(NH_4)_2SO_4 + 2NaOH = 2NH_3 + 2H_2O + Na_2SO_4$$

$$2NH_3 + 4H_3BO_3 = (NH_4)_2B_4O_7 + 5H_2O$$

(3) 用已知浓度的 H_2SO_4(或 HCl)标准溶液滴定，根据 HCl 消耗的量计算出氮的含量，然后乘以相应的换算因子，即得蛋白质的含量，反应方程式为

$$(NH_4)_2B_4O_7 + H_2SO_4 + 5H_2O = (NH_4)_2SO_4 + 4H_3BO_3$$

$$(NH_4)_2B_4O_7 + 2HCl + 5H_2O = 2NH_4Cl + 4H_3BO_3$$

习　　题

1. 从质子理论来看下面各物质对分别是什么？

   HAc，Ac^-；NH_3，$NH_4{}^+$；HCN，CN^-；HF，F^-；HCO_3^-，CO_3^{2-}；H_3PO_4，$H_2PO_4^-$

   并试按强弱顺序把它们排列起来。

2. 写出下列物质在水溶液中的质子条件式。

   NH_4CN，Na_2CO_3，$(NH_4)_2HPO_4$，$(NH_4)_3PO_4$，$NH_4H_2PO_4$

3. 标定 HCl 溶液浓度时，若采用：(1)部分风化的 $Na_2B_4O_7\cdot 10H_2O$；(2)部分吸湿的 Na_2CO_3；(3)在 110℃ 烘过的 Na_2CO_3，则标定所得的浓度偏低、偏高、还是准确？为什么？

4. 下列各酸能否用 NaOH 溶液直接滴定？如能直接滴定，有几个滴定突跃？应采用什么指示剂？

(1) 蚁酸(HCOOH),$K_a=1.77\times10^{-4}$;

(2) 硼酸(H_3BO_3),$K_{a_1}=5.8\times10^{-10}$,$K_{a_2}=1.8\times10^{-13}$,$K_{a_3}=1.6\times10^{-14}$;

(3) 邻苯二甲酸,$K_{a_1}=1.3\times10^{-3}$,$K_{a_2}=3.0\times10^{-6}$。

5. 酸碱指示剂的变色原理是什么？什么是变色范围？选择指示剂的原理是什么？

6. 混合碳酸盐有时采用等物质的量的两份试样进行分析,一份用酚酞作指示剂,另一份用甲基橙作指示剂。如果 V_p 等于用酚酞作指示剂时的酸体积,V_m 等于用甲基橙作指示剂时的酸体积,试回答下列问题:

(1) 设混合物含有等物质的量的 NaOH 和 Na_2CO_3,V_p 和 V_m 之间的关系怎样?

(2) 如果混合物中 $NaHCO_3$ 的物质的量是 Na_2CO_3 的 2 倍,V_p 和 V_m 之间的关系又怎样?

7. 计算下列溶液的 pH:(1)0.10 mol/L NaH_2PO_4;(2)0.05 mol/L K_2HPO_4。

[(1) 4.67;(2) 9.94]

8. 计算用 NaOH 溶液(0.1 mol/L)滴定 HCOOH 溶液(0.1 mol/L)到化学计量点时溶液的 pH,并说明应选择何种指示剂。

[8.2;酚酞]

9. 称取仅含有 Na_2CO_3 和 K_2CO_3 的试样 1.000 g,溶于水后,以甲基橙为指示剂,用 HCl 标准溶液(0.5000 mol/L)滴定,用去 HCl 溶液 30.00 mL。分别计算试样中 Na_2CO_3 和 K_2CO_3 的质量分数。

[Na_2CO_3 12.02%;K_2CO_3 87.98%]

10. 蛋白质样品 0.2318 g,经消化处理后,加碱蒸馏,用 4%硼酸溶液吸收释出的氨,然后用 0.1200 mol/L HCl 21.60 mL 滴定至终点。计算样品中氮的质量分数。

[15.67%]

(哈尔滨医科大学　李星全)

第 6 章　络合滴定法

络合滴定法(compleximetry titration)又称为配位滴定法，是以络合反应为基础的滴定分析方法。绝大多数金属离子都能和无机络合剂发生络合反应。由于无机络合剂与金属离子络合时逐级生成 ML_n 型的多级络合物，且大多数无机络合物稳定常数较小，无法满足滴定分析的基本条件，不能直接用于定量分析。

自 20 世纪 40 年代以来，许多有机配位剂被用于络合滴定，使络合滴定方法得到迅猛发展，成为应用最广泛的常规滴定分析方法之一。目前在络合滴定中应用最广的是乙二胺四乙酸(ethylene diamine tetraacetic acid，EDTA)，通常用 H_4Y 表示。EDTA 在水溶液中离解时，两个氨基上的氮结合质子形成六元酸 H_6Y^{2+}，以双偶极离子结构存在，其结构式为

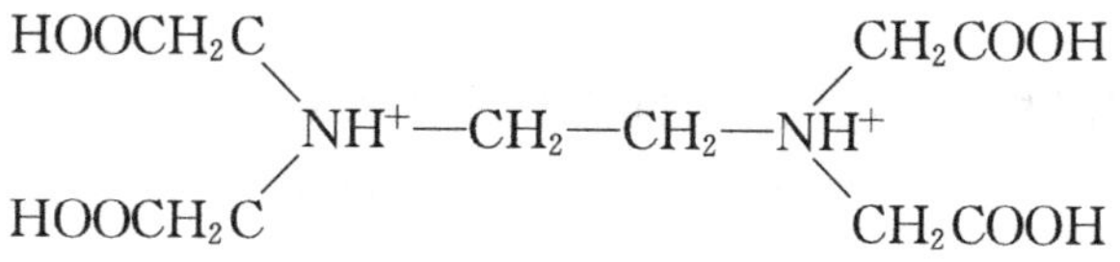

当 EDTA 与金属离子发生反应时，由于 EDTA 分子含有 2 个氨基氮和 4 个羧基氧，共有 6 个配位原子，易于与金属离子形成具有多个五元环的稳定络合物，如图 6-1 所示。

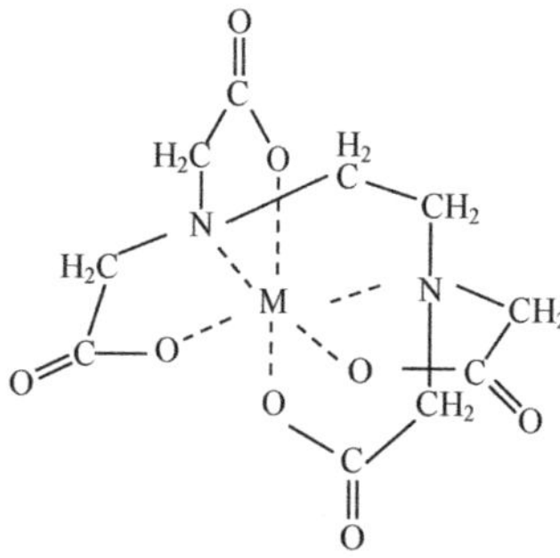

图 6-1　EDTA-M 络合物的立体结构

此外，EDTA 几乎能与所有金属离子络合，生成 1∶1 的络合物，反应速率快，生成的络合物易溶于水，大多呈无色，这些都给络合滴定提供了有利条件。

6.1　基 本 原 理

6.1.1　EDTA 络合物的稳定常数

金属离子 M 与 EDTA(Y)反应形成 1∶1 的络合物(MY)，其反应方程式为(为简化省去电荷，后同)：

$$M+Y \rightleftharpoons MY$$

该反应的平衡常数表达式为

$$K_{MY}=\frac{[MY]}{[M][Y]} \tag{6-1}$$

K_{MY}为一定温度时金属-EDTA 络合物的稳定常数。K_{MY}越大，络合物越稳定。常用金属离子与 EDTA 络合物的 $\lg K_{MY}$见表 6-1。

表 6-1　EDTA 络合物的稳定常数($\lg K_{MY}$)

金属离子	$\lg K_{MY}$	金属离子	$\lg K_{MY}$	金属离子	$\lg K_{MY}$
Na^{+}	1.66	Fe^{2+}	14.32	Sn^{2+}	18.3
Li^{+}	2.79	Al^{3+}	16.30	Cu^{2+}	18.8
Ag^{+}	7.32	Co^{2+}	16.31	Hg^{2+}	21.7
Ba^{2+}	7.86	Cd^{2+}	16.46	Cr^{3+}	23.4
Mg^{2+}	8.79	Zn^{2+}	16.50	Fe^{3+}	25.1
Ca^{2+}	10.7	Pb^{2+}	18.30	Bi^{3+}	27.8
Mn^{2+}	13.9	Ni^{2+}	18.56	Co^{3+}	41.4

从表 6-1 可见，不同金属离子与 EDTA 形成络合物的稳定性不同，三价金属离子和 Hg^{2+}、Sn^{2+} 的 EDTA 络合物 $\lg K_{MY}>20$；多数二价过渡金属离子和 Al^{3+} 的络合物 $\lg K_{MY}$ 为 14～19；碱土金属离子与 EDTA 形成络合物倾向较小，$\lg K_{MY}$ 为 8～11。在适当条件下，$\lg K_{MY}>8$ 就可以准确滴定(讨论见后)，因此大多数金属离子可用 EDTA 滴定。

6.1.2　副反应系数

在络合滴定中，除被测金属离子 M 与滴定剂 Y 之间的主反应外，还存在一些副反应，其化学平衡表示如下：

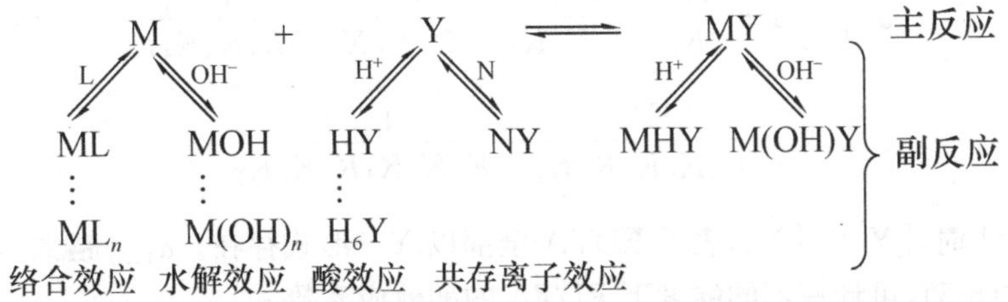

(6-2)

显然，这些副反应将对主反应产生影响，即反应物 M、Y 发生副反应不利于主反应的进行；而反应产物 MY 发生副反应有利于主反应。现根据第 4 章所述副反应系数的概念，讨论络合滴定中的副反应系数。

1. 络合剂 Y 的副反应系数(α_{Y})

根据式(6-2)可知，若络合剂 Y 的副反应主要是由溶液中 H^{+} 产生的，称为酸效应，其副反应系数用 $\alpha_{Y(H)}$ 表示。若是由于与其他共存金属离子 N 反应产生的，称为共存离子效应，其副反应系数用 $\alpha_{Y(N)}$ 表示。

如前所述，H_4Y 的两个羧酸根可再接受 H^{+} 形成 H_6Y^{2+}，相当于一个六元酸，对应的酸离解常数依次为 pK_1 0.90、pK_2 1.60、pK_3 2.00、pK_4 2.67、pK_5 6.16 和 pK_6 10.26，其分布曲线如图 6-2 所示。

因此，EDTA 在水溶液中有 H_6Y^{2+}、H_5Y^{+}、H_4Y、H_3Y^{-}、H_2Y^{2-}、HY^{3-} 和 Y^{4-} 7 种型体存在，其中能与金属离子络合的只有 Y^{4-}。一般用[Y]表示 Y^{4-} 的浓度；用[Y′]表示 EDTA 未与 M 络合的各种型体的总浓度。

$$[Y'] = [Y^{4-}] + [HY^{3-}] + [H_2Y^{2-}] + [H_3Y^{-}] + [H_4Y] + [H_5Y^{+}] + [H_6Y^{2+}] \quad (6\text{-}3)$$

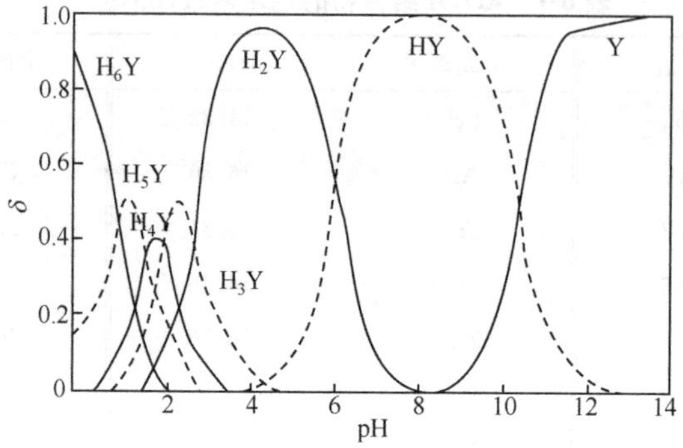

图 6-2 EDTA 溶液中各种型体的分布曲线

显然，当溶液酸度降低时，以上的化学平衡向右移动。酸度降低有利于 Y^{4-} 的形成；酸度提高不利于生成 MY 的主反应。设由酸效应产生的副反应系数为 $\alpha_{Y(H)}$，则

$$\alpha_{Y(H)}=[Y']/[Y]$$

$$=\frac{[Y^{4-}]+[HY^{3-}]+[H_2Y^{2-}]+[H_3Y^-]+[H_4Y]+[H_5Y^+]+[H_6Y^{2+}]}{[Y^{4-}]} \quad (6\text{-}4)$$

根据式(6-4)中各种型体离解常数的定义，可导出

$$\alpha_{Y(H)}=1+\frac{[H^+]}{K_6}+\frac{[H^+]^2}{K_6K_5}+\frac{[H^+]^3}{K_6K_5K_4}+\frac{[H^+]^4}{K_6K_5K_4K_3}+\frac{[H^+]^5}{K_6K_5K_4K_3K_2}+\frac{[H^+]^6}{K_6K_5K_4K_3K_2K_1} \quad (6\text{-}5)$$

当 $\alpha_{Y(H)}=1$ 时，$[Y']=[Y]$，表示 EDTA 全部以 Y^{4-} 形式存在。$\alpha_{Y(H)}$ 越大，表示副反应越严重。根据式(6-5)，可计算不同酸度下 EDTA 的酸效应系数 $\alpha_{Y(H)}$。

【例 6-1】 计算 pH=6 时 EDTA 的酸效应系数 $\alpha_{Y(H)}$。

解 pH=6 时，$[H^+]=10^{-6}$ mol/L。EDTA 的 $K_1 \sim K_6$ 见前文。

$$\alpha_{Y(H)}=1+\frac{10^{-6}}{10^{-10.26}}+\frac{10^{-12}}{10^{-16.42}}+\frac{10^{-18}}{10^{-19.09}}+\frac{10^{-24}}{10^{-21.09}}+\frac{10^{-30}}{10^{-22.69}}+\frac{10^{-36}}{10^{-23.59}}=10^{4.65}$$

则 pH=6 时，$\lg\alpha_{Y(H)}=4.65$。

为了应用方便，将计算所得的酸效应系数列于表 6-2 中。根据溶液的 pH，就可直接查得对应的 $\lg\alpha_{Y(H)}$。pH 越大，酸效应越小，$\lg\alpha_{Y(H)}$ 越小，生成的络合物 MY 越稳定。由于一般酸效应影响最大，本书忽略共存离子效应的作用，即设 $\alpha_{Y(H)} \approx \alpha_Y$。

表 6-2 EDTA 在不同 pH 时的酸效应系数

pH	$\lg\alpha_{Y(H)}$	pH	$\lg\alpha_{Y(H)}$	pH	$\lg\alpha_{Y(H)}$
1.0	17.13	2.5	11.11	3.5	9.48
1.5	15.55	3.0	10.63	4.0	8.44
2.0	13.79	3.4	9.71	4.5	7.50

续表

pH	$\lg\alpha_{Y(H)}$	pH	$\lg\alpha_{Y(H)}$	pH	$\lg\alpha_{Y(H)}$
5.0	6.45	7.0	3.32	10.0	0.45
5.4	5.69	7.5	2.78	10.5	0.20
5.5	5.51	8.0	2.26	11.0	0.07
6.0	4.65	8.5	1.77	11.5	0.02
6.4	4.06	9.0	1.29	12.0	0.01
6.5	3.92	9.5	0.83		

2. 金属离子 M 的副反应系数(α_M)

金属离子同时会发生多种副反应。溶液中存在其他络合剂 L 时，M 与 L 发生副反应，形成 ML，使得金属离子 M 与络合剂 Y 进行主反应能力降低，这种副反应称为络合效应。L 还可以是滴定时所需缓冲剂，如 NH_4Cl-NH_3 缓冲液中的 NH_3 分子，也可以是为了防止金属离子水解所加的辅助络合剂。在高 pH 下滴定金属离子时，OH^- 与 M 形成金属羟基络合物，L 就代表 OH^-。这些副反应效应的大小可统一用 α_M 表示。

3. 络合物 MY 的副反应系数(α_{MY})

由于生成的络合物 MY 比较稳定，一般忽略其副反应，即将 α_{MY} 近似为 1，$[MY] \approx [MY']$。

6.1.3　条件稳定常数

显然，在实际滴定条件下，由于副反应的影响，K_{MY} 已不能反映主反应进行的程度。在有副反应发生时主反应进行的程度用条件稳定常数 K'_{MY} 表示：

$$K'_{MY}=\frac{[MY']}{[M'][Y']}$$

从副反应系数的定义可知：

$$[M']=\alpha_M[M] \qquad [Y']=\alpha_Y[Y] \qquad [MY']=[MY]$$

$$K'_{MY}=\frac{[MY]}{\alpha_M[M]\cdot\alpha_Y[Y]}=\frac{K_{MY}}{\alpha_M\alpha_Y} \tag{6-6a}$$

取对数，得

$$\lg K'_{MY}=\lg K_{MY}-\lg\alpha_M-\lg\alpha_Y \tag{6-6b}$$

由式(6-6)可知，由于在确定的实验条件下 α_M、α_Y 为定值，因此 K'_{MY} 在一定条件下是个常数。

6.1.4　影响络合滴定的主要因素

络合滴定曲线描述络合滴定过程中金属离子或 EDTA 浓度的变化规律。若被滴定的是金属离子，则随着 EDTA 的加入，游离金属离子浓度不断减小，到达化学计量点附近时，溶液的 $pM'(-\lg[M'])$ 发生突变，产生滴定突跃。

从图 6-3 及图 6-4 可以看出，条件稳定常数 K'_{MY} 和被滴定金属离子的浓度 c_M 是影响滴定突跃大小的因素。当浓度一定时，K'_{MY} 越大，滴定突跃越大；当 K'_{MY} 一定时，金属离子的浓度越低，滴定曲线的起点越高，滴定突跃随之减小。

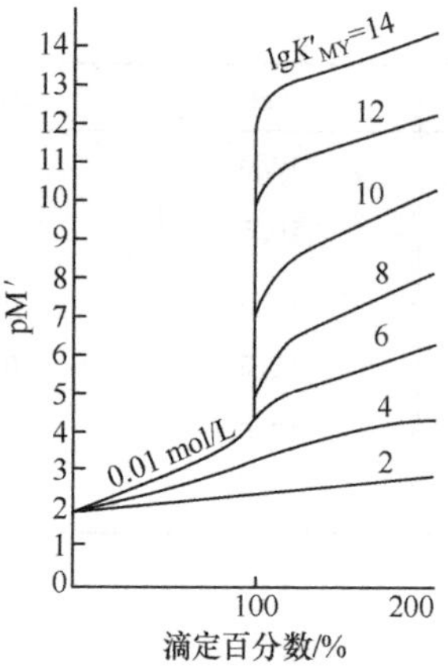

图 6-3 不同 lg K'_{MY}时的滴定曲线

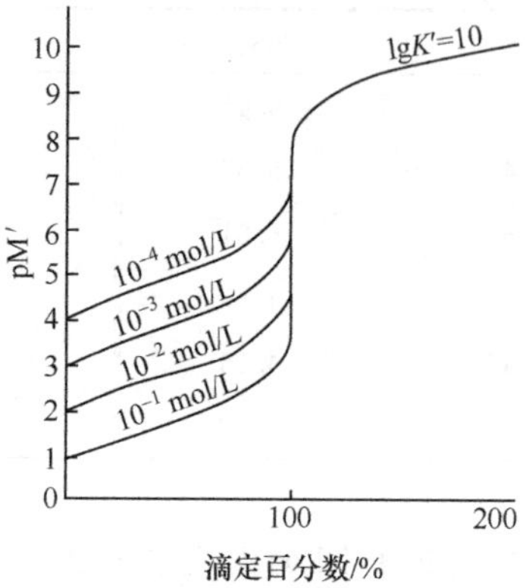

图 6-4 不同浓度金属离子的滴定曲线

6.2 金属指示剂

6.2.1 金属指示剂的原理

络合滴定中所用的指示剂通常是能与金属离子生成有色络合物的有机染料显色剂，称为金属离子指示剂(metal ion indicator)，简称金属指示剂。

金属指示剂本身既具有酸碱性，又具有络合性。在一定的 pH 范围内，它能与金属离子形成与染料本身颜色不同的有色络合物(表 6-3)。

例如，铬黑 T(eriochrome black T，EBT) 在溶液中有以下平衡：

$$\underset{(紫红)}{H_2In^-} \xrightleftharpoons{pK_a 6.3} \underset{(蓝)}{HIn^{2-}} \xrightleftharpoons{pK_a 11.6} \underset{(橙)}{In^{3-}}$$

若以 EDTA 滴定 Mg^{2+}，用铬黑 T 作指示剂。滴定开始时溶液中有大量的 Mg^{2+}，Mg^{2+} 与铬黑 T 络合，呈现 $MgIn^{2+}$ 的红色。随着 EDTA 的加入，EDTA 逐渐与 Mg^{2+} 络合，在化学计量点附近，Mg^{2+} 浓度降得很低，加入的 EDTA 与 $MgIn^-$ 中的 Mg^{2+} 络合，使铬黑 T 游离出来，呈现蓝色，表示滴定终点到达。

表 6-3 常用金属指示剂

指示剂	pH 范围	颜色变化 In	颜色变化 MIn	直接滴定离子	封闭离子	掩蔽剂
铬黑 T(EBT)	7～10	蓝	红	Mg^{2+}、Ca^{2+}、Zn^{2+}、Cd^{2+}、Pb^{2+}、Mn^{2+}、稀土	Al^{3+}、Fe^{3+}、Cu^{2+}、Co^{2+}、Ni^{2+}、Fe^{3+}	三乙醇胺 NH_4F
二甲酚橙 (XO)	＜6	亮黄	红紫	pH 1～3 Bi^{3+}、Th^{4+}、Zr^{4+} pH 5～6 Zn^{2+}、Pb^{2+}、Hg^{2+}、Cd^{2+}	Fe^{3+}、Al^{3+}、Ni^{2+}	NH_4F 返滴定法
PAN	2～12	黄	红	pH 2～3 Bi^{3+}、Th^{4+} pH 4～5 Cu^{3+}、Ni^{2+}		常需加热
紫脲酸钠	10～11	黄	紫	Ca^{2+}、Ni^{2+}、Cu^{2+}		
钙指示剂	12～13	纯蓝	酒红	Ca^{2+}	与铬黑 T 相似	

6.2.2　指示剂的封闭现象

作为金属指示剂必须具备以下条件：

(1) 指示剂与其金属络合物的颜色应有明显区别，终点颜色变化才明显。

铬黑 T 在 pH<6.3 时，呈紫红色，pH>11.6 时呈橙色，均与铬黑 T 金属络合物的红色相近。为使终点变化明显，使用铬黑 T 的酸度应为 pH 6.3～11.6。

(2) 金属-指示剂络合物(MIn)的稳定性应比金属-EDTA 络合物(MY)的稳定性低。EDTA才能夺取 MIn 中的 M，使 In 游离而变色。一般要求 $K'_{MY}/K'_{MIn}>10^2$。

若 MIn 比 MY 还要稳定，在化学计量点时，过量的 EDTA 不易从 MIn 中把 In 置换出来，因而终点推迟，变色不敏锐。这种现象称为指示剂的封闭现象。例如，铬黑 T 指示剂与 Fe^{3+}、Al^{3+}、Cu^{2+} 生成的络合物十分稳定，对铬黑 T 指示剂有封闭作用，用 EDTA 直接滴定这些离子时就不能选用铬黑 T 为指示剂，当有这些离子作为杂质存在时也不行。

6.2.3　掩蔽剂的选择

如前所述，当溶液中存在其他金属离子 N 时，由于 N 与 Y 发生副反应，降低了条件稳定常数 K'_{MY}。N 离子还可能对指示剂有封闭作用，使终点不敏锐以至无法判断终点。若加入某种试剂可消除某些金属离子对指示剂的封闭现象，这种试剂称为掩蔽剂。通过掩蔽剂与干扰离子 N 反应，降低溶液中游离 N 的浓度，从而减小 $\alpha_{Y(N)}$，增大 K'_{MY} 而使 M 可以单独滴定。

常用掩蔽方法有络合掩蔽法、沉淀掩蔽法、氧化还原掩蔽法等。实际应用中，用得最多的是络合掩蔽法。如用 EDTA 滴定水中 Ca^{2+}、Mg^{2+} 时，Fe^{3+}、Al^{3+} 常有干扰，可加入掩蔽剂三乙醇胺与 Fe^{3+}、Al^{3+} 生成更稳定的络合物，则干扰消除。常用的络合掩蔽剂及应用条件见表 6-4。

表 6-4　常用的掩蔽剂及使用范围

名称	使用 pH 范围	被掩蔽的离子	备注
KCN	>8	Co^{2+}、Ni^{2+}、Cu^{2+}、Zn^{2+}、Hg^{2+}、Ag^{+}、Ti^{3+} 及铂族元素	剧毒！必须在碱性溶液中使用
NH_4F	4～6	Al^{3+}、Ti^{4+}、Sn^{4+}、Zr^{4+}、W^{6+}、等	用 NH_4F 比 NaF 好，因为 NH_4F 加入 pH 变化不大
	10	Al^{3+}、Mg^{2+}、Ca^{2+}、Sr^{2+}、Ba^{2+} 及稀土元素	
三乙醇胺	10	Al^{3+}、Sn^{4+}、Ti^{4+}、Fe^{3+}	与 KCN 并用，可提高掩蔽效果
(TEA)	11～12	Fe^{3+}、Al^{3+} 及少量 Mn^{2+}	
酒石酸	1.2	Sb^{3+}、Sn^{4+}、Fe^{3+} 及 5 mg 以下的 Cu	常加入抗坏血酸
	2	Fe^{3+}、Sn^{4+}、Mn^{2+}	
	5.5	Fe^{3+}、Al^{3+}、Sn^{4+}、Ca^{2+}	
	6～7.5	Mg^{2+}、Cu^{2+}、Fe^{3+}、Al^{3+}、Mo^{4+}、Sb^{3+}、W^{6+}、	
	10	Al^{3+}、Sn^{4+}	

6.3 应用示例

6.3.1 标准溶液的配制和标定

1. 标准溶液

EDTA 标准溶液(0.05 mol/L)的配制　EDTA 在水中溶解度小，所以常用 EDTA 二钠盐配制标准溶液，一般也称 EDTA 溶液。EDTA 二钠盐相对分子质量为 372.26(含有 2 个结晶水)，在室温下每 100 mL 水中溶解度为 11.1 g。

取 EDTA 二钠盐 19 g，溶于约 300 mL 温蒸馏水中，冷却后稀释至 1 L，摇匀即得EDTA标准溶液(约 0.05 mol/L)。储存于硬质玻璃瓶中，待准确标定。

锌标准溶液(0.05 mol/L)的配制　回滴 EDTA 溶液常用标准锌溶液。

称取分析纯 $ZnSO_4$ 约 15 g，加稀盐酸 10 mL 与适量蒸馏水溶解，稀释至 1 L，摇匀即得 0.05 mol/L 锌溶液；或精密称取新配制的纯锌粒 3.269 g，加蒸馏水 5 mL 及盐酸 10 mL，置水浴上温热使溶解，冷却，转移至 1 L 容量瓶中，加水至刻度，即得锌标准液(0.05000 mol/L)。

2. 常用指示剂

铬黑 T 的配制　铬黑 T 固体相当稳定，其水溶液只能保存几天。因为铬黑 T 分子在溶液中产生聚合反应，聚合后不能再与金属离子显色。在 pH<6.5 的溶液中聚合更严重。加入三乙醇胺可以防止聚合。铬黑 T 指示剂常用配制方法有两种：

(1) 取铬黑 T 0.1 g 与磨细的 NaCl 10 g 研匀配成固体混合物，保存在干燥器中，用时挑取少许即可。

(2) 取铬黑 T 0.2 g 溶于 15 mL 三乙醇胺，待完全溶解后，加入 5 mL 无水乙醇即得。此溶液可用数月不变质。

二甲酚橙的配制　二甲酚橙是紫红色粉末，易溶于水，常配成 0.2%或 0.5%的水溶液，可稳定几个月。

3. 标准溶液的标定

EDTA 标准溶液(0.05 mol/L)的标定　标定 EDTA 液常用 ZnO 或金属锌为基准物，用铬黑 T 或二甲酚橙作指示剂。

以 ZnO 为基准物。精密称取在 800 ℃灼烧至恒量的基准级 ZnO 0.12 g，加稀盐酸 3 mL 使溶解，加蒸馏水 25 mL 及甲基红指示剂 1 滴，滴加氨试液至溶液呈微黄色，再加蒸馏水 25 mL，$NH_3 \cdot H_2O$-NH_4Cl 缓冲溶液 10 mL，铬黑 T 指示剂数滴，用 EDTA 溶液滴定至溶液由紫红色变为纯蓝色即为终点。

如果用二甲酚橙为指示剂，则当 ZnO 在盐酸中溶解后加蒸馏水 50 mL，0.5%二甲酚橙指示剂 2～3 滴。然后滴加 20%六次甲基四胺溶液至呈紫红色，再多加 3 mL，用 EDTA 溶液滴定至溶液由紫红色变成亮黄色即为终点。

金属锌(Zn 相对原子质量为 65.38)也可以作为基准物用于 EDTA 标准溶液的标定。先用稀盐酸洗去纯金属锌粒表面的氧化物，然后用水冲洗干净，再用丙酮漂洗，干后于 110 ℃烘 5 min备用。精密称取锌粒约 0.1 g，加稀盐酸 5 mL，置水浴上温热溶解，以后步骤均与上述方法相同。

锌标准溶液(0.05 mol/L)的标定　精密量取锌溶液 25 mL，加甲基红指示剂 1 滴，滴加氨试液至溶液呈微黄色，再加蒸馏水 25 mL，$NH_3 \cdot H_2O$-NH_4Cl 缓冲溶液 10 mL 与铬黑 T 指示剂数滴，然后用标准 EDTA 溶液滴定至溶液由紫红色变为纯蓝色即可。此标定也可用二甲酚橙作为指示剂，方法如前所述。

6.3.2　滴定条件的选择

络合滴定的可行性往往取决于滴定条件的选择。下面重点讨论和酸度及共存干扰离子相关的滴定条件选择。

最高酸度和最低酸度　由于不同金属络合物的稳定常数不同，允许的最低 pH 也不同。可见，为了保证准确滴定，每种金属离子都存在一个"最高酸度"问题。

可以证明，当被测金属离子浓度为 0.01 mol/L 时，为使滴定误差≤0.1%，至少要求 $K'_{MY} \geqslant 8$ 或 $c_M K'_{MY} \geqslant 10^6$。也就是说，$K'_{MY}$ 必须大于或等于 10^8 才能获得准确地滴定结果。假设除酸效应外，不存在其他副反应，则

$$\lg K'_{MY} = \lg K_{MY} - \lg \alpha_{Y(H)} \geqslant 8$$

$$\lg \alpha_{Y(H)} \leqslant \lg K_{MY} - 8 \tag{6-7}$$

可先由表 6-1 查出待测金属离子的 $\lg K_{MY}$ 代入式(6-7)求出 $\lg \alpha_{Y(H)}$，再从表 6-2 查得该值对应的 pH，即为测定允许的最低 pH，也就是最高酸度。

【例 6-2】　用 EDTA(1×10^{-2} mol/L)滴定同浓度的 Zn^{2+} 溶液，计算其最高酸度。

解　由表 6-1 查得　$\lg K_{ZnY} = 16.5$

$$\lg K'_{ZnY} = \lg K_{ZnY} - \lg \alpha_{Y(H)}$$

所以　$\lg \alpha_{Y(H)} = \lg K_{ZnY} - \lg K'_{ZnY} = 16.5 - 8.3 = 8.2$

查表 6-2，pH=4 时，$\lg \alpha_{Y(H)} = 8.44$，故最高酸度应控制在 pH=4。

在例(6-2)中，由于 pH=4 时 $\alpha_{Zn(OH)_2} = 1$，可忽略 Zn^{2+} 的水解；但如果 pH 升高，虽然酸效应减小，但有可能因水解生成氢氧化物沉淀影响滴定。所以还存在一个"最低酸度"。

最低酸度可以从 $M(OH)_n$ 的溶度积求得。例如，$M(OH)_n$ 的溶度积为 K_{sp}，为了防止滴定开始时形成 $M(OH)_n$ 沉淀，必须使

$$[OH^-] \leqslant \sqrt[n]{\frac{K_{sp}}{c_M}} \tag{6-8}$$

由此可从 pOH+pH=14 求出最低的酸度值。

由于在络合滴定过程中不断释放出 H^+，因此通常用缓冲溶液控制溶液的酸度。缓冲剂的选择还要考虑是否会引起副反应。

6.3.3　滴定方式及其应用

1. 滴定方式

1) 直接滴定法

用 EDTA 标准溶液直接滴定被测离子，其方法简便快速、误差较小。只要络合反应能符合滴定分析的要求，有合适的指示剂，就应当尽量采用直接滴定法。

2）返滴定法

在下列情况下可以用返滴定法：

(1) 采用直接滴定法时，缺少变色敏锐的指示剂，或出现指示剂封闭现象。

(2) 待测离子与 EDTA 的络合速度较慢。

(3) 待测离子发生水解等副反应，影响测定。

返滴定法是在待测溶液中先加入过量的 EDTA，使待测离子完全络合。然后用其他金属离子标准溶液回滴过量的 EDTA。根据两种标准溶液的浓度和用量，即可求得被测物质的含量。

例如，用 EDTA 测定 Al^{3+} 时，由于 Al^{3+} 与 EDTA 络合速度较慢，不能用 EDTA 直接滴定，一般采用返滴定方式：定量加入过量的 EDTA 标准溶液，煮沸后，用 Cu^{2+} 或 Zn^{2+} 标准溶液返滴定过量的 EDTA。

返滴定剂（如标准 Zn^{2+} 溶液）所生成的络合物应有足够的稳定性，但不宜过于超过被测离子络合物的稳定性。否则在滴定过程中，返滴定剂会置换出被测离子，引起误差，而且终点不敏锐。

3）置换滴定法

利用置换反应置换出另一种金属离子或 EDTA，然后滴定，称为置换滴定法。

(1) 置换出金属离子　如果被测离子 M 与 EDTA 反应不完全或所形成的络合物不稳定，可让 M 置换出另一络合物（NL）中等物质的量的 N，用 EDTA 滴定 N，然后求出 M 的含量。

例如，Ag^+ 与 EDTA 的络合物很不稳定，不能用 EDTA 直接滴定，但将 Ag^+ 加入到过量的 $Ni(CN)_4^{2-}$ 溶液中，则

$$Ag^+ + Ni(CN)_4^{2-} \rightleftharpoons Ag(CN)_4^{3-} + Ni^{2+}$$

在 pH＝10 的氨性溶液中，以紫脲酸铵作指示剂，用 EDTA 滴定置换出来的 Ni^{2+}，即可求得 Ag^+ 的含量。由于 $Ni(CN)_4^{2-}$ 很稳定，因此其中的 Ni^{2+} 不会与 EDTA 反应。

(2) 置换出 EDTA　将被测离子 M 与干扰离子（N_1、N_2、N_3、…）全部用 EDTA 络合，再用一种金属离子将过量的 EDTA 定量络合，再加入选择性高的络合剂 L 以夺取 M，并释放出 EDTA：

$$MY + L \rightleftharpoons ML + Y$$

最后用某金属标准溶液滴定释放出来的 EDTA，即可测得 M 的含量。

例如，测定合金中的锡含量时，可在 Sn^{4+} 试液中加入过量的 EDTA，将可能存在的 Pb^{2+}、Zn^{2+}、Cd^{2+}、Ba^{2+} 等与 Sn^{4+} 一起发生络合反应。用 Zn^{2+} 标准溶液回滴过量的 EDTA。再加入 NH_4F，使 SnY 转变成更稳定的 SnF_6^{2-}，释放出的 EDTA，再用 Zn^{2+} 标准溶液滴定，即可求得 Sn^{4+} 的含量。

用置换滴定法还可以改善指示剂终点的敏锐性。例如，铬黑 T 与 Mg^{2+} 显色很灵敏，但与 Ca^{2+} 显色的灵敏度较差，为此，在 pH＝10 的溶液中用 EDTA 滴定 Ca^{2+} 时，常在溶液中先加入少量 MgY，此时发生下列置换反应：

$$MgY + Ca^{2+} \rightleftharpoons CaY + Mg^{2+}$$

置换出来的 Mg^{2+} 与铬黑 T 的络合物显深红色。滴定时，EDTA 先与 Ca^{2+} 络合，当达到滴定终点时，EDTA 夺取 Mg-铬黑 T 络合物中的 Mg^{2+}，形成 MgY，游离出指示剂，显纯蓝色，颜色变化明显。在这里，滴定前加入的 MgY 和最后生成的 MgY 的量相等，所以加入的 MgY 不影响滴定结果。

2. 应用示例

含金属离子的药品大多可用配位滴定法测定其含量。例如，氯化钙、乳酸钙、葡萄糖酸钙、氢氧化铝、硫酸镁、硫糖铝等药物，《中国药典》均采用络合滴定法。

葡萄糖酸钙的含量测定　取本品 0.5 g，精确称定，加水 100 mL，微温使溶解，加氢氧化钠试液 15 mL 与钙紫红素指示剂 0.1 g，用乙二胺四乙酸二钠滴定液(0.05 mol/L)滴定至溶液自紫红色转变为纯蓝色。每 1 mL 乙二胺四乙酸二钠滴定液(0.05 mol/L)相当于 22.42 mg 的 $C_{12}H_{22}CaO_{14} \cdot H_2O$。

氢氧化铝的含量测定　取本品约 0.6 g，精确称定，加盐酸与水各 10 mL，加热溶解后，放冷，过滤，将滤液置于 250 mL 容量瓶中，滤器用水洗涤，洗液并入容量瓶中，用水稀释至刻度，摇匀；精密量取 25 mL，加氨试液中和至恰析出沉淀，再滴加稀盐酸至沉淀恰溶解为止，加乙酸-乙酸铵缓冲液(pH 6.0)10 mL，再精确加乙二胺四乙酸二钠滴定液(0.05 mol/L)25 mL，煮沸 3～5 min，放冷，加二甲酚橙指示液 1 mL，用锌滴定液(0.05 mol/L)滴定至溶液由黄色转变为红色，并将滴定的结果用空白实验校正，每 1 mL 乙二胺四乙酸二钠滴定液(0.05 mol/L)相当于 2.549 mg 的 Al_2O_3。

习　题

1. EDTA 与其金属离子络合物的特点是什么？
2. 何谓副反应系数？何谓条件稳定常数？它们之间有何关系？
3. 影响络合滴定突跃范围的因素是什么？
4. 何谓指示剂的封闭现象？怎样消除封闭？
5. 在不同资料上查得 Cu^{2+} 络合物的常数如下：Cu-柠檬酸 $K_{不稳}=6.3\times10^{-15}$，Cu-乙酰丙酮 $\beta_1=1.86\times10^7$，$\beta_2=2.19\times10^{16}$，Cu-乙二胺逐级稳定常数为：$K_1=5.75\times10^{10}$，$K_2=2.1\times10^9$，$K_3=10$，Cu-磺基水杨酸 $\lg\beta_2=16.45$，Cu-酒石酸 $\lg K_1=3.2$，$\lg K_2=1.9$，$\lg K_3=-0.33$，$\lg K_4=1.73$，Cu-EDTA $\lg K_{稳}=18.80$，Cu-EDTP $pK_{不稳}=15.4$　试按总稳定常数($\lg K_{稳}$)从大到小的次序，把它们排列起来。

   [Cu-乙二胺>Cu-EDTA>Cu-磺基水杨酸>Cu-EDTP>Cu-乙酰丙酮>Cu-柠檬酸>Cu-酒石酸]
6. 在 0.050 mol/L 的 Al^{3+} 溶液中，加入 NaF 固体，使溶液中游离 F^- 浓度为 0.10 mol/L，计算铝的副反应系数 $\alpha_{Al(F)}$。这时溶液中$[Al^{3+}]$、$[AlF^{2+}]$、$[AlF_2^+]$、$[AlF_3]$、$[AlF_4^-]$、$[AlF_5^{2-}]$、$[AlF_6^{3-}]$各为多少？

   [3.52×10^{14} mol/L，1.42×10^{-16} mol/L，1.79×10^{-11} mol/L，2.01×10^{-7} mol/L，1.42×10^{-4} mol/L，7.12×10^{-3} mol/L，3.57×10^{-2} mol/L，7.12×10^{-3} mol/L]
7. 称取 0.1005 g 纯 $CaCO_3$，溶解后，用容量瓶配成 100 mL 溶液。吸取 25.00 mL，在 pH>12 时，用钙指示剂指示终点，用 EDTA 标准溶液滴定，用去 24.90 mL，试计算：(1) EDTA 溶液的浓度(mol/L)；(2)每毫升 EDTA 溶液相当于 ZnO、Fe_2O_3 的克数。

   [(1) 0.01008 mol/L；(2) 0.0008203 g，0.0008048 g]
8. 取 100 mL 水样，用氨性缓冲液调节至 pH=10，以铬黑 T 为指示剂，用 EDTA 标准液(0.008826 mol/L)滴定至终点，共消耗 12.58 mL，计算水的总硬度。如果将上述水样再取 100 mL，用 NaOH 调节 pH=12.5，加入钙指示剂，用上述 EDTA 标准液滴定至终点，消耗 10.11 mL，试分别求出水样中 Ca^{2+} 和 Mg^{2+} 的量。

   [111.1 mg/L；35.77 mg/L，5.29 mg/L]
9. 称取葡萄糖酸钙($C_{12}H_{22}O_{14}Ca \cdot H_2O$)试样 0.5500 g，溶解后，在 pH=10 的氨性缓冲液中用 EDTA 滴定(铬黑 T 为指示剂)，滴定用去 EDTA 液(0.04985 mol/L)24.50 mL，试计算葡萄糖酸钙的含量。

   [99.57%]

10. 称取干燥 $Al(OH)_3$ 凝胶 0.3986 g，于 250 mL 容量瓶中溶解后，吸取 25 mL，精确加入 0.051 40 mol/L EDTA 标准液 25.00 mL，过量的 EDTA 溶液用标准锌溶液(0.049 98 mol/L) 回滴，用去 15.02 mL，求样品中 Al_2O_3 的含量。

[68.51%]

(南京中医药大学　姚卫峰)

第7章　沉淀滴定法

沉淀滴定法(precipitation titration)是以沉淀反应为基础的滴定分析方法。用作滴定分析的沉淀反应需满足下列条件:①沉淀溶解度必须足够小;②沉淀反应迅速;③具有确定的化学计量关系;④有适当的方法指示化学计量点。

由于以上条件的限制,能用于滴定分析的沉淀反应并不多。目前应用最多的沉淀滴定法是银量法(argentimetry),基本的化学反应为

$$Ag^+ + X^- \longrightarrow AgX\downarrow$$

式中,X^-为Cl^-、Br^-、I^-或SCN^-。因此,银量法可以测定卤素离子、Ag^+及SCN^-等。

7.1　银量法的基本原理

以$AgNO_3$溶液(0.1000 mol/L)滴定20.00 mL NaCl溶液(0.1000 mol/L)为例,通过计算滴定过程中(以下四个阶段)Ag^+或Cl^-浓度的变化,可绘制滴定曲线。

(1) 滴定开始前　溶液中Cl^-浓度为溶液的原始浓度。

$$[Cl^-]=0.1000(mol/L) \qquad pCl=-\lg 0.1000=1.00$$

(2) 滴定开始至化学计量点前　根据溶液中剩余的Cl^-浓度和AgCl的溶度积计算$[Ag^+]$。例如,加入$AgNO_3$溶液18.00 mL时,溶液中氯离子浓度为

$$[Cl^-]=\frac{0.1000\times 2.00}{20.00+18.00}=5.26\times 10^{-3}(mol/L)$$

即
$$pCl=2.279$$

$$K_{sp}=[Ag^+][Cl^-]=1.56\times 10^{-10}$$

$$pAg+pCl=-\lg K_{sp}=9.807$$

故
$$pAg=9.807-2.279=7.528$$

同理,当加入$AgNO_3$溶液19.98 mL时,溶液中剩余的Cl^-浓度为5.0×10^{-5} mol/L,则

$$pCl=4.30 \qquad pAg=5.51$$

(3) 化学计量点时　溶液是AgCl的饱和溶液。

$$pAg=pCl=\frac{1}{2}pK_{sp}=4.91$$

(4) 化学计量点后　溶液的Ag^+浓度由过量的$AgNO_3$的量决定。例如,加入$AgNO_3$溶液20.02 mL时(过量$AgNO_3$ 0.02 mL),溶液中银离子浓度为

$$[Ag^+]=\frac{0.1000\times 0.02}{20.00+20.02}=5.0\times 10^{-5}(mol/L)$$

即
$$pAg=4.30$$

$$pCl=9.81-4.30=5.51$$

在接近化学计量点时,若考虑因AgCl沉淀溶解而进入溶液的离子浓度,则计算如下。当Ag^+过量2.0×10^{-5} mol/L时,设溶液中$[Cl^-]=x$,则溶解部分$[Ag^+]=[Cl^-]=x$,则

$$[Ag^+]=[Ag^+]_{溶解}+[Ag^+]_{过量}=x+2.0\times10^{-5}$$

$$x(x+2.0\times10^{-5})=K_{sp}=1.56\times10^{-10}$$

$$x=6.0\times10^{-6}\ mol/L \qquad pCl=5.22$$

$$pAg=9.81-5.22=4.59$$

按照类似计算，可得滴定过程一系列的 pCl 和 pAg 数据。随着滴定剂$AgNO_3$的加入，试液中$[Cl^-]$不断下降，$[Ag^+]$逐渐增加，滴定曲线可以用 pCl-V 关系图或 pAg-V 关系图表示。图 7-1 分别是 $AgNO_3$ 溶液滴定 NaCl 溶液和 NaI 溶液的滴定曲线。

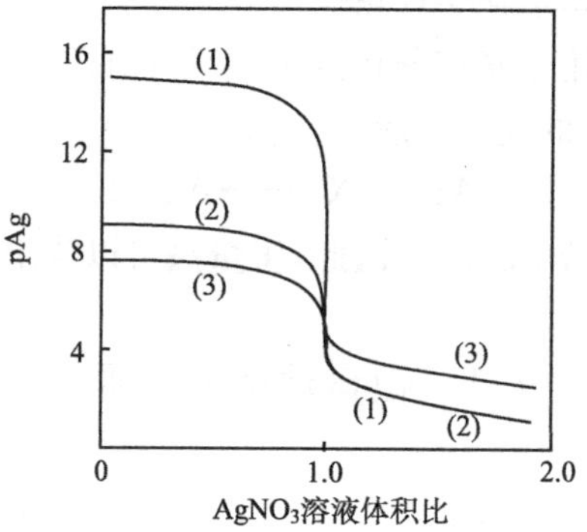

图 7-1　$AgNO_3$ 滴定 NaCl 和 NaI 的滴定曲线

$AgNO_3$ 溶液(0.1000mol/L)滴定同浓度的 NaI 溶液(1)与 NaCl 溶液(2)；

$AgNO_3$ 溶液(0.01000mol/L)滴定同浓度的 NaCl 溶液(3)。

由滴定曲线可以说明以下几点：

(1) 与酸碱滴定曲线相似，滴定曲线在化学计量点的附近形成滴定突跃。

(2) 突跃范围大小取决于沉淀的溶度积常数 K_{sp}和溶液浓度。K_{sp}越小，突跃范围越大。例如，$K_{sp}(AgI)<K_{sp}(AgBr)<K_{sp}(AgCl)$，所以 $AgNO_3$ 滴定同浓度的 Cl^-、Br^-和 I^-的滴定曲线的突跃范围大小顺序为 $I^->Br^->Cl^-$；类似于酸碱滴定分析法，溶液的浓度越大，则突跃范围也越大。

7.2　银量法指示终点的方法

根据确定终点所用指示剂的不同，分为铬酸钾指示剂法、铁铵矾指示剂法和吸附指示剂法三种。

7.2.1　铬酸钾指示剂法

铬酸钾指示剂法又称莫尔法(Mohr method)。

1. *滴定原理*

以 K_2CrO_4 为指示剂，用 $AgNO_3$ 标准溶液直接滴定 Cl^- 为例说明。根据分步沉淀的原理，由于 AgCl 的溶解度小于 Ag_2CrO_4，故首先析出白色的 AgCl 沉淀。待 Cl^-被定量沉淀后，稍过量的 Ag^+就会与 CrO_4^{2-} 反应，产生砖红色的 Ag_2CrO_4 沉淀而指示滴定终点。

终点前　$Ag^++Cl^-\longrightarrow AgCl\downarrow$ (白色)　　$K_{sp}=1.56\times10^{-10}$

终点时　　$2Ag^+ + CrO_4^{2-} \longrightarrow Ag_2CrO_4\downarrow$　　$K_{sp} = 1.10\times10^{-12}$
（砖红色）

2. 滴定条件

(1) 指示剂的用量要适当　若指示剂 CrO_4^{2-} 的浓度太大将会引起终点提前，CrO_4^{2-} 本身的黄色也会影响对终点的观察；若浓度太小又会使终点滞后。实际滴定时，通常在总体积为 50～100 mL 的溶液中，加入 5%(g/100 mL)铬酸钾指示剂1～2 mL，此时$[CrO_4^{2-}]$为 5.2×10^{-3}～2.6×10^{-3} mol/L。

(2) 控制溶液的酸度　应在中性或弱碱性介质中进行滴定。若酸度过高，CrO_4^{2-} 与 H^+ 结合使其浓度降低，导致化学计量点附近无 Ag_2CrO_4 沉淀出现；但碱性太强，又将生成 Ag_2O 沉淀，故适宜的酸度为 pH 6.5～10.5。若试液中有铵盐存在，则由于它能与 Ag^+ 生成络离子 $[Ag(NH_3)]^+$ 或 $[Ag(NH_3)_2]^+$，使 AgCl 和 Ag_2CrO_4 的溶解度增大，测定的准确度降低。实验证明，当 $c_{NH_4^+} < 0.05$ mol/L 时，控制溶液的 pH 为 6.5～7.2，滴定可得到满意的结果。当 $c_{NH_4^+} > 0.15$ mol/L 时，仅通过控制溶液酸度已不能消除络合效应的影响，此时需在滴定前将大量铵盐除去或改用其他方法测定。

(3) 滴定时应大力振摇　使被 AgCl 或 AgBr 沉淀吸附的 Cl^- 或 Br^- 及时释放出来，防止终点提前。

(4) 注意干扰离子的影响　凡能与 Ag^+ 生成沉淀的阴离子(如 PO_4^{3-}、AsO_4^{3-}、SO_3^{2-}、S^{2-}、CO_3^{2-} 和 $C_2O_4^{2-}$ 等)，能与 CrO_4^{2-} 生成沉淀的阳离子(如 Ba^{2+}、Pb^{2+}等)，高浓度的有色离子(如 Cu^{2+}、Co^{2+}和 Ni^{2+}等)，以及在中性或弱碱性溶液中易发生水解反应的离子(如 Fe^{3+}、Al^{3+}、Bi^{3+}和 Sn^{4+}等)均干扰测定，应预先处理。

3. 应用范围

本法适用于 Cl^-、Br^-和 CN^-的测定，不能用于滴定 I^-和 SCN^-，因为 AgI 和 AgSCN 沉淀对 I^-和 SCN^-有较强烈的吸附作用，即使剧烈振摇也无法使之释放出来。本法也不能用于以 NaCl 标准溶液直接滴定 Ag^+，原因是当加入指示剂 K_2CrO_4 后，Ag^+ 试液会立即析出 Ag_2CrO_4 沉淀，用 NaCl 标准溶液滴定时，Ag_2CrO_4 转化成 AgCl 的速率极慢，使终点推迟。因此，要用铬酸钾指示剂法测定 Ag^+，必须采用返滴定法，即先加入定量且过量的 NaCl 标准溶液，再加入指示剂，用 $AgNO_3$ 标准溶液返滴定剩余的 Cl^-。

7.2.2　铁铵矾指示剂法

铁铵矾指示剂法又称福尔哈德法(Volhard method)，可分为直接滴定法和返滴定法。

1. 滴定原理

(1) 直接滴定法　在 HNO_3 介质中，以铁铵矾$[NH_4Fe(SO_4)_2\cdot12H_2O]$为指示剂，用 KSCN 或 NH_4SCN 标准溶液直接滴定溶液中的 Ag^+。

终点前　　$Ag^+ + SCN^- \longrightarrow AgSCN\downarrow$　　$K_{sp}(AgSCN) = 1.0\times10^{-12}$
（白色）

终点时　　$Fe^{3+} + SCN^- \longrightarrow [FeSCN]^{2+}$　　$K = 138$
（红色）

(2) 返滴定法　在 HNO_3 介质中，加入定量且过量的 $AgNO_3$ 标准溶液，以铁铵矾为指示剂，用 NH_4SCN 标准溶液返滴定过量的 $AgNO_3$。

滴定前　　Ag^+(定量，过量) $+ X^- \longrightarrow AgX\downarrow$

终点前　　Ag^+(剩余量) $+ SCN^- \longrightarrow AgSCN\downarrow$

终点时　　$Fe^{3+} + SCN^- \longrightarrow [FeSCN]^{2+}$ (红色)

2. 滴定条件

(1) 应在 HNO_3 酸性介质中滴定。酸度太低，Fe^{3+} 水解形成颜色较深的氢氧化物影响终点观察，但 HSCN 的 $pK_a=0.86$，酸度也不能过高，一般在浓度为 0.1～1 mol/L 的 HNO_3 介质中滴定。在 HNO_3 介质中，许多弱酸盐(如 PO_4^{3-}、AsO_4^{3-}、S^{2-} 等)及易水解的高价金属离子都不干扰测定，故此法具有较高的选择性。

(2) 指示剂的用量要适当。为使终点时刚好能观察到 $[FeSCN]^{2+}$ 明显的红色，实验证明所需 $[FeSCN]^{2+}$ 的最低浓度为 6×10^{-6} mol/L，按此计算 $[Fe^{3+}]$ 应为 0.04 mol/L，但 Fe^{3+} 的浓度过大，其黄色会干扰终点的观察。一般终点时，Fe^{3+} 浓度控制在 0.015 mol/L，此时只需过量 0.1 % SCN^- 就能产生 $[FeSCN]^{2+}$ 明显的红色。

(3) 直接滴定法滴定 Ag^+ 时要充分振摇。使被 AgSCN 沉淀吸附的 Ag^+ 解吸，防止终点提前。

(4) 返滴定法测定 Cl^- 时要防止沉淀转化。由于 AgCl 的溶解度比 AgSCN 大，当剩余的 Ag^+ 被滴定完之后，过量的 SCN^- 将与 AgCl 发生沉淀转化反应

$$AgCl\downarrow + SCN^- \longrightarrow AgSCN\downarrow + Cl^-$$

使终点时 $[FeSCN]^{2+}$ 红色不能及时出现，或已经出现的红色随着振摇而又消失。因此，要想得到持久的红色就必须继续滴入 SCN^-，直到 SCN^- 与 Cl^- 之间达到平衡为止。这样无疑多消耗了 NH_4SCN 标准溶液，造成一定的滴定误差。因此在滴定氯化物时，需先将已生成的 AgCl 沉淀滤去，再用 NH_4SCN 标准溶液滴定滤液；或者在回滴前向待测试液中加入一定量的有机溶剂如硝基苯、二甲酯类等，强烈振摇后，有机溶剂将 AgCl 沉淀包住，使它与溶液隔开，这就阻止了 SCN^- 与 AgCl 发生沉淀转化反应。由于 AgBr 和 AgI 的溶解度比 AgSCN 小，不存在沉淀的转化。

(5) 返滴定法滴定 I^- 时先加定量且过量的 $AgNO_3$ 溶液再加指示剂，防止 I^- 被 Fe^{3+} 氧化成 I_2 而造成误差。

3. 应用范围

采用直接滴定法可测定 Ag^+；采用返滴定法可测定 Cl^-、Br^-、I^-、SCN^- 等。

7.2.3 吸附指示剂法

吸附指示剂法又称法扬斯法(Fajans method)。

1. 滴定原理

吸附指示剂是一类有机染料，其阴(阳)离子在溶液中被带正(负)电荷的胶状沉淀表面吸附后，会因结构的改变引起颜色的变化，从而指示滴定终点。

吸附指示剂可分为两类：一类是酸性染料，如荧光黄及其衍生物，它们是有机弱酸，离解出

指示剂阴离子；另一类是碱性染料，如甲基紫、罗丹明 6G 等，解离出指示剂阳离子。

指示剂的离子与加入滴定剂的离子应带有相反的电荷。例如，用 $AgNO_3$ 标准溶液滴定 Cl^-，可采用荧光黄作指示剂。荧光黄是一种有机弱酸，用 HFI 表示，在溶液中存在如下离解平衡：

$$HFI \rightleftharpoons FI^-(\text{黄绿色}) + H^+ \qquad pK_a = 7$$

在化学计量点之前，溶液中 Cl^- 过量，AgCl 沉淀吸附 Cl^- 而带负电荷，FI^- 不被吸附，溶液仍呈现 FI^- 的黄绿色。在化学计量点后，溶液中有过量的 Ag^+，此时 AgCl 沉淀吸附 Ag^+ 使沉淀颗粒带正电荷，将强烈地吸附 FI^-。荧光黄阴离子被吸附后，因结构发生变化而呈粉红色，从而指示滴定终点。此过程可示意如下：

终点前 Cl^- 过量时　　$AgCl \cdot Cl^- + FI^-$（黄绿色）

终点后 Ag^+ 过量时　　$AgCl \cdot Ag^+ + FI^- \Longrightarrow AgCl \cdot Ag^+ \cdot FI^-$（粉红色）

若用 NaCl 标准溶液滴定 Ag^+，可采用甲基紫作指示剂。

2. 滴定条件

(1) 保护胶体。由于终点颜色的变化发生在沉淀表面，欲使变色明显，应尽量增大沉淀的比表面积。因此滴定前加入糊精等保护胶体，阻止卤化银凝聚，使其保持胶体状态。

(2) 滴定的酸度要有利于指示剂的显色离子存在，即与吸附指示剂的 pK_a 有关。例如，荧光黄 $pK_a=7$，只能在 pH 7～10 的中性或弱碱性溶液中使用；若 pH<7，则主要以 HFI 形式存在，它不被沉淀吸附，无法指示终点。二氯荧光黄其 $pK_a=4$，可以在 pH 4～10 使用。曙红的酸性更强($pK_a \approx 2$)，即使 pH 低至 2，也能指示终点。甲基紫为阳离子指示剂，必须在 pH 1.5～3.5 的酸性溶液中使用。

(3) 胶体颗粒对指示剂的吸附能力要适当。应略小于对被测离子的吸附能力，否则指示剂将在化学计量点前变色；但也不能太小，否则终点会滞后。卤化银对卤化物和几种常见吸附指示剂的吸附能力的次序如下：

$$I^- > \text{二甲基二碘荧光黄} > Br^- > \text{曙红} > Cl^- > \text{荧光黄}$$

因此，滴定 Cl^- 选荧光黄，滴定 Br^- 选曙红为指示剂。

(4) 避免在强光照射下进行滴定。因为吸附着指示剂的卤化银胶体对光极为敏感，遇光易分解析出金属银，溶液很快变灰色或黑色影响终点的观察。

3. 应用范围

本法适用于 Cl^-、Br^-、I^-、SCN^- 和 Ag^+ 等的测定。现将常用的几种吸附指示剂及应用列于表 7-1。

表 7-1　常用的吸附指示剂及应用

指示剂名称	待测离子	滴定剂	适用范围
荧光黄	Cl^-	$AgNO_3$	pH 为 7～10
二氯荧光黄	Cl^-	$AgNO_3$	pH 为 4～10
曙红	Br^-、I^-、SCN^-	$AgNO_3$	pH 为 2～10
甲基紫	Ag^+	NaCl	酸性
罗丹明 6G	Ag^+	NaBr	酸性
二甲基二碘荧光黄	I^-	$AgNO_3$	中性

7.3 标准溶液的配制和标定

7.3.1 基准物质

银量法常用的基准物质是市售的优级纯硝酸银和氯化钠。硝酸银纯品不易吸潮，宜密闭避光保存。氯化钠极易吸潮，应置于干燥器中保存。

7.3.2 标准溶液

1. 硝酸银标准溶液

可用基准硝酸银以直接法配制，也可用分析纯硝酸银间接法配制，再用基准 NaCl 标定。硝酸银标准溶液见光易分解，应置于棕色瓶保存，若存放时间较长还应重新标定。标定方法最好与样品测定方法相同，以减小方法误差。

2. 硫氰酸铵(或硫氰酸钾)标准溶液

间接法配制，可用标定好的 $AgNO_3$ 标准溶液，按铁铵矾指示剂法的直接滴定方式标定，也可用 NaCl 作基准物质，按铁铵矾指示剂法的返滴定方式同时标定 NH_4SCN(或 KSCN)和 $AgNO_3$ 两种溶液(需做空白实验)。

7.4 应用与示例

NaCl、$CaCl_2$、NH_4Cl、NaBr、KBr、NH_4Br、KI、NaI 等无机卤化物和盐酸丙卡巴肼等有机碱的氢卤酸盐可直接用银量法测定。多数有机卤化物则不能直接采用银量法测定，而必须经过 NaOH 水解法、Na_2CO_3 熔融法、氧瓶燃烧法等预处理，使有机卤素变成卤离子后，再用银量法测定。

1. 生理盐水中氯化钠的测定

精密量取本品 10 mL，加蒸馏水 40 mL、2%糊精溶液 5 mL、2.5%硼砂溶液 2 mL 与荧光黄指示液 5～8 滴，用 0.1 mol/L $AgNO_3$ 标准溶液滴定至出现粉红色，即为终点。

2. 盐酸丙卡巴肼肠溶片的测定

取本品 20 片(50 mg/片)或 40 片(25 mg/片)，除去肠溶衣后，精确称定，研细。精确称取粉末适量(约相当于盐酸丙卡巴肼 0.25 g)，加蒸馏水 50 mL 溶解后，加 6 mol/L HNO_3 3 mL，准确加入 0.1 mol/L $AgNO_3$ 标准溶液 20 mL，再加邻苯二甲酸二丁酯约 3 mL。强力振摇后，加铁铵矾指示剂 2 mL，用 0.1 mol/L NH_4SCN 标准溶液滴定至出现淡棕红色，即为终点，并将滴定结果用空白实验校正。

计算结果如下：

平均每片中盐酸丙卡巴肼的实际量＝

$$\frac{(c_{AgNO_3}V_{AgNO_3}-c_{NH_4SCN}V_{NH_4SCN})\times\dfrac{M_{盐酸丙卡巴肼}}{1000}}{m_s}\times 片的质量平均值$$

$$标示量(\%)=\frac{平均每片中盐酸丙卡巴肼的实际量}{每片盐酸丙卡巴肼的标示量}\times 100\%$$

习　题

1. 试从标准溶液、指示剂、滴定原理、滴定条件和测定对象等方面，比较银量法中三种指示终点的方法。
2. 用银量法定量测定下列样品：(1) NH_4Cl；(2) $BaCl_2$；(3) KSCN；(4) Na_2CO_3+NaCl；(5) NaBr；(6) KI。应该选用何种指示剂确定终点？为什么？
3. 以下测定中，分析结果是偏高、偏低，还是没有影响？为什么？
   (1)在 pH=4 或 pH=11 时，以莫尔法测定 Cl^-；(2)采用福尔哈德法测定 Cl^- 或 Br^-，未加硝基苯；(3)法扬斯法测定 Cl^- 时，选曙红为指示剂；(4)用莫尔法测定 NaCl、Na_2SO_4 混合液中的 NaCl。
4. 称取 NaCl 基准试剂 0.2000 g，溶解后加入 50.00 mL $AgNO_3$ 标准溶液，过量的 Ag^+ 需要 25.00 mL NH_4SCN 标准溶液滴定至终点。已知 24.00 mL $AgNO_3$ 标准溶液与 20.00 mL NH_4SCN 标准溶液能完全作用，计算 $AgNO_3$ 和 NH_4SCN 溶液的浓度。

[0.1711 mol/L；0.2053 mol/L]

（广东药学院　钟　晨　黄庆华）

第 8 章　氧化还原滴定法

氧化还原滴定法(oxidation-reduction titration)是以氧化还原反应(溶液中氧化剂与还原剂之间的电子转移)为基础的滴定分析方法。

可以用来进行氧化还原滴定的反应很多。根据所用的滴定剂(氧化剂或还原剂)不同,可将氧化还原滴定法分为:碘量法、高锰酸钾法、溴量法、铈量法、亚硝酸钠法、重铬酸钾法等。氧化还原滴定法的应用较多,不仅可以测定具有氧化性或还原性的物质,而且还可以测定能与氧化剂或还原剂定量反应的物质,是滴定分析中应用最广泛的分析方法之一;但反应机理复杂,还常伴有各种副反应发生,反应速率慢,因而实验条件要求往往比较严格。

8.1　氧化还原平衡

8.1.1　条件电位及其影响因素

1. 条件电位

氧化还原反应中氧化剂或还原剂的氧化或还原能力的强弱,可以用有关电对的电极电势来衡量表示。电对的电极电势越高,其氧化态的氧化能力越强,还原态的还原能力越弱;反之,电对的电极电势越低,则其还原态的还原能力越强,氧化态的氧化能力越弱。氧化还原反应自发进行的方向,总是高电位电对的氧化态氧化低电位电对的还原态,生成新的还原态和氧化态物质;反应电对的标准电极电势差决定了一个反应的完全程度。

任一氧化还原电对的可逆半电池反应可表示为

$$\mathrm{Ox} + n\mathrm{e}^- \rightleftharpoons \mathrm{Red}$$

式中,Ox 和 Red 分别表示电对的氧化态和还原态;n 为转移电子数目。电对的电极电势可用能斯特(Nernst)方程式表示:

$$\varphi_{\mathrm{Ox/Red}}=\varphi^{\ominus}+\frac{2.303\,RT}{nF}\lg\frac{a_{\mathrm{Ox}}}{a_{\mathrm{Red}}}=\varphi^{\ominus}+\frac{0.0592}{n}\lg\frac{a_{\mathrm{Ox}}}{a_{\mathrm{Red}}}\quad(25\ ℃)\tag{8-1}$$

式中,$\varphi^{\ominus}$为标准电极电势;a_{Ox}和 a_{Red}分别为氧化态和还原态的活度。

在实际分析问题时,通常容易知道的是反应物的浓度而并非活度。活度与浓度的关系式为

$$a=f\,[\mathrm{A}]\tag{8-2}$$

式中,f 为某一组分的活度系数;方括号[　]表示其平衡浓度。

将式(8-2)代入式(8-1),得

$$\varphi_{\mathrm{Ox/Red}}=\varphi^{\ominus}+\frac{0.0592}{n}\lg\frac{f_{\mathrm{Ox}}[\mathrm{Ox}]}{f_{\mathrm{Red}}[\mathrm{Red}]}\tag{8-3}$$

此外,还要考虑溶液体系中可能存在的副反应,这时,氧化态和还原态的活度与其分析浓度 c 的关系式为

$$a=\frac{fc}{\alpha}\tag{8-4}$$

式中，α 为副反应系数。

将式(8-4)代入式(8-1)，得

$$\varphi_{Ox/Red}=\varphi^{\ominus}+\frac{0.0592}{n}\lg\frac{f_{Ox}c_{Ox}\alpha_{Red}}{f_{Red}c_{Red}\alpha_{Ox}}=\varphi^{\ominus\prime}+\frac{0.0592}{n}\lg\frac{c_{Ox}}{c_{Red}} \tag{8-5a}$$

$$\varphi^{\ominus\prime}=\varphi^{\ominus}+\frac{0.0592}{n}\lg\frac{f_{Ox}\alpha_{Red}}{f_{Red}\alpha_{Ox}} \tag{8-5b}$$

式中，$\varphi^{\ominus\prime}$为条件电位(conditional potential)，在数值上等于 $c_{Ox}=c_{Red}$时电对的电位；在一定实验条件下，$\varphi^{\ominus\prime}$数值不变。

式(8-5a)考虑了溶液离子强度、电对氧化态和还原态参与副反应等因素的影响，因而，用它处理氧化还原滴定中的电对电位问题得到的结果与反应的实际更为接近。条件电位可用式(8-5b)计算或查表获得(见附录Ⅷ)。

2. 影响条件电位的因素

从式(8-5b)可知，影响条件电位的因素就是影响电对物质活度系数和副反应系数的因素。这些影响因素主要包含盐效应、酸效应、络合物和沉淀生成效应等。

(1) **盐效应**　指溶液中电解质浓度对条件电位的影响。电解质浓度的变化会改变溶液中的离子强度，使电对氧化态和还原态的活度系数也随之而变。单纯盐效应对条件电位的影响按式(8-6)计算：

$$\varphi^{\ominus\prime}=\varphi^{\ominus}+\frac{0.0592}{n}\lg\frac{f_{Ox}}{f_{Red}}\quad(25\ ℃) \tag{8-6}$$

通常，氧化还原滴定体系中的电解质浓度较高，离子强度较大，且电对氧化态和还原态又常为多价离子，因而盐效应较为明显；但体系中的反应电对也常参与各种副反应，一般情况下副反应对条件电位的影响作用比盐效应大得多，同时活度系数的精确值往往不易得到，因此在估算条件电位时可忽略盐效应的作用(假定离子的活度系数 $f=1$)，此时，式(8-3)和(8-5b)可分别简化为

$$\varphi_{Ox/Red}=\varphi^{\ominus}+\frac{0.0592}{n}\lg\frac{[Ox]}{[Red]}\quad(25\ ℃) \tag{8-7}$$

$$\varphi^{\ominus\prime}=\varphi^{\ominus}+\frac{0.0592}{n}\lg\frac{\alpha_{Red}}{\alpha_{Ox}}\quad(25\ ℃) \tag{8-8}$$

如上所述，在下面讨论各种副反应对电位的影响时，盐效应忽略不计。

(2) **酸效应**　不少氧化还原反应有 H^+或 OH^-参加，有关电对的能斯特方程式中将包含$[H^+]$或$[OH^-]$，酸度的改变将直接影响条件电位值；而且，一些物质的氧化态或(和)还原态本身是弱酸或弱碱，酸度的变化还会影响其存在形式，所以也会影响条件电位值。以 $H_3AsO_4/HAsO_2$ 电对为例，以上两方面的影响同时存在，酸效应作用是很大的，能引起某些反应方向的改变。

$H_3AsO_4/HAsO_2$ 电对的半电池反应为

$$H_3AsO_4+2H^++2e^-\rightleftharpoons HAsO_2+2H_2O\qquad \varphi^{\ominus}=0.56\ V$$

假定 $f=1$，按式(8-3)可得

$$\varphi_{H_3AsO_4/HAsO_2}=\varphi^{\ominus}+\frac{0.0592}{n}\lg\frac{[H_3AsO_4][H^+]^2}{[HAsO_2]}$$

$$=\varphi^{\ominus}+\frac{0.0592}{n}\lg\frac{c_{H_3AsO_4}\alpha_{HAsO_2}[H^+]^2}{c_{HAsO_2}\alpha_{H_3AsO_4}}$$

$$=\varphi^{\ominus\prime}+\frac{0.0592}{n}\lg\frac{c_{H_3AsO_4}}{c_{HAsO_2}}$$

$$\varphi^{\ominus\prime}=\varphi^{\ominus}+\frac{0.0592}{n}\lg\frac{\alpha_{HAsO_2}[H^+]^2}{\alpha_{H_3AsO_4}}$$

按酸效应系数的相关公式计算可得：当$[H^+]\approx 4$ mol/L 时，$\varphi^{\ominus\prime}_{H_3AsO_4/HAsO_2}=0.60$ V；当$[H^+]\approx 10^{-8}$ mol/L 时，$\varphi^{\ominus\prime}_{H_3AsO_4/HAsO_2}=-0.11$ V。而 I_2/I^- 电对的条件电位基本不受$[H^+]$的影响，$\varphi^{\ominus\prime}_{I_2/I^-}\approx\varphi^{\ominus}_{I_2/I^-}=0.54$ V，比较上述两个电对条件电位值可以预知以下反应：

$$H_3AsO_4+2H^++2I^-\rightleftharpoons HAsO_2+2H_2O+I_2$$

在高酸度下(如 4 mol/L 盐酸溶液中)，反应正向进行，即 H_3AsO_4 定量氧化 I^-，据此可用间接碘量法测定 H_3AsO_4；而在 pH≈8 的弱碱性溶液中，反应则定量地逆向进行，据此可用 As_2O_3 作基准物标定碘标准溶液。

(3) **络合物生成效应**　当副反应有络合物生成时，若氧化态络合物比还原态络合物的稳定性高，则条件电位降低；反之，条件电位将增高。例如，用碘量法测定 Cu^{2+} 时，共存的 Fe^{3+} 也能氧化 I^-，因而形成干扰。但如果向滴定溶液中加入能与 Fe^{3+} 生成稳定络合物的 F^-，此时按式(8-8)计算 Fe^{3+}/Fe^{2+} 电对的条件电位为

$$\varphi^{\ominus\prime}_{Fe^{3+}/Fe^{2+}}=\varphi^{\ominus}+0.0592\lg\frac{\alpha_{Fe^{2+}}}{\alpha_{Fe^{3+}}}$$

若$[F^-]=1$ mol/L，根据络合滴定法中络合副反应系数的计算方法可求出 $\alpha_{Fe^{3+}}=10^{12.06}$；由于 Fe^{2+} 不与 F^- 生成稳定络合物，$\alpha_{Fe^{2+}}\approx 1$，因此

$$\varphi^{\ominus\prime}_{Fe^{3+}/Fe^{2+}}=0.771+0.0592\lg\frac{1}{10^{12.06}}=0.057\ (V)$$

计算表明，当溶液中$[F^-]\approx 1$ mol/L 时，由于生成络合物，$\varphi^{\ominus\prime}_{Fe^{3+}/Fe^{2+}}$ 变得比 $\varphi^{\ominus\prime}_{I_2/I^-}$ ($\approx\varphi^{\ominus}_{I_2/I^-}=0.54$ V)低得多，将导致反应改变方向，使 Fe^{3+} 失去氧化 I^- 的能力，从而消除了 Fe^{3+} 对测定 Cu^{2+} 的干扰。

在氧化还原滴定中，经常借助辅助络合剂与干扰离子生成稳定络合物的反应来消除其对测定的干扰。

(4) **沉淀生成效应**　在氧化还原反应中，有与电对氧化态或还原态生成难溶沉淀的反应发生时，也会改变电对的电位。若氧化态生成难溶沉淀，条件电位将降低；若还原态生成难溶沉淀，条件电位将增高。例如，用碘量法测定 Cu^{2+} 的反应为

$$2Cu^{2+}+4I^-\rightleftharpoons 2CuI\downarrow+I_2$$

若单纯从标准电位考虑($\varphi^{\ominus}_{Cu^{2+}/Cu^+}=0.16$ V，$\varphi^{\ominus}_{I_2/I^-}=0.54$ V)，则 Cu^{2+} 不能氧化 I^-，反应不能自发地进行。但由于 CuI 难溶沉淀的生成，Cu^{2+}/Cu^+ 的条件电位高于 I_2/I^- 的条件电位，从而使反应得以进行。忽略盐效应，其计算方法如下：

$$Cu^{+}+I^{-} \rightleftharpoons CuI\downarrow \quad K_{sp}=[Cu^{+}][I^{-}]=1.1\times10^{-12}$$

将$[Cu^{+}]=\frac{K_{sp}}{[I^{-}]}$代入式(8-3)得

$$\varphi_{Cu^{2+}/Cu^{+}}=\varphi^{\ominus}+0.0592\lg\frac{[Cu^{2+}]}{[Cu^{+}]}=\varphi^{\ominus}+0.0592\lg\frac{[Cu^{2+}][I^{-}]}{K_{sp}}$$

考虑到副反应作用，有$[Cu^{2+}]=\frac{c_{Cu^{2+}}}{\alpha_{Cu^{2+}}}$，则

$$\varphi_{Cu^{2+}/Cu^{+}}=\varphi^{\ominus}+0.0592\lg\frac{[I^{-}]}{K_{sp}\alpha_{Cu^{2+}}}+0.0592\lg c_{Cu^{2+}}$$

$$=\varphi^{\ominus\prime}+0.0592\lg c_{Cu^{2+}}$$

$$\varphi^{\ominus\prime}=\varphi^{\ominus}+0.0592\lg\frac{[I^{-}]}{K_{sp}\alpha_{Cu^{2+}}}$$

因为 Cu^{2+} 在实验条件下不发生明显的副反应，$\alpha_{Cu^{2+}}\approx1$；若$[I^{-}]=1$ mol/L，则

$$\varphi^{\ominus\prime}=0.16+0.0592\lg\frac{1}{(1.1\times10^{-12})\times1}=0.87\ (V)$$

可见，此时在有过量 I^{-} 存在的溶液中，$\varphi^{\ominus\prime}_{I_2/I^{-}}\approx\varphi^{\ominus}_{I_2/I^{-}}(0.54\ V)<\varphi^{\ominus\prime}_{Cu^{2+}/Cu^{+}}$，$Cu^{2+}$可以定量地氧化 I^{-} 并生成 CuI 和 I_2。

以上讨论表明，当电对发生副反应时，电对的条件电位主要由副反应的影响决定；当副反应的影响足够大时有可能引起反应方向的改变。

8.1.2　氧化还原反应的进行程度

滴定分析通常要求氧化还原反应进行得越完全越好，反应的完全程度可用反应平衡常数衡量，而平衡常数的大小又取决于有关电对的标准电极电势。对于任一氧化还原反应：

$$a\mathrm{Ox}_1+b\mathrm{Red}_2 \rightleftharpoons c\mathrm{Red}_1+d\mathrm{Ox}_2$$

反应平衡常数表达式为

$$K=\frac{a^{c}_{\mathrm{Red}_1}\,a^{d}_{\mathrm{Ox}_2}}{a^{a}_{\mathrm{Ox}_1}\,a^{b}_{\mathrm{Red}_2}} \tag{8-9}$$

可根据能斯特公式，从有关电对的标准电极电势求得反应平衡常数为

$$\lg K=\frac{n(\varphi^{\ominus}_{\mathrm{Ox}}-\varphi^{\ominus}_{\mathrm{Red}})}{0.0592}\quad(25\ ℃) \tag{8-10}$$

式中，n 为氧化还原反应式中转移的电子数；$\varphi^{\ominus}_{\mathrm{Ox}}$ 和 $\varphi^{\ominus}_{\mathrm{Red}}$ 分别为氧化剂电对和还原剂电对的标准电极电势。

若用条件电位 $\varphi^{\ominus\prime}$ 代替标准电极电势 $\varphi^{\ominus}$，分析浓度代替活度，计算出的平衡常数则为条件平衡常数 K'：

$$\lg K'=\frac{n(\varphi^{\ominus\prime}_{\mathrm{Ox}}-\varphi^{\ominus\prime}_{\mathrm{Red}})}{0.0592} \tag{8-11}$$

其中

$$K'=\frac{c^{c}_{\mathrm{Red}_1}\,c^{d}_{\mathrm{Ox}_2}}{c^{a}_{\mathrm{Ox}_1}\,c^{b}_{\mathrm{Red}_2}} \tag{8-12}$$

例如，在 1 mol/L 硫酸溶液中，用 Ce^{4+} 标准溶液滴定 Fe^{2+} 的反应式为

$$Ce^{4+}+Fe^{2+} \rightleftharpoons Ce^{3+}+Fe^{3+}$$

查附录可知 $\varphi^{\ominus\prime}_{Ce^{4+}/Ce^{3+}}$ 和 $\varphi^{\ominus\prime}_{Fe^{3+}/Fe^{2+}}$，代入式(8-11)可求得 $K'=6.9\times10^{12}$；再由式(8-12)可求得以下关系式

$$\frac{c_{Ce^{4+}}}{c_{Ce^{3+}}}=\frac{c_{Fe^{2+}}}{c_{Fe^{3+}}}=\frac{1}{\sqrt{K'}}=3.8\times10^{-7}$$

可见，反应的完全程度相当高。

滴定分析的允许误差为 0.1%，一般要求化学计量点的反应完全程度在 99.9%以上，即在终点时反应产物的浓度必须大于或等于反应物原始浓度的 99.9%，对于 1∶1 类型的反应

$$Ox_1+Red_2 \rightleftharpoons Red_1+Ox_2$$

当达到化学计量点时，有以下的浓度关系：

$$\frac{c_{Red_1}}{c_{Ox_1}}\geqslant10^3 \qquad \frac{c_{Ox_2}}{c_{Red_2}}\geqslant10^3$$

则条件平衡常数 K' 应满足

$$K'=\frac{c_{Red_1}c_{Ox_2}}{c_{Ox_1}c_{Red_2}}\geqslant10^6$$

代入式(8-11)可得

$$\frac{n(\varphi^{\ominus\prime}_{Ox}-\varphi^{\ominus\prime}_{Red})}{0.0592}\geqslant\lg10^6=6$$

$$\Delta\varphi^{\ominus\prime}=\varphi^{\ominus\prime}_{Ox}-\varphi^{\ominus\prime}_{Red}\geqslant\frac{0.36}{n}\mathrm{V} \tag{8-13}$$

由式(8-13)可知，如果 1∶1 型反应的电子转移数 $n=1$，反应定量完成的条件是 $\Delta\varphi^{\ominus\prime}\geqslant$ 0.36 V；如果 $n=2$，则 $\Delta\varphi^{\ominus\prime}\geqslant0.18$ V。

按照相同的讨论方法可计算其他类型反应所需的反应电对的条件电位差 $\Delta\varphi^{\ominus\prime}$。一般认为 $\Delta\varphi^{\ominus\prime}\geqslant0.4$ V，该反应的完全程度即能满足定量分析的要求。

8.1.3　氧化还原反应的速率

氧化还原反应机理复杂，大多经历一系列的中间步骤，在这一系列的分步反应中反应速率最慢的一步，就决定了整个氧化还原反应的速率。影响氧化还原反应速率的因素主要有以下四种。

(1) **氧化剂和还原剂的性质**　不同性质的氧化剂和还原剂，其反应速率相差极大，这与它们的电子层结构、条件电位的差别以及反应机理等因素有关。

(2) **反应物浓度**　根据质量作用定律，反应速率与反应物浓度的乘积成正比。一般增加反应物浓度，都能加快反应速率。

(3) **温度**　温度升高可以增加反应物之间的碰撞概率，增加活化分子或离子的数目，进而提高反应速率。通常温度每升高 10 ℃，反应速率增大 2～3 倍。

(4) **催化剂**　催化剂对反应速率有很大的影响。能够加快反应速率的催化剂称为正催化剂，减慢反应速率的催化剂称为负催化剂。在分析化学中主要是利用正催化剂的作用使反应加速进行。

例如，分析化学中应用较多的 $KMnO_4$ 与 $Na_2C_2O_4$ 在酸性溶液中的反应：

$$2MnO_4^- + 5C_2O_4^{2-} + 16H^+ \rightleftharpoons 2Mn^{2+} + 10CO_2\uparrow + 8H_2O$$

室温下，该反应速率很慢，如将溶液加热至 70～ 80 ℃，反应速率显著变快；此外，在滴定开始时少加一点 MnO_4^-，待其褪色后，再继续滴加，这样最初生成的 Mn^{2+} 起到催化剂的作用，反应速率逐渐变快。这种由生成物本身起催化作用的反应，称为自动催化反应。如果先加入 Mn^{2+} 作催化剂再进行滴定，则反应开始便会快速进行。

8.2　氧化还原滴定

8.2.1　滴定曲线

氧化还原滴定过程中，随着滴定剂的加入，氧化剂和还原剂浓度不断变化，两个电对的电位也随之而变，因此氧化还原滴定曲线通常是以反应电对的电极电势为纵坐标，以加入滴定剂的体积或百分数为横坐标绘制而成。氧化还原滴定曲线一般通过实验测得，对简单体系也可以利用能斯特方程式进行计算。下面以酸性溶液中 Ce^{4+} 标准溶液滴定 Fe^{2+} 为例说明滴定曲线的理论计算方法。滴定反应为

$$Ce^{4+} + Fe^{2+} \rightleftharpoons Ce^{3+} + Fe^{3+}$$

反应电对为

$$Ce^{4+} + e^- \rightleftharpoons Ce^{3+} \qquad \varphi^{\ominus\prime}_{Ce^{4+}/Ce^{3+}} = 1.44\ V$$

$$Fe^{3+} + e^- \rightleftharpoons Fe^{2+} \qquad \varphi^{\ominus\prime}_{Fe^{3+}/Fe^{2+}} = 0.68\ V$$

滴定过程中电位的变化可计算如下：

(1) 滴定开始前　溶液中只含有 Fe^{2+}，起始点的电位值无法估算。

(2) 滴定开始后到化学计量点前　在这个阶段，溶液中存在 Fe^{3+}/Fe^{2+}、Ce^{4+}/Ce^{3+} 两个电对，依据氧化还原反应平衡的性质，此时

$$\varphi^{\ominus\prime}_{Fe^{3+}/Fe^{2+}} + 0.0592\lg\frac{c_{Fe^{3+}}}{c_{Fe^{2+}}} = \varphi^{\ominus\prime}_{Ce^{4+}/Ce^{3+}} + 0.0592\lg\frac{c_{Ce^{4+}}}{c_{Ce^{3+}}}$$

而 $c_{Ce^{4+}}$ 很小，且不易求得，故可利用 Fe^{3+}/Fe^{2+} 电对的能斯特方程式计算。例如，当加入 10.0%的滴定剂 Ce^{4+} 时，有 10.0%的 Fe^{2+} 被氧化成 Fe^{3+}，则

$$\frac{c_{Fe^{3+}}}{c_{Fe^{2+}}} = \frac{10}{90} \qquad \varphi = \varphi^{\ominus\prime}_{Fe^{3+}/Fe^{2+}} + 0.0592\lg\frac{10}{90} = 0.62(V)$$

当加入 99.9%的滴定剂 Ce^{4+} 时，有 99.9%的 Fe^{2+} 被氧化成 Fe^{3+}，则

$$\varphi = \varphi^{\ominus\prime}_{Fe^{3+}/Fe^{2+}} + 0.0592\lg\frac{99.9}{0.1} = 0.86\ (V)$$

(3) 化学计量点　此时溶液中 $c_{Ce^{4+}} = c_{Fe^{2+}}$，$c_{Ce^{3+}} = c_{Fe^{3+}}$，所以化学计量点的电位 φ_{sp} 可以分别表示为

$$\varphi_{sp} = \varphi^{\ominus\prime}_{Ce^{4+}/Ce^{3+}} + 0.0592\lg\frac{c_{Ce^{4+}}}{c_{Ce^{3+}}} = 1.44 + 0.0592\lg\frac{c_{Ce^{4+}}}{c_{Ce^{3+}}}$$

$$\varphi_{sp} = \varphi^{\ominus\prime}_{Fe^{3+}/Fe^{2+}} + 0.0592\lg\frac{c_{Fe^{3+}}}{c_{Fe^{2+}}} = 0.68 + 0.0592\lg\frac{c_{Fe^{3+}}}{c_{Fe^{2+}}}$$

将以上两式等号两边两两相加，得

$$2\varphi_{sp} = 1.44 + 0.68 + 0.0592\lg\frac{c_{Ce^{4+}}\,c_{Fe^{3+}}}{c_{Ce^{3+}}\,c_{Fe^{2+}}} = 2.12 + 0.0592\lg 1 = 2.12\ (V)$$

$$\varphi_{sp}=1.06\ V$$

(4) 化学计量点后　溶液中的 Fe^{2+} 几乎全部氧化成 Fe^{3+}，此时 $c_{Fe^{2+}}$ 不易求得，故利用 Ce^{4+}/Ce^{3+} 电对的能斯特方程式计算比较方便。例如，当加入的滴定剂 Ce^{4+} 过量 0.1%时，有

$$\frac{c_{Ce^{4+}}}{c_{Ce^{3+}}}=\frac{0.1}{100}$$

$$\varphi=\varphi^{\ominus\prime}_{Ce^{4+}/Ce^{3+}}+0.0592\lg\frac{0.1}{100}=1.44-0.0592\times3=1.26\ (V)$$

当加入的滴定剂 Ce^{4+} 过量 1.0%时，有

$$\varphi=\varphi^{\ominus\prime}_{Ce^{4+}/Ce^{3+}}+0.0592\lg\frac{1}{100}=1.44-0.0592\times2=1.32\ (V)$$

利用上述方法可以计算滴定曲线上任一点的电位(表 8-1)。

表 8-1　1 mol/L 硫酸溶液中用 Ce^{4+} 标准溶液滴定 Fe^{2+} 溶液

Fe^{2+} 被氧化的百分数/%	$c_{Fe^{3+}}/c_{Fe^{2+}}$	φ/V
10	0.1	0.62
50	1	0.68
90	10	0.74
99	100	0.80
99.9	1000	0.86
100	2.8×10^6	1.06(化学计量点)
Ce^{4+} 加入量的百分数/%	$c_{Ce^{4+}}/c_{Ce^{3+}}$	φ/V
100.1	0.001	1.26
101	0.01	1.32
110	0.1	1.38

从表 8-1 可以看出，化学计量点前 0.1%到化学计量点后 0.1%，溶液电位的突跃范围为 0.86～1.26 V。

图 8-1 是在相同条件下，用 Ce^{4+} 滴定四种条件电位 $\varphi^{\ominus\prime}$ 不同($n=1$)的还原剂的滴定曲线，可见滴定突跃随条件电位差 $\Delta\varphi^{\ominus\prime}$ 的增大而增大。突跃范围越大，越便于选择指示剂，滴定越准确。

本例两个反应电对的电子转移数为 1，化学计量点电位(1.06 V)恰好位于滴定突跃(0.86～1.26 V)的中央，滴定曲线在化学计量点前后基本对称。若两个反应电对的转移电子数不等，按前述计算化学计量点电位的原理，可以推出化学计量点电位的一般公式为

$$\varphi_{sp}=\frac{n_1\varphi^{\ominus\prime}_1+n_2\varphi^{\ominus\prime}_2}{n_1+n_2}\tag{8-14}$$

根据前述计算滴定曲线的方法，按照化学计量点±0.1%，可以推得滴定突跃范围为

$$\varphi^{\ominus\prime}_2+\frac{0.0592\times3}{n_2}(V)\sim\varphi^{\ominus\prime}_1-\frac{0.0592\times3}{n_1}(V)\tag{8-15}$$

由于式(8-15)中 $n_1\neq n_2$，因此化学计量点不在电位突跃范围中央，偏向转移电子数多的电对一方。用 $KMnO_4$ 或 $K_2Cr_2O_7$ 滴定 Fe^{2+} 就属于这种情况，化学计量点在滴定突跃范围内的位置偏向高电位的一方。

8.2.2　指示剂

指示氧化还原滴定终点的常用指示剂有以下三种。

(1) **自身指示剂**　利用某些标准溶液或被滴定的物质本身颜色和产物颜色明显不同指示终点，称为自身指示剂。例如，在高锰酸钾法中，MnO_4^- 本身显紫红色，其还原产物 Mn^{2+} 几乎无色，用 $KMnO_4$ 标准溶液滴定时只要过量的浓度达到 2×10^{-6} mol/L，就可使溶液显示粉红色。

(2) **特殊指示剂**　有些指示剂本身不具有氧化还原性，但能与滴定剂或被测物质作用产生特殊可逆的显色反应，引起颜色改变，指示滴定终点，称为特殊指示剂。例如，淀粉遇 I_3^- 生成深蓝色的吸附化合物，蓝色的出现和消失均可指示终点，反应灵敏度很高，并具有可逆性，是碘量法中最常用的指示剂。

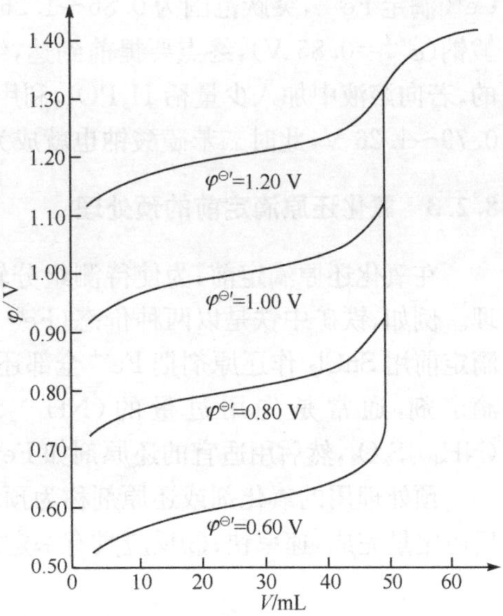

图 8-1　Ce^{4+} 滴定 4 种不同还原剂的滴定曲线

(3) **氧化还原指示剂**　指示剂本身是弱氧化剂或弱还原剂，其氧化态或还原态具有明显不同的颜色。指示剂的半电池反应和能斯特方程式可表示如下：

$$In_{Ox}+ne^- \rightleftharpoons In_{Red}$$

$$\varphi_{In_{Ox}/In_{Red}}=\varphi^{\ominus\prime}_{In_{Ox}/In_{Red}}+\frac{0.0592}{n}\lg\frac{c_{In_{Ox}}}{c_{In_{Red}}}\quad(25\ ℃)\tag{8-16}$$

式中，$\varphi^{\ominus\prime}_{In_{Ox}/In_{Red}}$ 为指示剂条件电位。根据指示剂的变色原理可知，若溶液中 $\frac{c_{In_{Ox}}}{c_{In_{Red}}}$ 从 $\frac{10}{1}$ 变到 $\frac{1}{10}$ 时，指示剂将从氧化态的颜色（氧化色）变到还原态的颜色（还原色）。因此，其变色的电位范围为

$$\varphi^{\ominus\prime}_{In_{Ox}/In_{Red}}\pm\frac{0.0592}{n}(\mathrm{V})$$

当电势值恰好等于指示剂的条件电位时，指示剂显中间色，即指示剂变色点的颜色。常用的氧化还原指示剂列于表 8-2。

表 8-2　几种常用的氧化还原指示剂

指示剂	颜色变化		$\varphi^{\ominus\prime}$/V
	Ox 色	Red 色	
亚甲蓝	绿蓝	无色	0.53
二苯胺	紫	无色	0.75
二苯胺磺酸钠	红紫	无色	0.85
邻二氮菲-Fe(Ⅱ)	浅蓝	红	1.06

选择氧化还原指示剂时，应使指示剂变色点的电位在滴定的电位突跃范围内。例如，用

Ce^{4+}滴定Fe^{2+}，突跃范围为0.86～1.26 V，邻二氮菲-Fe(Ⅱ)为合适的指示剂。若选用二苯磺酸钠($\varphi^{\ominus\prime}$=0.85 V)，终点要提前到达，终点误差将超过0.1%。当然用二苯磺酸钠还是可以的，若向溶液中加入少量稀H_3PO_4，利用H_3PO_4与Fe^{3+}的络合作用，可使滴定突跃范围变为0.79～1.26 V，此时二苯磺酸钠也就成为合适的指示剂了。

8.2.3 氧化还原滴定前的预处理

在氧化还原滴定前，为使待测组分转变为适合滴定的单一价态，有时需对样品进行预处理。例如，铁矿中铁是以两种价态(Fe^{3+}、Fe^{2+})存在的，在用氧化剂滴定测总铁量时，必须在滴定前用$SnCl_2$作还原剂把Fe^{3+}全部还原为Fe^{2+}。又如，测定Mn^{2+}很难找到适宜的氧化性滴定剂，通常是先用过量的$(NH_4)_2S_2O_8$将Mn^{2+}氧化成MnO_4^-，加热破坏掉多余的$(NH_4)_2S_2O_8$，然后用适宜的还原剂如Fe^{2+}标准溶液滴定生成的MnO_4^-。

预处理用的氧化剂或还原剂称为预氧化还原剂，预氧化还原剂应符合下列要求：①预处理反应定量完成，速率快；②反应具有一定的选择性；③过量的预氧化还原剂易于除去。

8.3 常用氧化还原滴定方法

8.3.1 碘量法

碘量法(iodimetry)是以碘为氧化剂或以碘化物为还原剂，进行氧化还原滴定的方法。碘在水中的溶解度很小，通常在配制碘溶液时加入碘化钾，使碘与碘离子结合成络离子I_3^-，增大其溶解度。其半电池反应为

$$I_3^- + 2e^- \rightleftharpoons 3I^- \qquad \varphi^{\ominus}_{I_3^-/I^-} = 0.5355\ V$$

碘量法有直接碘量法和间接碘量法两种，其中间接碘量法应用最广。

凡电极电势比$\varphi^{\ominus}_{I_3^-/I^-}$低的还原性物质，可直接用碘标准溶液滴定，这种方法称为直接碘量法。直接碘量法只能在酸性、中性或弱碱性溶液中进行，因为在碱性溶液中，碘会发生歧化反应

$$3I_2 + 6OH^- \rightleftharpoons IO_3^- + 5I^- + 3H_2O$$

直接碘量法常用于测定亚硫酸盐、亚砷酸盐、安乃近、维生素C等强还原性物质。

凡电极电势比$\varphi^{\ominus}_{I_3^-/I^-}$高的氧化性物质，可将$I^-$氧化成$I_2$，用$Na_2S_2O_3$标准溶液滴定生成的$I_2$，这种滴定方法称为置换碘量法。还有些还原性物质可与过量定量的I_2标准溶液作用，待反应完全后，用$Na_2S_2O_3$标准溶液滴定剩余的I_2，这种滴定方法称为剩余碘量法。置换碘量法和剩余碘量法都属于间接碘量法，其滴定反应式为

$$I_2 + 2S_2O_3^{2-} \rightleftharpoons 2I^- + S_4O_6^{2-}$$

间接碘量法要求在中性或弱酸性溶液中进行，因为在碱性溶液中I_2和$S_2O_3^{2-}$将发生副反应

$$S_2O_3^{2-} + 4I_2 + 10OH^- \rightleftharpoons 2SO_4^{2-} + 8I^- + 5H_2O$$

而且I_2也会发生歧化反应。而在强酸性溶液中，$Na_2S_2O_3$会发生分解

$$S_2O_3^{2-} + 2H^+ \rightleftharpoons S\downarrow + SO_2\uparrow + H_2O$$

间接碘量法可用于测定$CuSO_4$、$KMnO_4$、$K_2Cr_2O_7$、$KBrO_3$、Br_2、H_2O_2、MnO_2及漂白粉、葡萄糖、甲醛、丙酮、硫脲等物质。

【例 8-1】《中国药典》规定测定 $CuSO_4 \cdot 5H_2O$ 含量的方法为：精确称取样品 0.5000 g，置碘量瓶中，加蒸馏水 50 mL 溶解后，加 HAc 4 mL、KI 2.0 g。用 0.1000 mol/L $Na_2S_2O_3$ 溶液滴定，接近终点时加入淀粉指示剂，继续滴定至蓝色消失即达终点，消耗 $Na_2S_2O_3$ 溶液 15.00 mL。求试样中 $CuSO_4$ 的质量分数。

解　滴定涉及的反应：

$$2Cu^{2+} + 5I^- \rightleftharpoons 2CuI\downarrow + I_3^-$$

$$I_2 + 2S_2O_3^{2-} \rightleftharpoons 2I^- + S_4O_6^{2-}$$

$$2Cu^{2+} \sim I_2 \sim 2S_2O_3^{2-}$$

故试样中 $CuSO_4$ 的质量分数为

$$w = \frac{0.1000 \times \frac{15.00}{1000} \times 159.6}{0.5000} \times 100\% = 47.88\%$$

此外，有些物质本身不具有氧化还原性，但能与氧化剂或还原剂发生定量反应，也可用碘量法间接测出其含量。例如，Pb^{2+} 能与 CrO_4^{2-} 生成 $PbCrO_4$ 沉淀，将沉淀过滤、洗涤，溶于稀盐酸，定量得到的 $Cr_2O_7^{2-}$ 可用置换碘量法滴定，计算出 Pb^{2+} 的含量。

在间接碘量法中，为了获得准确的结果，必须注意以下几点：

(1) 控制好溶液的酸度，滴定须在中性或弱酸性溶液中进行。

(2) 防止 I^- 的氧化和 I_2 的挥发。为了避免阳光直射催化空气中的 O_2 对 I^- 的氧化，应使用碘量瓶，在滴定前密塞、封水和避光放置。滴定溶液中要有足够浓度的 I^- 存在，滴定时不要剧烈摇动，以减少 I_2 的挥发。

(3) 淀粉指示剂应在滴定近终点时加入。因为当溶液中有大量 I_2 存在时，I_2 被牢固吸附在淀粉表面，不易与 $Na_2S_2O_3$ 立即作用，致使终点"迟钝"。

I_2 标准溶液和 $Na_2S_2O_3$ 标准溶液的配制、标定以及淀粉指示剂的配制和使用方法请参考有关实验教材。

碘量法在药学中的一个重要应用是药物中水分测定常用的费休氏法。费休氏法的基本原理是利用 I_2 氧化 SO_2 时需要定量的 H_2O，所用滴定剂（费休氏试液）为碘、二氧化硫和吡啶按一定比例溶于无水甲醇的溶液，滴定剂与水分的反应表示为

$$I_2 + SO_2 + 3C_5H_5N + CH_3OH + H_2O \rightleftharpoons 2C_5H_5N\begin{matrix} H \\ I \end{matrix} + C_5H_5N\begin{matrix} H \\ OSO_2OCH_3 \end{matrix}$$

关于费休氏试液的配制、标定和测定水的操作步骤请参阅《中国药典》（二部，2010 版）附录 60 页。滴定剂（I_2）的浓度需在测定时用纯水为基准进行标定，实际工作中常用永停滴定法指示终点（第 9 章）。

【例 8-2】 阿莫西林是最常用的广谱抗生素之一，《中国药典》（二部，2010 版）规定测定阿莫西林水分含量的方法为费休氏水分测定法。现精确称取某阿莫西林干混悬剂 140.5 mg，置于干燥的碘量瓶中，加无水甲醇 3.00 mL，用 KF-1 型水分测定仪测定，消耗浓度为 3.500 mg/mL 的费休氏试液 2.80 mL；另做空白实验消耗费休氏试液 2.10 mL。试计算此阿莫西林干混悬剂中水分含量。

解 费休氏水分测定法的测定结果可按下式计算:

$$供试品中水分含量(\%)=\frac{(A-B)F}{W}\times 100\%$$

式中,A 为供试品所消耗费休氏试液的体积,mL;B 为空白所消耗费休氏试液的体积,mL;F 为费休氏试液的浓度,即每 1 mL 费休氏试液相当于水的质量,mg;W 为供试品的质量,mg。

故

$$样品中水分含量(\%)=\frac{(2.80-2.10)\times 3.500}{140.5}\times 100\%=1.74\%$$

碘量法也是《中国药典》收载的青霉素族药物含量的经典测定方法。

8.3.2 高锰酸钾法

高锰酸钾法(potassium permanganate method)是以 $KMnO_4$ 为滴定剂的分析方法。$KMnO_4$ 是强氧化剂之一,在酸性溶液中被还原成 Mn^{2+},半电池反应为

$$MnO_4^- + 8H^+ + 5e^- \rightleftharpoons Mn^{2+} + 4H_2O \qquad \varphi^{\ominus}_{MnO_4^-/Mn^{2+}} = 1.51\ V$$

溶液中 H^+ 的浓度控制在 1~2 mol/L 为宜,常用 H_2SO_4 调节酸度。酸度过高会导致 $KMnO_4$ 分解,酸度过低会产生 MnO_2 沉淀。

应用 $KMnO_4$ 作滴定剂,在酸性溶液中可直接测定诸多还原性物质,如亚铁盐、亚砷酸盐、亚硝酸盐、过氧化物及草酸盐等,也可通过和 $Na_2C_2O_4$ 或 $FeSO_4$ 的反应,采用剩余回滴法测定其他强氧化剂。

高锰酸钾标准溶液不能用直接法配制,通常是配好后用基准物 $Na_2C_2O_4$ 或 $H_2C_2O_4 \cdot H_2O$ 标定,其反应为

$$2MnO_4^- + 5C_2O_4^{2-} + 16H^+ \rightleftharpoons 2Mn^{2+} + 10CO_2\uparrow + 8H_2O$$

8.3.3 溴酸钾法和溴量法

溴酸钾法(potassium bromate method)是以 $KBrO_3$ 为滴定剂的分析方法。$KBrO_3$ 在酸性介质中为强氧化剂,其半电池反应为

$$BrO_3^- + 6H^+ + 6e^- \rightleftharpoons Br^- + 3H_2O \qquad \varphi^{\ominus}_{BrO_3^-/Br^-} = 1.44\ V$$

$KBrO_3$ 试剂稳定并易于纯制,可采用直接法配制标准溶液;若需标定 $KBrO_3$ 的标准溶液,可选用 As_2O_3 为基准物,标定反应为

$$BrO_3^- + 3HAsO_2 + 3H_2O \rightleftharpoons Br^- + 3H_3AsO_4$$

以甲基红或甲基橙为指示剂确定终点。

溴酸钾法可直接测定亚砷酸盐、亚锡盐、亚铜盐、亚铁盐、碘化物和亚胺类等还原性物质。

溴量法(bromine method)是以溴的氧化作用和溴代反应为基础的滴定法,其半电池反应为

$$Br_2 + 2e^- \rightleftharpoons 2Br^- \qquad \varphi^{\ominus}_{Br_2/Br^-} = 1.065\ V$$

由于溴溶液易挥发,浓度不稳定,因此通常不直接使用单质溴,而是以溴酸钾和溴化钾(按 $KBrO_3$ 与 KBr 质量比为 1∶5)配制的水溶液代替溴溶液进行分析测定。

滴定时先将上述混合液加到含被测还原性物质的酸性试液中,$KBrO_3$ 与 KBr 在酸性溶液中立即反应生成 Br_2,反应方程式为

$$BrO_3^- + 5Br^- + 6H^+ \rightleftharpoons 3Br_2 + 3H_2O$$

待生成的 Br_2 与被测物反应完成后，向溶液中加入过量的 KI，与剩余的 Br_2 作用置换出定量的 I_2：

$$Br_2 + 2I^- \rightleftharpoons I_2 + 2Br^-$$

随后用 $Na_2S_2O_3$ 标准溶液滴定 I_2，以淀粉为终点指示剂，根据溴溶液加入量和 $Na_2S_2O_3$ 标准溶液用量计算被测物的含量。

溴量法可测定硫化氢及羟胺等还原性物质，如《中国药典》中规定的重酒石酸间羟胺盐酸盐的测定方法即为溴量法；还可测定苯酚及芳胺类化合物等。

8.3.4　亚硝酸钠法

亚硝酸钠法（sodium nitrite method）是利用 HNO_2 与有机胺化合物发生重氮化反应或亚硝基化反应的滴定法。国内外的药典大多用亚硝酸钠法测定磺胺类药物。

芳伯胺类化合物在盐酸等无机酸介质中，能与亚硝酸钠作用发生重氮化反应，生成芳伯胺的重氮盐：

$$ArNH_2 + NaNO_2 + 2HCl \rightleftharpoons [ArN{\equiv}N]^+ Cl^- + NaCl + 2H_2O$$

芳仲胺类化合物在酸性介质中，与亚硝酸钠发生亚硝基化反应

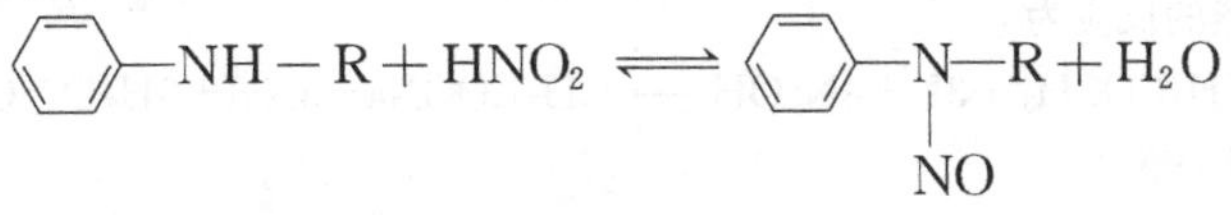

亚硝酸钠水溶液不稳定，配制的亚硝酸钠标准溶液中常加入少量的碳酸钠以维持浓度稳定；亚硝酸钠标准溶液的标定常采用氨基苯磺酸作为基准物。

亚硝酸钠滴定法终点的确定可采用外指示剂法，即在临近终点时，取出少许滴定液，与 KI-淀粉糊或试纸接触，根据是否出现蓝色来确定终点。其原理是在化学计量点后，稍微过量的 $NaNO_2$ 可将 KI 氧化成 I_2，生成的 I_2 与淀粉作用显蓝色。这种指示剂不能加到滴定液中，因为滴入的 $NaNO_2$ 将优先与 KI 作用而无法指示终点。这种外指示剂法操作麻烦，误差较大。目前药典方法主要采用永停滴定法（第 9 章）来确定终点。

8.3.5　铈量法

铈量法也称为硫酸铈法（cerium sulphate method），是应用 Ce^{4+} 标准溶液作滴定剂的滴定分析法。

Ce^{4+} 在酸性溶液中与还原剂作用被还原为 Ce^{3+}，其半电池反应为

$$Ce^{4+} + e^- \rightleftharpoons Ce^{3+} \qquad \varphi^{\ominus}_{Ce^{4+}/Ce^{3+}} = 1.45\ V$$

Ce^{4+} 标准溶液可用硫酸铈、硫酸铈铵或硝酸铈铵配制。硫酸铈铵易于提纯，最为常用，可以直接用来配制标准溶液，不必标定。若需标定 Ce^{4+} 标准溶液的浓度，可采用三氧化二砷、乙二酸钠、硫酸亚铁铵或纯铁丝作基准物，标定常在硫酸介质中进行。硫酸铈标准溶液十分稳定，多选用邻二氮菲-Fe(Ⅱ)为指示剂，终点敏锐，可直接测定还原性物质，如过氧化氢、酒石酸等，也可用剩余量滴定法测定过硫酸盐等氧化剂。《中国药典》中收载的硝基地平、盐酸氯丙嗪等药物含量的测定采用的是铈量法。

习　题

1. 氧化还原反应的哪种性质常使许多反应不能直接作为滴定反应加以利用？

2. 条件电位与标准电极电势的区别是什么？影响条件电位的因素有哪些？
3. 影响氧化还原反应速率的主要因素是什么？
4. 碘量法中的主要误差来源有哪些？在实际工作中需注意哪些才能获得准确的结果？
5. 测定样品铁含量常用 $SnCl_2$ 将 Fe^{3+} 预还原为 Fe^{2+}，然后用氧化剂标准溶液滴定，已知 $\varphi^{\ominus\prime}_{Fe^{3+}/Fe^{2+}}=+0.77\ V$，$\varphi^{\ominus\prime}_{Sn^{4+}/Sn^{2+}}=+0.14\ V$。求 25 ℃时反应的平衡常数，判断该反应是否可行。

[2.3×10^{21}；可行]

6. 精确称取 0.1936 g 基准级试剂 $K_2Cr_2O_7$，溶于水后加酸酸化，随后加入足够量的 KI，用 $Na_2S_2O_3$ 标准溶液滴定，消耗 33.61 mL 至终点。计算 $Na_2S_2O_3$ 标准溶液的浓度。

[0.1175 mol/L]

7. Pb_2O_3 试样 1.234 g，用 20.00 mL 0.2500 mol/L $H_2C_2O_4$ 溶液处理。这时 Pb(Ⅳ)被还原为 Pb(Ⅱ)。将溶液中和后，使 Pb^{2+} 定量沉淀为 PbC_2O_4。过滤，滤液酸化后用 0.04000 mol/L $KMnO_4$ 溶液滴定，用去 10.00 mL。沉淀用酸溶解后，用同样的 $KMnO_4$ 溶液滴定，用去 30.00 mL。试计算试样中 PbO 及 PbO_2 的质量分数。

[36.17%；19.38%]

8. 测定某样品中丙酮的含量时，称取试样 0.1000 g 定容于 250 mL 容量瓶中，移取 25.00 mL 于盛有 NaOH 溶液的碘量瓶中，振荡，精确加入 50.00 mL 0.050 00 mol/L 的 I_2 标准溶液，盖好。放置一定时间后，加 H_2SO_4 调节至呈微酸性，立即用 0.1000 mol/L $Na_2S_2O_3$ 标准溶液滴定至淀粉指示剂褪色，消耗 10.00 mL。丙酮与碘的反应为

$$CH_3COCH_3+3I_2+4NaOH=\!=\!=CH_3COONa+3NaI+3H_2O+CHI_3$$

求试样中丙酮的质量分数。

[38.72%]

9. 精确称取苯酚样品 0.4083 g，用少量 10% NaOH 溶解，转入 250 mL 容量瓶，稀释至刻度，混匀。吸取 25.00 mL 放入碘量瓶，加溴液（$KBrO_3+KBr$）25.00 mL、盐酸和适量 KI。用 $Na_2S_2O_3$ 标准溶液（0.1084 mol/L）滴定，消耗 20.04 mL 至终点。另取 25.00 mL 溴液作空白实验，消耗相同浓度的 $Na_2S_2O_3$ 溶液 41.60 mL 滴至终点。计算样品中苯酚的质量分数为多少？（$M_{苯酚}=94.11$）

[89.78%]

10. 称取含抗生素对氨基苯磺酰胺（ 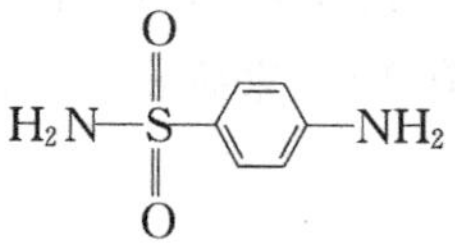 ，sul）的粉末试样 0.2981 g，溶于盐酸并稀释至 100.00 mL。取 20.00 mL 置于一锥形瓶中，加入 25.00 mL 0.01767 mol/L 的 $KBrO_3$ 及过量的 KBr。密封，10 min 后确保完成了相应的溴化反应。加入过量 KI，析出的 I_3^- 需 12.92 mL 0.1215 mol/L 的 $Na_2S_2O_3$ 标准滴定（以淀粉为指示剂）。若合格产品中 sul 的质量分数不得小于 80%，该试样是否为合格产品？其中溴化涉及的反应为

$$BrO_3^-+5Br^-+6H^+=\!=\!=3Br_2+3H_2O$$

$$C_6H_8N_2O_2S+2Br_2=\!=\!=C_6H_6Br_2N_2O_2S+2HBr$$

[78.04%，不合格]

（皖南医学院　冯志君）

第 9 章　电位法及永停滴定法

应用电化学原理进行分析的方法称为电化学分析法(electrochemical analysis)。这类分析方法通常是将被测物制成溶液,根据其电化学性质选择适当的电极组成化学电池,然后测量某些电物理量(如电极电势、电流、电阻、电量等)的强度及其变化,从而对被测组分进行分析。

电化学分析方法可粗略地分为四类:电位分析法(potentiometry analysis)、电导分析法(conductometric analysis)、电解分析法(electrolytic analysis)和伏安分析法(voltammetric analysis)。

电位分析法是通过测定电池两电极间的电位差(电动势)以确定物质待测物含量的方法,如直接电位法、电位滴定法等。

电导分析法是基于测量溶液的电导率(或电阻)以测定待测物含量的方法,如电导分析法、电导滴定法等。

电解分析法是基于对试样溶液进行电解,待测物在电池电极上发生定量沉积的性质以测定待测物含量的方法,如电重量法、库仑法等。

伏安分析法是将电极插入溶液中,利用电解时得到的电流-电压曲线进行分析测试的方法,如极谱法、溶出法、电流滴定法等。

9.1　电位法的基本原理

9.1.1　化学电池和电池电动势

化学电池是一种电化学反应器,由两个电极和电解质溶液组成。根据电化学反应能否自发发生,可把化学电池分为两类:原电池和电解池。原电池能自发地发生氧化还原反应,将化学能转变为电能;而电解池需在外加电压下发生反应,将电能转化为化学能。

1. 原电池和原电池电动势

铜锌电池是典型的原电池,又称丹尼尔(Daniel)电池,它是将金属锌片插入 1 mol/L $ZnSO_4$溶液中,将金属铜片插入 1 mol/L $CuSO_4$ 溶液中,组成两个半电池,中间以盐桥相连,外部用金属丝将铜、锌相连接而成,如图 9-1 所示。

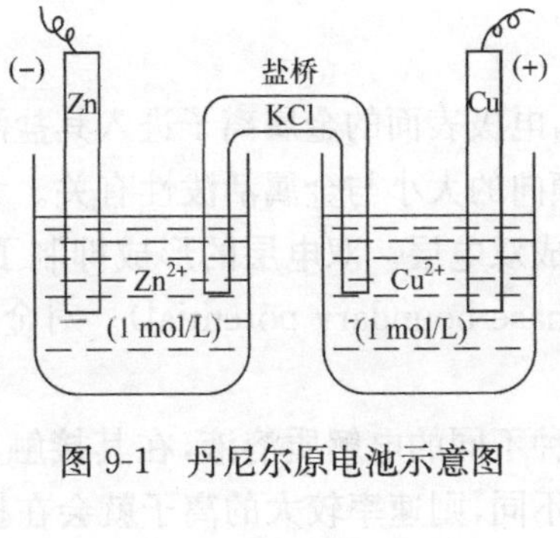

图 9-1　丹尼尔原电池示意图

该原电池用下式表示：

$$Zn|ZnSO_4(1\ mol/L)\ \|\ CuSO_4(1\ mol/L)|Cu$$

原电池在工作时负极上发生氧化反应，放出电子；正极上发生还原反应，获得电子。电极反应为

负极：　$Zn \rightleftharpoons Zn^{2+} + 2e^-$　（氧化反应）

正极：　$Cu^{2+} + 2e^- \rightleftharpoons Cu$　（还原反应）

电池反应：　$Zn + Cu^{2+} \rightleftharpoons Zn^{2+} + Cu$

原电池中的盐桥以饱和 KCl 溶液加琼脂制成凝胶，装入 U 形管，倒置在两电极液中间而成。盐桥既可避免两种溶液的混合，又可让离子通过。

将原电池电动势(electromotive force)定义为

$$E_{电池} = \varphi_{(+)} - \varphi_{(-)} \tag{9-1}$$

由于 $\varphi^{\ominus}_{Cu^{2+}/Cu} = 0.337\ V$，$\varphi^{\ominus}_{Zn^{2+}/Zn} = -0.763\ V$，则上述电池电动势 $E_{电池} = 0.337 - (-0.763) = +1.100(V)$。

2. 电解池

如果在上述原电池两极上反向接一个外加电源，即负极接在锌极上，正极接在铜极上。则当外加反向电压大于 1.100 V，电极反应和电流均将改变方向，该电池称为电解池。此时，锌极发生还原反应 $Zn^{2+} + 2e^- \rightleftharpoons Zn$，称为阴极；铜极发生氧化反应 $Cu \rightleftharpoons Cu^{2+} + 2e^-$，称为阳极。电池总反应变为

$$Zn^{2+} + Cu \rightleftharpoons Zn + Cu^{2+}$$

电解池的电池反应消耗外电源电能，把电能转化为化学能。两种电池的比较如表 9-1 所示。

表 9-1　原电池和电解池的比较

	原电池	电解池
电子运动方向	从负极向正极	从阴极向阳极
电极反应	负极：$Zn \rightleftharpoons Zn^{2+} + 2e^-$ （氧化反应） 正极：$Cu^{2+} + 2e^- \rightleftharpoons Cu$ （还原反应）	阴极：$Cu^{2+} + 2e^- \rightleftharpoons Cu$ （还原反应） 阳极：$Zn \rightleftharpoons Zn^{2+} + 2e^-$ （氧化反应）
特点	化学能转变为电能 自发进行	电能转变为化学能 在外电源作用下进行

9.1.2　相界电位和液接电位

当金属浸入其盐溶液中时，电极表面的金属离子进入其盐溶液，而盐溶液中金属离子接受电子沉积到金属表面，这两种倾向的大小与金属活泼性有关。无论哪种倾向占优势，其结果都会破坏原来两相的电中性而形成双电层。双电层的形成抑制了电荷的转移，达平衡后相界面两边的电位差称为相界电位(phase boundary potential)。对金属电极来说就是电极的金属电极电势。

以上介绍的电池内部有两种不同的电解质溶液，在其接触界面上发生相互扩散作用。若其中正离子和负离子扩散速率不同，则速率较大的离子就会在扩散方向积累较多所带的电荷，

形成双电层结构，从而产生一定的电位差，称为液体接界电位，简称液接电位（liquid junction potential）。

液接电位的存在会影响对电极电势的测定，为了尽量减小或消除液接电位，常用的方法是使用盐桥。选择正、负离子扩散速率相近的电解质制作盐桥，如前述饱和 KCl 溶液加琼脂制成的盐桥。由于盐桥中正、负离子的扩散速率十分接近，因此两端液接电位极小，而且盐桥两端液接电位的方向相反会部分抵消，其对电位测量的影响可忽略不计。如果两个电极浸在同一电解质溶液中，这样构成的电池称为无液体接界电池。

9.1.3　指示电极和参比电极

电极的种类很多，按其功能可分为指示电极和参比电极。

1. 指示电极

指示电极（indicator electrode）的电位随溶液中待测离子的活度的变化而变化。指示电极应符合下列基本要求：

(1) 电极电势与待测离子的活度符合能斯特方程式。

(2) 对离子活度变化的响应快，并能重现。

(3) 结构简单，便于使用。

常用的指示电极有以下几种：

1) 金属-金属离子电极

将能够发生氧化还原的金属浸在该金属离子溶液中所形成的电极，称为金属-金属离子电极。其电极电势取决于溶液中金属离子的活度，可用于测定金属离子的活度。可用通式 $M^{n+}|M$ 表示。因此类电极只有一个相界面，称为第一类电极。

电极反应　$$M^{n+}+ne^{-}\rightleftharpoons M$$

电极电势　$$\varphi=\varphi^{\ominus}_{M^{n+}/M}+\frac{0.0592}{n}\lg a_{M^{n+}}\quad 或\quad \varphi=\varphi^{\ominus\prime}+\frac{0.0592}{n}\lg c_{M^{n+}}\qquad (25\ ℃)$$

2) 金属-金属难溶盐电极

由表面涂有同一种金属难溶盐的金属置于该难溶盐的阴离子溶液中构成的电极，称为金属-金属难溶盐电极，其电极电势随溶液中阴离子活度的改变而改变，用于测定难溶盐阴离子的活度，用通式 $M\mid MX\mid X^{n-}$ 表示。因此类电极有两个相界面，称为第二类电极。

电极反应与电极电势分别为

$$MX+ne^{-}\rightleftharpoons M+X^{n-}$$

$$\varphi=\varphi^{\ominus}_{MX/M}-\frac{0.0592}{n}\lg a_{X^{n-}}\qquad (25\ ℃)$$

3) 惰性金属电极

惰性金属电极称为氧化还原电极，又称为零类电极，它是由惰性金属（铂或金）插入含有不同氧化态的离子溶液中组成的。零类电极中惰性金属本身不参与电化学反应，仅起传导电子的作用。可用 $Pt\mid M^{a+},M^{(a-n)+}$ 表示。电极反应与电极电势分别为

$$M^{a+}+ne^{-}\rightleftharpoons M^{(a-n)+}$$

$$\varphi=\varphi^{\ominus}_{M^{a+}/M^{(a-n)+}}+\frac{0.0592}{n}\lg\frac{a_{M^{a+}}}{a_{M^{(a-n)+}}}\qquad (25\ ℃)$$

这类电极可用于测定氧化态或还原态的活度。

4）膜电极

以固体膜或液体膜为传感体，用以指示溶液中某种离子活度的电极称为膜电极。这类电极界面上不存在电子交换，电极电势的产生是离子交换和扩散的结果。各种离子选择电极和测量溶液 pH 的玻璃电极均属膜电极(原理见 9.2.1 节)。

在指示电极的实际应用中，通常只知道离子的浓度而非活度，一般用浓度代替活度进行计算对结果造成的影响可以忽略。

2. 参比电极

参比电极(reference electrode)的电位不受溶液组成变化的影响。

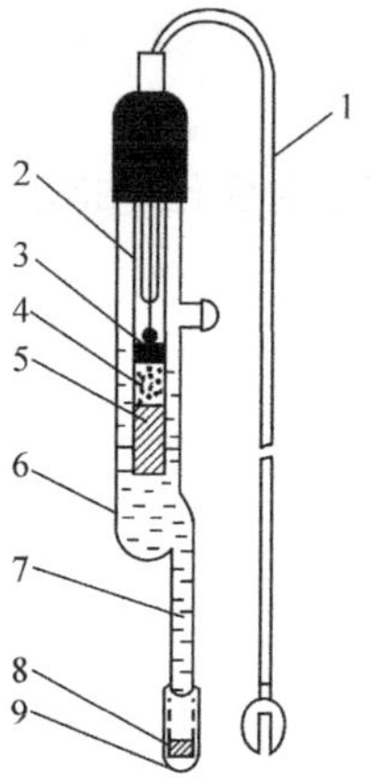

图 9-2　饱和甘汞电极

1. 电极引线；2. 玻璃管；3. 汞；4. 汞-甘汞糊；5. 玻璃外套管；6. 石棉或纸浆；7. 饱和 KCl 溶液；8. 素烧瓷片；9. 小橡皮塞

作为参比电极必须具备以下条件：

(1) 可逆性好。测量过程有微电流通过时，电极电势保持不变。

(2) 重现性好。电极能依照能斯特方程式响应，重复测定的电极电势一致。

(3) 稳定性好，使用寿命长。

早期常用的参比电极是标准氢电极，由于其制作和使用不够方便，目前实际应用较少。下面介绍两种常用的参比电极：

1）饱和甘汞电极

饱和甘汞电极(saturated calomel electrode，SCE)由金属汞、甘汞(Hg_2Cl_2)和 KCl 溶液组成，其结构如图 9-2 所示。电极由内、外两个玻璃管构成，内管盛 Hg 和 $Hg\text{-}Hg_2Cl_2$ 的糊状混合物，下端用石棉或纸浆类多孔物堵紧组成内部电极，外管中装入 KCl 溶液，上端封入一段铂丝与导线连接。电极下部与待测试液接触部分是素烧瓷微孔物质隔层，用以阻止电极内外溶液的相互混合，又为内外溶液提供离子的通道，兼起测量电位时的盐桥作用，表示为

$$Hg|Hg_2Cl_2|KCl溶液$$

电极反应与电极电势为

$$Hg_2Cl_2+2e^- \rightleftharpoons 2Hg+2Cl^-$$

$$\varphi=\varphi^{\ominus}-0.0592\lg c_{Cl^-}\ (25\ ℃)$$

可见，甘汞电极的电位取决于 KCl 溶液的活度。在一定温度下，内充溶液中 Cl^- 浓度固定，甘汞电极的电位就是定值，故可作为参比电极。当温度为 25 ℃，KCl 溶液的浓度分别为 0.1 mol/L、1 mol/L 以及 KCl 为饱和溶液时，电极电势分别为 0.3337 V、0.2801 V 和 0.2412 V。使用饱和 KCl 溶液的电极即为 SCE 电极，最为常用。

2）银-氯化银电极

表面涂有氯化银层的银丝插入到一定浓度的氯化钾溶液中的电极称为银-氯化银电极(silver-silver chloride electrode)，如图 9-3 所示。电极内充溶液用素烧瓷或其他适用的微孔材料隔层与待测溶液隔开，以阻止电极内外溶液互相混合，表示为

$$Ag|AgCl|KCl溶液$$

电极反应与电极电势为

$$AgCl+e^- \rightleftharpoons Ag+Cl^-$$

$$\varphi=\varphi^{\ominus'}-0.0592\lg c_{Cl^-}\ (25\ ℃)$$

电极溶液分别为 0.1 mol/L、1.0 mol/L 和饱和 KCl 溶液时，其电极电势分别为 0.288 V、0.222 V 和 0.199 V。银-氯化银电极结构简单、性能稳定，常用作玻璃电极和其他离子选择电极的内参比电极。

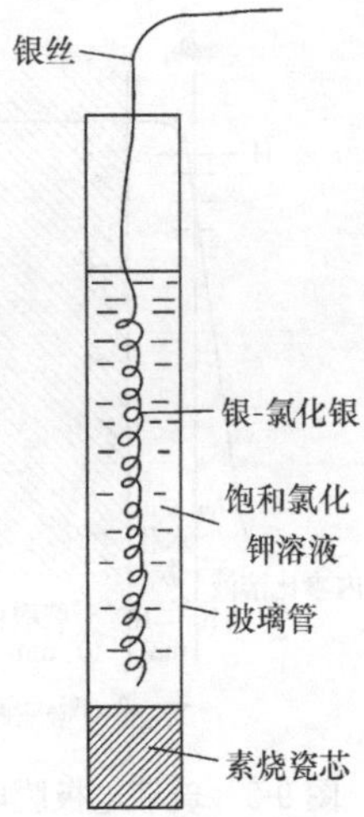

图 9-3　银-氯化银电极

9.1.4　电极电势的测量

电极电势的测量通常是将待测的指示电极和另一个已知电位的参比电极与溶液组成一个原电池。该原电池的电动势为

$$E=\varphi_{(+)}-\varphi_{(-)}+\varphi_j+IR \qquad (9\text{-}2)$$

式中，φ_j 为电池的液接电位；I 为通过电池的电流强度；R 为电池内阻。测量时，用补偿法减小 I，用盐桥消除液接电位 φ_j，即可测得原电池的电动势。由测得的电动势，根据参比电极的电位便可获得待测电极的电位。

9.2　直接电位法

根据待测组分的电化学性质，选择合适的指示电极与参比电极组成原电池，然后测量原电池的电动势，并根据电池电动势与有关离子活度（或浓度）的关系求出待测组分含量的方法称为直接电位法。

9.2.1　溶液 pH 的测定

目前测定溶液 pH 最常用的指示电极是玻璃电极，参比电极是饱和甘汞电极。

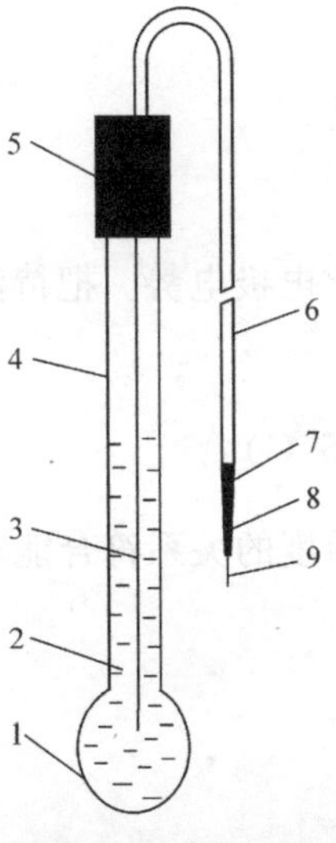

图 9-4　玻璃电极

1. 玻璃球膜；2. 内参比溶液；3. 银-氯化银电极；4. 玻璃管；5. 电极帽；6. 外套管；7. 网状金属屏；8. 绝缘塑料；9. 电极导线

1. 玻璃电极的构造与原理

1）玻璃电极的构造

最常用的玻璃电极其构造如图 9-4 所示。由玻璃管的下端接一软质玻璃的膜球（其厚度不到 0.1 mm），内含一定浓度 KCl 的缓冲溶液（称为内参比溶液），并插入 Ag-AgCl 电极（内参比电极）构成。因为玻璃电极的内阻很高（约为 100 MΩ），所以电极引出线及导线都必须高度绝缘，以防漏电和静电干扰。

2）玻璃电极的原理

当玻璃电极浸入水中时，玻璃膜表面形成一很薄的（10^{-5}～10^{-4} mm）溶胀水化层，即水化凝胶层。该层中的 Na^+（或其他的一价金属离子）可与溶液中的 H^+ 进行交换，发生离子交换反应，使水化层表面 Na^+ 的点位几乎全被 H^+ 所交换。越深入凝胶层内部，交换的数量越少，即点位上的 H^+ 越来越少，Na^+ 越来越多。同样，玻璃膜内表面也生成水化层。在内外表面之间为干玻璃层。干玻璃层处的晶格点位仍由 Na^+ 占据。当浸泡好的玻璃电极浸入溶液中时，由于溶液中的 H^+ 活度与凝胶层

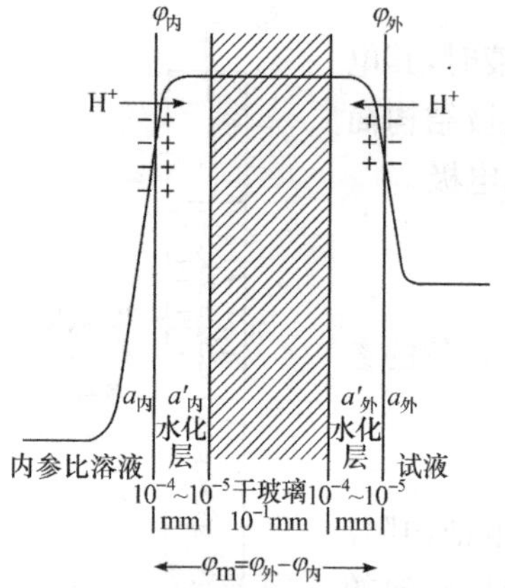

图 9-5　玻璃电极膜电位示意图

中的 H^+ 活度不同，H^+ 将由活度高的一方向活度低的一方扩散。例如，H^+ 由溶液向水化凝胶层方向扩散，而阴离子及高价阳离子难以进出玻璃膜，故无扩散，这样就有过剩的阴离子，因而在两相界面间形成一双电层，产生电位差。产生的电位差抑制了 H^+ 的继续扩散，当扩散作用达到动态平衡时，电位差达到一稳定值。这个电位差值即相界电位，如图 9-5 所示。

膜内和膜外溶液的相界电位遵守能斯特方程式的关系，即

$$\varphi_{外}=K_{外}+\frac{2.303RT}{F}\lg\frac{a_{外}}{a'_{外}} \tag{9-3}$$

$$\varphi_{内}=K_{内}+\frac{2.303RT}{F}\lg\frac{a_{内}}{a'_{内}} \tag{9-4}$$

式中，$\varphi_{外}$ 和 $\varphi_{内}$ 为外部溶液和内部溶液与相接触水化凝胶层之间的相界电位；$K_{外}$ 和 $K_{内}$ 为与玻璃膜外表面及内表面性质有关的常数；$a_{外}$ 和 $a_{内}$ 分别为外部和内部溶液中 H^+ 的活度；$a'_{外}$ 和 $a'_{内}$ 分别为与外部和内部溶液接触的两个水化凝胶层中 H^+ 的活度。由图 9-5可以看到，整个玻璃膜的电位 φ_m 是两个相界电位 $\varphi_{外}$ 和 $\varphi_{内}$ 之差。设 $\varphi_{外}>\varphi_{内}$，玻璃膜内、外两个表面的物理性能相同，即 $K_{外}=K_{内}$。因水化层表面上的 Na^+ 点位数已完全被 H^+ 所交换，故 $a'_{外}=a'_{内}$。因此，玻璃膜内、外表面之间的电位差 φ_m（膜电位）为

$$\varphi_m=\varphi_{外}-\varphi_{内}=\frac{2.303RT}{F}\lg\frac{a_{外}}{a_{内}} \tag{9-5a}$$

因为参比溶液的 H^+ 活度恒定为一常数，即 $a_{内}$ 是个固定值，则式(9-5a)可写为

$$\varphi_m=K'+\frac{2.303RT}{F}\lg a_{外} \tag{9-5b}$$

式中，K'为常数。整个玻璃电极的电位为

$$\varphi=\varphi_{AgCl/Ag}+\varphi_m=K''+\frac{2.303RT}{F}\lg a_{外} \tag{9-6}$$

式中，K''为电极常数，$K''=\varphi_{AgCl/Ag}+K'$；$\varphi_{AgCl/Ag}$代表 Ag-AgCl 内参比电极电势。把待测溶液 H^+ 活度 a_{H^+} 代入式(9-6)，得

$$\varphi=K''+\frac{2.303RT}{F}\lg a_{H^+}=K''-0.0592pH \quad (25\ ℃) \tag{9-7}$$

式(9-7)表明，在一定温度下，玻璃电极的电位与外部溶液 H^+ 活度的关系符合能斯特方程式。

3）测量方法

测量溶液 pH 的原电池可简单地表示为

玻璃电极|待测溶液‖SCE

根据式(9-2)可知，上述电池电动势为

$$E_x=\varphi_{SCE}-\varphi_{玻} \tag{9-8}$$

将式(9-7)代入上式得

$$E_x=\varphi_{SCE}-K''+0.0592\text{pH}_x \quad (25\ ℃) \tag{9-9}$$

$$\text{pH}_x=\frac{E_x-(\varphi_{SCE}-K'')}{0.0592} \tag{9-10}$$

K''包括了液接电位和不对称电位，并非固定不变。通常采用两次测量法，即先用一已知 pH 的标准缓冲溶液与玻璃电极和 SCE 组成电池，测量电动势 E_s，即

$$\text{pH}_s=\frac{E_s-(\varphi_{SCE}-K'')}{0.0592} \tag{9-11}$$

在同样条件下测量待测溶液的电动势 E_x，用式(9-10)减式(9-11)，整理得

$$\text{pH}_x=\text{pH}_s+\frac{E_x-E_s}{0.0592} \tag{9-12}$$

由此，只需知道 E_x、E_s 和标准缓冲溶液的 pH_s，而无需知道 K''，因而两次测量法能够消除由于 K''的不确定性而产生的误差。

饱和甘汞电极(SCE)在标准缓冲溶液和待测溶液中产生的液接电位未必相同，两者之差称为残余液接电位，在准确的 pH 测量中可能引起误差。为了减小误差，测量时选用的标准缓冲溶液的 pH_s 要尽可能地与待测溶液的 pH_x 接近。书后附录Ⅵ列举了常用标准缓冲溶液的组成及其在 0～60 ℃的 pH，可供测量 pH 时参考选用。

2. 玻璃电极的性能

玻璃电极的性能指标包括转换系数、不对称电位等。

根据能斯特方程式，25 ℃时溶液 pH 每改变一个单位，电极电势相应改变 0.059 V (59 mV)，此值称为转换系数，以 S 表示，即

$$S=\frac{-\Delta\varphi}{\Delta\text{pH}} \tag{9-13}$$

通常玻璃电极的 S 值略小于理论值(不超过 2 mV/pH)。在使用过程中，由于玻璃电极逐渐老化，S 值与理论值的偏离越来越大，直至不能使用。早期玻璃电极只能在 pH 为 1～9 使用。由于材料及制造工艺的原因，在 pH>9 的溶液中，玻璃电极对 Na^+ 也有响应，因而测得的 H^+ 活度高于真实值，即 pH 读数低于真实值，产生负误差。这种误差称为碱差或钠差。在 pH<1 的溶液中，这种电极测得的 pH 高于真实值，产生正误差，这种误差称为酸差。随着电极技术的发展，目前已普及使用 pH 为 0～14 的玻璃电极。

此外，玻璃膜内外两个表面的性能并不完全相同，它们吸水后形成水化凝胶层的 H^+ 交换性能也不完全相同。当膜两侧溶液 pH 相等时，两侧相界电位差值(膜电位 φ_m)理应等于零。可是实际的 φ_m 并不为零，这个电位差称为不对称电位(asymmetry potential)。不对称电位已包括在电极电势公式的常数项内，只要维持恒定不变，对 pH 测量便无影响。但在使用过程中，膜的表面可能受到腐蚀、污染、脱水等作用，会使不对称电位变化。因此，为了避免产生误差，对玻璃电极的预处理、使用和保管需严格按照要求。

3. 复合 pH 电极

应用前述玻璃电极测定溶液 pH 需要配参比电极，组成测量电池。目前经常使用复合 pH 电极(combination pH electrode)，其结构示意图如图 9-6 所示。复合 pH 电极由两个同心玻璃套管构成。内管为常规的玻璃电极；外管为参比电极，内部有 Ag-AgCl 或 $Hg\text{-}Hg_2Cl_2$ 电

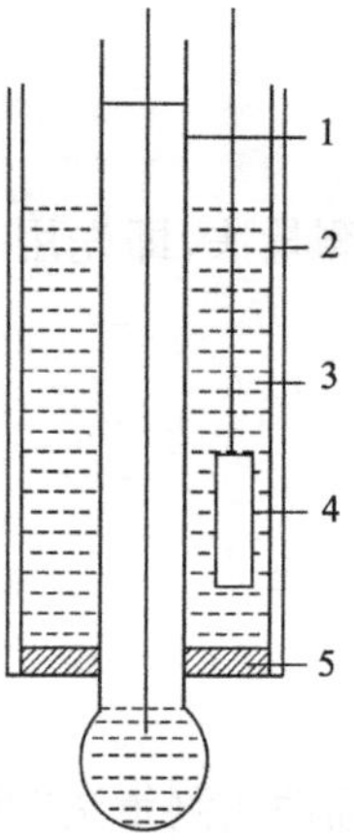

图 9-6 复合 pH 电极
1. 玻璃电极；2. 电极管；3. 参比电极电解液；4. 参比电极元件；5. 微孔隔离材料

极，下端为微孔隔离材料层，可防止电极内外溶液混合，又为测定时提供离子迁移通道，起到盐桥的作用。

把复合 pH 电极插入试样溶液中，就组成了一个完整的电池体系。只要把玻璃电极和参比电极元件的引线接到 pH 计接线柱上即可进行 pH 测定。复合 pH 电极使用方便，特别有利于小体积溶液 pH 测定。

9.2.2 其他离子活度的测定

直接电位法除了测定溶液氢离子活度外，也广泛用于测定其他阴、阳离子的活度。对某一阴离子或阳离子具有选择性响应能力的电极，统称为离子选择电极。离子选择电极具有选择性好、灵敏度高、适于微量分析等特点。玻璃电极其实就是氢离子选择电极。

1. 离子选择电极的测量原理

按国际纯粹与应用化学联合会（IUPAC）建议的定义：离子选择电极（ion selective electrode，ISE）是电化学的敏感体（sensor），它的电位与溶液特定离子的活度存在对数关系。

离子选择电极大多属于膜电极，其构造随电极膜（感应膜）不同而略有不同，一般由薄膜及其支持体，内参比溶液（含有与待测离子相同离子的溶液）和内参比电极等组成。离子选择电极的基本构造如图 9-7 所示。

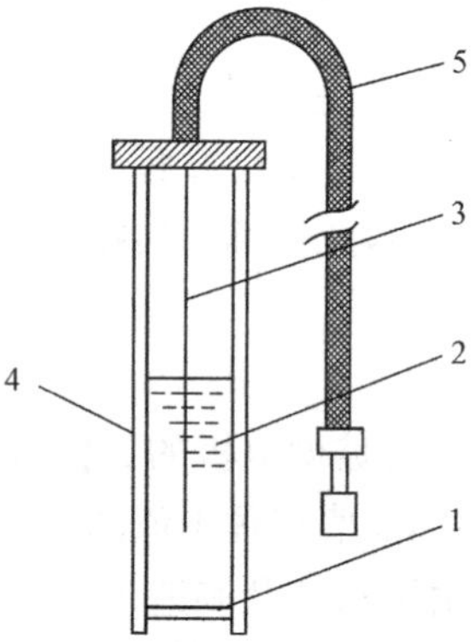

图 9-7 离子选择电极的结构
1. 内参比电极；2. 内参比溶液；3. 电极管；4. 电极膜；5. 导线

离子选择电极的电极膜对溶液中某种离子有选择性的响应，形成膜电位，与待测离子活度符合能斯特关系式，则其电极电势按式(9-14)计算：

$$\varphi = K'' \pm \frac{2.303RT}{nF}\lg a_i \tag{9-14}$$

式中，K''为电极常数；a 为活度；n 为响应离子电荷。响应离子为阳离子时取“+”号，阴离子时取“－”号。

2. 离子选择电极的分类

离子选择电极的种类繁多，IUPAC 推荐的离子选择电极分类方法如表 9-2 所示。

表 9-2 离子选择电极类型

A. 原电极（primary electrode）
- (1) 晶体膜电极：均相膜电极；非均相膜电极
- (2) 非晶体膜电极：刚性基质电极；流动载体电极

B. 敏化离子选择电极（sensitized ion-selective electrode）
- (1) 气敏电极
- (2) 酶电极

1）晶体膜电极

晶体膜电极(crystalline membrane electrode)的电极膜由导电性难溶盐晶体组成，是目前常用的离子选择电极。根据膜的状态分为均相膜电极和非均相膜电极。

均相膜电极(homogeneous membrane electrode)的膜由均匀的电活性物质所组成，包括单晶膜电极与多晶压片膜电极。常用的有用卤化银添加 Ag_2S 的多晶压片膜制成的电极，可用于测定 Ag^+、S^{2-} 和各种卤素离子。

非均相膜电极(heterogeneous membrane electrode)则是将电活性难溶盐多晶微粒均匀分散到一种憎水惰性支持体(如硅橡胶、塑料和石蜡等)中，经热压后制成。

2）非晶体膜电极

非晶体膜电极(non-crystalline membrane electrode)的电极膜由非晶体材料组成，根据膜的物理状态，又可区分为刚性基质电极和流动载体电极等。

刚性基质电极(rigid matrix electrode) 包括玻璃膜电极，对金属离子选择性响应的特性取决于膜的化学组成。

关于流动载体电极(electrode with a mobile carrier)、气敏电极(gas sensing electrode)、酶电极 (enzyme electrode) 等，因篇幅关系，这里不做介绍。

3. 测量方法

利用离子选择电极测量待测离子的活度(浓度)，一般是在控制离子强度的条件下，以离子选择电极为指示电极，以饱和甘汞电极为参比电极，与待测溶液组成原电池，用精密酸度计、数字毫伏表或离子计测定电池电动势，然后计算待测组分的含量。下面介绍具体的测量方法。

1）两次测量法

此法的原理与用玻璃电极测量溶液 pH 相似。

$$E=\varphi_{SCE}-\varphi_{离} \tag{9-15}$$

将式(9-14)代入式(9-15)得

$$E=\varphi_{SCE}-\left(K'\pm\frac{2.303RT}{nF}\lg c_i\right)$$

将式中的 φ_{SCE} 和 K' 合并，用一新的常数 K 来表示，则

$$E=K\pm\frac{2.303RT}{nF}\lg c_i \tag{9-16}$$

分别测量标准溶液(浓度为 c_s)和待测溶液(浓度为 c_x)的电池电动势 E_s 和 E_x，相减可得

$$E_x-E_s=\pm\frac{2.303RT}{nF}[\lg c_x-\lg c_s] \tag{9-17}$$

把 c_s 的数值代入式(9-17)(阳离子取“－”号；阴离子取“＋”号)，求解便得 c_x。此法是通过样品溶液与标准溶液进行对照测量完成的，故又称为标准对照测量法。该法要求电极响应严格符合能斯特关系式，且 E_x-E_s 差值不能太小，否则会产生较大误差。

2）标准曲线法

以不同浓度的标准溶液测得的 E_s 对 $\lg c_s$ 作图，可得标准曲线。再在相同条件下测量样品溶液的 E_x，即可在标准曲线上找出或计算相应的待测离子的浓度 c_x。

3）标准加入法

在试样基质组成复杂、变动性大或没有基质相同的标准样品时，宜采用标准加入法，测量

原理如下。

设浓度为 c_0、体积为 V_0 的样品溶液，测得电动势为 E_0。按式(9-16)其电动势表示为 $E_0=K\pm\frac{2.303RT}{nF}\lg c_0$。然后，向上述样品溶液中加入小体积 V_s（比 V_0 小数十倍）、高浓度 c_s 的标准溶液，混匀。此时溶液中待测离子浓度为

$$c_1=\frac{c_0V_0+c_sV_s}{V_0+V_s} \tag{9-18}$$

因为加入小体积标准溶液后，溶液的基质几乎无变化，所以电极常数不变，其按式(9-16)计算的电动势为

$$E_1=K\pm\frac{2.303RT}{nF}\lg\frac{c_0V_0+c_sV_s}{V_0+V_s} \tag{9-19}$$

令

$$S=\pm\frac{2.303RT}{nF} \tag{9-20}$$

即得

$$\Delta E=E_1-E_0=S\lg\frac{c_0V_0+c_sV_s}{c_0(V_0+V_s)}$$

改为指数表达式：

$$10^{\Delta E/S}=\frac{c_0V_0+c_sV_s}{c_0(V_0+V_s)}=\frac{V_0}{V_0+V_s}+\frac{c_sV_s}{c_0(V_0+V_s)}$$

移项，整理得

$$c_0=\frac{c_sV_s}{(V_0+V_s)10^{\Delta E/S}-V_0} \tag{9-21}$$

式中，c_s、V_s 和 V_0 有确定的已知值；S 值由式(9-20)给出。把根据 E_1 和 E_0 测量值得到的 ΔE 值代入式(9-21)，便可求得样品溶液的待测浓度 c_0。

标准加入法无需配制标准系列溶液及测绘标准曲线，操作简单快速。

4. 测量的准确度

由于离子选择电极和参比电极电势以及电池液接电位的不确定性，加上电极响应速度和温度的波动性等诸多因素的影响，使得对电动势（或电位）的测量只能准确到±1 mV(±0.001 V)。对式(9-16)进行微分，可以得到分析结果的相对误差与电动势测量误差的关系式为

$$\frac{\Delta c}{c}=\frac{nF}{RT}\Delta E\approx 39n\Delta E \tag{9-22}$$

式(9-22)表明，对于一价离子，±1mV 的测量误差，将产生约±4%的相对误差；对于二价离子，相对误差为±8 %，故直接电位法的误差较大。式(9-22)还表明，分析结果的相对误差主要取决于电动势的测量误差 ΔE。

9.2.3　离子选择电极的性能

离子选择电极的性能可根据其特性参数予以评价。

1) 能斯特响应线性范围

理论上，离子选择电极电势与响应离子活度（浓度）的对数在一定的活度范围内呈线

性关系，且斜率等于$\frac{2.303RT}{nF}$，此浓度范围称为能斯特响应线性范围。大多数电极的线性范围为 $10^{-1}\sim10^{-6}$ mol/L。

2）选择性

离子选择电极的电极膜对待测离子以外的其他离子也可能有响应。例如，前面讲到的 pH 玻璃电极除响应 H^+ 外，对 Na^+ 也有某种程度的响应。这种响应就是造成玻璃电极钠差的原因。

如果 X 为待测离子，Y 为共存的干扰离子，n_X 和 n_Y 代表 X 和 Y 的电荷，a_X 和 a_Y 代表它们的活度，则考虑了干扰离子 Y 的响应后，式(9-14)改写为

$$\varphi = K \pm \frac{2.303RT}{n_X F}\lg\left[a_X + \sum_Y (K_{X,Y} a_Y^{n_X/n_Y})\right] \tag{9-23}$$

式中，$K_{X,Y}$称为干扰离子 Y 对待测离子 X 的电位选择性系数（potentiometric selectivity coefficient），可理解为在其他条件相同时，同一电极对 X 和 Y 的响应能力之比，即提供相同电位响应的 X 和 Y 的活度比，表示为

$$K_{X,Y} = \frac{a_X}{(a_Y)^{n_X/n_Y}} \tag{9-24}$$

$K_{X,Y}$越小，电极对 X 响应的选择性越高，Y 的干扰作用越小。

3）检测限

离子选择电极有效的检测下限与膜物质的性能有关。例如，晶体膜电极的检测限不可能低于难溶盐晶体溶解平衡给出的离子浓度。

4）响应速度

电极浸入测量溶液中达到稳定电极电势所需的时间称为响应速度，也称响应时间，一般为数秒到几分钟。溶液越稀，响应时间越长。这一特性在测定响应离子浓度接近检测限的溶液时要特别注意。

除上述特性外，离子选择电极特性还包括有效 pH 范围、不对称电位、电极内阻、温度系数和使用寿命等。

9.3　电位滴定法

9.3.1　仪器装置和方法原理

电位滴定法是根据滴定过程中待测物质浓度的突变而引起电位的突跃确定终点的方法。任何滴定分析法，在化学计量点附近，待测物与滴定剂的浓度都能在滴定曲线上产生所谓的滴定突跃。而在滴定突跃范围内，又以化学计量点的浓度变化率最大。如果用一合适的指示电极监测、记录滴定过程中反应电对的电极电势数据。根据能斯特关系式可知，在滴定的化学计量点附近，指示电极的电位也将发生急剧的变化，在化学计量点处，其变化率也最大，故电极电势变化率最大点即滴定的终点。进行电位滴定的装置如图 9-8 所示。

电位滴定法与指示剂滴定法相比，具有客观可靠，准确度高，易于自动化，不受溶液有色、浑浊的限制等诸多优点。在建立新的滴定分析方法时，常借助电位滴定法确定指示剂的变色终点或检查新方法的可靠性。尤其对于那些没有合适指示剂的滴定反应，利用电位滴定法更为有利。原则上说，只要能够为滴定剂或待测物质找到合适的指示电极，电位滴定可用于任何类型的滴定反应。

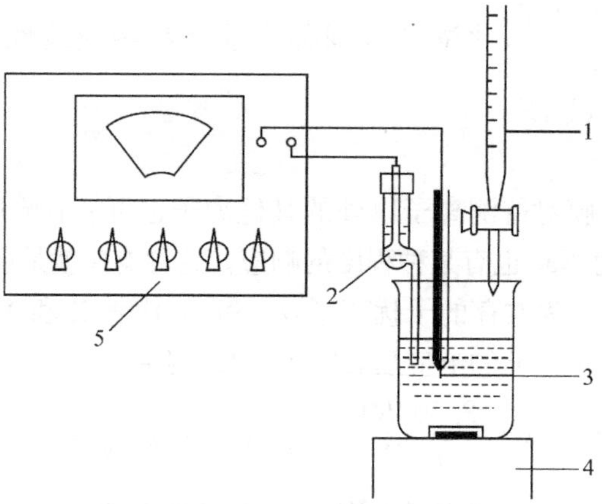

图 9-8　电位滴定装置图

1. 滴定管；2. 参比电极；3. 指示电极；4. 电磁搅拌器；5. 电子电位差计

9.3.2　确定电位滴定终点的方法

进行电位滴定时，边滴定边记录加入滴定剂的体积和电子电位计的电位读数。在滴定终点附近，因电位变化率增大，应减小滴定剂的每次加入量，使数据处理较为方便、准确。表 9-3 为一典型的电位滴定记录数据和数据处理表。

表 9-3　典型的电位滴定数据表

滴定剂体积 V/mL	电位计读数 E/mV	ΔE	ΔV	$\Delta E/\Delta V$ /(mV/mL)	平均体积 $\overline{V}$/mL	$\Delta(\Delta E/\Delta V)$	$\Delta^2 E/\Delta V^2$
0.00	114						
		0	0.10	0.0	0.05		
0.10	114						
		16	4.90	3.3	2.55		
5.00	130						
		15	3.00	5.0	6.50		
8.00	145						
		23	2.00	11.5	9.00		
10.00	168						
		34	1.00	34	10.50		
11.00	202						
		16	0.20	80	11.10		
11.20	218						
		7	0.05	140	11.225		
11.25	225					120	2400
		13	0.05	260	11.275		
11.30	238					280	5600
		27	0.05	540	11.325		
11.35	265					−20	−400
		26	0.05	520	11.375		
11.40	291					−220	−4400
		15	0.05	300	11.425		
11.45	306						
		10	0.05	200	11.475		
11.50	316						
		36	0.05	72	11.75		
12.00	352						
		25	1.00	25	11.50		
13.00	377						
		12	1.00	12	13.50		
14.00	389						

下面介绍三种处理数据和确定滴定终点的方法。

1. ***E-V* 曲线法**

以表 9-3 中滴定剂体积 V 为横坐标，以电位计读数 E(电极电势或电池电动势)为纵坐标作图，如图 9-9(a)所示。曲线的转折点(拐点)即为滴定终点。此法应用方便，但要求滴定化学计量点处的电位突跃明显。

2. $\Delta E/\Delta V$-$\overline{V}$ 曲线法

用表 9-3 中的 $\Delta E/\Delta V$ 对平均体积 $\overline{V}$(计算 ΔE 值时前、后两体积的平均值)作图，得一峰状曲线，如图 9-9(b)所示。根据函数微分性质可知，该点的横坐标与 E-V 曲线的拐点横坐标重合，峰状曲线的最高点即滴定终点。从表 9-3 中的数据可以看到，在化学计量点附近 $\Delta E/\Delta V$ 比 E 的变化率大，因而用 $\Delta E/\Delta V$-$\overline{V}$ 曲线法确定终点也较为准确。如果选用的 ΔV 足够小，则有 $\Delta E/\Delta V \rightarrow dE/dV$，故 $\Delta E/\Delta V$-$\overline{V}$ 曲线法也称为一阶导数法。

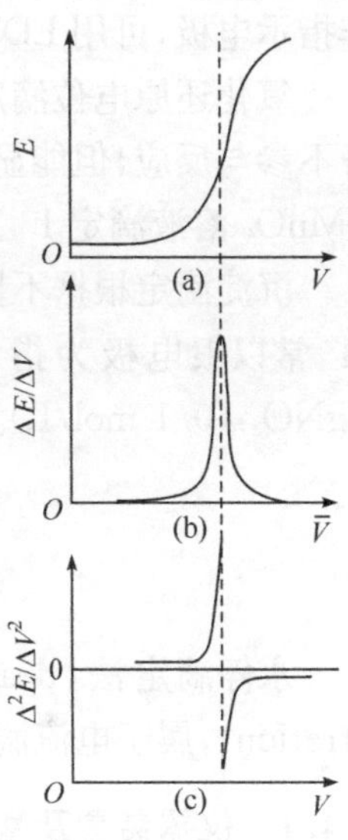

图 9-9　滴定曲线图

3. $\Delta^2 E/\Delta V^2$-V 曲线法

用表 9-3 中的 $\Delta^2 E/\Delta V^2$ 对 V 作图，如图 9-9(c)所示。该曲线可看成是 E-V 曲线的近似二阶导数曲线，所以又称为二阶导数法。按函数微分的性质，E-V 曲线拐点的二阶导数为零，所以 $\Delta^2 E/\Delta V^2$-V 曲线与纵坐标零线的交点即为滴定终点。由于滴定终点附近的曲线线段可近似看成直线，因此二阶导数法的终点也可利用表 9-3 中的数据，用数学内插法予以确定。

例如，从表中查得加入 11.30 mL 滴定剂时，$\Delta^2 E/\Delta V^2 = 5600$；加入 11.35 mL 滴定剂时，$\Delta^2 E/\Delta V^2 = -400$。设滴定终点($\Delta^2 E/\Delta V^2 = 0$)时加入滴定剂的体积为 x mL，可得

$$\frac{11.35-11.30}{x-11.30}=\frac{-400-(5600)}{0-5600}$$

解得 $x=11.347$ mL，经修约后，x 为 11.35 mL。

利用上述三种作图法确定滴定终点，主要是根据化学计量点附近的测量数据。因此，除非要研究滴定的全过程，否则通常只需要准确测量和记录化学计量点前、后 1～2 mL 内的测量数据便可求得滴定终点。

9.3.3　应用与示例

电位滴定法确定终点客观、准确，还可用于有色或浑浊的溶液以及无适当指示剂指示终点的滴定反应，故其应用范围很广，各类滴定分析均可采用电位滴定法。在非水溶液中进行电位滴定时，可采用混合溶剂，这样既能得到较稳定的电动势，又能获得较大的滴定突跃。

酸碱电位滴定常用玻璃电极作指示电极，饱和甘汞电极作参比电极，用 pH 计测定被滴溶液的 pH，然后以 pH 为纵坐标，以标准溶液体积为横坐标，绘制 pH-V 曲线，并确定终点。非水酸碱滴定中，为避免因甘汞电极渗出的水干扰测定，可用饱和氯化钾无水乙醇溶液代替电极中的饱和氯化钾水溶液，常用于冰醋酸、乙酸酐、乙酸-乙酸酐混合液等系统中测定碱性物质及二甲基甲酰胺溶剂中测定酸性物质。例如，《中国药典》采用电位滴定法测定降血糖药盐酸苯乙双胍的含量：取盐酸苯乙双胍 0.1 g，精密称定，加冰醋酸 20 mL 使其溶解，加乙酐20 mL，照电位滴定法，用高氯酸(0.1 mol/L)滴定。

用 EDTA 滴定金属离子常用汞电极作指示电极，饱和甘汞电极作参比电极，这可以测定 Cu^{2+}、Zn^{2+}、Ca^{2+}、Mg^{2+}、Al^{3+} 等，也可用离子选择电极指示络合滴定终点，如用 Ca^{+} 选择电极

作指示电极，可用 EDTA 滴定 Ca^{+}。

氧化还原电位滴定常用的指示电极为惰性金属铂电极，参比电极为甘汞电极。铂电极本身不参与反应，但能显示溶液中氧化还原体系的平衡电位。例如，用铂电极为指示电极，可用 $KMnO_4$ 溶液滴定 I^-、Fe^{2+}、$C_2O_4^{2-}$ 等。

沉淀滴定根据不同的滴定剂采用不同的指示电极。以 $AgNO_3$ 标准溶液（银量法）滴定 Cl^- 常以银电极为指示电极，以饱和甘汞电极为参比电极。例如，《中国药典》2010 版以 $AgNO_3$（0.1 mol/L）为滴定液，采用电位滴定法测定碘化油软胶囊的含量。

9.4　永停滴定法

永停滴定法（dead-stop titration）又称双电流或双安培滴定法（double ampero-metric titration），属于电流滴定法。

9.4.1　仪器装置及基本原理

永停滴定法是将两个相同的惰性电极（如 Pt 电极）浸入被测溶液中，在两电极间外加一小电压（约几十毫伏），观察滴定过程中通过两个电极的电流变化，确定滴定终点。仪器装置图如图 9-10 所示。

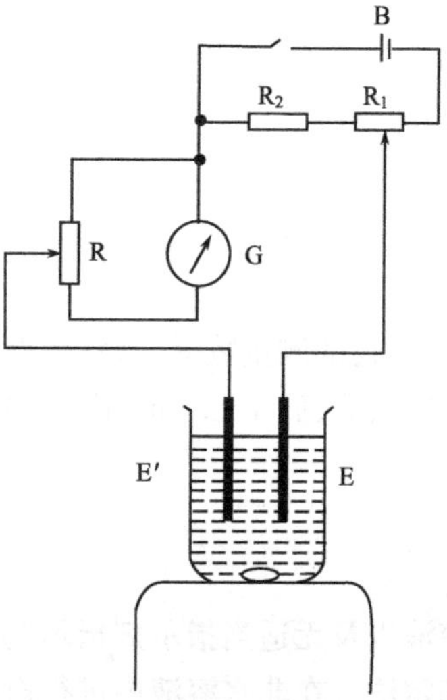

图 9-10　永停滴定仪装置示意图

现以硫代硫酸钠滴定碘为例说明。

将 I_2 液按仪器装置组成电池，按照能斯特方程式，电极的电极电势为

$$\varphi=\varphi^{\ominus}+\frac{0.0592}{2}\lg\frac{a_{I_2}}{a_{I^-}^2}=\varphi^{\ominus\prime}+\frac{0.0592}{2}\lg\frac{c_{I_2}}{c_{I^-}^2}\quad(25\ ℃)$$

由于两电极的电位值相等，电极间无电位差，$E=0$。若两电极间外加一小电压，则电解池阳极的铂电极发生氧化反应，阴极发生还原反应：

$$2I^- \rightleftharpoons I_2+2e^-$$

$$I_2+2e^- \rightleftharpoons 2I^-$$

由于离子迁移和在电极上进行化学反应，就有电流通过，产生电解。在电解进行时，两电极上得失电子数总是相同的。当溶液中电极的氧化型和还原型浓度不相等时，通过电解池的电流大小取决于浓度低的那个氧化型或还原型的浓度。氧化型和还原型浓度相等时电流最大。I_2/I^- 这类电对称为可逆电对；凡发生氧化还原可逆反应的电对都属于可逆电对。

在 I_2 液中加入 $Na_2S_2O_3$ 后，发生下列反应：

$$2S_2O_3^{2-}+I_2 \longrightarrow S_4O_6^{2-}+2I^-$$

随着 $Na_2S_2O_3$ 的加入，溶液中 I_2 的浓度渐减，电流也不断减小，当达到化学计量点时，I_2 反应完，此时溶液中主要是 $S_4O_6^{2-}$、I^-，几乎无电流通过。化学计量点之后，加入过量的 $Na_2S_2O_3$，溶液中的电对为 $S_4O_6^{2-}/S_2O_3^{2-}$，当加一个外加小电压时，不发生电解，无电流通过。这是因为仅在阴极发生了还原反应，而阳极不发生氧化反应。

这类电对（$S_4O_6^{2-}/S_2O_3^{2-}$）称为不可逆电对，只有外加电压很大时，才会产生电解，这是因为发生了其他电极反应。滴定过程电流为零的这一点即为滴定终点。根据滴定过程中电流的变化情况，永停滴定常分为三种不同类型。

(1) 滴定剂为不可逆电对，被测物为可逆电对(如上述 $Na_2S_2O_3$ 滴定 I_2)，电流计指针从发生偏转到指零，即为终点，如图 9-11(a)所示。

(2) 滴定剂为可逆电对，被测物为不可逆电对(如 I_2 滴定 $Na_2S_2O_3$)，电流计从指零到指针发生偏转，即为终点，如图 9-11(b)所示。

(3) 滴定剂和被测物均为可逆电对(如 Ce^{4+} 滴定 Fe^{2+})，发生下列反应：

$$Ce^{4+} + Fe^{2+} \rightleftharpoons Ce^{3+} + Fe^{3+}$$

开始溶液中只有 Fe^{2+}，无电流；当加入 Ce^{4+}，就有 Fe^{3+} 生成，溶液中存在 Fe^{3+}/Fe^{2+} 电对，电流逐渐变大；当 $c_{Fe^{3+}} = c_{Fe^{2+}}$ 时，电流达最大；以后随着 Fe^{2+} 浓度的减小，电流下降；待 Fe^{2+} 完全反应，电流达最低，即滴定终点；待 Ce^{4+} 过量，溶液中有 Ce^{4+}/Ce^{3+} 电对，电流又开始上升，如图 9-11(c)所示。

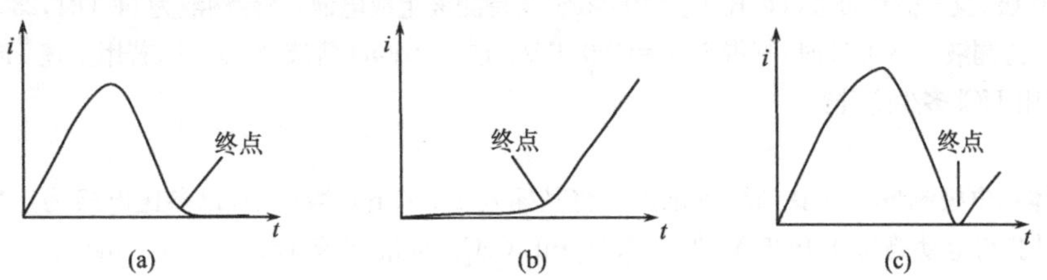

图 9-11　永停滴定法滴定曲线

(a) 不可逆电对滴定可逆电对，如 $Na_2S_2O_3$ 滴定 I_2；
(b) 可逆电对滴定不可逆电对，如 I_2 滴定 $Na_2S_2O_3$；
(c) 可逆电对滴定可逆电对，如 Ce^{4+} 滴定 Fe^{2+}

9.4.2　应用与示例

永停滴定法简便易行，准确可靠，在药物分析上有广泛的应用，下面举两例加以说明。

1. 亚硝酸钠($NaNO_2$)滴定法

《中国药典》收载的盐酸普鲁卡因、盐酸克仑特罗、磺胺嘧啶等芳胺类药物，其含量测定均采用 $NaNO_2$ 滴定法(见第 8 章)，以永停滴定法指示终点。终点前，溶液中不存在可逆电对，故电流计指针指零；达到终点并稍有过量 $NaNO_2$ 时，溶液中有 HNO_2 及其分解产物 NO 组成的可逆电对存在，电路中开始有电流通过，电流计指针显示偏转并不再回至零位。

2. Karl Fischer 法测定药品中的微量水分

样品中的水与 Karl Fischer 滴定剂的反应见第 8 章。终点前溶液中不存在可逆电对，故电流计指针停止在零位不动。到达终点并稍有过量的 I_2 存在时，则溶液中便有 I_2 及 I^- 可逆电对存在，电路中开始有电流通过，电流计指针显示偏转并不再回至零位(详见《中国药典》2010 版附录ⅧM 水分测定法)。

习　题

1. 什么是指示电极和参比电极？它们在电位法中的作用是什么？

2. 试根据电极反应式推导甘汞电极的电极电势。

3. 简述玻璃电极的作用原理？为什么在使用前玻璃电极必须在蒸馏水中浸泡 24 h 以上？

4. 离子选择电极有哪些类型？

5. 计算下列电池 25 ℃时的电动势，并判断银电极的极性。

$$Cu|Cu^{2+}(0.0100\ mol/L)\ \|\ Cl^{-}(0.0100\ mol/L)|AgCl(固)|Ag$$

[0.062 V；正极]

6. 称取一不纯的一元弱酸 HA(M=100)试样 1.600 g 溶解，稀释至 60 mL，以 NaOH 进行电位滴定，当达到半中和点(中和 HA 的一半时)，pH=5.00，至化学计量点时，pH=9.00，试计算试样中 HA 的质量分数。

[75%]

7. 25 ℃时测得，电池的电池式为

$$Ag,AgI\ |\ KI(1\ mol/L)\ \|\ AgNO_3(0.00100\ mol/L)\ |\ Ag$$

该电池电动势为 0.720 V，计算 AgI 的溶度积常数 K_{sp}。

[6.26×10^{-16}]

8. 用 SCE 作正极，氢电极作负极(H_2 压力为 100 kPa)与待测液组成电池，当待测液为 HCl 时，25 ℃测得 $E_{电池}$=0.303 V；当待测液为 NaOH 时，测得 $E_{电池}$=1.011 V。取此 NaOH 溶液 20.0 mL，若用上述 HCl 溶液中和至完全，则需用 HCl 多少毫升？

[20 mL]

9. 用流动载体钙电极测量溶液中 Ca^{2+} 的浓度。将其插入 25.00 mL 溶液中，以参比电极为正极组成化学电池，25 ℃时测得电动势为 0.4695 V，加入 1.00 mL $CaCl_2$ 标准溶液 (5.45×10^{-2} mol/L)后，电动势降至 0.4117 V，计算样品溶液中 Ca^{2+} 的浓度。

[2.33×10^{-5} mol/L]

10. (1)已知 CuBr 的溶度积常数为 1.5×10^{-8}，计算下述半电池反应的标准电极电势 $CuBr+e^{-}\rightleftharpoons Cu+Br^{-}$。已知反应 $Cu^{+}+e^{-}\rightleftharpoons Cu$ 的 $\varphi^{\ominus}$=0.521 V(vs. NHE)。

(2)写出电池表达式，其中饱和甘汞电极为参比电极($\varphi^{\ominus}_{SCE}$=0.2443 V)，铜电极为指示电极。(可用作测 Br^{-} 的第二类电极)

(3)如果(2)中电池电动势测得为 0.076 V，试计算与铜电极相接触的溶液的 pBr。

[(1)0.0594 V；(3)pBr=1.846 V]

(第二军医大学　范国荣)

第 10 章　光谱分析法概论

根据物质发射的电磁辐射或电磁辐射与物质的相互作用而建立的一类仪器分析方法，统称为光学分析法。

光学分析法涉及的电磁辐射包括了从 γ 射线到无线电波的所有电磁波。电磁辐射与物质相互作用的方式有吸收、散射、折射、反射、干涉、衍射、偏振等。随着光学、电子学、数学和计算机技术的发展，光学分析法已成为物质组成和结构研究的主要分析方法之一，广泛地应用于物理、化学和生命科学等各个学科领域。

10.1　电磁波谱和光学分析法

10.1.1　电磁辐射和电磁波谱

光是一种电磁辐射（也称电磁波），是以巨大的速度通过空间而不需要任何物质作为传播媒介的光（量）子流，其基本属性是波粒二象性。

光的波动性用波长 λ、波数 σ 和频率 ν 作为表征。波长 λ 是在波的传播路线上具有相同振动相位的相邻两点之间的线性距离，常用 nm 作为单位。波数 σ 是每厘米长度中波的数目，单位为 cm^{-1}。频率 ν 是每秒内的波动次数，单位为 Hz。它们之间的关系为

$$\nu = c/\lambda \tag{10-1}$$

$$\sigma = 1/\lambda = \nu/c \tag{10-2}$$

式中，c 为光在真空中的传播速率，其值等于 $2.997925\times10^{10}\ cm \cdot s^{-1}$。

光的微粒性用光子具有的能量 E 作为表征。光子的能量与频率成正比，与波长成反比。

$$E = h\nu = hc/\lambda = hc\sigma \tag{10-3}$$

式中，h 为普朗克常量，其值等于 $6.6262\times10^{-34}\ J \cdot s$。

各种电磁辐射均具有波粒二象性，其区别仅在于波长或频率的不同。若把电磁辐射按照波长顺序排列，可得到如表 10-1 所示的电磁波谱（electromagnetic spectrum）。不同波段的电磁辐射产生的方法和作用各不相同，因此出现了各种光谱分析法。

电磁辐射与物质的相互作用是普遍发生的复杂物理现象，既有涉及物质内能变化的吸收、产生荧光和磷光等，也有不涉及物质内能变化的透射、折射、散射、衍射和旋光等。

当辐射通过固体、液体或气体等透明介质时，电磁辐射的交变电场导致分子（或原子）外层电子相对其核的振荡，造成这些分子（或原子）周期性的极化。如果入射的电磁辐射能量正好与介质分子（或原子）基态与激发态之间的能量差相等，介质分子（或原子）就会选择性地吸收这部分辐射能，从基态跃迁到激发态，并通常以热或光的形式释放出能量，回到基态。在某些情况下，处于激发态的分子（或原子）可发生化学变化（光化学反应），或以荧光及磷光的形式发射出所吸收的能量并回到基态。如果入射的电磁辐射能量与介质分子（或原子）基态与激发态之间的能量差不相等，则电磁辐射不被吸收，分子（或原子）极化所需的能量仅被介质分子（或原子）瞬间（$10^{-15}\sim10^{-14}$ s）保留，然后被再发射，从而产生光的透射、散射、反射、折射等物理现象。

表 10-1 电磁波谱的性质、应用分区示意表

能量/eV	频率/Hz	辐射区段	波长(常用单位)	波数/cm^{-1}	光谱类型	跃迁类型
4.1×10^{6}	1×10^{21}	γ射线	0.0003 nm	3.3×10^{10}	γ射线发射	核反应
4.1×10^{4}	1×10^{19}	X射线	0.03 nm	3.3×10^{8}	X射线吸收发射	电子(内层)
410	1×10^{17}		3 nm	3.3×10^{6}		
4.1	1×10^{15}	紫外	300 nm	3.3×10^{4}	真空紫外吸收	
		可见			紫外-可见 吸收 发射 荧火	电子(外层)
4.1×10^{-2}	1×10^{13}	红外	30 μm	3.3×10^{2}	红外吸收 拉曼	分子振动
4.1×10^{-4}	1×10^{11}	微波	3 mm	3.3×10^{0}	微波吸收；电子自旋共振	分子转动
4.1×10^{-6}	1×10^{9}		30 cm	3.3×10^{-2}		磁场诱导电子自旋能级跃迁
4.1×10^{-8}	1×10^{7}	无线电波	30 m	3.3×10^{-4}	核磁共振	磁场诱导核自旋能级跃迁

10.1.2 光学分析法及其分类

由于各区段电磁辐射的能量、与物质相互作用的机制以及产生的物理现象的不同，因此可建立不同的光学分析方法。

1. 光谱法与非光谱法

根据物质与辐射能作用的性质不同，光学分析法基本上可以分为光谱法与非光谱法两大类。

当物质与辐射能相互作用时，物质内部发生能级跃迁，记录由能级跃迁所产生的辐射能强度随波长(或频率)的变化，所得的图谱称为光谱(spectrum)。利用物质的光谱进行定性定量和结构分析的方法称为光谱分析法(spectroscopic analysis)，简称光谱法。

如果物质同辐射相互作用时没有发生能级之间的跃迁，电磁辐射仅改变了传播方向、速率或某些物理性质(如偏振面的旋转等)，这些方法就属于非光谱法。主要包括折射法、旋光法、浊度法、X 射线衍射法等。其中采用旋光法可检查光学活性物质的纯度及测定含量；X 射线衍射法是目前测定晶体结构的重要手段。

2. 原子光谱法与分子光谱法

原子光谱法是以测量气态原子或离子外层电子能级跃迁所产生的光谱为基础的成分分析方法。原子光谱是由一条条彼此分立的谱线组成的线状光谱，每一条光谱线对应于一定的波长，这种线状光谱只反映原子或离子的性质，而与原子或离子来源的分子状态无关，所以原子光谱可以确定试样物质的元素组成和含量，但不能给出物质分子结构的信息。

分子光谱比原子光谱复杂得多，这是因为在分子中除了有电子运动外，还有组成分子的各原子间的振动以及分子作为整体的转动。分子中这三种不同的运动状态都对应有一定的能级，且这三种不同的能级都是量子化的。对分子光谱有意义的能级跃迁包括两个过程，即吸收外来辐射的过程和把吸收的能量再以光发射形式放出而回复到基态的过程。分子光谱法就是以测量分子转动能级、分子中原子的振动能级(包括分子转动能级)和分子电子能级(包括振动-转动能级)跃迁所产生的分子光谱为基础的定性、定量和物质结构分析方法。

3. 几种基本类型的光谱法

光谱法可分为吸收光谱法、发射光谱法和散射光谱法。

1) 吸收光谱

当辐射通过气态、液态或透明固态物质时，组成物质的基元粒子将吸收与其内能变化相对应的频率，而由基态或低能态跃迁到高能态，这种因物质辐射的选择性吸收而得到的光谱，称为吸收光谱。可见，吸收光谱是物质吸收相应的辐射能而产生的光谱，其产生的必要条件是所提供的辐射能量恰好满足该吸收物质两能级间跃迁所需的能量。根据物质对不同波长的辐射能的吸收，建立了各种吸收光谱法，常见吸收光谱法见表 10-2。

表 10-2　常见的吸收光谱法

方法名称	辐射源	作用物质	检测信号
γ 射线(穆斯堡尔)光谱法	γ 射线	原子核	吸收后的 γ 射线
X 射线吸收光谱法	X 射线放射性同位素	$Z>10$ 的重金属原子的内层电子	吸收后透过的 X 射线
原子吸收光谱法	紫外-可见光	气态原子外层电子	吸收后透过的紫外-可见光
紫外-可见吸收光谱法	远紫外光 5～200 nm	具有共轭结构有机分子外层电子和有色无机物价电子	吸收后透过的紫外-可见光
	近紫外光 200～380 nm		
	可见光 380～780 nm		
红外吸收光谱法	近红外光 780～2500 nm (13000～4000 cm^{-1})	低于 1000 nm 为分子价电子，1000～2500 nm 为分子基团振动	吸收后透过的红外光
	中红外光 4000～400 cm^{-1}	分子振动	
	远红外光 50～500 μm	分子转动	
电子自旋共振波谱法	10000～800000 MHz 微波	未成对电子	吸收
核磁共振波谱法	60～500 MHz 射频	原子核	核磁共振吸收信号

电磁辐射被物质所吸收要求辐射的电场和物质的电荷之间必须发生相互作用；同时要求引入的辐射能量恰等于基本体系量子化的能量。每一个基本体系，无论是核、离子、原子或分

子都具有不连续的量子化能级，因此物质只能吸收与两个能级差相等的能量。被吸收的光子的能量或频率可通过普朗克公式求得，即

$$h\nu = E_f - E_i \tag{10-4}$$

式中，E_f 和 E_i 分别为物质最终和初始的能量；h 为普朗克常量。式(10-4)表明了物质对辐射吸收的选择性，由于各种物质所具有的能级数目和能级间的能量差不同，它们对光的吸收情况就不相同，这种特征可用吸收光谱予以表征。

根据吸光物质的基元粒子、光的能量(频率或波长)的不同以及所引起的激发情况的不同，物质对光的吸收可分为原子吸收、分子吸收和磁场诱导吸收等。常见的吸收光谱法主要有以下几种。

(1) 紫外-可见分光光度法。利用溶液中的分子或基团在紫外和可见光区产生分子外层电子能级跃迁，所形成的包括转动、振动跃迁在内的吸收光谱。

(2) 原子吸收光谱法。利用待测元素气态原子对共振线的吸收进行定量测定的方法，属于原子的外层电子能级跃迁，波长在紫外、可见和近红外区。

(3) 红外光谱法。利用分子在红外区的振动-转动吸收光谱来测定物质的成分和结构，常用的有红外(中红外)光谱和近红外光谱法。

(4) 核磁共振波谱法。在强磁场的作用下，核自旋磁矩与外磁场相互作用，分裂为能量不同的核磁能级，核磁能级之间的跃迁吸收射频区的电磁波。利用这种吸收光谱可进行有机化合物结构的鉴定，以及分子的动态效应、氢键的形成、互变异构反应等化学研究。

2) 发射光谱

在一般情况下，如果没有外部能量(如辐射能、热能、电能或化学能等)的作用，物质的基元粒子不会自发产生光谱。如果预先给物质的基元粒子以外部能量，使其由基态或低能态激发到较高的能态，激发态的原子或分子的平均寿命约为 10^{-8} s，甚至更短。当其返回基态或低能态时，便发出相应的光谱，称为发射光谱。物质的发射光谱有三种：线状光谱、带状光谱和连续光谱。线状光谱系由气态或高温下物质在离解为原子或离子时被激发而发射的光谱；带状光谱是由分子被激发而发射的光谱；连续光谱系由炽热的固体或液体产生的发射光谱。

利用物质的发射光谱进行定性、定量的方法称发射光谱法，主要有原子发射光谱法、原子荧光光谱法、分子荧光光谱法和磷光光谱法(见第 13 章)、化学发光法、等离子体发射光谱(ICP-AES)等。

其中，化学发光法是研究物质在进行化学反应过程中伴随的光辐射现象的方法，可借此测定化学发光反应中的反应物、催化剂、增敏剂或抑制剂等；ICP-AES 是以等离子体为激发光源的原子发射光谱分析方法，可进行多元素的同时测定，特别适用于矿物类中药、营养补充剂等的元素分析。

3) 散射光谱

拉曼(Raman)光谱是基于特殊散射作用的光谱。当一频率为 ν_0 的单色光照射透明物质时，若该频率的光不能被样品所吸收，则大部分的光沿着入射光的方向透过样品，而有极小部分的光却被样品散射到各个方向。在与入射光束成直角的方向观察时即能看到散射光。在入射频率处有一条强线——瑞利散射(Rayleigh scattering)线；在瑞利线的两侧在较低及较高频率处等距离地分布两条弱得多的谱线——拉曼散射线。频率低于入射线的为斯托克斯(Stokes)线，频率高于入射线的称为反斯托克斯(anti-Stokes)线，因为这个现象在 1928 年为印度物理学家拉曼所发现，故斯托克斯和反斯托克斯线合称为拉曼散射。拉曼散射线的频率

与入射线相比发生了 $\Delta\nu$ 的位移，一般称为拉曼位移。拉曼位移的大小与分子的振动和转动的能级有关，因而拉曼光谱也被用于研究化合物结构。

4. 质谱法

质谱法是通过对样品离子的质量和强度的测定来进行成分和结构分析的方法。被分析样品首先要离子化，然后利用离子在电场或磁场中的运动性质，把离子按质荷比（m/z）分开，记录并分析离子按质荷比大小排列成的质量谱实现对样品的分析。

质谱法基本原理与光谱法不同，但因其把不同质量离子分别聚焦并分辨（质量色散）的过程，与把不同波长或频率的辐射分别聚焦并分辨（波长色散）的光谱过程相近，而且也用于未知物质的结构分析，因此质谱法通常也被归并在光谱法范畴。

10.2　光谱分析仪器

光学分析方法是建立在电磁辐射与物质相互作用的基础上的，光谱分析仪器是探测此种相互作用的工具（图 10-1）。光谱分析仪器一般由三个最基本的部分组成：①辐射源，即光源；②分光系统，即把光源辐射分解为“单色”组分的单色器；③辐射检测器和显示装置。样品的位置视方法而定，或置于光源中，或置于光源和单色器之间，或置于单色器和检测器之间。

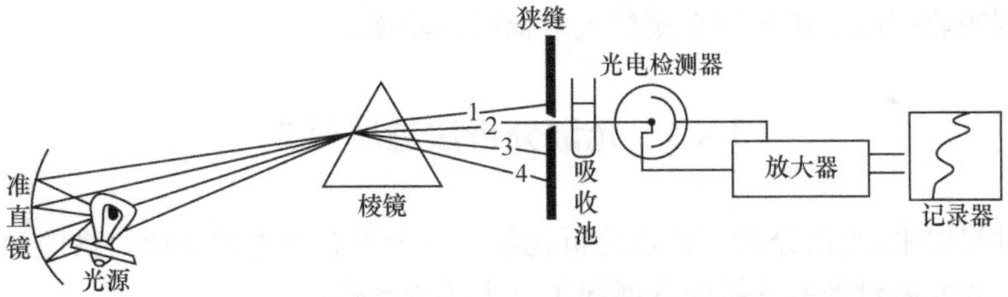

图 10-1　光谱分析仪器组成示意图

在狭缝与检测器之间设吸收池，即可测样品的吸收光谱

1. 红；2. 黄；3. 绿；4. 蓝

各种光谱仪器的主要部件见表 10-3。

表 10-3　各种光谱仪器的主要部件

波段	γ射线	X射线	紫外	可见	红外	微波	射频
辐射源	原子反应堆 粒子加速器	X射线管	氢(氘)灯 氙灯	钨灯 氙灯	改进型 硅碳棒 陶瓷光源	速调管	电子振荡器
单色器	脉冲高度鉴别器	晶体光栅	石英棱镜 光栅	玻璃棱镜或 光栅	盐棱镜光栅 Michelson 干涉仪	单色辐射源	
检测器	闪烁计数管半导体计数管		光电管及光电倍增管	光电池光电管	温差热电偶 热辐射检测器	晶体二极管	二极管晶体三极管

10.2.1 辐射源

对辐射源最主要的要求是必须有足够的输出功率和稳定性。光学分析仪器一般都有良好的稳压或稳流装置。这是因为光源辐射功率的波动与电源功率的变化成指数关系，必须有稳定电源才能保证光源的输出有足够的稳定性。在光学分析中，辐射源分为连续光源和线状光源两种。一般分子吸收光谱常采用连续光谱，而荧光光谱和原子吸收光谱常用线状光源，发射光谱常用电弧、火花或等离子体光源。

10.2.2 分光系统

光学分析仪器几乎都有分光系统。分光系统的作用是将复合光分解成单色光或有一定宽度的波长带。最简单的分光系统是滤光器，它只能分离出一个波长带(带通滤光器)或只能保证消除给定波长以上或以下的所有辐射(截止滤光器)。若需要较高纯度的辐射则必须使用单色器。单色器不仅可以产生谱带宽度很窄的单色光，而且光的波长可以在一定范围内任意改变。

10.2.3 辐射检测器

早期的仪器采用肉眼观察或照相的方法进行辐射的检测。在现代光学仪器中，常用检测器可分为两类：一类为能对光子产生响应的光检测器，如硅光电池、光电管、光电倍增管以及硅二极管；另一类为对热产生响应的热检测器。由于红外区辐射的能量比较低，因此采用热检测器可根据辐射吸收引起的热效应来测量入射辐射的功率。

10.3 光谱分析法进展简介

半个多世纪以来，光谱分析一直是分析化学中一个最有活力的领域。物理学、电子学及数学等相邻学科的发展对光谱分析的发展起了巨大的推动作用。

20 世纪 40 年代中期，电子学中光电倍增管的出现，促进了原子发射光谱、红外吸收光谱、紫外-可见吸收光谱及 X 射线荧光光谱的发展。20 世纪 50 年代原子物理的发展，促使原子吸收及原子荧光光谱兴起。20 世纪 60 年代随着等离子体、傅里叶变换与激光技术的引入，出现了电感耦合等离子体原子发射光谱(ICP-AES)、傅里叶变换红外光谱(FT-IR)、傅里叶变换核磁共振波谱(FT-NMR)及激光拉曼光谱等一系列光谱新技术。20 世纪 70 年代计算机技术和化学计量学的发展，进一步推动了光谱分析方法和仪器的发展。一机多能或多机联用、吸取其他学科的新成果，创立新的分析方法，已是光谱分析重要的发展趋势。20 世纪 80 年代以来，随着激光、微电子学、微波等高新技术与各种新材料的应用，提高了仪器性能；计算机在光谱分析仪器中的广泛应用，实现了数据实时采集与处理、自动监测、在线测量或远程遥测等，提高了仪器操作自动化、数字化与智能化的程度。

近 20 年来，各种色谱与光谱联用技术如 GC-FTIR、GC-MS、HPLC-DAD、HPCE-MS，以及光声光谱等的出现和发展，使复杂成分混合物的分离分析更加容易解决，同时三维光谱-色谱图(波长-强度-时间)的出现，使联用技术能同时获得定性与定量信息。超导、高频的核磁共振仪(如 500 MHz 以上)的出现，使核间高级偶合的复杂光谱可以变为一级偶合的简单光谱；二维核磁共振技术(H—H 相关与 C—H 相关谱等)提高了有机化合物分子结构解析的水平，使核磁共振谱的解析及分子结构的测定更加容易迅速。

目前，光谱分析法的应用范围越来越广，化学计量学(chemometrics)方法与光谱分析联用、光谱在线原位测量和光谱成像技术等都是比较热门的研究领域，新型仪器配件和仪器微型化也成为光谱仪器研究的重点。化学计量学与光谱分析的联用，能协助分析工作者将原始数据转化为有用的信息和知识，使分析化学成为名副其实的信息科学。滤光片、光栅、FT、阿达玛变换、光声等技术发展突飞猛进，便携式近红外仪、红外仪和拉曼仪等便携式分子光谱仪器层出不穷，大量车载、手提和手持式产品上市，广泛用于食品药品、反恐、商业领域。

(第二军医大学　范国荣)

第 11 章　紫外-可见分光光度法

紫外-可见分光光度法(ultra-violet and visible spectrophotometry，UV-vis)是基于物质分子对光的选择性吸收而建立起来的定性和定量分析方法。紫外-可见分光光度法的优点是灵敏度高(检测限可低至 10^{-4}～10^{-6} g/mL，甚至可达 10^{-7} g/mL)，准确度高(一般可达 0.5%，采用性能较好的仪器可达 0.2%)，仪器相对比较简单，既能用于定性鉴别或结构确定也能用于单组分或多组分的定量测定与分析，因此该方法已广泛用于卫生、环保、化学、药学等各领域的无机和有机物质的定性和定量测定。

11.1　基 本 原 理

11.1.1　紫外-可见光谱的产生及特征

分子内的电子吸收能量后从基态到激发态发生跃迁，从而产生吸收光谱(absorption spectrum)，由于既有电子能级又有分子振动和转动能级的跃迁，因此产生的吸收光谱属于带状光谱。按照吸收光波长 λ(nm)不同，将波长小于 200 nm 的称为真空紫外区；波长在 280～380 nm的称为近紫外光区；在 380～780 nm 的称为可见光区，常规分析一般在近紫外光和可见光区进行。

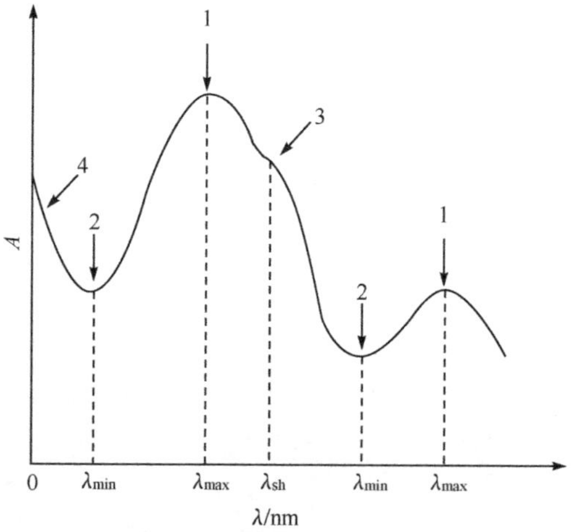

图 11-1　吸收光谱示意图

1. 吸收峰；2. 谷；3. 肩峰；4. 末端吸收

紫外-可见吸收光谱是基于分子内价电子的跃迁产生的，是以波长 λ(nm)为横坐标，以吸光度 A(或透光率 T)为纵坐标绘制而成的曲线，所以吸收光谱又称为吸收曲线，如图 11-1 所示。吸收光谱具有的特征可用以下术语予以描述。

吸收峰　吸收曲线上吸收最大的位置，所对应的波长称为最大吸收波长(λ_{max})。

谷　吸收峰与峰之间吸光度小的位置，吸光度最小所对应的波长称为最小吸收波长(λ_{min})。

肩峰(shoulder peak)　在吸收峰斜坡上的折点，称为肩峰。

末端吸收(end absorption)　在短波一端呈现强吸收而不呈峰形的部分称为末端吸收。

强带和弱带(strong band and weak band)　在化合物的紫外-可见吸收光谱中出现的摩尔吸光系数 ε_{max}值大于 10^4 的吸收峰称为强带；而 ε_{max}值小于 10^2 的吸收峰称为弱带。

生色团(chromophore)　能在紫外-可见光区产生吸收的原子基团，一般是有机化合物分子结构中含有的重键，如 $>C=C<$、$>C=O$、$-N=N-$、$-NO_2$、$>C=S$ 等。

助色团(auxochrome)　当与生色团或饱和烃相连时，能使生色团或饱和烃的吸收峰向长波方向移动，并使吸收强度增加的原子基团，一般是指含有非键电子的杂原子饱和基团，如—OH、$—NH_2$、—OR、—SH、—SR、—Cl、—Br、—I 等。

增色效应和减色效应　由于化合物的结构改变或其他原因，使吸收强度增加称为增色效应或浓色效应(hyperchromic effect)；使吸收强度减弱称为减色效应或淡色效应(hypochromic effect)。

红移(red shift)　吸收峰向长波方向移动的现象，也称长移(bathochromic shift)。红移是由于化合物的结构发生改变，如发生共轭作用、引入助色团，以及溶剂改变等。

蓝(紫)移(blue shift)　吸收峰向短波方向移动的现象，也称短移(hypsochromic shift)。蓝移是由于化合物的结构发生改变或受溶剂影响产生的。

11.1.2　Lambert-Beer 定律

Lambert-Beer 定律描述了吸光度与浓度和厚度之间的关系，是吸收光谱的基本定律。其中 Lambert 定律表明吸光度与厚度之间的关系(18 世纪)，而 Beer 定律则说明吸光度与浓度之间的关系(19 世纪)。

当一束强度为 I_0 的平行单色光垂直通过厚度为 l，含吸光物质浓度为 c 的均匀吸光介质(气体、液体或固体)时，光的一部分被吸光分子吸收，这样透过光的强度将降为 I，则 Lambert-Beer 定律的数学表达式为

$$-\lg \frac{I}{I_0}=Ecl \tag{11-1}$$

式中，E 为吸光系数(absorptivity)，在一定条件下为常数；定义透光率(transmitance，T)为 I/I_0，常用百分数表示；定义吸光度(absorbance，A)为透光率的负对数，即 $A=-\lg T$，则

$$A=-\lg T=Ecl \qquad T=10^{-A}=10^{-Ecl} \tag{11-2}$$

由式(11-2)表明：单色光通过吸光介质后，透光率 T 与浓度 c 或厚度 l 之间呈指数关系，而吸光度 A 与浓度 c 或厚度 l 之间呈简单的正比关系。例如，浓度 c 或厚度 l 增大一倍时，透光率将从 T 降低为 T^2，而 A 则同比升高一倍为 $2A$。

吸光系数 E 的物理意义是吸光物质在单位浓度和单位厚度时所具有的吸光度。在一定条件(温度、溶剂和单色光)下，吸光系数是吸光物质所具有的特性常数，其值越大表明该物质吸光能力越强。吸光系数常用的表示方式有两种。

(1) 摩尔吸光系数　用 ε 表示，是指在一定波长时，溶液浓度为 1 mol/L，厚度为 1 cm 的吸光度，其单位为 L/(mol · cm)。

(2) 百分吸光系数或比吸光系数　用 $E_{1\,\mathrm{cm}}^{1\%}$ 表示，是指在一定波长时，溶液浓度为 1%(质量浓度，1 g/100 mL)，厚度为 1 cm 的吸光度，其单位为 mL/(g · cm)。

两种吸光系数通过吸光物质的摩尔质量 M 联系起来[式(11-3)]。

$$\varepsilon=\frac{M}{10}E_{1\,\mathrm{cm}}^{1\%} \tag{11-3}$$

吸光系数 ε 和 $E_{1\,\mathrm{cm}}^{1\%}$ 不能直接测得，需用已知准确浓度的稀溶液测定吸光度经计算而得。例如，氯霉素(M=323.15 g/mol)的水溶液在 278 nm 处有吸收峰。设用氯霉素纯品 2.00 mg 配制成 100 mL 的水溶液，以厚度为 1.00 cm 的吸收池(盛装被测溶液的石英器皿)在 278 nm 处测得透光率为 24.3%，则氯霉素的吸光系数 ε 和 $E_{1\,\mathrm{cm}}^{1\%}$ 可分别计算如下：

$$E_{1\,\mathrm{cm}}^{1\%}=\frac{-\lg T}{cl}=\frac{-\lg 0.243}{0.00200\times 1.00}=307[\mathrm{mL/(g\cdot cm)}]$$

$$\varepsilon=\frac{M}{10}E_{1\,\mathrm{cm}}^{1\%}=\frac{323.15}{10}\times307=9.92\times10^{3}[\mathrm{L/(mol\cdot cm)}]$$

11.1.3 偏离 Beer 定律的因素

按照 Lambert-Beer 定律，吸光度 A 与浓度 c 之间应该是严格的正比关系，A-c 曲线应该是一条过原点的直线。但是在实际工作中，两者通常并不完全呈直线关系，导致偏离直线的主要原因包括化学和光学两个方面。

1. 化学因素

溶液中的溶质可因浓度改变而发生缔合、离解、溶剂化作用等导致偏离 Beer 定律。例如，亚甲蓝阳离子的单体吸收峰在 660 nm 处，而二聚体的吸收峰在 610 nm 处，因此溶液浓度不同时亚甲蓝吸收光谱的形状将发生改变，从而导致偏离 Beer 定律。又如，重铬酸钾水溶液中存在如下平衡：

$$Cr_2O_7^{2-}+H_2O \rightleftharpoons 2H^{+}+2CrO_4^{2-}$$

当溶液的分析浓度不同时，吸收光谱的形状也将发生改变，导致偏离 Beer 定律。

由化学因素导致的偏离可通过控制溶液条件减免。例如，测定 $Cr_2O_7^{2-}$ 时将溶液调节为强酸性，而测定 CrO_4^{2-} 时则溶液为强碱性即可避免由于化学因素产生的误差。

2. 光学因素

(1) 非单色光　Beer 定律成立的前提条件是以单色光为入射光，但是在紫外-可见分光光度计中真正的单色光是很难获得的。连续光源通过单色器分光后，为了保证光强度，通过出光狭缝的总是具有一定波长范围的复合光，而物质在不同波长处的吸光系数不同，由此导致偏离 Beer 定律。

(2) 非平行光　通过吸收池的光一般不可能是真正的平行光，因此入射光通过吸收池的实际光程会比完全的平行光的光程长，因而对测量值产生影响。这种测量时实际光程的差异也是同一物质采用不同仪器测量吸光系数时产生差异的主要原因之一。

(3) 杂散光(stray light)　在单色器分出的单色光中含有一些不在谱带范围内且与所需波长相隔较远的光称为杂散光。杂散光与仪器的光学元件表面性能有关，现代仪器的杂散光强度都较弱，但是在末端吸收附近杂散光可能带来较大的干扰，有时会出现假峰。

(4) 散射光和反射光　散射光主要来源于吸收质点对入射光产生的散射作用，而反射光主要来源于吸收池内外界面对入射光通过时产生的反射作用。散射光和反射光都在入射光谱带宽度内，对透射光强度产生直接影响。对于散射光和反射光的干扰可采用合适的空白对比来消除。

3. 透光率的测量误差

透光率测量误差 ΔT 是测量中的随机误差，来自仪器的噪声(noise)。仪器的噪声中，一类与光信号无关，称为暗噪声(dark noise)；另一类随光信号强弱而变化，称为散粒噪声(signal shot noise)。

测定结果(浓度)的相对误差与 ΔT 之间的关系可通过 Lambert-Beer 定律导出。

$$c=\frac{A}{El}=\frac{-\lg T}{El}=\frac{-0.434\ln T}{El} \qquad (11\text{-}4)$$

微分后除以式(11-4)即可得到浓度的相对误差为

$$\frac{\Delta c}{c}=\frac{0.434\Delta T}{T\lg T} \tag{11-5}$$

式(11-5)表明，测定结果的浓度相对误差大小取决于透光率 T 和透光率测量误差 ΔT 的相对大小。ΔT 的大小基本为一个常量，大多数的分光光度计的 ΔT 的数值介于±0.002～±0.01。假定 $\Delta T=0.005$，代入式(11-5)可获得浓度相对误差与透光率或吸光度之间的关系，通过绘制它们之间的关系曲线得到：当 $A=0.2\sim0.7$(或 $T=65\%\sim20\%$)时，相对误差较小($\Delta c/c<2\%$)，是测量的适宜范围；当 $A=0.434$(或 $T=36.8\%$)时，相对误差 $\Delta c/c$ 最小。

11.1.4　光电比色法

光电比色法是对能吸收可见光的有色溶液的测定方法，通常也称为可见分光光度法。光电比色法具有灵敏、简便等优点。光电比色法不仅可用于本身在可见光区有吸收的物质的测定，许多在可见光区没有吸收的物质也能通过显色反应变成有色物质从而实现光电比色测定，并且还能通过显色反应提高测定的灵敏度和选择性。因此光电比色法在实际工作中获得广泛应用。

显色反应在光电比色法中经常被采用，反应的类型也多种多样，如氧化还原反应、缩合反应、配合反应等。但是要求显色反应必须定量进行且有较好的选择性、生成的有色产物稳定且有特征吸收并具有足够大的摩尔吸光系数($10^3\sim10^5$)。因此对显色反应的条件要进行优化，通过逐一实验比较获取最适宜的反应条件，如采用的溶剂、显色剂及用量、反应的温度、反应的酸度、反应的时间及干扰的消除方式等。

在药物分析中，黄酮类药物的成分分析经常使用光电比色法测定。黄酮类药物是中药中一类主要有效成分，虽然黄酮本身在 240～285 nm 和 300～400 nm 具有特征的紫外吸收峰，但是在天然草药和制剂中由于其他组分的吸收干扰，往往只能通过显色测定以提高测定的选择性和灵敏度。例如，《中国药典》(2010 年版)山楂叶中总黄酮的含量测定就采用光电比色法。精密称定山楂叶细粉经三氯甲烷、甲醇索氏提取处理后用乙醇稀释定容，然后用亚硝酸钠-硝酸铝作为显色剂，反应放置 15 min 后在 500 nm 波长处，以芦丁作为对照品，用标准曲线法测定，规定干燥山楂叶中以无水芦丁计的总黄酮含量不低于 7.0%。

11.2　紫外-可见吸收光谱和分子结构的关系

11.2.1　电子的跃迁类型

紫外-可见吸收光谱是由分子中的价电子跃迁产生的。分子中的价电子包括处于 σ 轨道上的 σ 电子、π 轨道上的 π 电子和仍处于原子轨道中未参与成键的 n 电子。σ 轨道和 π 轨道都包括较低能量的成键轨道(σ 轨道和 π 轨道)和较高能量的反键轨道(σ^* 轨道和 π^* 轨道)，各轨道上的电子能量由高到低一般是 $\sigma^*>\pi^*>n>\pi>\sigma$，因此当分子中的价电子在不同能量的轨道之间发生跃迁时则产生吸收或发射光谱。在紫外和可见光谱区范围内，有机化合物的吸收带主要由 $\sigma\rightarrow\sigma^*$、$\pi\rightarrow\pi^*$、$n\rightarrow\sigma^*$、$n\rightarrow\pi^*$ 跃迁产生(图 11-2)。

(1) $\sigma\rightarrow\sigma^*$ 跃迁是电子从 σ 成键轨道到 σ^* 反键轨道的跃迁。由于分子中的 σ 键稳定，电子跃迁需要较高的能量，因此该跃迁产生的吸收峰在远紫外区。例如，饱和烃类物质的吸收峰一般都在 150 nm 以下，在 200～400 nm 均无吸收。

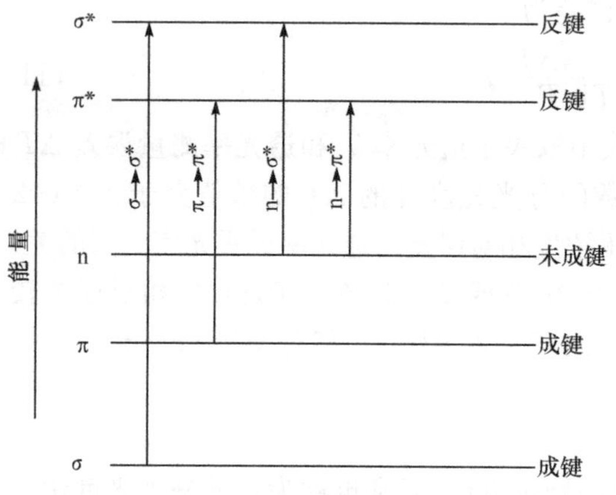

图 11-2 分子中价电子能级及其跃迁示意图

(2) $\pi\rightarrow\pi^*$ 跃迁是电子从 π 成键轨道到 π^* 反键轨道的跃迁。该跃迁需要的能量较低，尤其是共轭双键中的 $\pi\rightarrow\pi^*$ 跃迁需要的能量更低，故该跃迁产生的吸收较强，一般摩尔吸光系数 $\varepsilon>10^4$。例如，乙烯($CH_2=CH_2$)的吸收峰在 165 nm，ε 为 10^4，丁二烯($CH_2=CH-CH=CH_2$)的吸收峰在217 nm，ε 为 21000。

(3) $n\rightarrow\sigma^*$ 跃迁是杂原子中的孤对电子向 σ^* 反键轨道进行的跃迁。这种跃迁产生的吸收一般属于波长在 200 nm 左右的末端吸收，如含有—OH、—NH_2、—X、—S 等基团的化合物中会发生这种跃迁。

(4) $n\rightarrow\pi^*$ 跃迁是不饱和基团中杂原子的孤对电子向 π^* 反键轨道进行的跃迁。这种跃迁产生的吸收一般在近紫外区(200～400 nm)，吸收强度弱，ε 较小(为 10～100)。含有 $>C=O$、—N=N—等基团的化合物中会发生这种跃迁。例如，丙酮(CH_3COCH_3)中的 $n\rightarrow\pi^*$ 跃迁产生 279 nm 的吸收峰(ε 为 10～30)。

11.2.2 吸收带及其与分子结构的关系

吸收带(absorption band)用以说明吸收峰在紫外-可见光谱中的位置。根据电子和轨道的种类，可将吸收带分为 R 带、K 带、B 带和 E 带四种主要的类型。

R 带 从德文 radikal(基团)得名，是由 $n\rightarrow\pi^*$ 跃迁引起的吸收带，是杂原子的不饱和基团，如 $>C=O$、—NO、—NO_2、—N=N—等这一类发色团的特征吸收，R 带的特点是所处波长较长，但吸收较弱(ε 一般小于 100)。

K 带 从德文 konjugation(共轭作用)得名，是共轭双键中 $\pi\rightarrow\pi^*$ 跃迁产生的吸收带。K 带的特点是强吸收(ε 一般大于 10^4)。例如，丁二烯($CH_2=CH-CH=CH_2$)在 218 nm 的强吸收($\varepsilon=10^4$)就属于 K 带。

B 带 从德文 benenoid(苯)得名，是芳香族化合物的特征吸收带。苯在蒸气状态中分子间作用力小，可以反映出孤立分子振动、转动能级跃迁，即在 230～270 nm 处出现精细结构的吸收光谱，又称苯的多重吸收带；在苯溶液中，因分子间作用增强，转动跃迁消失仅出现部分振动跃迁，因此谱带变宽；在极性溶剂中，溶质与溶剂间相互作用更强，振动光谱也表现不出来，因而精细结构消失，B 带出现一个重心在 256 nm 附近的宽峰(ε 约为 200)，如图 11-3 所示。

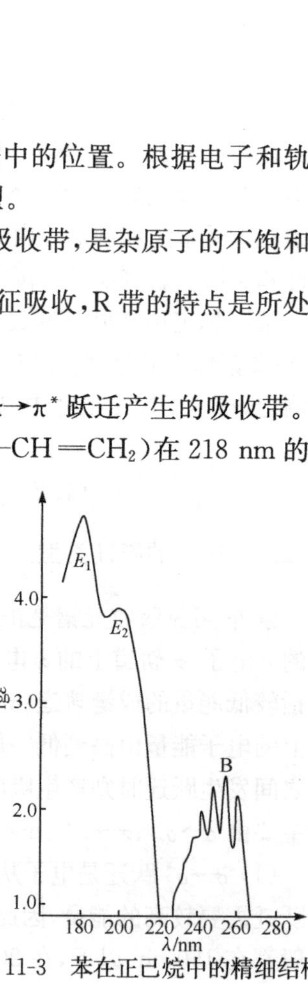

图 11-3 苯在正己烷中的精细结构

E 带 也是芳香族化合物的特征吸收带，是由苯环结构中三个乙烯的环状共轭体系的 $\pi\rightarrow\pi^*$ 跃迁所产生，分为 E_1 和 E_2 带(图 11-3)。E_1 带的吸收峰约在 180 nm，ε 为 4.7×10^4；E_2

带的吸收峰约在 200 nm,ε 为 7000,都属于强带吸收。一些化合物的电子结构、跃迁类型和吸收带的关系如表 11-1 所示。

表 11-1　电子结构和跃迁

电子结构	化合物	跃迁	λ_{max}/nm	ε_{max}	吸收带
σ	CH_3CH_3	σ→σ*	135	10000	
n	$CH_3CH_2CH_2CH_2CH_2CH_2SH$	n→σ*	224	120	
	$CH_3CH_2CH_2CH_2I$	n→σ*	257	486	
π	$CH_2{=}CH_2$	π→π*	165	10000	
	$CH{\equiv}CH$	π→π*	173	6000	
n 和 π	$H_3C-C(=O)-CH_3$	π→π*	～160	16000	
		n→σ*	194	9000	
		n→π*	279	15	R
π-π	$CH_2{=}CH-CH{=}CH_2$	π→π*	217	21000	K
	$CH_2{=}CH-CH{=}CH-CH{=}$	π→π*	258	35000	K
n 和 π-π	$CH_2{=}CH-CHO$	π→π*	210	11500	K
		n→π*	315	14	R
芳香族 π		芳香族 π→π*	～180	60000	E_1
		芳香族 π→π*	～200	8 000	E_2
		芳香族 π→π*	255	215	B
芳香族 π-π	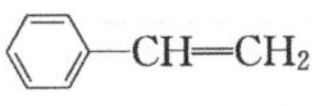	芳香族 π→π*	244	12000	K
		芳香族 π→π*	282	450	B
芳香族 π-σ	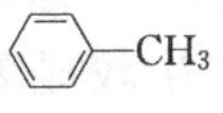	芳香族 π→π*	208	2 460	E_2
		芳香族 π→π*	262	174	B
芳香族 π-π 和 n	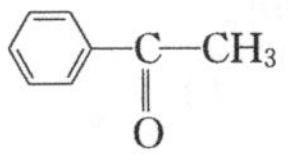	芳香族 π→π*	240	13000	K
		芳香族 π→π*	278	1 110	B
		n→π*	319	50	R
芳香族 π 和 n	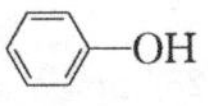	芳香族 π→π*	210	6200	E_2
		芳香族 π→π*	270	1450	B

11.2.3　影响吸收带的因素

根据表 11-1 中各类化合物的吸收光谱特点,可以判断某个化合物是否具有紫外吸收,进一步预测该化合物的紫外吸收带可能出现的波长范围及吸收带的类型。但是,紫外吸收光谱属于分子光谱,分子结构和测定条件等多种因素可能导致分子中电子共轭结构的变化,从而影响吸收带的位置和强度。

(1) 结构因素　化合物中若有两个发色团产生共轭效应,可使吸收带长移,吸收强度加大;共轭效应越强,产生的影响就越大。但是若两个发色团因立体阻碍妨碍它们共平面,共轭效应就会大幅减弱。

各种异构现象(顺反异构及几何异构)也可因其延长或阻碍共轭体系使紫外吸收带产生明显差异。例如,对于二苯乙烯,反式结构由于苯环与乙烯的双键在同一平面上,容易产生共轭,而顺式结构则存在立体阻碍而不易产生共轭,因此反式结构的 K 带 λ_{max} 比顺式明显长移,且摩尔吸收系数也增大(图 11-4)。

(2) 溶剂效应　溶剂不仅对吸收峰位置产生影响,而且还会影响吸收强度及光谱的形状。

所以在测定的光谱图上应注明所用溶剂。溶剂的极性对 n→π* 和 π→π* 跃迁所产生的吸收峰位置有不同影响。溶剂极性增大，一般使 π→π* 跃迁吸收峰长移；而使 n→π* 跃迁吸收峰向短波方向移动，且后者的移动一般比前者的移动大。例如，异丙叉丙酮的溶剂效应见表 11-2。

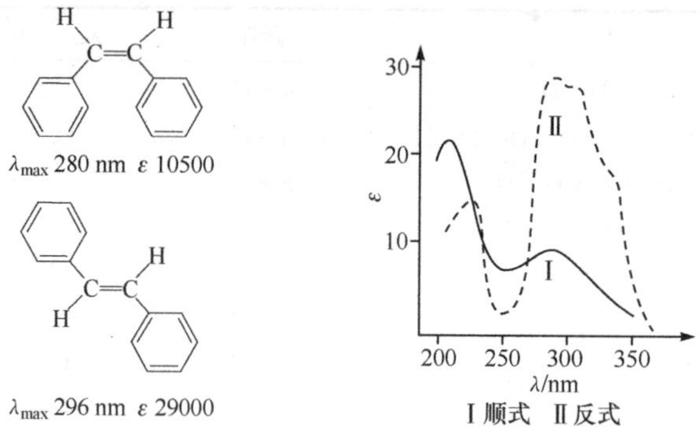

图 11-4　二苯乙烯顺反异构体的紫外吸收光谱

表 11-2　溶剂极性对异丙叉丙酮的两种跃迁吸收峰的影响　　(单位:nm)

跃迁类型	正己烷	氯仿	甲醇	水	迁移
n→π*	329	315	309	305	短移
π→π*	230	238	237	243	长移

(3) pH 的影响　体系 pH 改变对有机化合物的紫外吸收光谱的影响是较普遍的现象，特别是对本身具有酸性或碱性基团的化合物和极性化合物产生较显著影响。例如，酚类化合物体系的 pH 不同，其解离状况不同，产生的吸收光谱也不同。

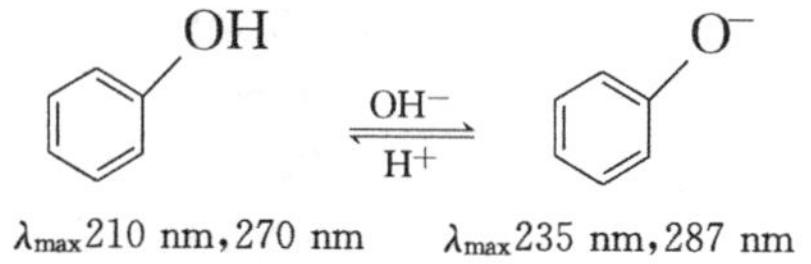

11.2.4　有机化合物分子结构研究简介

1. 有机化合物的紫外吸收光谱

紫外吸收光谱对有机化合物的结构研究有着重要的作用，通过有机化合物的紫外吸收光谱可以推定分子的骨架、判断发色团之间的共轭关系和估计共轭体系中取代基的种类、位置和数目。将紫外吸收光谱与红外光谱、质谱和核磁共振等配合就可确定化合物的分子结构。

(1) 饱和碳氢化合物　在饱和碳氢化合物中，只有 σ 电子，因此在这类化合物中仅存在高能量的 σ→σ* 电子跃迁，其紫外吸收峰在真空紫外区，由于该类化合物在 200～400 nm 没有吸收，常在紫外吸收光谱研究中用作溶剂。

(2) 含孤立生色团和助色团的有机化合物　含孤立生色团的不饱和有机化合物分子中存在 n→σ* 和 π→π* 电子跃迁，当存在杂原子双键时，还会产生 n→π* 跃迁。孤立双键的 π→π* 跃迁吸收峰在 150～180 nm；醛和酮有三个吸收峰分别来源于 n→σ* 跃迁(190 nm左右)、π→π* 跃迁(150～180 nm)和 n→π* 跃迁(275～295 nm)。一些孤立生色团的最大吸收峰列于表 11-3 中。

表 11-3　一些孤立生色团的最大吸收峰

生色团	化合物	溶剂	跃迁	λ_{max}/nm	ε_{max}
>C=C<	乙烯	气态	$\pi\rightarrow\pi^*$	171	10000
—C≡C—	乙炔	气态	$\pi\rightarrow\pi^*$	173	6000
>C=O	乙醛	气态	$\pi\rightarrow\pi^*$	150	20000
			$n\rightarrow\sigma^*$	182	10000
			$n\rightarrow\pi^*$	289	12.5
	丙酮	气态	$\pi\rightarrow\pi^*$	156	15000
		正己烷	$n\rightarrow\sigma^*$	194	9000
		正己烷	$n\rightarrow\pi^*$	279	15
—COOH	乙酸	水	$n\rightarrow\pi^*$	204	40
—COOR	乙酸乙酯	水	$n\rightarrow\pi^*$	204	60
—$CONH_2$	乙酰胺	甲醇	$n\rightarrow\pi^*$	205	150
—COCl	乙酰氯	庚烷	$n\rightarrow\pi^*$	240	34
>C=N—	丙酮肟	水	$n\rightarrow\sigma^*$	190	5000
—N=N—	偶氮甲烷	二氧六环	$n\rightarrow\pi^*$	347	4.5
—N=O	亚硝基丁烷	乙醚	$n\rightarrow\pi^*$	300	100
—NO_2	硝基甲烷	乙醇	$n\rightarrow\pi^*$	271	18.6

当饱和碳氢化合物中的氢原子被氮、氧、硫、卤素等杂原子取代后，分子内就有了 n 电子，分子内就可产生 $n\rightarrow\sigma^*$ 和 $\sigma\rightarrow\sigma^*$ 电子跃迁，$n\rightarrow\sigma^*$ 电子跃迁需要的能量比 $\sigma\rightarrow\sigma^*$ 跃迁需要的能量低，吸收峰长移。杂原子的电负性越小、离子半径越大，n 电子能级越高，$n\rightarrow\sigma^*$ 跃迁所需能量越小，吸收峰波长就较长(表 11-4)。

表 11-4　含有杂原子的饱和化合物的吸收峰

助色团	化合物	溶剂	跃迁	λ_{max}/nm	ε_{max}
—	CH_4	气态	$\sigma\rightarrow\sigma^*$	<150	—
—Cl	CH_3Cl	正己烷	$n\rightarrow\sigma^*$	173	200
—Br	$CH_3CH_2CH_2Br$	正己烷	$n\rightarrow\sigma^*$	208	300
—I	CH_3I	正己烷	$n\rightarrow\sigma^*$	259	400
—OH	CH_3OH	正己烷	$n\rightarrow\sigma^*$	177	200
—SH	CH_3SH	乙醇	$n\rightarrow\sigma^*$	195	1400
—NH_2	CH_3NH_2	乙醇	$n\rightarrow\sigma^*$	215	600

(3) 共轭烯烃　共轭烯烃是指分子中两个双键间只间隔一个单键，由于 π-π 共轭体系的产生，吸收峰将长移，吸收增强，且随着共轭体系延长，$\pi\rightarrow\pi^*$ 跃迁需要的能量降低，吸收峰长移增加，吸收强度增强，化合物可由无色逐渐变为有色。对于非共轭(两个双键间由两个及以上的次甲基隔开)的多烯烃化合物，其紫外吸收峰的位置与单烯烃相似，但是吸收强度有所增加。

(4) α,β-不饱和醛、酮、羧酸和酯　对于双键和羰基未形成共轭的有机化合物，其紫外吸

收光谱分别呈现 $\rangle C=C\langle$ 和 $\rangle C=O$ 键 $\pi\to\pi^*$ 跃迁产生的 200 nm 附近的两个强吸收峰，羰基的 $n\to\pi^*$ 跃迁吸收峰在 280 nm 附近。

在 α,β-不饱和醛、酮中，$\rangle C=C\langle$ 和 $\rangle C=O$ 键产生共轭效应使 $\pi\to\pi^*$ 长移至 200～260 nm，ε 约为 10000；$n\to\pi^*$ 跃迁吸收峰长移至 310～350 nm，ε 小于 100。溶剂的极性对不饱和醛、酮的紫外吸收产生显著影响，一般溶剂极性增加使 $n\to\pi^*$ 吸收带蓝移，而使 $\pi\to\pi^*$ 吸收带红移。

在羧酸和酯中，含有 $\pi\to\pi^*$ 和 $n\to\pi^*$ 跃迁，羰基碳原子直接与含有未共用电子对的助色团（—OH、—OR）相连，因此存在 n-π 共轭，使成键 π 轨道和反键 π 轨道的能级都得以升高，成键轨道升高的能量较反键轨道高，而未成键电子对的 n 轨道能量不变，因此使 $\pi\to\pi^*$ 跃迁所需能量减小，吸收峰长移；使 $n\to\pi^*$ 跃迁所需能量增大，吸收峰短移。因此羧酸和酯的 $\pi\to\pi^*$ 跃迁吸收峰波长比相应的醛、酮更长；而 $n\to\pi^*$ 跃迁吸收峰波长比相应的醛、酮更短。

(5) 芳香族化合物　芳香族化合物的代表是苯和取代苯。苯是最简单的芳香族化合物，其环状共轭体系的 $\pi\to\pi^*$ 跃迁在紫外光区产生 E_1 带、E_2 带和 B 带三个吸收带。B 带是芳香族化合物的特征吸收带，在芳香族化合物的鉴定中，B 带起着重要作用。在极性溶剂中，B 带的精细结构消失。

取代苯的三个带都发生长移，ε 值增大。由于 E_1 带在远紫外区，研究较少，E_2 带和 B 带研究较为广泛，B 带的精细结构因取代基而变得简单化。苯上取代基的性质不同，红移效应不同，各种取代基的红移效应强弱次序大致如下。

吸电子取代基(electron withdrawing group)：

$$—NH_3^+ < —SO_2NH_2 < —COO^- \leqslant —CN^- < —COOH < —CHO < —NO_2$$

供电子取代基(electrondonating group)：

$$—CH_3 < —Cl < —Br < —OH < —OCH_3 < —NH_2 < —O < —NHCOCH_3 < —NCH_3$$

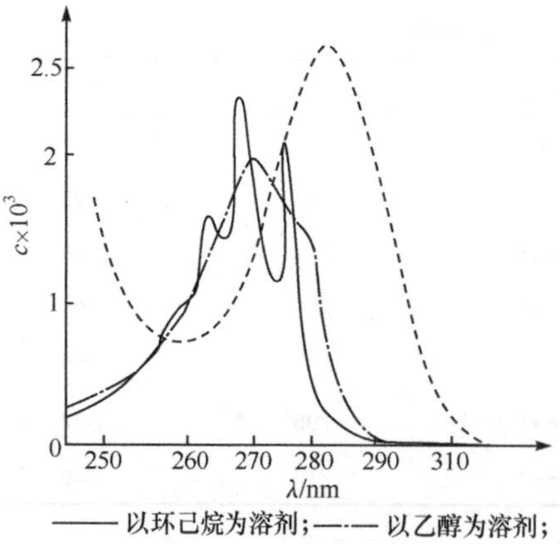

图 11-5　不同溶剂对苯酚吸收光谱的影响

烷基取代对苯的光谱形状影响不大，仍保持 B 带的精细结构，只是每个吸收带略长移，吸收强度略有增大。当取代基为含有孤对电子的杂原子基团时，因 n-π 共轭使 E_2 带和 B 带明显长移，ε 值显著增大。苯环上有助色团取代时，溶剂极性不同可使 B 带的精细结构变得简单或消失(图 11-5)。

如图 11-5 所示，把苯酚变成酚盐时，由于孤对电子增加，使 n-π 共轭效应增强，E_2 带和 B 带长移，ε 值增大。因此利用中性和碱性溶液中紫外光谱的区别可以推测化合物中是否存在苯酚结构。相反地，如果把苯胺变成苯胺盐，由于孤对电子减少，使 n-π 共轭消失，其吸收带与苯相似，由此也可判断苯胺结构是否存在。

当苯环上被生色团取代时，在 200～250 nm 处产生 K 带($\varepsilon>10^4$)，B 带长移较大。有的化合物如苯甲醛和乙酰苯等除 B 带、K 带外还有 R 带；而有的化合物的 B 带可被 K 带掩盖；含有羰基的化合物在极性溶液中测定，其 R 带有时被 B 带掩盖。

2. 有机化合物分子结构的研究方法

(1) 化合物骨架的推定　未知化合物与已知化合物的紫外吸收光谱一致时，可以认为两者具有同样的发色团，由此可以推定未知化合物的骨架结构。

例如，维生素 K_1(**A**)有吸收峰：λ_{max} 249 nm(lgε 4.28)，260 nm(lgε 4.26)，325 nm(lgε 3.28)。查阅文献资料表明，1,4-萘醌的吸收峰：λ_{max} 250 nm(lgε 4.6)，330 nm(lgε 3.8)与(**A**)相似，因此将(**A**)与几种已知 1,4-萘醌的紫外吸收光谱进行比较，结果发现(**A**)与 2,3-二烷基-1,4-萘醌(**B**)的紫外吸收光谱很接近，这样(**A**)的骨架得以推定。

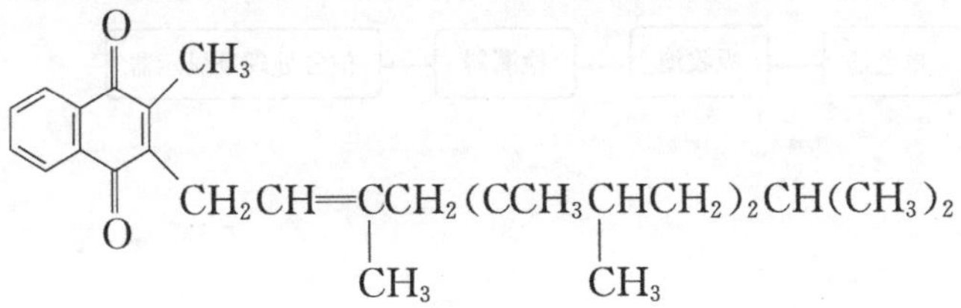

(**A**)

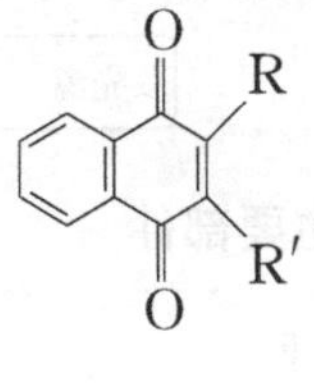

(**B**)

(2) 从吸收光谱中初步推断官能团　从化合物的紫外吸收光谱图上可以初步推断其含有的官能团。如果一化合物在 220～800 nm 无吸收(ε<1)，则其可能是脂肪族饱和碳氢化合物、胺、腈、醇、醚、氯代烃和氟代烃，不含直链或环状共轭体系，没有醛、酮等基团。如果在 210～250 nm 有吸收带，可能含有两个共轭单位；在 260～300 nm 有强吸收带，可能含有3～5 个共轭单位；在 250～300 nm 有弱吸收带表示含有羰基；在 250～300 nm 有中等强度吸收带，而且有振动结构，表示含有苯环结构；如果化合物有色，分子中一般含有至少 5 个共轭生色团。

(3) 异构体的推定　有机化合物的主要异构体包括结构异构体和顺反异构体。紫外吸收光谱在异构体的推定中发挥着较重要的作用。

① 结构异构体的推定：许多结构异构体中双键位置不同，其紫外吸收光谱不同，由此可利用紫外吸收光谱推定其结构。例如，松香酸(Ⅰ)和左旋松香酸(Ⅱ)，其 λ_{max} 分别为 238 nm(ε=15100)和 273 nm(ε=7100)。

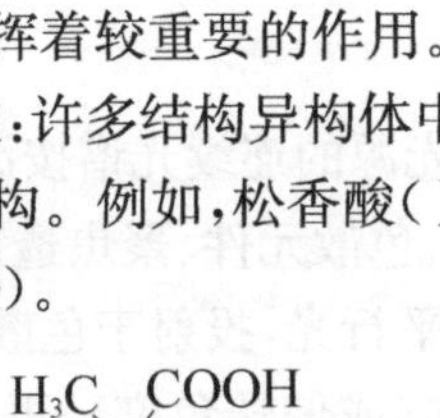

Ⅰ

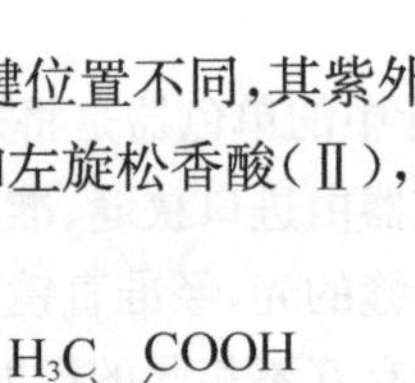

Ⅱ

② 顺反异构体的推定：顺式异构体一般都比反式的波长短，而且 ε 小。例如，顺-1,2-二苯乙烯和反-1,2-二苯乙烯的乙醇溶液的 λ_{max} 和 ε 分别如下：

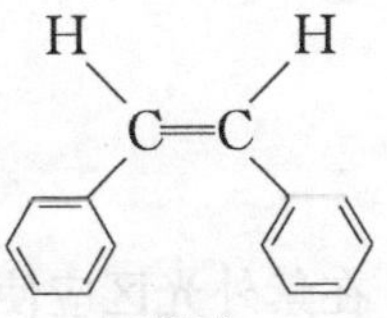

顺式

λ_{max}　280 nm

ε　10500

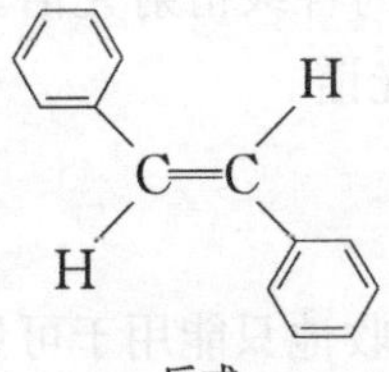

反式

λ_{max}　296 nm

ε　29000

可见顺式异构体比反式的波长短，而且 ε 小，其根本原因来源于立体障碍。顺-1,2-二苯乙烯中苯环与乙烯双键不在同一平面上，难于产生共轭；而反-1,2-二苯乙烯中苯环与乙烯双键共平面，形成较长的共轭体系，因此吸收波长增长，吸收强度也增大。

11.3　紫外-可见分光光度计

紫外-可见分光光度计是在紫外-可见吸收波长范围内进行吸收光谱和吸光度测定的仪器。各种不同类型的分光光度计具有相似的基本组成，其基本构件可表示如下：

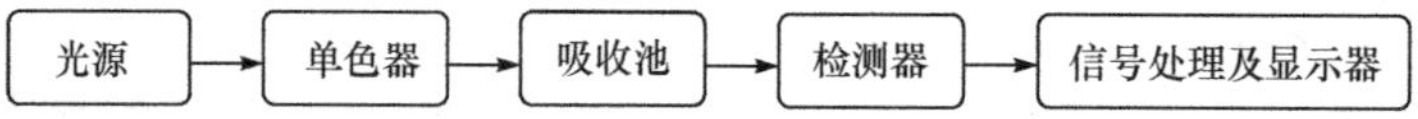

11.3.1　主要部件

1. 光源

紫外-可见分光光度计要求光源具有足够的发射强度且稳定，发射的是连续光谱且发光面积小。

在紫外区采用氢灯作为光源。氢灯是一种气体放电发光的光源，发射自 150～400 nm 的连续光谱。由于玻璃吸收紫外光，因此灯泡必须使用石英窗或用石英灯管制成。现在仪器多用价格较氢灯昂贵的氘灯做光源，其优点是发光强度更大、使用寿命较氢灯增加 2～3 倍。

在可见光区采用钨灯作为光源。钨灯又称白炽灯，是固体炽热发光的光源，发射的光波长范围较宽，通常取其 350 nm 以上波长的光作为可见光区光源。

2. 单色器

紫外-可见分光光度计中的单色器是将来自光源的连续光谱按波长顺序色散，并从中分离出一定宽度的谱带。单色器由进口狭缝、准直镜、色散元件、聚焦透镜和出口狭缝组成。

单色器聚焦于进口狭缝的光，经准直镜变成平行光，投射于色散元件。色散元件的作用是使各种不同波长的平行光有互不相同的投射方向(或偏转角度)，再经与聚焦透镜将色散后的平行光聚焦于出口狭缝上，形成按波长排列的光谱。

常用的色散元件有棱镜和光栅，早期的仪器多用棱镜，近年多用光栅。棱镜的色散作用是依据棱镜材料对不同波长的光有不同的折射率，因此可将混合光按不同波长依次分散成为连续光谱。光栅则是一高度抛光表面上刻出大量平行、等距离的槽，照射到每一条槽上的光被衍射或散开成一定的角度，在其中的某些方向产生干涉作用，使不同波长的光有不同方向，出现各级明暗条纹，形成光栅的各级衍射光谱。光栅色散后的光谱与棱镜不同，各谱线间距离相等，构成均匀分布的连续光谱。

3. 吸收池

用光学玻璃制成的吸收池只能用于可见光区。在紫外光区应使用熔融石英(SiO_2)制的吸收池(也可用于可见光区)。盛空白溶液的吸收池与盛试样溶液的吸收池互相匹配，即厚度与透光性应一致，使用前进行配对校正。吸收池的两光面易损蚀，应注意保护。

4. 检测器

紫外-可见光区的辐射检测器，大多使用光电效应原理的转换器，利用光照射到检测器上产生光电流从而将光信号转变为电信号，如光电池、光电管和光电倍增管。近年来，在分光光度计中开始采用光学多道检测器，如光二极管阵列检测器(photo-diode array detector)。

光电池是一种光敏半导体，有硒光电池(只能用于可见光区)和硅光电池(同时适用于可见光区和紫外区)。当光照射时产生光电流，在一定范围内光电流的大小与照射光强度成正比，可直接用微电流计测量。光电池一般用于谱带较宽的低档仪器中。

光电管是由一个阳极和一个光敏阴极组成的真空二极管，阴极表面镀有碱金属或碱金属氧化物等光敏材料，当被足够能量的光照射时，能发射出电子。两极间有电位差时，发射出的电子流向阳极而产生电流，照射光强度决定了产生电流的大小。

光电倍增管的原理和光电管类似，结构上的差别是在光敏金属的阴极和阳极之间还有几个倍增极(一般是 9 个)，如图 11-6 所示。阴极遇光发射电子，此电子被电压高于阴极的第一倍增极加速吸引，当电子打击此倍增极时，每个电子使倍增极发射出几个额外电子。然后当电子再被电压高于第一倍增极的第二倍增极加速吸引，每个电子又使此倍增极发射出多个新的电子。当这个过程重复到第九倍增极时，发射出的电子数已经大大增加，然后被阳极收集，产生较强的电流，再经放大记录。可见光电倍增管大大提高了检测的灵敏度。

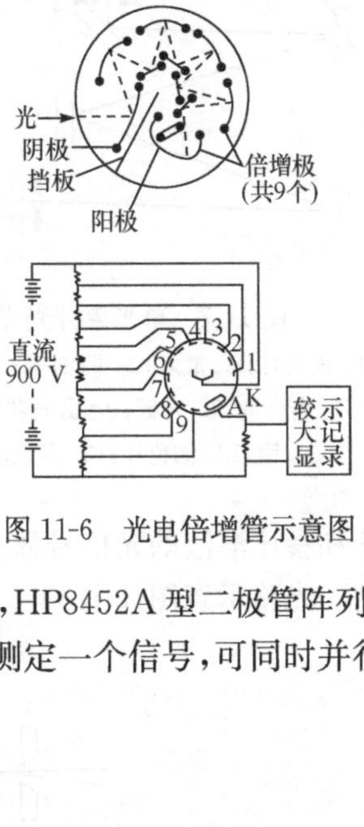

图 11-6　光电倍增管示意图

光二极管阵列是在晶体硅上紧密排列一系列光二极管，每个二极管相当于一个单色仪的出口狭缝。两个二极管中心距离的波长单位称为采样间隔，因此，二极管数目越多，分辨率越高。例如，HP8452A 型二极管阵列，在 190～820 nm，由 316 个二极管组成，可在 1/10 s 内，每隔 2 nm 测定一个信号，可同时并行测得 316 个数据，快速获得全息光谱。

5. 信号处理与显示器

光电管输出的电信号很弱，需经过放大才能显示测量结果。显示器可由电表或数字显示，输出结果包括数据、打印及扫描曲线等；显示方式一般都有透光率与吸光度，有的还可以转换成浓度、吸光系数等显示。

11.3.2　光学性能与仪器类型

1. 光学性能

以国产中档分光光度计的光学性能为例予以说明。

波长范围　能测量的波长为 195～820 nm。

波长准确度　仪器显示的波长与单色光的实际波长之间的误差，≤±0.5 nm。

波长重现(复)性　重复使用同一波长，单色光的实际波长变动值，≤0.5 nm。

吸光度测量范围　能测量的吸光度(A)为－0.1730～＋2.00。

透光率测量范围　能测量的透光率(T)为 0～150%。

光度准确度　以透光率测量值的误差表示，透光率满量程误差为≤±0.5%。(NBS_{900}或铬酸钾溶液)

光度重复性　重复测量透光率的变动性≤±0.5%。

分辨率　单色器分辨相邻两条谱线的能力，260 nm处为$\Delta\lambda=0.3$ nm。

杂散光　通常以测定信号较弱的波长处(如200 nm或220 nm，310 nm或340 nm)所含杂散光的强度百分比为指标，220 nm处NaI(1% g/mL)≤0.5%。

2. 基本光路类型

紫外-可见分光光度计的光路系统一般可分为单光束和双光束等类型。

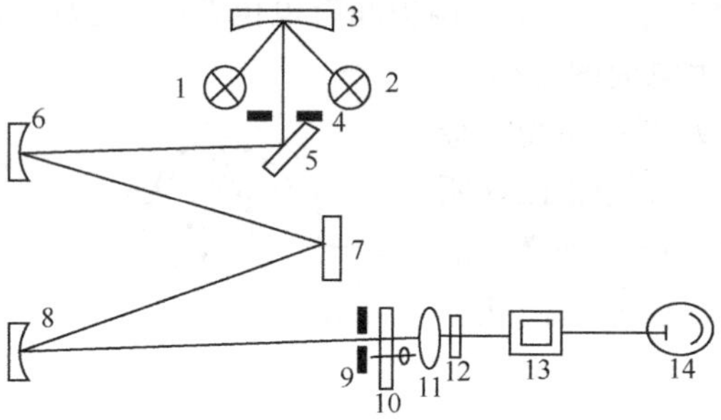

图 11-7　单光束分光光度计光路示意图

1. 溴钨灯；2. 氘灯；3. 凹面镜；4. 入光狭缝；5. 平面镜；6、8. 准直镜；7. 光栅；9. 出光狭缝；10. 调制器；11. 聚光镜；12. 滤色片；13. 吸收池；14. 光电倍增管

单光束分光光度计　采用钨灯或氢灯作为光源，从光源到检测器只有一束单色光，光源发出的光经单色器分光后到狭缝通过手动方式依次让光照射到参比池和样品池，并将空白溶液的吸光度调节为零，再测定样品溶液。单光束分光光度计对发光强度的稳定性要求较高，不适宜扫描绘制吸收光谱，但仪器结构比较简单，价格便宜。单光束分光光度计光路示意图如图11-7所示。

双光束分光光度计　光源发出的光分光后经旋转扇形镜分成交替的两束光，交替通过参比池和样品池。得到的信号时通过样品溶液和参比溶液的光信号强度之比，可减免因光源强度不稳定引起的误差，便于扫描绘制吸收光谱。光路示意图如图11-8所示。

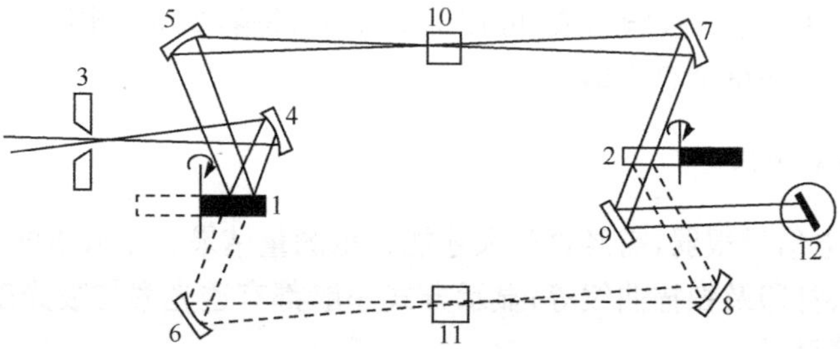

图 11-8　双光束分光光度计部分光路示意图

1、2. 同步扇面镜；3. 出射狭缝；4～8. 凹面镜；9. 平面镜；10. 参比池；11. 样品池；12. 光电倍增管

11.4　定性和定量方法

11.4.1　定性鉴别和纯度检测

1. 定性鉴别

利用紫外吸收光谱对物质进行定性鉴别的依据是有机化合物的光谱特征吸收，如吸收光谱形状、最大吸收波长、最小吸收波长、吸光系数、吸光度比等。

(1) 对比吸收光谱特征数据　在吸收光谱中，吸收峰和谷所对应的波长(λ_{max}和λ_{min})，尤其

是 λ_{max} 是定性鉴别最常用的特征数据。λ_{max} 处的 $E_{1cm}^{1\%}$ 或 ε 也常用于化合物的定性鉴别。

(2) 对比吸光度(或吸光系数)的比值　当一个化合物的吸收光谱中有两个或更多个吸收峰时,可以用在不同吸收峰处(或峰与谷)测得吸光度的比值作为定性鉴别的依据。

在测定时采用同一浓度的溶液和同一厚度的比色皿,吸光度的比值就等于吸光系数的比值,由此可消去浓度与厚度的影响。

$$\frac{A_1}{A_2}=\frac{E_1cl}{E_2cl}=\frac{E_1}{E_2} \tag{11-6}$$

例如,《中国药典》(2010 年版)规定维生素 B_{12} 的鉴别如下:在 278 nm、361 nm 及 550 nm 波长处有三个吸收峰,其吸光度比值为

$$\frac{A_{361\ nm}}{A_{278\ nm}}=1.70\sim1.88 \qquad \frac{A_{361\ nm}}{A_{550\ nm}}=3.15\sim3.45$$

(3) 对比吸收光谱的一致性　用吸收光谱中的特征数据进行鉴别不能发现吸收光谱曲线中其他部分的差异。可将试样与已知标准品配制成相同浓度的溶液,在同一条件下分别绘制吸收光谱,核对其一致性,也可利用文献收载的标准图谱进行核对。只有在光谱曲线完全一致的情况下才有可能是同一物质。

用紫外吸收光谱进行定性鉴别存在一定的局限性。主要原因是紫外吸收光谱吸收带少,曲线形状简单。不相同的化合物可以有很相似甚至雷同的光谱。因此,当得到相同的吸收光谱时,也应考虑到有可能并非是同一物质。

2. 纯度检测

(1) 杂质检查　如果化合物在紫外-可见光区没有明显吸收,而所含杂质却有较强吸收,那么含有的少量杂质就可用光谱检查出来。例如,乙醇和环已烷中若含有少量杂质苯,苯在 256 nm 处有吸收峰,而乙醇与环已烷在此波长处无吸收,即便乙醇中含苯量低至 0.001%,也能从光谱中检出。

若化合物有较强的吸收峰,而所含杂质在此波长处无吸收峰或吸收很弱,杂质的存在将使化合物的吸光系数降低;若杂质在此吸收峰处有比化合物更强的吸收,则将使吸收增加或使化合物的吸收光谱变形,这些都可检查杂质是否存在,再经过进一步的鉴别确证即可确认杂质存在对吸收光谱的影响。

(2) 杂质的限量检测　药物中的杂质,常需制定一个容许其存在的限量。例如,肾上腺素在合成过程中有一中间体肾上腺酮,该杂质的存在将影响肾上腺素的疗效,因此,肾上腺酮的含量必须规定在某一限量以下。在 0.05 mol/L 的 HCl 溶液中,肾上腺素与肾上腺酮的紫外吸收光谱存在显著不同,肾上腺酮在 310 nm 处有吸收峰,而肾上腺素在此波长处没有吸收(图 11-9)。因此可利用 310 nm 检测肾上腺酮的含量。方法为:将肾上腺素用 0.05 mol/L 的 HCl 溶液配制成每毫升含 2 mg 的溶液,在 1 cm 吸收池中,于 310 nm 处测定吸光度。规定 A 值不得超过 0.05,以肾上腺酮 $E_{1cm}^{1\%}$ 值(435)计算,相当于含酮体不超过 0.06%。杂质限量有时也可采用峰谷吸收度的比值来控制。例如,碘磷定含有很多杂质,这些杂质在 294 nm 处几乎无吸收,但是在其吸收谷 262 nm 处杂质有吸收,因此可利用碘磷定峰谷吸收度比值作为杂质限量的考察指标。已

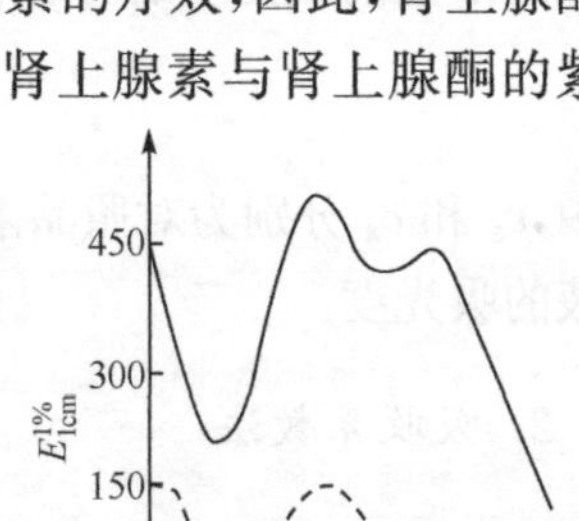

图 11-9　肾上腺素(- - -)与肾上腺酮(——)的吸收光谱

知纯品碘磷定的 $A_{294\,nm}/A_{262\,nm}=3.39$，若药品中含有杂质，则峰谷吸收度比值将降低，《中国药典》(2010 年版)规定碘磷定杂质限度为：碘磷定的峰谷吸收度比值 $A_{294\,nm}/A_{262\,nm}$ 不小于 3.1。

11.4.2 定量分析方法

根据 Beer 定律，物质在一定波长处的吸光度和浓度之间存在线性关系。因此，只要选择一定的波长测定溶液的吸光度，即可计算获得溶液的浓度。通常情况下，为了提高测定的灵敏度并减小测量误差，吸收波长都选在吸收峰处。如果被测物质有多个吸收峰，则尽量选取干扰小、吸收系数高的吸收峰，一般不选末端吸收处的吸收峰作为测定波长。

在紫外-可见分光光度法中，溶剂的选择原则是不干扰被测组分的测定。许多溶剂在紫外光区有吸收峰，因此选择溶剂时，被测组分的测定波长必须大于溶剂的截止波长。一些溶剂的截止波长列于表 11-5。

表 11-5 溶剂的截止波长

溶剂	截止波长/nm	溶剂	截止波长/nm	溶剂	截止波长/nm
水	200	乙醇	215	乙酸乙酯	260
环己烷	200	2,2,4-三甲戊烷	220	甲酸甲酯	260
甲醇	205	对-二氧六环	220	四氯化碳	260
乙醚	210	正己烷	220	苯	260
异丙醇	210	甘油	230	甲苯	285
正丁醇	210	1,2-二氯己烷	233	吡啶	305
甲基环己烷	210	二氯甲烷	235	丙酮	330
96%硫酸	210	氯仿	245	二硫化碳	385

定量分析一般可采用的方法有：对照品比较法、吸收系数法、标准曲线法和计算分光光度法等。

1. 对照品比较法

分别配制供试品溶液和对照品溶液，对照品溶液中所含被测组分的量应为供试品溶液中被测组分规定量的 100%±10%，所用溶剂应完全一致。在规定的波长处测定供试品溶液和对照品溶液的吸光度后，按式(11-7)计算供试品中被测溶液的浓度。

$$\frac{A_x}{A_s}=\frac{c_x}{c_s} \qquad c_x=c_s\cdot\frac{A_x}{A_s} \tag{11-7}$$

式中，c_s 和 c_x 分别为对照品溶液和供试品溶液的浓度；A_s 和 A_x 分别为对照品溶液和供试品溶液的吸光度。

2. 吸收系数法

根据 Beer 定律 $A=\varepsilon cl$，如果吸收系数 ε 或 $E_{1\,cm}^{1\%}$ 已知(一般可通过文献查到)，即可根据测得的 A，求出被测物质的浓度。

$$c=\frac{A}{\varepsilon\cdot l} \tag{11-8}$$

因此，按照各品种项下的方法配制供试品溶液，在规定的波长处测定其吸光度，再以该品种在规定条件下的吸光系数即可计算含量。用本法测定时，吸光系数通常应大于 100，并且应注意仪器的校正和检定。

3. 标准曲线法

配制一系列浓度不同的标准溶液，在相同的测定条件下，分别测定各标准溶液的吸光度，然后以标准溶液的浓度为横坐标，以对应的吸光度为纵坐标，绘制 *A*-*c* 关系图，当符合 Beer 定律时，从该关系图上可获得一条通过原点的直线，称为标准曲线(或校正曲线)。在相同条件下测出试样溶液的吸光度，就可以从标准曲线上查出试样的浓度，也可采用回归直线方程计算试样溶液的浓度。

4. 计算分光光度法

一般的分光光度法主要用于单组分样品的定量分析。对于有两种或多种组分共存时，可根据各组分吸收光谱相互重叠的程度分别考虑测定方法。随着计算机技术的发展和现代智能型分析仪器的涌现，计算分光光度法应运而生。计算分光光度法是将化学计量学运用于传统的分光光度法中，运用数学、统计学与计算机科学，通过量测实验设计与数据的变换、解析和预测对物质进行定性和定量的方法。计算分光光度法分析的方法很多，按照原理主要分为：①基于消除不相干吸收原理的双波长分光光度法、三波长分光光度法、导数光谱法等；②基于多元统计原理的最小二乘法、因子分析法、卡尔曼滤波法等；③基于优化方法的线性和非线性规划法。

最简单的计算分光光度法是采用解线性方程组的方法，对于含有 *n* 个组分的混合物，在 *m* 个波长处测定吸光度，根据吸光度的加和性，可得到 *m* 个 *n* 元一次方程的线性方程组，再通过计算同时得到共存个组分的含量。例如，双波长分光光度法就是在两个对干扰组分等吸收的波长处测定吸光度，再建立方程组通过计算消除干扰组分吸收的定量分析方法。

但是在采用计算分光光度法时要慎重。首先，样品各组分的吸收要符合吸光度的加和性；其次，仪器必须进行仔细校正和检定，因为在吸收曲线的陡坡部分，波长的微小变化都将使吸光度发生显著改变，对测定结果必然产生显著影响；最后，在测定过程中对照品和供试品的测试条件应尽可能地保持一致。《中国药典》(2010 年版)已经明确规定，计算分光光度法一般不宜用作含量测定，旧版药典中复方磺胺甲噁唑片等采用双波长法测定含量的品种已经改为用高效液相色谱法测定。但是计算分光光度法对某些复杂样品的分析仍然具有一定的实用价值。

习　题

1. 简述紫外吸收光谱产生的原因及其特征。
2. 举例说明什么是生色团、助色团、红移、蓝移。
3. 举例说明在紫外吸收光谱中总共含有哪些特征的谱带。影响吸收带的因素有哪些？
4. 紫外吸收光谱中，电子跃迁的类型有哪些？各跃迁的能量如何？
5. Lambcrt Beer 定律的物理意义是什么？Beer 定律的适用范围是什么？哪些因素可能导致 Beer 定律的偏离？
6. 简述分光光度计的主要部件和功能。
7. 已知浓度为 *c* 的某试样溶液在 290 nm 波长处用 1.0 cm 的吸收池测得其吸光度为 0.32，如果配制溶液的浓度分别为 0.5c、2c、3c，在同样的吸收池中测定，分别计算各溶液的吸光度。

[0.16，0.64，0.96]

8. 将某化合物溶于乙醇配成 2.50×10^{-3} mol/L 的溶液，用 2.00 cm 的吸收池在 310 nm 处测得其透光率为 35.3%，求该化合物在此实验条件下的摩尔吸光系数。如果其他实验条件相同，仅将吸收池换成 1.00 cm，其透光率和吸光度分别为多少？

[$\varepsilon=90.4$，$T=59.4\%$，$A=0.226$]

9. 同一物质不同浓度的甲、乙两种溶液，在相同条件下测得两溶液的透光率分别为 20%和 65%，如果两种溶液均符合 Beer 定律，则两溶液的浓度比为多少？

[3.7]

10. 高锰酸钾（$M_r=158.04$）在波长 520 nm 处的摩尔吸光系数为 2.24×10^3 L/(mol · cm)，在该波长处用 2.00 cm 的吸收池测定某一溶液的透光率为 62.6%，求该溶液的物质的量浓度。

[4.53×10^{-5} mol/L]

11. 有一药物的相对分子质量为 236，已知其在 255 nm 处有最大吸收，ε 为 2.6×10^4 L/(mol · cm)，如欲采用紫外分光光度法测定该药物的含量，应该配制怎样的浓度(g/100 mL)才能使测量相对误差较小？

[$1.8\times10^{-4}\sim6.4\times10^{-4}$ g/100 mL 为合适测量范围，4.0×10^{-4} g/100 mL 测量误差最小]

12. 精密称取维生素 D_2（$M_r=397$）对照品 20 mg，加水准确稀释至 1000 mL，将该溶液置于 1.00 cm 的吸收池中在 264 nm 处测得其吸光度为 0.420，另将原料药精密称取 2.00 g，配制成 1000 mL 溶液，取 1.00 mL 稀释到 100 mL 后同对照品测定条件测得其吸光度为 0.400，试计算该原料药中维生素 D_2 的含量。

[95.3%]

（重庆医科大学　陈志琼）

第12章 红外分光光度法

红外线(infrared ray)是指波长为0.76～500 μm(或1000 μm)的电磁波。习惯上将红外线按波长划分为三个区域,见表12-1。

表12-1 红外线的区划与跃迁类型

区域	波长 $\lambda/\mu m$	波数 σ/cm^{-1}	能级跃迁类型
近红外区	0.76～2.5	13158～4000	OH、NH及CH键的倍频吸收区
中红外区	2.5～50	4000～200	振动,伴随着转动(基本振动区)
远红外区	50～500(或1000)	200～20(或10)	纯转动

目前中红外区是研究最多、应用最广的区域。我们将物质分子吸收该区域的红外线所得到的吸收光谱称为红外吸收光谱(infrared absorption spectroscopy,IR)。由于物质分子吸收该区域的红外光后引起的是分子振动能级间的跃迁,并伴随分子转动能级的跃迁,因此红外吸收光谱又称振转光谱。

红外吸收光谱的表示方法与紫外吸收光谱有所不同,早期棱镜光谱用 T-λ 曲线,现一般用 T-σ 曲线,T-σ 曲线的"谷"是红外光谱上的吸收峰。由于在高波数区吸收峰数相对较少,为了防止 T-σ 曲线在高波数(短波长)区过分扩张,一般用两种比例尺,多以2000 cm^{-1}为界。

除上述光谱表示方法不同外,红外吸收光谱与紫外吸收光谱的区别还表现为以下三个方面。

起源不同 紫外吸收光谱是由电子能级跃迁引起的,波长短,光谱简单;中红外吸收光谱是由振动-转动能级的跃迁引起的,波长长,光谱较为复杂。

特征性不同 红外光谱的特征性比紫外光谱强,除了极个别化合物外,每个化合物都有其特征红外光谱,被称为有机化合物的指纹。《中国药典》由1977年版开始,规定使用红外光谱法作为药物鉴别的主要方法之一,并自1990年起随各版药典出版了《药品红外标准光谱集》。

用途不同 紫外分光光度法主要用于定量分析及某些共轭化合物的定性鉴别,通常以定量为主,其测定对象一般以溶液为主;红外分光光度法的应用包括了定性鉴别、结构分析及定量分析,而测定对象可以为固体、气体和液体。红外光谱法在定性鉴别上,依据的是每个化合物具有独特的红外吸收光谱;在结构分析上,红外吸收光谱可提供化合物官能团的类别、异构体及氢键等信息;在定量分析上,由于准确度和灵敏度不如紫外分光光度法,所以应用相对较少。

12.1 基本原理

本节重点讨论红外吸收光谱的产生机理,峰位、峰数和峰强及其影响因素。

12.1.1 振动能级与振动光谱

原子与原子之间通过化学键连接形成分子。分子的电子能级中存在有振动能级和转动能

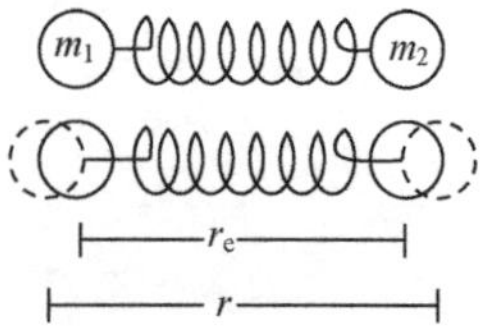

图 12-1　双原子分子伸缩振动示意图
r_e 为平衡位置原子间距离；r 为振动某瞬间原子间距离

级。当发生分子振动能级跃迁时，不可避免地伴随着转动能级的跃迁，因此无法测得纯的振动光谱。这里首先以双原子分子的纯振动光谱为例说明振动光谱产生的机理。

若把不同原子组成的双原子分子的振动模拟为不同质量的小球组成的谐振子振动（harmonicity），把其间的化学键看成质量可以忽略不计的弹簧，两个原子间的伸缩振动看成是各自在其平衡位置附近做伸缩振动的小球（图 12-1）。其振动势能（U）与原子间的距离 r 及平衡距离 r_e 之间关系见式(12-1)：

$$U=\frac{1}{2}K(r-r_e)^2 \tag{12-1}$$

式中，K 为化学键的力常数（N/cm）。当 $r=r_e$ 时，$U=0$；当 $r>r_e$ 或 $r<r_e$ 时，$U>0$。振动过程中，势能的变化用势能曲线描述（图 12-2）。振动过程分子的总能量 $E_V=U+T$，其中，T 为动能。在 $r=r_e$ 时，$U=0$，$E_V=T$。在两原子距平衡位置最远时，$T=0$，$E_V=U$，E_V 可用式(12-2)表示。

$$E_V=U=\left(V+\frac{1}{2}\right)h\nu \tag{12-2}$$

式中，ν 为分子的振动频率；V 为振动量子数（$V=0$、1、2、3、…）；h 为普朗克常量。分子处于基态时，$V=0$，$E_V=1/2h\nu$，此时的振动能称为零点能（图 12-2），振幅很小，为 $f'-r_e$ 或 r_e-f。由势能曲线可知：在常态下，处于较低振动能级的分子与谐振子振动模型极为相似。只有当$V\geqslant3$时，分子振动势能曲线才显著偏离谐振子势能曲线。

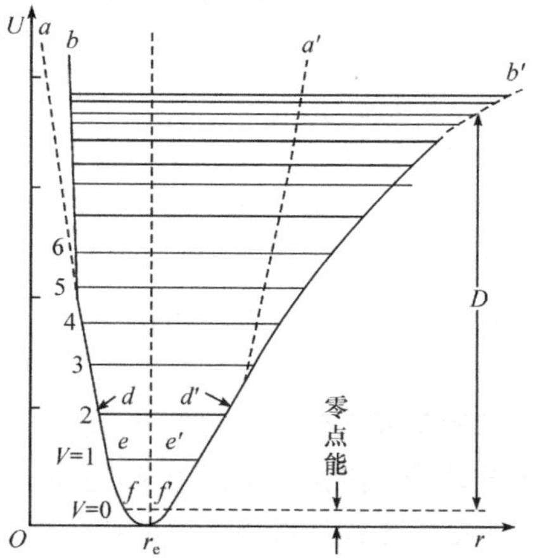

图 12-2　势能曲线
a-a′谐振子；b-b′真实分子；r 原子间距离；D 解离能

当用红外线光照射时，分子吸收适宜频率的红外线而跃迁至激发态，振幅按所在的能级增大。由于振动能级是量子化的，则所吸收的光子的能量 $h\nu_L$ 必须恰好等于振动能级的能量差，即 $h\nu_L=\Delta E_V$，将式(12-2)代入得

$$\nu_L=\nu\Delta V \quad 或 \quad \sigma_L=\sigma\Delta V \tag{12-3}$$

式(12-3)说明，若把双原子分子视为谐振子，吸收红外线而发生能级跃迁时所吸收的红外线频率（ν_L）只能是谐振子振动频率（ν）的 ΔV 倍。若振动由基态（$V=0$）跃迁至第一激发态（$V=1$）时，则 $\Delta V=1$，此时，$\nu_L=\nu$，所产生的吸收峰称为基频峰。

12.1.2　振动形式

双原子分子只有一种振动形式（mode of vibration）——伸缩振动，而多原子分子的振动形式除伸缩振动外，还存在弯曲振动。讨论振动形式可以帮助我们了解吸收峰的起源和基频峰的可能数目。图 12-3 以 AX_2 和 AX_3 为例说明各种基本振动形式。

1. 伸缩振动

键长沿键轴方向发生周期性的变化称为伸缩振动（stretching vibration）。多原子分子（或基团）的每个化学键可近似地看成一个谐振子，其伸缩振动形式分为对称伸缩振动和不对称伸

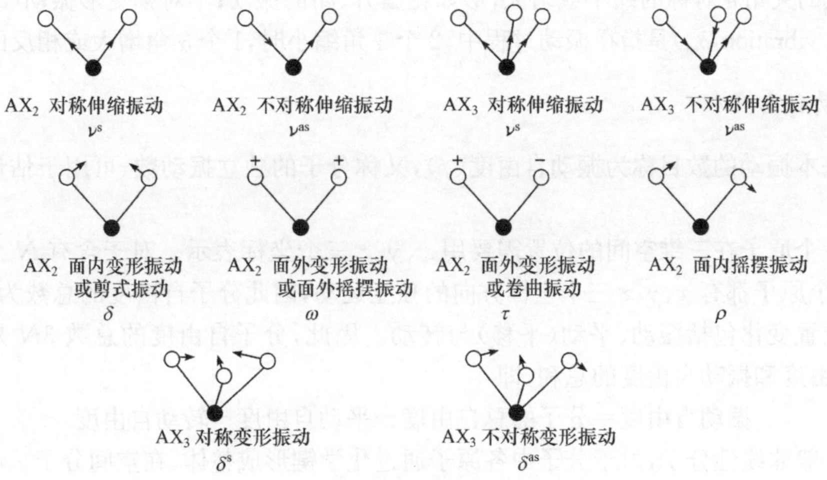

图 12-3 分子的振动形式

缩振动两种。

(1) 对称伸缩振动(symmetrical stretching vibration):符号为 ν_s 或 ν^s 表示。

(2) 不对称伸缩振动(asymmetrical stretching vibration):或称为反称伸缩振动,符号为 ν_{as}或 ν^{as}。

以亚甲基为例,亚甲基上的两个碳氢键,同时伸长或缩短的振动为对称伸缩振动;一个伸长一个缩短交替进行的振动为不对称伸缩振动。

凡含有两个或两个以上相同键的基团(如 AX_2 基团、AX_3 基团)都有对称和反称两种伸缩振动形式,如 CH_3、CH_2、NH_2、NO_2 及 SO_2 等基团。

化合物中含有两个相邻相同的官能团,也有对称伸缩振动和反称伸缩振动两种形式。例如,乙酸酐的两个羰基的 ν^s 约为 1760 cm^{-1},ν^{as}约为 1800 cm^{-1}。

一般来说,相同基团的不对称伸缩振动频率大于其对称伸缩振动频率。

2. 弯曲振动

键角发生周期性变化的振动称为弯曲振动(bending vibration)或变形振动(deformation vibration)。弯曲振动又可分为以下几种:

(1) 面内弯曲振动(in-plane bending vibration,β) 指在由几个原子所构成的平面内进行的弯曲振动。组成为 AX_2 的基团或分子易发生此类振动,如 CH_2 及 NH_2 等。可分为剪式和面内摇摆振动两种:剪式振动(scissoring vibration,δ)是指在振动过程中键角的变化类似剪刀的"开"、"闭"的振动;面内摇摆振动(rocking vibration,ρ)是指以基团作为一个整体,在平面内摇摆的振动。

(2) 面外弯曲振动(out-of-plane bending vibration,γ) 指在垂直于由几个原子所组成的平面外进行的弯曲振动称为面外弯曲振动。可分为面外摇摆和卷曲两种:面外摇摆振动(wagging vibration,ω)是指两个 X 同时向面上(+)或向面下(−)的振动;卷曲振动(twisting vibration,τ)是指一个 X 向面上(+),另一个 X 向面下(−)的振动。

(3) 变形振动(deformation vibration) AX_3 基团的弯曲振动,分为对称和不对称变形振动两种:对称变形振动(symmetrical deformation vibration,δ_s)是指在振动过程中,3 个 AX 键

与轴线组成的夹角 α 对称的缩小或增大，形如花瓣开、闭的振动；不对称变形振动（asymmetrical deformation vibration，δ_{as}）是指在振动过程中，2 个 α 角缩小时，1 个 α 角增大或相反的振动。

3. 振动自由度

分子基本振动的数目称为振动自由度（f），又称分子的独立振动数，可用于估计基频峰可能的数目。

确定一个原子在三维空间的位置需要用 x、y、z 三个坐标表示。对于含有 N 个原子的分子来说，每个原子都有 x、y、z 三个坐标方向的独立运动，因此分子自由度的总数为 $3N$。分子在空间的位置变化包括振动、平动（平移）与转动。因此，分子自由度的总数 $3N$ 是平动自由度、转动自由度和振动自由度的总和，即

振动自由度＝分子的总自由度－平动自由度－转动自由度

对于一般非线性分子，由于分子中各原子通过化学键形成整体，在空间分子重心的平移和分子的转动均有 3 个方向，这些运动均可使原子在空间的位置发生变化，因此非线形分子有 3 个平动自由度和 3 个转动自由度，则振动自由度为

$$f=3N-3-3=3N-6$$

以水分子为例，$f=3\times3-6=3$，说明水分子有 3 种基本振动形式，即

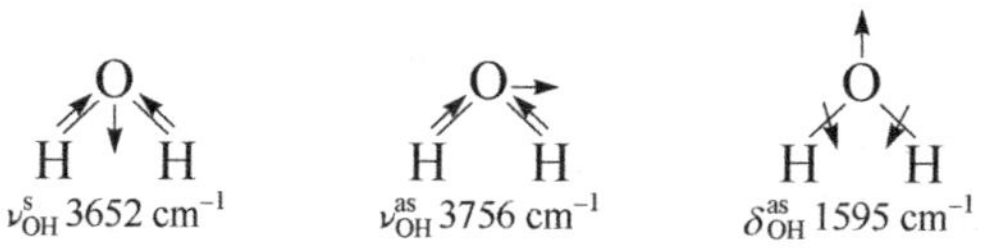

而对于线形分子，由于在三维空间中，分子以化学键为轴转动时，其原子的空间位置不发生变化，因而线形分子只有 2 个转动自由度，再加上分子整体在空间的 3 个平动自由度，即线形分子的振动自由度为

$$f=3N-3-2=3N-5$$

以线形分子 CO_2 为例，$f=3\times3-5=4$。说明 CO_2 有 4 种基本振动形式，即

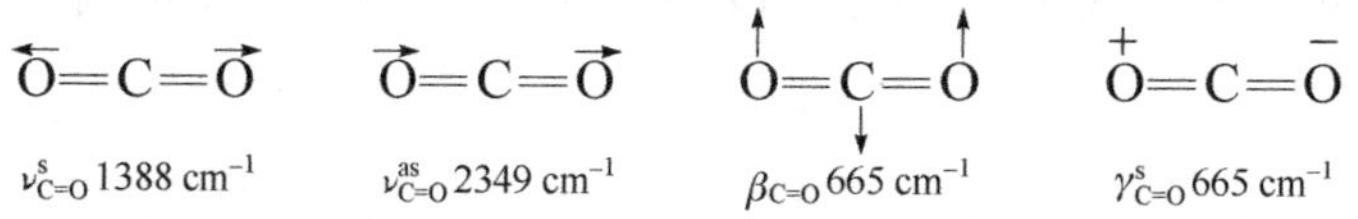

4. 红外光谱产生的条件

由前所述，红外吸收光谱上出现的基频峰的数目取决于分子的振动自由度。但我们经常会发现基频峰的数目小于振动自由度，其可能的原因如下：

（1）简并　虽然振动形式不同，但振动频率相同，使它们的基频峰在同一位置出现，这种现象称为简并。例如，CO_2 分子的面内弯曲振动和面外弯曲振动，由于峰位都为 667 cm^{-1}，因而只能观察到一个吸收峰。

（2）红外非活性振动虽有其振动形式，但振动过程并不吸收红外光而发生能级跃迁，因此不能呈现相应的基频峰，这种振动称为红外非活性振动。反之，则为红外活性振动。例如，CO_2 的对称伸缩振动（1388 cm^{-1}）是红外非活性振动。

这是由于红外线是具有交变电场与磁场的电磁波，不能与非电磁分子或基团发生振动偶合，而发生能级跃迁。分子的偶极矩 μ 是电荷 q 与正负电荷重心间距离 r 的乘积，即 $\mu=q\cdot r$。在振动过程分子的偶极矩若无变化（$\Delta\mu=0$），则不能被激发而产生能级跃迁，即为非活性振

动。CO_2 分子是线形分子，其对称伸缩振动过程分子的偶极矩无变化，$\Delta\mu=0$，因而是红外非活性振动，$\nu_{C=O}^{s}$1388 cm^{-1}不出现吸收峰。但在不对称伸缩振动中，一个键伸长，另一个键缩短，而使正、负电荷重心不重合，$\Delta\mu\neq0$，则是红外活性振动。因此，$\nu_{C=O}^{as}$2349 cm^{-1}出现吸收峰。

综上所述，红外吸收光谱的产生必须满足两个条件：①服从 $\nu_L=\nu\Delta V$，即分子吸收红外光的频率等于分子的振动能级差；②振动过程 $\Delta\mu\neq0$。两个条件缺一不可。

除简并和红外非活性振动以外，还会由于弱峰被强峰掩盖，灵敏度或分辨率不够等原因，使得观测到的基频峰数小于基本振动数。

12.1.3　红外吸收峰的类别

1. 基频峰与泛频峰

根据其产生的跃迁类型，红外光谱上的吸收峰可分为基频峰和泛频峰。

前面已经介绍，基频峰是分子振动能级由基态($V=0$)跃迁至第一振动激发态($V=1$)所产生的吸收峰称为基频峰。由于 $\Delta V=1$，所以 $\nu_L=\nu$。

振动能级由基态($V=0$)跃迁至第二振动激发态($V=2$)、第三激发态($V=3$)、……，产生的吸收峰称为倍频峰。由于分子的非谐振性质，势能曲线中的能级差并非等距，V 越大，间距越小(图 12-2)。因此，倍频峰的频率并非是基频峰的整数倍，而是略小。除倍频峰而外，尚有合频峰 $\nu_1+\nu_2$、$2\nu_1+\nu_2$、…，差频峰 $\nu_1-\nu_2$、$2\nu_1-\nu_2$、…。倍频峰、合频峰及差频峰统称为泛频峰。

取代苯的泛频峰出现在 2000～1667 cm^{-1}，由苯环上 C—H 面外弯曲的倍频峰构成，特征性较强，可用于鉴别苯环的取代位置，但峰强较弱。

2. 特征峰与相关峰

1) 特征峰

通过对大量有机化合物红外光谱的分析，人们发现各类物质其光谱和化合物结构之间存在一定规律性。例如，通过对比正癸烷、1-正癸烯及正癸腈的红外吸收光谱(图 12-4)，可以获得识别—C≡N 及—CH＝CH_2 基团的光谱特征。

对比正癸烷与 1-正癸烯的光谱发现：后者比前者多了 3090 cm^{-1}、1640 cm^{-1}、990 cm^{-1}、909 cm^{-1}4 个吸收峰，均由结构中—CH＝CH_2 基团产生，分别可归属于 $\nu_{=CH}^{as}$、$\nu_{C=C}$、γ_{CH}及 $\gamma_{=CH_2}$。

再对比正癸烷与正癸腈的光谱，后者在 2247 cm^{-1}处多出一个吸收峰。由于两者的分子结构仅差一个氰基，因此 2247 cm^{-1}峰是由—C≡N 的伸缩振动产生的峰，可记为 $\nu_{C\equiv N}$峰。

上述对比说明，官能团的存在与吸收峰相对应。凡是可用于鉴别官能团存在的峰，称为特征峰。各类基团特征振动在红外光谱各区域的分布见表 12-2。

表 12-2　红外光谱的四个重要区段

波数/cm^{-1}	区域	基团
4000～2400	氢键伸缩区	C—H，N—H，O—H
2400～1900	叁键与共轭双键伸缩区	C≡C，C≡N，C＝C＝C
1900～1500	双键伸缩区	C＝C，C＝O，C＝N
1500 以下	单键振动与指纹区	C—O，C—C，C—N，C—O—C

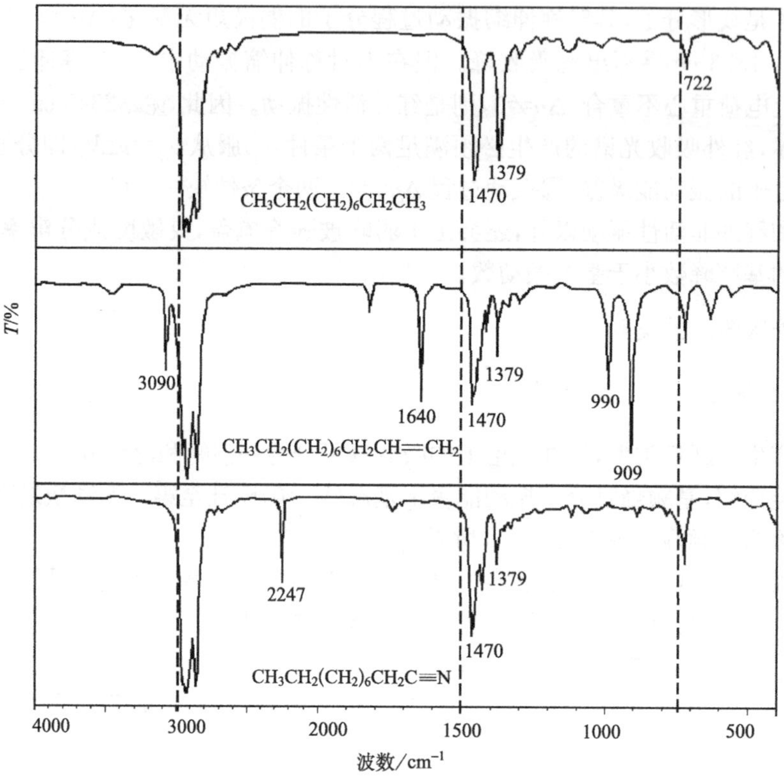

图 12-4　正癸烷、1-正癸烯及正癸腈的红外吸收光谱

2）相关峰

上例已经说明，在 1-正癸烯的红外吸收光谱中，由于有—CH ═CH_2 基的存在，能明显地观测到四个特征峰。因此，由一个官能团所产生的一组相互依存的特征峰，可称为相关峰，以区别于非依存的其他特征峰。相关峰的数目与基团的活性振动数有关。

在中红外光谱区，多数基团都有一组相关吸收峰，如羧基的相关峰包括：ν_{OH}、$\nu_{C=O}$、ν_{C-O}、β_{OH}及 γ_{OH}五个特征峰。用一组相关吸收峰确定一个官能团的存在，是光谱解析的常用方法。常见官能团的特征吸收频率数据见本书附录Ⅹ。

12.1.4　吸收峰的位置和强度

1. 基本振动频率

红外吸收峰的位置，即峰位用σ_{max}表示。对基频峰而言，$\sigma_{max}=\sigma_L$，基频峰的峰位即基团或分子的基本振动频率。把由化学键连接的两个原子近似地看成谐振子，则分子中每个谐振子的基本振动频率(ν)可用简谐振动式(12-4)计算：

$$\nu=\frac{1}{2\pi}\sqrt{\frac{K}{u}} \tag{12-4}$$

式中，K 为化学键力常数(N/cm)。将化学键两端的原子由平衡位置拉长 0.1 nm 后的恢复力称为化学键力常数。单键、双键及叁键的化学键力常数 K，分别近似为 5 N/cm、10 N/cm 及 15 N/cm。化学键力常数越大，表明化学键的强度越大。另外，式(12-4)中的 u 为折合质量，$u=\frac{m_A m_B}{m_A+m_B}$，$m_A$ 及 m_B 为化学键两端原子 A 及 B 的质量。K 越大，折合质量越小，谐振子的振动频率越大。

在实际计算中，通常用相对原子质量代替 m_A 来计算折合质量，此时的折合质量用 u' 表示；若再用波数 σ 代替 ν 代入式(12-4)中，得

$$\sigma=1302\sqrt{\frac{K}{u'}}\quad (\text{cm}^{-1}) \tag{12-5}$$

式(12-5)说明了双原子基团基本振动频率与化学键力常数及折合质量的关系。由此可计算各化学键的基本振动频率：

(1) $\nu_{C\equiv C}$：$K\approx15$ N/cm，$u'=12\times12/(12+12)=6$，$\sigma\approx2060$ cm^{-1}。

(2) $\nu_{C=C}$：$K\approx10$ N/cm，$u'=6$，$\sigma\approx1680$ cm^{-1}。

(3) ν_{C-C}：$K\approx5$ N/cm，$u'=6$，$\sigma\approx1190$ cm^{-1}。

(4) ν_{C-H}：$K\approx5$ N/cm，$u'=12\times1/(12+1)\approx1$，$\sigma\approx2910$ cm^{-1}。

由上述计算，可以得出以下规律：

(1) 折合质量越小，伸缩频率越高。因此含氢官能团伸缩振动能级跃迁产生的基频峰，出现在中红外光谱的高频区。

(2) 折合质量相同的基团，伸缩力常数越大，伸缩振动基频峰的频率越高，如 $\nu_{C\equiv C}>\nu_{C=C}>\nu_{C-C}$；$\nu_{C\equiv N}>\nu_{C=N}>\nu_{C-N}$。

(3) 折合质量相同时，通常 $\nu>\beta>\gamma$，因为它们的力常数依次减小。

由式(12-5)计算的结果与实测值很接近，如甲烷的 ν_{CH} 基频峰计算值为 2910 cm^{-1}，实测为 2915 cm^{-1}。在比较复杂的分子中，各种因素可使峰位产生 $10^1\sim10^2$ cm^{-1}的位移。这是由于虽是同一种基团的振动跃迁，在不同的化学环境中所受的影响不同，而使吸收峰位置有所改变。基频峰的位置即基本振动频率除取决于化学键原子的质量和化学键力常数外，还受到各种内部及外部因素的影响。

2. 影响因素

分子中各基团的结构是影响峰位的主要因素。

(1) 诱导效应　由于吸电子基团的取代，羰基上的孤电子对向双键转移，羰基的双键性增强，化学键力常数增大，羰基的伸缩频率向高频方向移动。例如

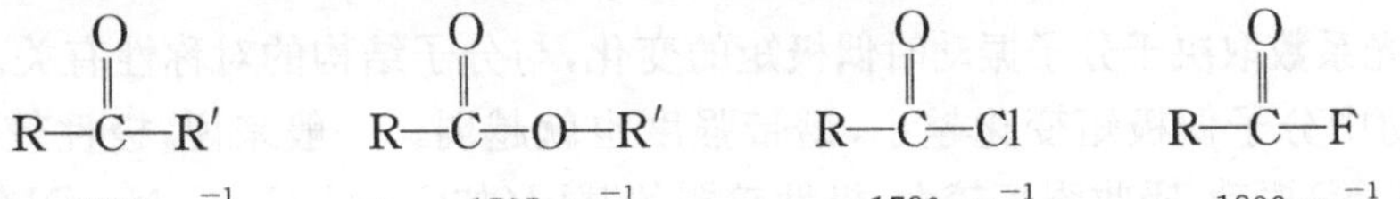

$\nu_{C=O}$1715 cm^{-1}　　$\nu_{C=O}$1735 cm^{-1}　　$\nu_{C=O}$1780 cm^{-1}　　$\nu_{C=O}$1800 cm^{-1}

(2) 共轭效应　在 α,β-不饱和羰基化合物中，由于 p-π 共轭效应使共轭原子上的电子云密度平均化，羰基的双键性降低，化学键力常数减少，吸收峰向低波数区移动的现象。例如

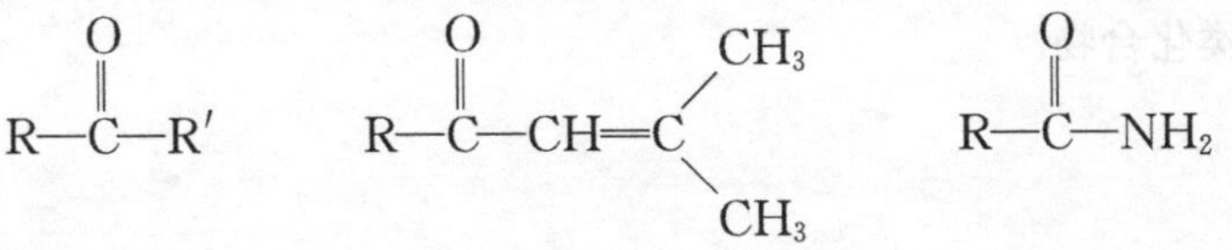

$\nu_{C=O}$1715 cm^{-1}　　$\nu_{C=O}$1690 cm^{-1}　　$\nu_{C=O}$1680 m^{-1}

(3) 空间效应　由于空间作用的影响，使基团电子云密度发生变化，从而引起振动频率发

生变化。常见的有场效应和空间位阻效应，如 1-乙酰环己烯的$\nu_{C=O}$1663 cm^{-1}和1-乙酰-2-甲基-6,6-二甲基环己烯的 $\nu_{C=O}$1715 cm^{-1}，后者立体障碍大，共轭受到限制，致使 $\nu_{C=O}$出现在高波数区。

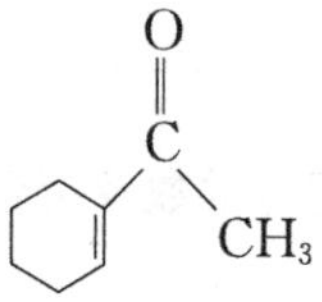

$\nu_{C=O}$1663 cm^{-1}

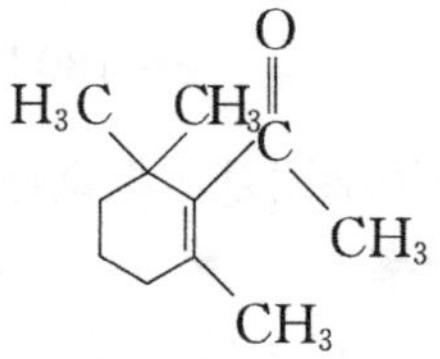

$\nu_{C=O}$1715 cm^{-1}

(4) 环张力效应　通常环状化合物吸收频率比同类链状化合物吸收频率高；而随着环张力增加，环外双键振动频率增加，环内双键振动频率降低。

(5) 氢键效应　分子内氢键与浓度无关，分子间氢键受浓度影响较大，随浓度升高，氢键的形成使吸收峰位置向低频方向移动。因此，观测稀释过程峰位是否变化，有利于判断是分子间氢键还是分子内氢键。

除上述因素外，互变异构及样品的物态等内部因素，溶剂的极性及仪器色散元件等外部因素也对峰的位置有影响。

3. 特征区与指纹区

习惯上，把波数为 4000～1250 cm^{-1}(2.5～8.0 μm)的区域称为特征区。特征区的峰较疏、易辨认，主要包括含氢原子的各种键伸缩振动的基频峰；把 1250～200 cm^{-1}(8.0～50 μm)的低频区称为指纹区。指纹区的谱带起源于部分单键的伸缩振动及多数基团的弯曲振动。因各种单键的强度大体相同，导致了单键间的相互作用和对分子结构微小变化的高度敏感性。因而在此区域的谱带一般较密集，故称为指纹区。结构相近的化合物只要有微小差别，指纹区就可能有明显的不同。

4. 吸收峰的强度

红外吸收峰的强弱按摩尔吸光系数 ε 进行划分：$\varepsilon>100$，非常强峰(vs)；$20<\varepsilon<100$，强峰(s)；$10<\varepsilon<20$，中强峰(m)；$1<\varepsilon<10$，弱峰(w)。

摩尔吸光系数取决于分子振动时偶极矩的变化，与分子结构的对称性有关。振动的对称性越高，振动中分子偶极矩变化越小，谱带强度也就越弱。一般来说，极性较强的基团(如C═O,C—X 等)振动，吸收强度较大；极性较弱的基团(如C═C、C—C、N═N 等)振动，吸收较弱。

12.2　典型光谱

12.2.1　脂肪烃类化合物

1. 饱和烷烃

主要有 ν_{C-H}和 δ_{C-H}吸收峰(图 12-5)。

(1) ν_{C-H}：在 3000～2845 cm^{-1}出现强的多重峰。

—CH_3：ν^{as}_{C-H} 2970～2940 cm^{-1}(s)和 ν^{s}_{C-H} 2875～2865 cm^{-1}(m)。

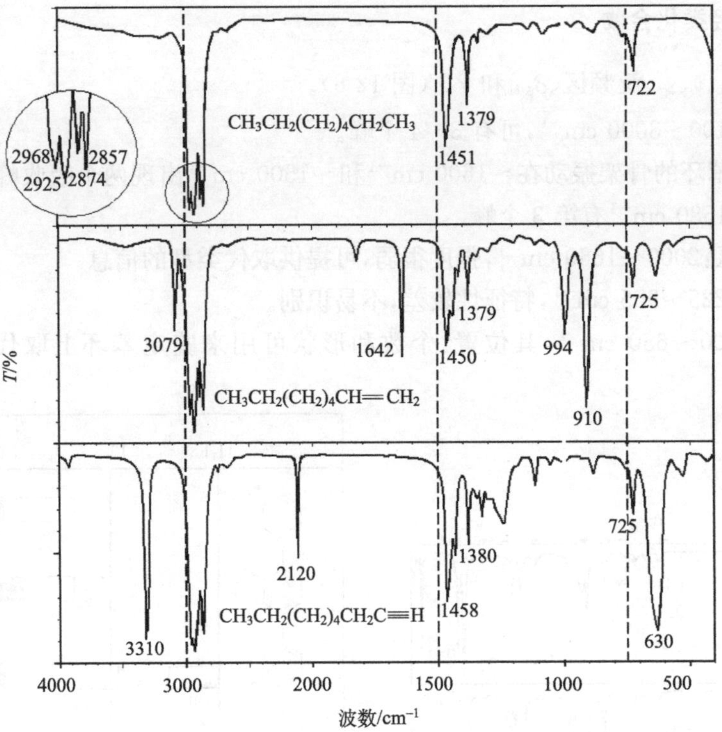

图 12-5 正辛烷、1-辛烯、1-辛炔的红外光谱

—CH_2—：ν^{as}_{C-H} 2932～2920 cm^{-1}(s)和 ν^{s}_{C-H} 2855～2850 cm^{-1}(s)。

—CH—：在 2890 cm^{-1}附近，但通常被—CH_3 和—CH_2—的伸缩振动所掩盖。

(2) δ_{C-H}：出现在 1490～1350 cm^{-1}。

—CH_3：δ^{as}_{C-H}～1450 cm^{-1}(m)和 δ^{s}_{C-H}～1380 cm^{-1}(s)。δ^{s}_{C-H}峰的出现是化合物中存在甲基的证明。

—CH_2—：δ_{C-H}～1465±20 cm^{-1}(m)。

2. 烯烃

主要有 $\nu_{=CH}$、$\nu_{C=C}$和 $\gamma_{=CH}$吸收峰。

(1) $\nu_{=CH}$：3100～3000 cm^{-1}，强度大多较弱。

(2) $\nu_{C=C}$：非共轭 $\nu_{C=C}$发生在 1680～1620 cm^{-1}，强度较弱；

(3) $\gamma_{=CH}$：990～690 cm^{-1}，强度较强，可以判断双键上的取代基个数、位置及顺反异构类型等。单烯双取代时，反式时 $\gamma_{=CH}$为(965±5)cm^{-1}，顺式时 $\gamma_{=CH}$为(690±15)cm^{-1}。

3. 炔烃

主要有 $\nu_{\equiv CH}$和 $\nu_{C\equiv C}$吸收峰。

(1) $\nu_{\equiv CH}$：3360～3300 cm^{-1}，吸收峰强且尖锐。

(2) $\nu_{C\equiv C}$：2260～2100 cm^{-1}。

12.2.2　芳香烃类化合物

主要有 $\nu_{\phi\text{-H}}$、$\nu_{C=C}$、泛频区、$\delta_{\phi\text{-H}}$和 $\gamma_{\phi\text{-H}}$(图 12-6)。

(1) $\nu_{\phi\text{-H}}$:3100～3000 cm^{-1},可有 3～4 个峰。

(2) $\nu_{C=C}$:苯环的骨架振动在～1600 cm^{-1}和～1500 cm^{-1}出现两个吸收峰;若与不饱和基团共轭后在约 1580 cm^{-1}有第 3 个峰。

(3) 泛频区:2000～1660 cm^{-1},强度很弱,可提供取代类型的信息。

(4) $\delta_{\phi\text{-H}}$:1225～955 cm^{-1},特征性较差,不易识别。

(5) $\gamma_{\phi\text{-H}}$:900～650 cm^{-1},其位置、个数和形状可用来鉴定苯环上取代基个数和类型(图 12-7)。

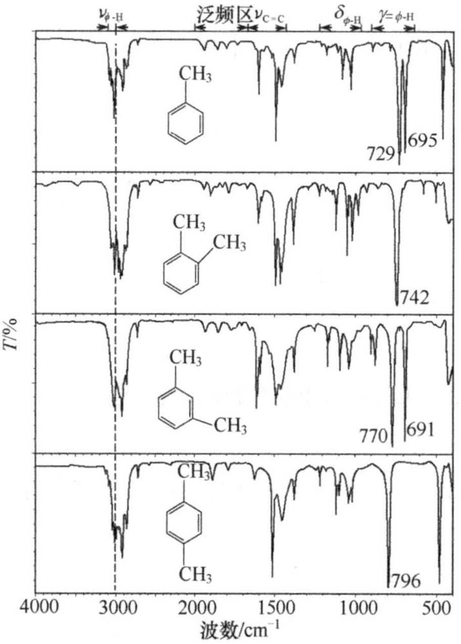

图 12-6　几种取代苯的红外光谱

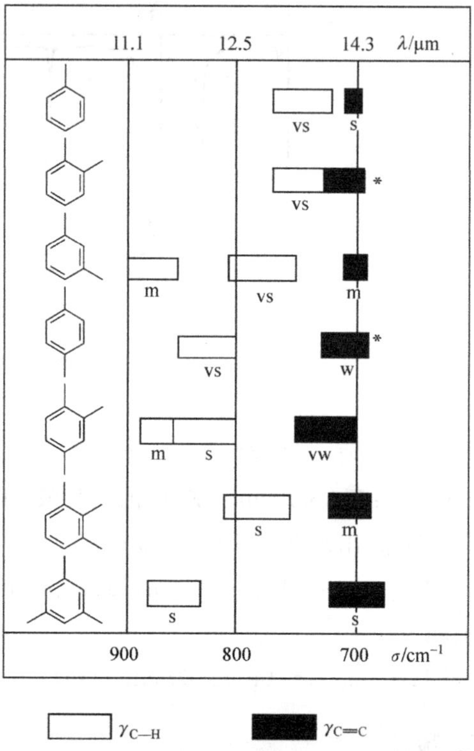

图 12-7　取代苯的 C—H 和 C═C 面外弯曲振动

* 两个取代基不相同时有此峰

12.2.3　醚、醇与酚类化合物

1. 醇和酚

主要有 ν_{OH}、ν_{C-O}和 β_{OH}(图 12-8)。

(1) ν_{OH}:游离的醇或酚 ν_{OH}位于 3650～3600 cm^{-1},峰形尖锐。形成氢键后,ν_{OH}向低频区移动,在 3500～3200 cm^{-1}产生一个强的宽峰。

(2) ν_{C-O}:伯醇 1050 cm^{-1},仲醇 1100 cm^{-1},叔醇 1150 cm^{-1},酚 1220 cm^{-1}。

(3) β_{OH}:1400～1200 cm^{-1},因与其他峰重叠,应用受到限制。

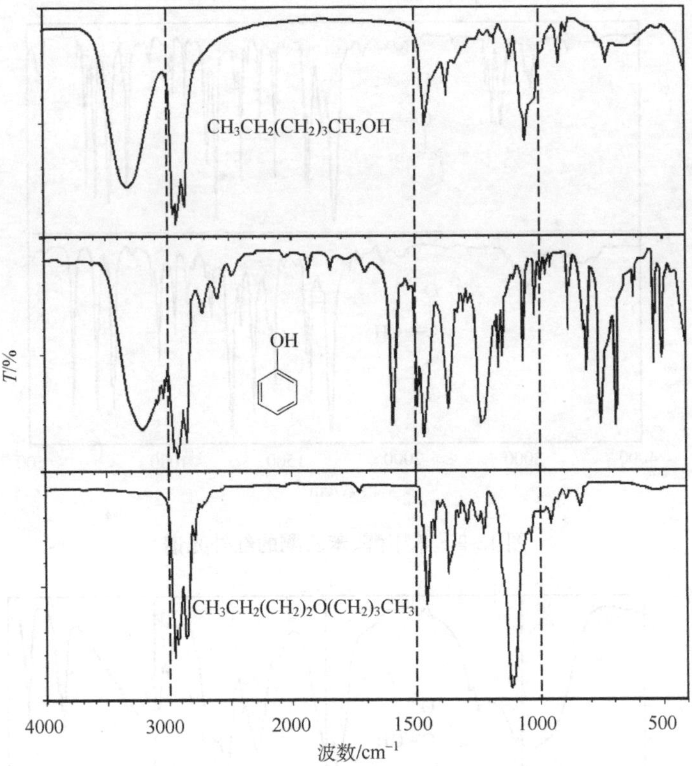

图 12-8　正己醇、苯酚、丁醚的红外光谱

2. 醚与醇

醚的 ν_{C-O} 峰出现在 1270～1010 cm^{-1}，醇的 ν_{C-O} 峰出现在 1150～1050 cm^{-1}。醚有 ν^{as}_{C-O-C} 1150～1050 cm^{-1}，而 ν^{s}_{C-O-C} 峰很弱。醚基氧发生共轭时，ν^{as}_{C-O-C} 增加，ν^{s}_{C-O-C} 峰强增大。例如，苯甲醚 ν^{as}_{C-O-C} 1250 cm^{-1}(s)；ν^{s}_{C-O-C} 1040 cm^{-1}(s)。

12.2.4　羰基化合物

由于 $\nu_{C=O}$ 偶极矩变化大，其吸收峰强，很特征，见表 12-3、图 12-9 和图 12-10。

表 12-3　羰基化合物 $\nu_{C=O}$ 吸收波数

羰基化合物	酸酐Ⅰ	酰氯	酸酐Ⅱ	酯	醛	酮	羧酸	酰胺
波数/cm^{-1}	1810	1800	1760	1735	1725	1715	1710	1690

1. 醛类化合物

醛类化合物主要有 $\nu_{C=O}$、ν_{C-H}。

$\nu_{C=O}$ 在 1725 cm^{-1} 附近；ν_{CHO} 在～2820 和～2720 cm^{-1} 处出现两个强度大致相等的峰，是鉴别醛类化合物的特征吸收。

2. 酮类化合物

酮类化合物主要有 $\nu_{C=O}$。

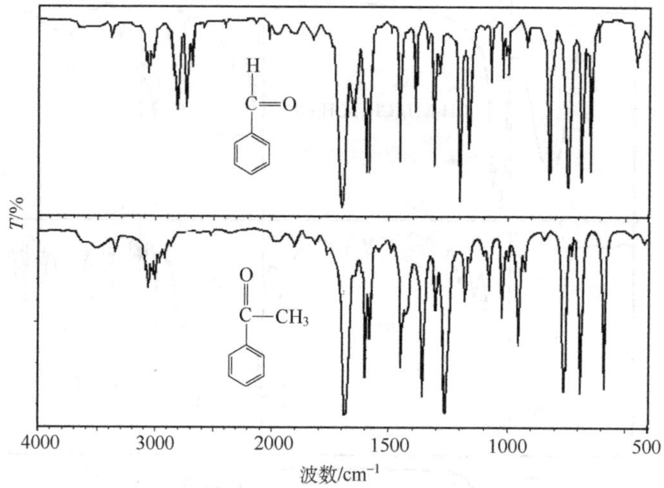

图 12-9　苯甲醛、苯乙酮的红外光谱

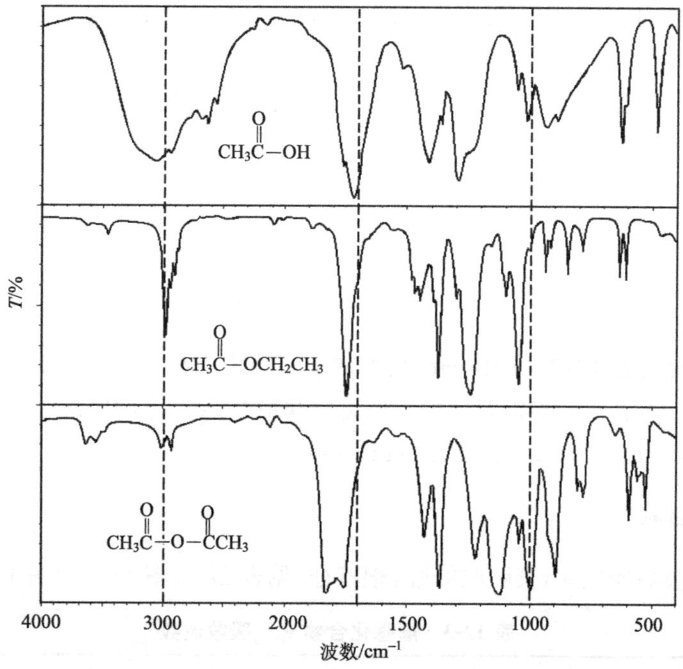

图 12-10　乙酸、乙酸乙酯、乙酸酐的红外光谱

$\nu_{C=O}$1715 cm^{-1}附近，共轭使吸收峰向低频方向移动。环酮随着环张力的增大，吸收向高频方向移动。

3. 羧酸

羧酸主要有 ν_{OH}、$\nu_{C=O}$、ν_{C-O}和 β_{OH}。

(1) ν_{OH}：一般在～3550 cm^{-1}，峰形尖锐。缔合后在 3400～2500 cm^{-1}，峰宽、钝且强。

(2) $\nu_{C=O}$：1740～1680 cm^{-1}，峰宽且强。

(3) ν_{C-O}：1320～1200 cm^{-1}，峰较强。

4. 酯类

酯类主要有 $\nu_{C=O}$、ν_{C-O}。

(1) $\nu_{C=O}$:1740～1725 cm^{-1}。

(2) ν^{as}_{C-O-C}和 ν^{s}_{C-O-C}:1300～1050 cm^{-1},其中 ν^{as}_{C-O-C}在 1300～1150 cm^{-1},强度大且宽,较为重要。

5. 酸酐类化合物

酸酐类化合物主要有 $\nu^{as}_{C=O}$、$\nu^{s}_{C=O}$。

$\nu_{C=O}$由于振动偶合在 1860～1800 cm^{-1}($\nu^{as}_{C=O}$)和 1775～1740 cm^{-1}($\nu^{s}_{C=O}$)出现两个强的吸收峰。

6. 酰胺

酰胺主要有 ν_{N-H}、$\nu_{C=O}$、δ_{N-H}和 ν_{C-N}。

(1) ν_{N-H}在 3500～3100 cm^{-1},峰较弱而尖锐。伯酰胺 ν_{N-H}呈较强的双峰;仲酰胺 ν_{N-H}单峰。

(2) $\nu_{C=O}$:1690～1650 cm^{-1}。

(3) δ_{N-H},伯酰胺在 1640～1600 cm^{-1};仲酰胺在 1570～1510 cm^{-1}。

(4) ν_{C-N}:伯酰胺在 1400 cm^{-1},仲酰胺在 1300 cm^{-1},峰较强。

7. 酰卤类化合物

酰卤类化合物主要有 $\nu_{C=O}$、ν_{C-X}。

$\nu_{C=O}$位于～1800 cm^{-1},与双键共轭时,$\nu_{C=O}$位于 1850～1765 cm^{-1}。ν_{C-X}吸收在 1250～910 cm^{-1},峰形较宽。

12.2.5　含氮化合物

1. 胺类

胺类主要有 ν_{N-H}、δ_{N-H}和 ν_{C-N}。

(1) ν_{N-H}:3500～3300 cm^{-1}。伯胺～3490 cm^{-1}、～3400 cm^{-1}出现双峰;仲胺 3500～3400 cm^{-1}单峰。

(2) δ_{N-H}:伯胺 1650～1570 cm^{-1},仲胺～1500 cm^{-1}。

(3) ν_{C-N}:脂肪胺在 1250～1020 cm^{-1};芳香胺 1380～1250 cm^{-1}。

2. 硝基类和氰类化合物

硝基类化合物主要有 $\nu_{N=O}$和 ν_{C-N}。

(1) $\nu_{N=O}$:在 1600～1500 cm^{-1}($\nu^{as}_{N=O}$)和 1390～1300 cm^{-1}($\nu^{s}_{N=O}$)出现两个吸收峰。

(2) ν_{C-N}:920～800 cm^{-1}。

氰类化合物的特征峰 $\nu_{C\equiv N}$在 2260～2215 cm^{-1},出现中等强度的尖峰,容易辨认。

12.3　红外分光光度计及制样

常见的红外分光光度计的波数范围为 4000～400(或 200)cm^{-1}。仪器的发展大体经历三个阶段，主要区别是单色器。第一代仪器为棱镜型红外分光光度计，这类仪器因岩盐棱镜易吸潮损坏及分辨率低等缺点，已被淘汰。20 世纪 60 年代出现了第二代仪器——光栅型红外分光光度计，不但分辨率高，而且价格便宜，很快取代了棱镜仪器，但扫描速度较慢。20 世纪 70 年代出现了第三代仪器——干涉型傅里叶变换红外分光光度计(FT-IR)。

12.3.1　色散型分光型红外分光光度计

色散型红外分光光度计有棱镜型和光栅型两种。光栅型仪器的示意图如图 12-11 所示，由光源、吸收池、单色器、检测器和记录装置组成。注意红外分光光度计的样品池在光源和单色器之间；而紫外-可见分光光度计是放在单色器之后。

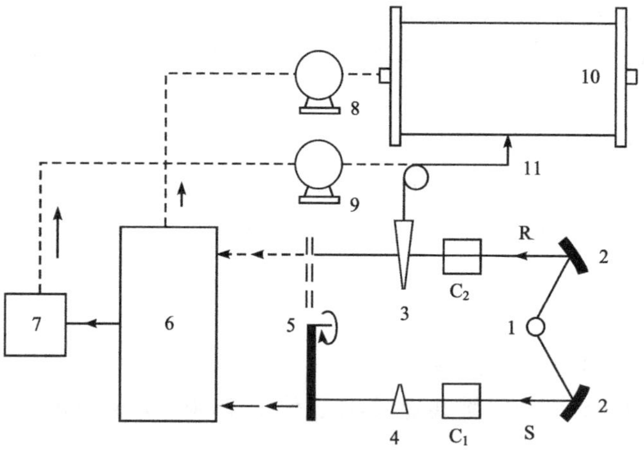

图 12-11　色散型红外分光光度计的光路图

1. 光源；2. 反光镜；3. 光楔；4. $T\%$调节钮；5. 斩光器；6. 单色器；7. 检测器；8. 记录伺服马达；9. 笔伺服马达；10. 记录纸鼓；11. 记录笔；R. 参考光束；S. 样品光束；C_1. 样品池；C_2. 空白池

(1) 光源　常用的是 Nernst 灯或硅碳棒。Nernst 灯是用锆、钇或钍等氧化物烧结而成的中空棒在高温下导电后，发射红外线，特点是发射强度高，使用寿命长，稳定性较好。缺点是价格较昂贵。硅碳棒是由碳化硅烧结而成的非金属电热元件，稳定性也较好。

(2) 吸收池　用可透过红外光的 NaCl、KBr、CsI、KRS-5(Tl58%，TlBr 42%)等材料制成窗片。固体试样常与纯 KBr 混匀压片，直接进行测定。

(3) 单色器　由色散元件、准直镜和狭缝构成。色散元件常用复制的闪耀光栅。为避免存在次级光谱的干扰，因此需要将光栅和滤光器或棱镜结合使用。

(4) 检测器　有高真空热电偶、热释电检测器和碲镉汞检测器等。高真空热电偶是利用不同导体构成回路时的温差电现象，将温差转变为电位差。

12.3.2　傅里叶变换红外光谱仪

傅里叶变换红外光谱仪与色散型仪器的主要区别在于其没有分光系统，而配备有干涉仪和微型计算机，由光源（硅碳棒、高压汞灯）、Michelson 干涉仪（相当于单色器）、检测器、计算机和记录仪组成，其工作原理示意图如图 12-12 所示。核心部分为 Michelson 干涉仪。

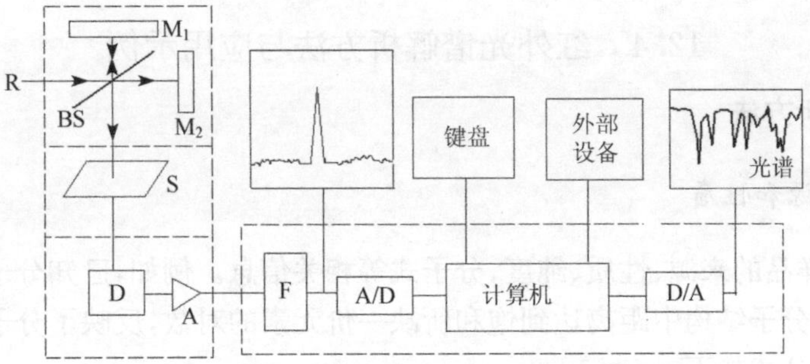

图 12-12　FT-IR 工作原理示意图

R. 光源；M_1. 定镜；M_2. 动镜；BS. 光束分裂器；S. 样品；D. 探测器；
A. 放大器；F. 滤光器；A/D. 模数转换器；D/A. 数模转换器

Michelson 干涉仪由固定镜（M_1）和动镜（M_2）及光束分裂器（BS）组成。在 M_1 和 M_2 之间放置成 45°的半透明光束分裂器 BS，可使 50%的入射光透过，余下的 50%反射。当由光源 R 发出的光进入干涉仪后被分裂为透过光Ⅰ与反射光Ⅱ。两束光分别被动镜与定镜反射；因动镜移动，可改变两束光的光程差，得到干涉光，透过样品后，得到带有样品信息的干涉图，用计算机对干涉图进行傅里叶变换，就得到样品的红外光谱。

FT-IR 具有分辨率高、扫描速率快、灵敏度高的优点，适合于与色谱联用、研究动力学及反应机理。

红外分光光度计的性能指标有：分辨率、波数准确度与重复性、透过率或吸光度的准确度与重复性、狭缝线性及杂散光等，前两项为仪器的主要指标。波数准确性指标决定了测得光谱峰位的正确性，直接影响光谱解析。有关仪器性能指标的规定，可参阅《中国药典》的附录或其他参考资料。

12.3.3　制样方法

气、液及固态样品都可测定其红外光谱。要求样品纯度＞98%，且不含水分。

1) 固体样品

压片法　取供试品与干燥 KBr 粉末混合（比例约为 1 ∶ 200），置玛瑙研钵中研磨均匀，装入压片模具中制备供试品 KBr 片。以空白 KBr 片为参比，放入光路，测定供试品的红外吸收光谱。KBr 应为干燥的光谱纯试剂。

糊法　取供试品约一定量，置于玛瑙研钵中，滴入几滴液体石蜡或其他适宜溶剂，研磨成均匀糊剂。取适量的供试品糊剂夹于两块空白 KBr 片中，以空白 KBr 片为参比，放入光路，测定供试品的红外吸收光谱。

膜法　取固体供试品用易挥发的溶剂溶解，然后将溶液涂于空白 KBr 片或其他适宜的窗片上，待溶剂完全挥发后，测定供试品红外吸收光谱。测毕用溶剂冲洗窗片以除去薄膜，吹干，储存在干燥器内。

2) 液体样品

将样品溶解在适当溶剂中，制成浓度为 1%～10%的溶液，置于装有岩盐窗片的液体池中，并以溶剂作空白，测定红外光谱。溶剂应在测定波段区间无强吸收，通常在 4000～

1350 cm^{-1}用 CCl_4 为溶剂，在 1350～600 cm^{-1}用 CS_2，具有对溶质的溶解度大、红外透过性好、不腐蚀窗片等特点。另外，液体样品也可用夹片法和涂片法测定红外光谱。

12.4 红外光谱解析方法与应用示例

12.4.1 光谱解析方法

1. 样品的来源和性质

首先要了解样品的来源、性质、纯度、分子式等相关信息。例如，已知分子式可计算不饱和度，不饱和度是指分子结构中距离达到饱和所缺一价元素的对数，反映了分子中含环及不饱和键的总数，其计算公式如下：

$$U=(2+2n_4+n_3-n_1)/2 \tag{12-6}$$

式中，n_4 为四价元素(C)的原子个数；n_3 为三价元素(N)的原子个数；n_1 为一价元素(H、X)的原子个数。

【例 12-1】 计算苯甲醛(C_7H_6O)的不饱和度。

解 $U=(2+2\times7+1-7)/2=5$

苯环相当于己烷缺四对氢(三个双键，一个环)，所以苯环用去四个不饱和单位。一个羰基用去一个不饱和单位，因此化合物的不饱和度 $U=5$。

【例 12-2】 计算樟脑($C_{10}H_{16}O$)的不饱和度。

解 $U=(2+2\times10-16)/2=3$(一个双键，二个脂环)

【例 12-3】 计算正丁腈(C_4H_7N)的不饱和度。

解 $U=(2+2\times4+1-7)/2=2$(一个叁键)

综上所述，可归纳为如下规律：

(1) $U=0$ 为链状饱和脂肪族化合物。

(2)一个脂环的不饱和度是 1，若含有脂环则 $U\geqslant1$。

(3) 一个叁键的不饱和度是 2，若含有叁键则 $U\geqslant2$。

(4)一个苯环的不饱和度是 4，结构中若含有六元芳环时，则 $U\geqslant4$。

2. 光谱解析程序

可根据“先特征，后指纹，先最强峰，后次强峰；先粗查，后细找；先否定，后肯定；一抓一组相关峰”的方法进行图谱解析。在解析过程中，采用“先否定，后肯定”方法，以缩小未知物结构的范围，因为吸收峰的不存在否定官能团的存在要比吸收峰的存在肯定一个官能团的存在要容易。“抓住”一组相关峰，互为佐证提高图谱解析的可信度，避免孤立解析造成结论的错误。

通过对红外光谱中特征吸收的位置、强度及峰形逐一解析，找出与结构有关的信息，确定化合物所含的基团及化学键的类型，并结合其他相关分析数据，确定化合物的可能结构。

对于复杂化合物或新化合物，要结合紫外光谱、核磁共振光谱、质谱等手段进行综合光谱解析，结论要与标准光谱对照。

3. 注意问题

(1) 仪器应按规定进行校正　常用聚苯乙烯薄膜对仪器的波数进行校正；注意由于仪器性能不同，样品制备时研磨及吸水程度的区别对光谱的影响。

(2) 解析前的谱图检查　应检查谱图是否有明显的杂质干扰吸收，如 H_2O(仅在 3600～400 cm^{-1}，1600 cm^{-1})、CO_2(2349 cm^{-1}，667 cm^{-1})；注意有无重结晶溶剂峰，基线是否满足要求等。有多晶现象的固体药品应严格按照规定进行预处理或采用对照品比对测试。

4. 标准谱图的使用方法

已知物的鉴定　将试样的谱图与标准品测得的谱图相对照，或者与文献上的标准谱图如《药品红外光谱图集》、Sadtler 标准光谱、Sadtler 商业光谱等相对照，即可定性。

未知物的鉴定　未知物如果不是新化合物，标准光谱已有收载的，可有两种方法来查对标准光谱：一种方法是利用标准光谱的谱带索引，寻找标准光谱中与试样光谱吸收带相同的谱图；另一种方法是进行光谱解析，判断试样可能的结构后，由化学分类索引查找标准光谱对照核实。

【例 12-4】 某药厂生产亮菌甲素注射液，因误把二甘醇当作丙二醇，结果导致多名患者因肾衰竭而死亡。如何区别丙二醇和二甘醇呢?《中国药典》规定用红外光谱来鉴定丙二醇。已知：二甘醇($HOCH_2CH_2OCH_2CH_2OH$)和丙二醇($HOCH_2CH_2CH_2OH$)的红外光谱图见图 12-13 和图 12-14。

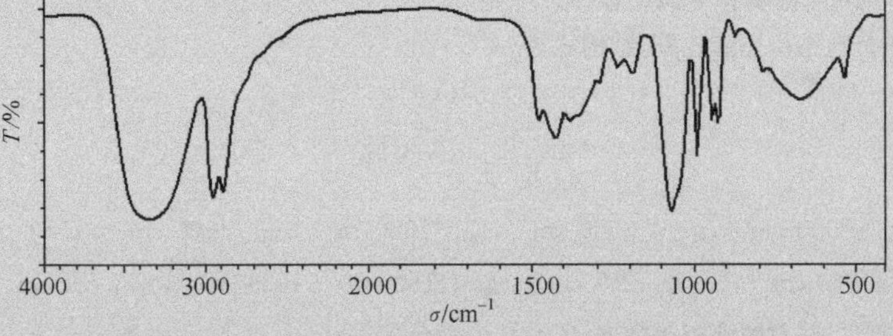

图 12-13　丙二醇的红外光谱图

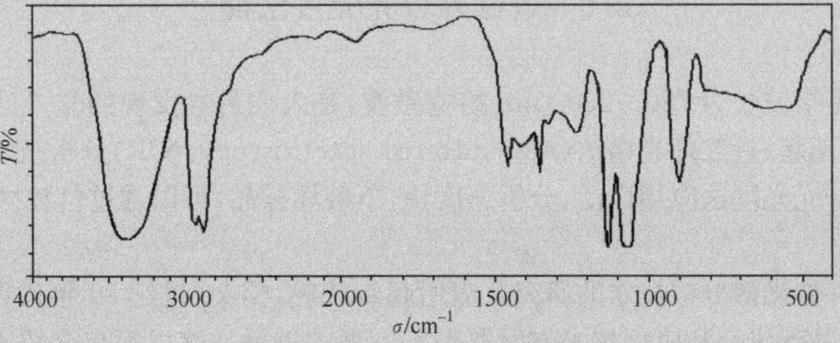

图 12-14　二甘醇的红外光谱图

对比两个谱图不难发现，1500～500 cm^{-1} 单键振动区的谱图差异是十分明显的，由于两分子结构中都有—OH，则在～3400 cm^{-1} 处均有一宽峰，1080 cm^{-1} 处均有 ν_{C-O} 峰；不同的是二甘醇分子中有—O—基团存在，所以图 12-14 中 1150 cm^{-1} 处有 ν_{C-O-C}^{as} 峰是区别丙二醇和二甘醇的主要特征峰。

12.4.2　光谱解析示例

【例 12-5】 分子式为 C_8H_8O 的化合物的 IR 光谱见图 12-15,沸点 202 ℃,试通过解析光谱,判断其结构式。

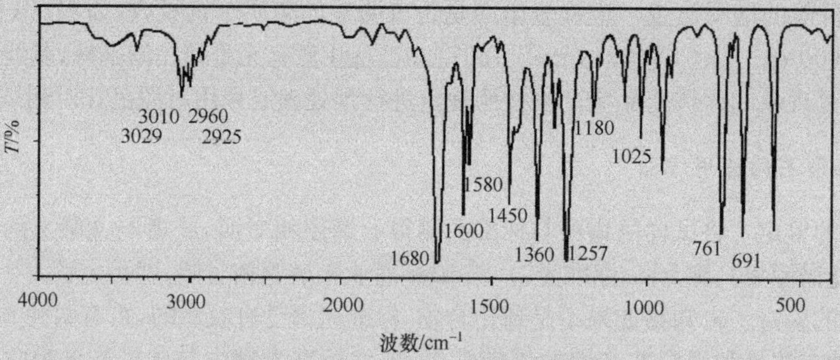

图 12-15　C_8H_8O 的红外吸收光谱

解　$U=(2\times8+2-8)/2=5$,在 3500～3300 cm^{-1} 无任何吸收(3400 cm^{-1} 附近吸收为水干扰峰),证明分子中无—OH。在 2830 cm^{-1} 与 2730 cm^{-1} 没有明显的吸收峰,可否认醛的存在。$\nu_{C=O}$ 1680 cm^{-1} 说明是酮,且发生共轭。3000 cm^{-1} 以上的 $\nu_{\phi-H}$ 及 1600 cm^{-1}、1580 cm^{-1}、1450 cm^{-1} 的 $\nu_{C=C}$ 等峰的出现,泛频区弱的吸收证明为芳香族化合物,而 $\gamma_{\phi-H}$ 的 761 cm^{-1} 及 691 cm^{-1} 出现进一步提示为单取代苯。2960 cm^{-1}、2925 cm^{-1} 及 1360 cm^{-1} 证明有—CH_3 存在。

综上所述,化合物结构是苯乙酮,结构式为

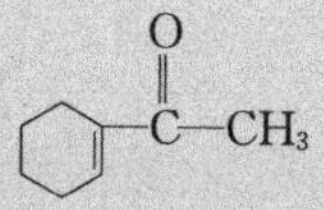

峰归属:$\nu_{\phi-H}$>3000 cm^{-1},ν_{CH}<3000 cm^{-1},$\nu_{C=O}$ 1680 cm^{-1},$\nu_{\phi-C}$ 1600 cm^{-1},1580 cm^{-1},1450 cm^{-1},δ^{as}_{CH} 1450 cm^{-1},δ^{s}_{CH} 1360 cm^{-1},ν_{C-O-C} 1257 cm^{-1},$\beta_{\phi-H}$ 1180 cm^{-1},1025 cm^{-1},$\gamma_{\phi-H}$ 761 cm^{-1}、691 cm^{-1}。

经标准图谱核对,并对照沸点等数据,证明结论完全相符。

12.5　近红外分光光度法简介

近红外光是指波长为 780～2500 nm 的电磁波,是人们最早发现的非可见光区域。20 世纪 80 年代中后期起,近红外光谱法(near infrared spectroscopy,NIR)分析技术得到了快速的发展。近红外分光光度法应用广泛,分析速度快,不破坏样品,可以透过包装材料进行测定,进行实时监控。

我国对近红外光谱分析技术的研究及应用起步较晚,但 20 世纪 90 年代以来已受到了多方面的关注,在基础研究和应用技术方面取得了可喜的进展。这里简单介绍近红外光谱的产生机理、特点、仪器、实验技术和应用。

12.5.1　近红外光谱的产生

根据分子光谱理论,室温下大多数分子处于振动能级的基态,在吸收光的能量后,除发生基频吸收外,还发生倍频和合频吸收。分子的基频吸收带在中红外区,而倍频和合频吸收则在近红外区。

在近红外光谱区产生吸收的官能团主要是含氢基团，包括 C—H（甲基、亚甲基、甲氧基、芳基等）、羟基 O—H（羧基等）、巯基 S—H、氨基 N—H（伯胺、仲胺、叔胺和铵盐等）等。合频近红外谱带位于 2000～2500 nm 处，一级倍频位于 1400～1800 nm 处，二级倍频位于 900～1200 nm 处，三级和四级或更高级倍频则位于780～900 nm处。

含氢基团的吸收频率特征性强，受分子内外环境的影响小，所以吸收谱带稳定。但其吸收强度低，吸收峰重叠严重，因此不能用常规的方法进行分析，而需要对测得的光谱数据使用经验证的化学计量学方法处理后才能提取相关信息，这就是将近红外光谱应用于定性、定量分析的前提。

12.5.2　近红外分光光度计

近红外分光光度计由光源、单色器（或干涉仪）、检测器、测样装置、数据处理系统组成。常用的光源有石英卤钨灯和发光二极管；单色器有棱镜、光栅或声光调谐滤光器；检测器有单点检测器和阵列检测器两种，用于把携带样品信息的光信号转化为电信号，再通过 A/D 转化为数字形式输出。测样装置有普通玻璃或石英玻璃样品池、积分球或漫反射探头，液体样品常使用玻璃或石英样品池，固体样品常使用积分球或漫反射探头；漫反射探头是用于测定固体样品的一个特殊装置，现场和在线分析则常用光纤探头，所用的材料有硅、硫化铅、汞镉碲、氘代硫酸二甘肽等。

12.5.3　近红外光谱的分析方法

（1）测量模式　近红外光谱的测量模式分为透射光谱与反射光谱两类。近红外光谱分析中的反射光谱分析法主要是漫反射光谱分析法。

透射法　一般用于均匀透明的真溶液或固体样品，测量得到的吸收光谱符合 Lambert-Beer 定律。当光源照射样品时，有一部分近红外光被透过，测定透过光的强度（透光率 T）的方法为透射法。

另一种透射测量是将光源和检测器置于样品同侧，用一个漫反射的表面将穿透样品的近红外光二次反射回样品进行测定。这两种透射法结果都用透光率（T）表示，符合 Lambert-Beer 定律。

漫反射法　主要用于固体样品的分析。测量反射率（R），即从样品反射回的光强（I_1）和背景或参考物质表面反射回的光强（I_2）的比。当光源照射于固体样品表面，有一部分近红外光进入物体内部一定距离，被样品的近红外振动吸收，未被吸收的光由样品反射回检测器。将检测器放在与垂直光 45°的位置上，测定漫反射吸光度 A，反射率 R 及组分浓度 c 之间有以下关系：

$$A=\lg 1/R=\lg(I_2/I_1)=k_0+k_1c \tag{12-7}$$

式中，对于一定组分来说，k_0、k_1 在反射率确定的前提下是常数。

（2）定性定量分析　由于近红外光谱谱带密集，特征性较强，但由于谱带间的严重干扰，因此，分析时必须使用化学计量学方法结合计算机技术进行。在分析前，先用化学计量学的方法对得到的近红外光谱的原始数据进行平滑、去噪，保留有效的数据信息；然后对光谱进行优化，提取最有用的光谱信息；最后通过一定的数学模型处理，使测得的光谱与建立模型时的光谱相同。

近红外的定性是一种归类判定，即用数学估计方法(如主成分分析、聚类分析等)判定所分析的样品是否符合所建立的校正模型，以确定样品的类别。这里的校正模型时根据一定量的标准待测物质测定结果所建立的参考谱库，并需按一定程序考察专属性和耐用性。

定量分析也需建立校正模型的参考谱库，在谱图预处理的基础上，用偏最小二乘法、多元线性回归法、人工神经网络或拓扑等化学计量学方法，对一组已知样本建立的校正模型，对未知样品进行定量分析。

12.5.4　在药学领域中的应用简介

近红外分光光度法具有快速、准确，对样品无破坏的检测特性。不仅可用于对“离线”样品的分析，还能直接对“在线”样品进行检测，可广泛应用于药品的理化分析。化学分析包括对药品的活性成分、辅料、制剂、中间体、化学原料及包装材料的鉴别；可定量测定药品的活性成分和辅料，可用于测定羟值、碘值、酸值及水分等；物理分析包括对晶型、粒度、溶出行为、硬度等的检测。

近红外光谱是一种良好的非破坏性质量控制手段。药品生产过程中，通过光导纤维将传感探头与近红外分析仪相连接，就可以在原料进入生产车间时，立刻检测每种每批生产原料的质量，整个定性定量分析可以在很短时间内完成，及时监测产品质量。同一类型的原料中多变因素主要是湿度和颗粒大小，近红外光谱在湿度测定中的灵敏度及其适于固体表面表征的特性，使能够快速得到样品的湿度和颗粒大小的信息，然后将原料进行分类。

近红外光谱在固体药剂的物理表征方面的应用有湿度、混合均匀性、密度、黏度、硬度及片剂镀膜的分析测定等。由于其非破坏性的特点，用该方法分析的样品可以继续进行其他分析测定，或包装后再销售。近红外分光光度法已成功用于制药过程的混合、造粒、封装、粉磨压片等过程的在线监测，包括对水分、制剂颗粒及中间体的测定；在对各种固体和液体制剂的含量分析中，可以无需特殊的样品制备过程，区别固体药剂中各种结晶形式，测定其光学异构体的含量。

目前，近红外仪器已经在医药行业逐渐普及，《中国药典》附录已经收载了近红外分光光度法。可见本法在药学领域中有着极其广泛的应用前景。

习　　题

1. 红外吸收光谱法与紫外吸收光谱法有何区别？
2. 红外吸收光谱产生的条件是什么？什么是红外非活性振动？
3. 如何利用红外吸收光谱区别脂肪族饱和与不饱和碳氢化合物、脂肪与芳香族化合物？
4. 如何用特征峰与相关峰区别各种羰基化合物？写出羰基峰位顺序及其理由。
5. CO_2 有几种振动形式？在红外吸收光谱上能看到几个吸收峰？为什么？
6. 指出下列各种振动形式，哪些是红外活性振动，哪些是红外非活性振动。

(1) $CH_3—CH_3$ 的 $\nu_{C—C}$；(2) $CH_3—CCl$ 的 $\nu_{C—C}$；(3) SO_2 的 $\nu^s_{SO_2}$

(4) $CH_2═CH_2$ 的四种振动形式：

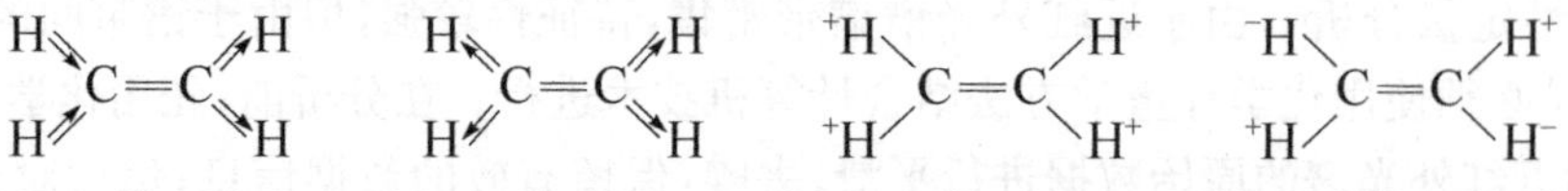

①ν_{CH}　　②ν_{CH}　　③ω_{CH}　　④τ_{CH}

[(1) 非活性；(2) 活性；(3) 活性；(4) ①活性，②非活性，③活性，④非活性]

7. 一个化合物的结构不是 A 就是 B,其光谱图如下,试推测其结构式。

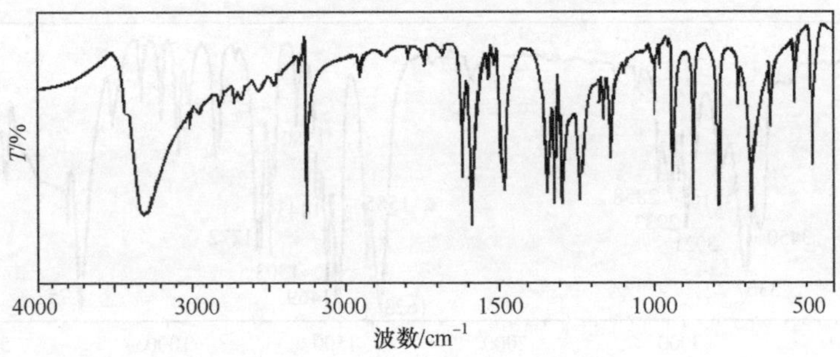

A. 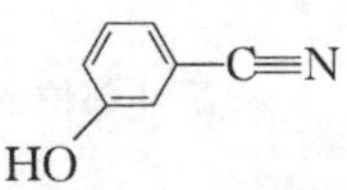

B. 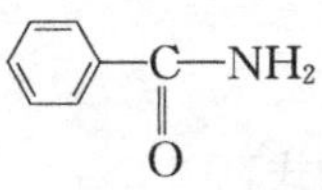

［A］

8. 某一检品,经 GC 分析证明为纯物质,熔点为 29 ℃,分子式为 C_8H_7N。用液膜法测得的红外吸收光谱如下图。试由光谱解析确定其结构,给出峰归属,并查对 Sadtler 标准红外吸收光谱认定。

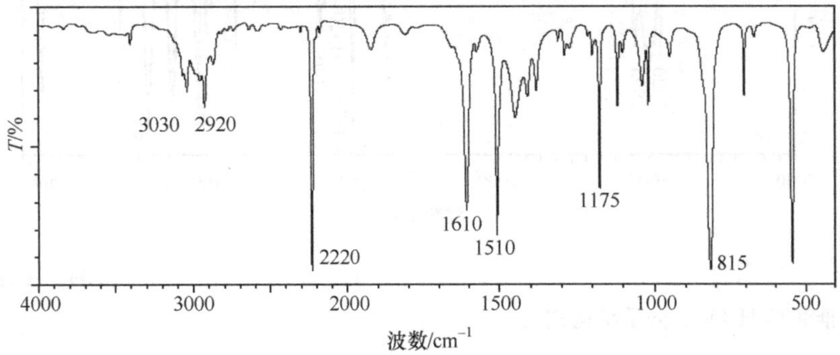

［CH_3—C_6H_5—C≡N］

9. 某检品由质谱测得分子式为 $C_8H_8O_2$。测得的红外吸收光谱如图。试确定其结构式,并给出峰归属。

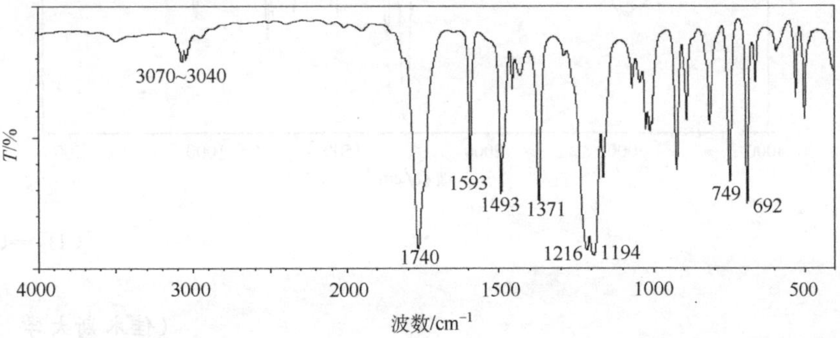

［C_6H_5—$OCOCH_3$］

10. 已知分子式为 C_7H_9N，根据红外吸收光谱图，推断其结构式。

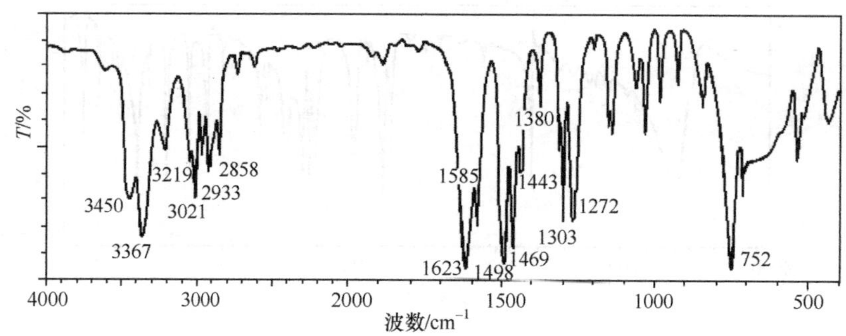

［邻位 $NH_2—C_6H_4—CH_3$］

11. 根据谱图，推断 C_9H_{10} 的分子结构式。

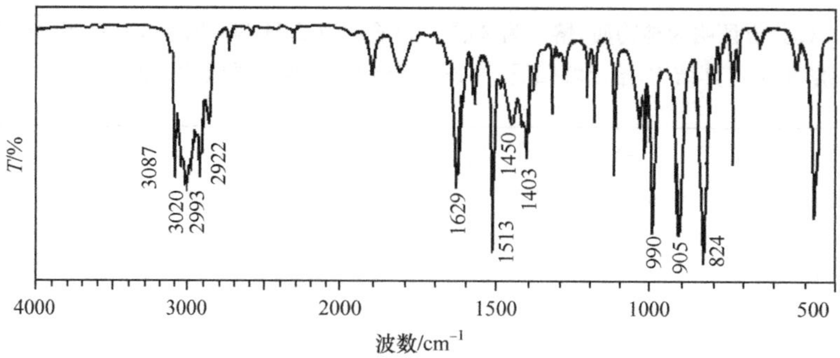

［$CH_3—C_6H_4CH{=}CH_2$］

12. 根据谱图，推断 $C_4H_6O_2$ 的分子结构式。

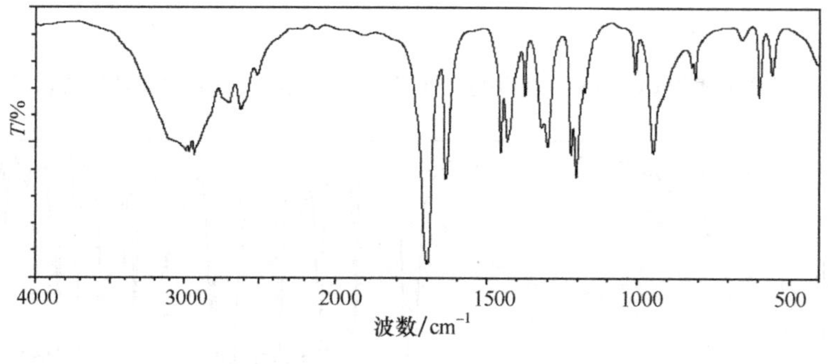

［$CH_2{=}CCH_2COOH$］

（佳木斯大学　　高金波）

第 13 章　荧光分析法

物质有选择地吸收特定波长的光,使其由基态跃迁到激发态。处于激发态的分子或原子不稳定,若其返回基态时伴随着光的辐射,称为光致发光。最常见的两种光致发光是荧光(fluorescence)和磷光(phosphorescence)。根据物质的荧光光谱进行分析的方法称为荧光分析法(fluorometry)。根据产生荧光的机理不同,荧光分析法又分为 X 射线荧光分析法、原子荧光分析法及分子荧光分析法等。本章仅介绍分子荧光分析法,简称荧光分析法。

荧光分析法的主要优点是选择性好、灵敏度高;一般检出限通常要比吸收光谱法低一个数量级以上,可达到 $10^{-10} \sim 10^{-12}$ g/mL。荧光分析法在医药和临床检验中应用十分广泛,在药物分析,特别是体内痕量药物分析检测中具有重要地位。

13.1　荧光光谱的基本原理

13.1.1　分子荧光光谱的产生

分子的电子能级与激发过程　物质的分子体系中存在着电子能级,而每一个电子能级中又包含了一系列的振动能级和转动能级。在室温时,大多数分子处在电子基态的最低振动能级,当受到一定辐射能作用时,就发生能级之间的跃迁。

根据 Pauli 不相容原理,处于基态时分子中的电子成对地填充在能量最低的各轨道中。一个给定轨道中的两个电子具有抗磁性,大多数有机分子含有偶数个电子,因此基态时必定具有相反方向的自旋,即自旋量子数 s 分别为 1/2 和 $-1/2$;其总自旋量子数(自旋量子数的矢量和)s 等于 0,即基态没有净自旋。电子能级的多重性可用 $M=2s+1$ 表示,即当 $s=0$ 时,分子的多重性 $M=1$,此时分子所处的电子能态称为单重态(singlet state),用符号 S 表示。大多数基态分子是单重态。若有两个电子处于自旋平行的状态,即总自旋量子数 $s=1$ 时,分子的多重性 $M=3$,此时分子所处的电子能态称为三重态(triplet state),用符号 T 表示。三重态的分子具有顺磁性。单重态与三重态的区别在于电子自旋方向不同(图 13-1)。

当分子接受辐射光能或其他能量激发时,其一个外层电子被激发,从基态 S_0 跃迁到更高能级的未被占据的空轨道上。受激跃迁后的电子的自旋方向一般情况下不发生改变,其总自旋量子数 s 仍等于 0,$M=1$,此时分子所处的电子能态称为激发单重态。在某些情况下,若处于激发态的电子自旋方向发生改变,与保留在基态的另一个电子自旋方向平行,即它们的自旋量子数都为 1/2,则总自旋量子数 s 等于 1,$M=3$,此时分子的电子能级处于能级稍低的激发三重态,如图 13-1 所示。

处于激发态的分子不稳定,可以辐射或无辐射跃迁的方式释放能量而回到基态,这个过程称为激发态分子的失活(deactivation)。发射荧光是其中的一条途径,其产生过程如图 13-2 所示。

振动弛豫　指处于激发态的分子由于分子间的碰撞,由同一电子能级的较高振动能级以热能形式放出能量,而返回到同一电子能级的最低振动能级的过程。激发态的分子常首先发生振动弛豫,时间约为 10^{-12} s 数量级。

内部能量转换　简称内转换,指在相同多重态的两个电子能级间,电子由高能级以非辐射

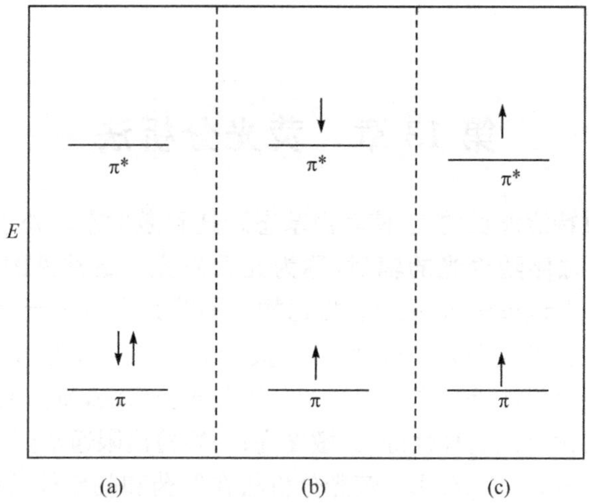

图 13-1　单重态和三重态的电子分布

(a)基态；(b)激发单重态；(c)激发三重态

跃迁方式转移至低能级的分子内过程。若两个电子能级非常接近以致其振动能级有交叠时，这种内部能量转换就容易发生。

荧光　当激发态分子经过振动弛豫、内部能量转换回到第一电子激发态 S_1^* 的最低振动能级的单重态后，若以辐射光的形式回到基态的任一振动能级 S_0 上，这时分子发射的光即为荧光。由于振动弛豫或内部能量转换等非辐射途径释放了部分能量，因此所发射荧光的能量一般小于所吸收紫外光的能量，发射波长总比激发波长大。发射荧光的过程为 $10^{-9}\sim10^{-7}$ s。由于电子返回基态时可以停留在基态的任一振动能级上，因此得到的荧光谱可呈现非常靠近的几个峰。通过进一步振动弛豫，这些电子将很快回到基态的最低振动能级。

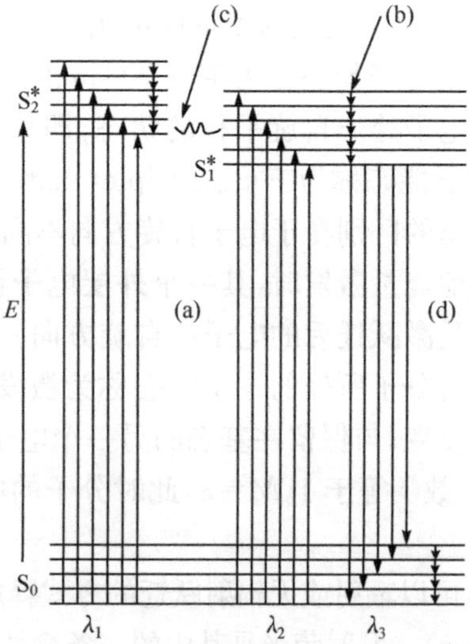

图 13-2　荧光产生的能级示意图

(a)激发；(b)振动弛豫；(c)内部能量转换；(d)荧光发射

13.1.2　激发光谱与发射光谱

任何发射荧光的物质分子都可产生两种特征的荧光光谱——激发光谱和发射光谱。激发光谱(excitation spectrum)是指不同激发波长的光引起荧光物质发射某一波长荧光所得的光谱。固定发射单色器波长为荧光的最大发射波长，改变(扫描)激发光波长，所得的荧光强度(F)与激发波长(λ_{ex})的光谱曲线，即为激发光谱。激发光谱虽然与物质的吸收光谱形状极为相似，但是，两者性质上完全不同，前者为荧光强度与其激发波长的关系，后者则为物质吸光度与吸收波长的关系。若将激发波长固定在最大激发波长处，改变(扫描)发射单色器的波长，所得的荧光强度(F)对发射光波长(λ_{em})的光谱曲线称为发射光谱(emission spectrum)，又称荧光光谱(fluorescence spectrum)。图13-3(a)为蒽的激发光谱和荧光光谱。

物质的荧光光谱通常有如下特征。

(1) Stokes位移　由图13-2和图13-3(a)都可以看出，荧光波长总是大于对应的激发波长。Stokes在1852年首次观察到了这种波长移动现象，因而称为Stokes位移。产生Stokes位移的原因是，物质发射荧光前已经由于振动弛豫和内部能量转换损失了能量，到达第一激发单重态的最低振动能级，再返回到基态不同振动能级而产生荧光。Stokes位移证实了激发与发射之间存在无辐射能量损失，产生荧光的能量小于其吸收的能量。

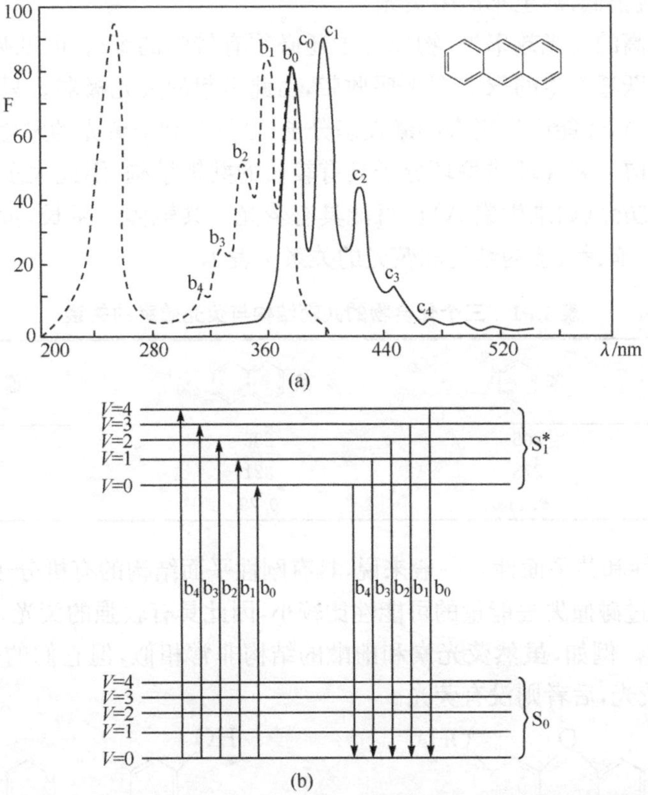

图13-3　蒽的激发光谱(虚线)及荧光光谱图(实线)(a)和蒽的能级跃迁图(b)

(2) 荧光光谱的形状和激发波长无关　虽然物质的吸收光谱经常含有几个吸收带，但其荧光光谱却只有一个吸收带，这是因为分子虽然可被激发到高于第一激发态更高能态的各个振动能级，但由于无辐射跃迁使其降至第一激发单重态的最低振动能级才发射荧光，因此发射峰形状与激发波长无关，最大荧光发射波长一定，但激发波长不同时荧光物质发射的荧光强度不同，最大激发波长下产生的荧光最强。

(3) 与激发光谱的镜像关系　荧光光谱与激发光谱大致呈镜像对称。荧光光谱的形状与基态中振动能级的分布有关，而激发光谱则反映了第一电子激发单重态中的振动能级的分布特征，一般情况下，这两个电子能态振动能级的分布大致相似，见图 13-3(b)，于是，激发光谱中跃迁能量最小和最大波长分别和荧光光谱中发射能量最大和最小波长相对应。

13.1.3　分子结构与荧光的关系

物质发射荧光的能力用荧光量子效率予以评价，而荧光量子效率和物质分子的结构紧密相关。荧光量子产率(fluorescence quantum yield)又称荧光效率(fluorescence efficiency)，定义为

$$\varphi_f=\frac{\text{发射荧光的分子数}}{\text{激发态的分子数}} \tag{13-1}$$

如前所述，激发态分子除发射荧光外还可能会通过其他无辐射跃迁释放能量，因此荧光效率 φ_f 只能为 0～1。例如，荧光素钠在水中 $\varphi_f=0.92$；蒽在乙醇中 $\varphi_f=0.30$；菲在乙醇中 $\varphi_f=0.10$。有些化合物虽然有较强的紫外吸收，但若所吸收能量大部分以无辐射跃迁形式释放，则其荧光效率就很低，甚至不产生荧光。

除了要求有较高的荧光效率外，物质分子还必须有较强的紫外-可见吸收才能发射荧光。分子结构中 $n\rightarrow\pi^*$ 跃迁产生的 R 带是弱吸收带，由此引起的荧光极弱。只有分子结构中存在共轭的 $\pi\rightarrow\pi^*$ 跃迁时，才能产生更多的激发态分子，也就有利于荧光的发生。

(1) 长共轭结构　芳香环或稠环分子具有较长的共轭结构，因此大多数能产生荧光。含有长共轭双键的脂肪烃(如维生素 A)也可能具有荧光。共轭体系越长，荧光强度越大，其 λ_{ex} 和 λ_{em} 也都将长移。苯、萘、蒽的结构和荧光的关系见表 13-1。

表 13-1　三个化合物的共轭结构与荧光效率的关系

化合物	苯 	萘 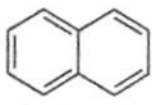	蒽 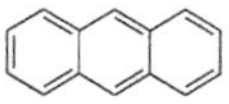
激发波长 λ_{ex}/nm	205	286	356
发射波长 λ_{em}/nm	278	321	404
荧光效率 φ_f	0.11	0.29	0.36

(2) 分子的刚性和共平面性　一般来说，具有刚性平面结构的有机分子，由于它们与溶剂或其他溶质分子通过碰撞失去能量的可能性比较小，因此具有较强的荧光，故分子的刚性增加有利于荧光的发射。例如，虽然荧光素和酚酞的结构非常相似，但它们的荧光强度却差别很大，前者有很强的荧光，后者则没有荧光。

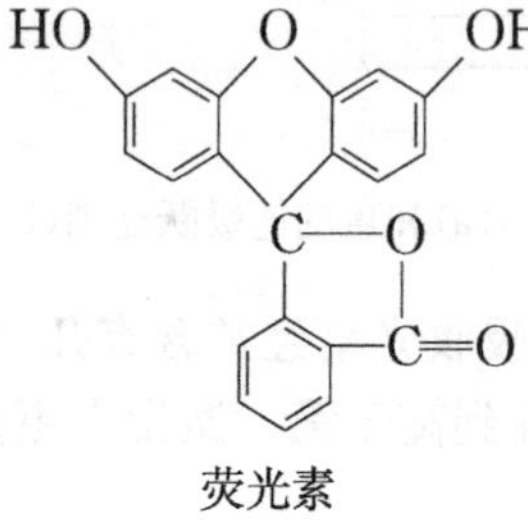

荧光素

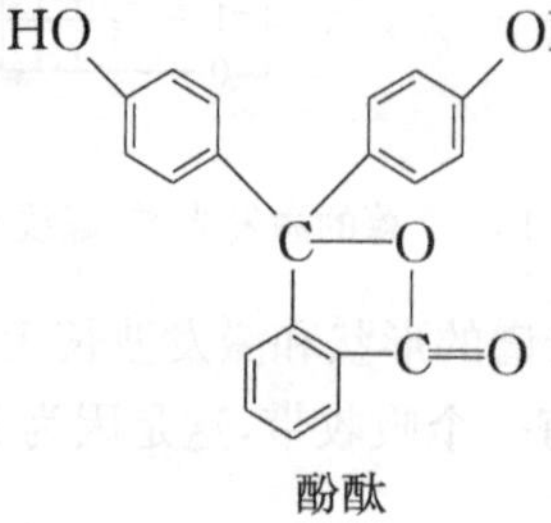

酚酞

在同样的长共轭分子中,分子的刚性越强,共平面性越大,荧光效率就越高,且荧光波长也会产生长移。例如,联苯和芴的荧光效率 φ_f 分别为 0.2 和 1.0,其原因是由于芴的分子中的亚甲基桥结构,使两个苯环不能自由转动,成为刚性分子,共平面性增加,因而芴的荧光效率大大增加。

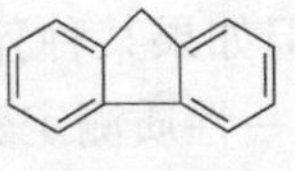

芴 $\varphi_f=1.0$

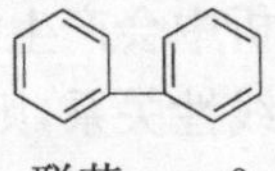

联苯 $\varphi_f=0.2$

立体异构现象对荧光强度有显著影响。有顺反异构体的分子,顺式分子的两个基团在同一侧,由于位阻原因分子难以共处一个平面,因而往往不能产生荧光。例如,1,2-二苯乙烯反式异构体为强荧光物质,而其顺式异构体则没有荧光。

某些荧光效率较低的物质若能与金属离子形成配合物,使分子的刚性和共平面性增加,就会增加荧光效率,增强荧光发射。例如,8-羟基喹啉与 Mg^{2+}、Al^{3+} 形成络合物后,荧光增强。

(3) 取代基作用　在芳香族化合物的芳香环上取代基不同,对荧光物质的荧光光谱和荧光强度都有很大影响。给电子取代基,如—NH_2、—OH、—OCH_3 等,能增加分子的 π 电子共轭程度,使荧光效率提高;而吸电子基团,如—COOH、—NO_2、$\rangle$CO═O、—F、—Cl 等,可减弱分子 π 电子共轭性,使荧光强度减弱甚至熄灭。

13.1.4　影响荧光强度的外部因素

荧光物质所处的外部环境,如温度、溶剂、pH、荧光熄灭剂等都会影响荧光效率,甚至影响分子结构及其构象,从而影响荧光光谱和荧光强度。

温度　温度对溶液的荧光强度有着显著的影响。当测定环境温度升高时,分子运动加快,分子间碰撞概率增加,使无辐射跃迁增加,从而降低了荧光效率,因此通常荧光物质的荧光强度随着温度的升高而降低。例如,荧光素钠的乙醇溶液,在 0 ℃以下,温度每降低 10 ℃,荧光效率增加 3%,在 −80 ℃时,φ_f 达到了 1。

溶剂　溶剂的折射率、介电常数以及溶剂分子和荧光物质间的相互作用都会影响溶液的荧光强度。一般来说,增大溶剂的极性,将使 $\pi\rightarrow\pi^*$ 跃迁的能量降低,因而使荧光强度增加,波长红移。

此外,溶剂黏度减小可以增加分子间的碰撞机会,使无辐射跃迁增加,从而降低荧光强度。由于温度上升会使溶剂黏度变小,因此也将使荧光强度下降。

酸度　当荧光物质本身是弱酸或弱碱时,溶剂的酸度对该荧光物质的荧光强度和峰位有较大影响。这主要是因为弱酸弱碱和它们的离子结构有所不同,在不同酸度中分子和离子间的平衡改变,因此荧光强度也有差异。每一种荧光物质都有其适宜的发射荧光的存在形式,也就有相应的 pH 范围,以保持荧光物质分子和离子之间的离解平衡。例如,苯胺分子和离子间有下列平衡关系:

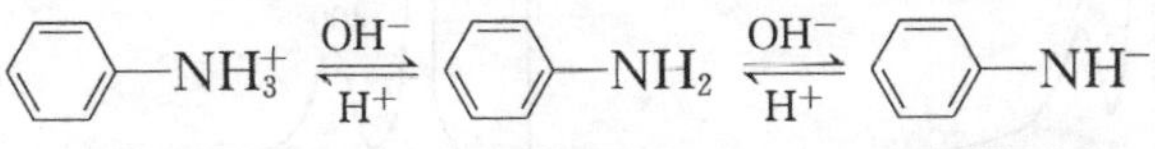

pH<2　　　pH7～12　　　pH>13

苯胺在 pH 7～12 的溶液中主要以分子形式存在,由于—NH_2 增加 π 电子的共轭程度,因而提高了荧光效率,故苯胺分子会产生蓝色荧光。但若溶液的 pH<2 和 pH>13,则溶液中的苯胺均以离子形式存在,故不能发射荧光。

荧光猝灭　也称荧光熄灭,指荧光物质分子与溶剂或溶质分子间的相互作用引起荧光强度降低的现象。引起荧光猝灭的物质称为荧光猝灭剂(quencher),如卤素离子、重金属离子、氧分子等均为常见的猝灭剂。引起荧光猝灭的原因较多,机理也很复杂,主要类型有碰撞猝灭、氧的猝灭作用、自猝灭和自吸收、能量转移等。

荧光猝灭现象在荧光分析中会产生测定误差。但如果某种猝灭剂的加入,产生的荧光强度和荧光猝灭剂的浓度间呈线性关系,则可以利用这一性质测定荧光猝灭剂的含量,这种方法称为荧光猝灭法(fluorescence quenching method)。

此外,若荧光物质的浓度过高,则分子间碰撞的概率增加,反而使得荧光强度降低,这种现象称为荧光自猝灭现象。荧光物质的浓度越高,这种现象越严重。

散射光　当激发光照射在溶液上,部分光会由于光子和物质发生分子碰撞,使其运动方向发生改变而向不同角度散射,这种光称为散射光(scattering light)。

若光子和物质分子发生弹性碰撞时,没有发生能量的交换,仅是光子运动方向发生改变,这种散射光称为瑞利光(Rayleigh light),其波长与入射光相同。

若光子和物质分子发生碰撞时,在光子运动方向发生改变的同时,也发生了能量交换,这种碰撞称为非弹性碰撞。碰撞结果若使光子的部分能量转给荧光物质分子,使得分子从振动低能级跃迁至高能级,被散射的光子损失了部分能量,其波长比碰撞前更长;若光子从物质分子中得到能量,此时分子从振动高能级跌至低能级,其散射的光子获得能量,其波长比碰撞前短。这两种散射光均称为拉曼光(Raman light)。如果散射光波长与测定的荧光波长接近,则对测定有干扰,必须采取措施消除。

拉曼光的干扰可以通过选择适当的激发波长消除。图 13-4 表明,硫酸奎宁在不同波长的激发下,其荧光峰总是在 448 nm,而空白溶液在 320 nm 或 350 nm 激发光条件下获得的荧光光谱中,其拉曼散射光的波长分别为 360 nm 和 400 nm。显然,选择 320 nm 为激发波长测定硫酸奎宁的荧光光谱,可减少拉曼光的干扰。

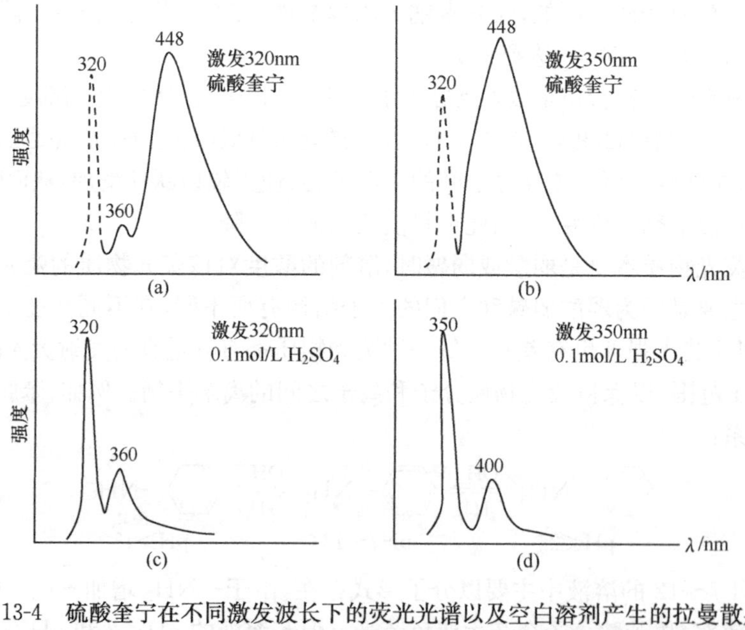

图 13-4　硫酸奎宁在不同激发波长下的荧光光谱以及空白溶剂产生的拉曼散射

(a)、(b)硫酸奎宁 0.1 mol/L H_2SO_4 溶液分别以 320、350 nm 激发时获得的荧光光谱;

(c)、(d)空白溶液 0.1 mol/L H_2SO_4 分别以 320、350 nm 激发时获得的荧光光谱

表 13-2 为常用溶剂在不同波长激发光照射下拉曼光的波长，可供选择激发光波长或溶剂时参考。由表 13-2 可见，四氯化碳的拉曼光与激发光波长接近，所以其拉曼光几乎不干扰荧光测定。而水、乙醇及环己烷的拉曼光波长较长，使用时必须注意。

表 13-2　在不同激发波长下主要溶剂的拉曼光波长

溶剂	激发光波长/nm				
	248	313	365	405	436
水	271	350	416	469	511
乙醇	267	344	409	459	500
环己烷	267	344	408	458	499
四氯化碳	—	320	375	418	450
氯仿	—	346	410	461	502

13.2　荧光定量分析方法

13.2.1　荧光强度与物质浓度的关系

荧光是物质吸收光能后发射出的光。因此，溶液的荧光强度与该溶液中物质吸收激发光的程度以及荧光物质的荧光效率有关。当强度为 I_0 的入射光激发荧光物质溶液后，可以从溶液的各个方向观察到荧光，但为了消除透射光的影响，一般是在与激发光源垂直的方向观测荧光。若溶液中荧光物质浓度为 c，液层厚度为 l，则荧光强度 F 正比于荧光物质所吸收的光强度(I_0-I)，即

$$F=K'(I_0-I) \tag{13-2}$$

式中，K'为常数，其值取决于物质的荧光效率。根据 Beer 定律，$I=I_0 10^{-Ecl}$，代入式(13-2)得

$$F=K'I_0(1-10^{-Ecl})=K'I_0(1-e^{-2.3Ecl}) \tag{13-3}$$

将式中 $e^{-2.3Ecl}$ 按泰勒级数展开，并整理后得

$$F=K'I_0\left[2.3Ecl-\frac{(-2.3Ecl)^2}{2!}-\frac{(-2.3Ecl)^3}{3!}-\cdots\right] \tag{13-4}$$

当 $Ecl<0.05$ 时，式中的第二项以后各项即可忽略，因此在稀溶液中，溶液的荧光强度与荧光物质的浓度呈线性关系

$$F=2.3\,K'I_0\,Ecl=Kc \tag{13-5}$$

由式(13-5)可知，荧光强度不仅和荧光物质的吸收系数 E 及光程长 l 相关，而且和入射光强度 I_0 成正比，即只要提高入射光强度，就可以提高检测灵敏度。因此荧光分析法的灵敏度比紫外-可见分光光度法的灵敏度高。

13.2.2　定量分析方法

1. 标准曲线法

荧光定量分析方法一般采用标准曲线法，以荧光强度为纵坐标，标准溶液的浓度为横坐

标，绘制标准曲线。然后在同样条件下测定试样溶液的荧光强度，从标准曲线或回归方程中求出试样中荧光物质的含量。

由于影响荧光分析灵敏度的因素较多，因此在测定标准曲线时，可将空白溶液的荧光强度读数调至 0，再将最高浓度的标准溶液荧光强度读数调至 100%或 50%，然后测定系列中其他各个标准溶液的荧光强度。

由于影响荧光分析灵敏度的因素较多。因此，每次测定前需要对仪器进行校正，可采用同一标准溶液；也可改用另一种具有稳定荧光，且与试样荧光特性相近的溶液作为基准。最常用的是硫酸奎宁，以其浓度为 1 μg/mL 的 0.05 mol/L 硫酸溶液，在选定条件下测定，调节其荧光强度到相同的数值(如 50%或 100%)。

2. 比例法

若标准曲线通过原点，则可在其线性范围内，用比例法进行测定。取已知量的纯荧光物质，配成浓度在线性范围内的标准溶液，测定其荧光强度(F_s)。然后在相同条件下测定试样溶液的荧光强度(F_x)。分别扣除空白(F_o)，由标准溶液的浓度和两个溶液的荧光强度比，求得试样中荧光物质的含量。

$$\frac{F_x - F_o}{F_s - F_o} = \frac{c_x}{c_s} \tag{13-6}$$

$$c_x = \frac{F_x - F_o}{F_s - F_o} \cdot c_s \tag{13-7}$$

13.3 荧光分析技术及应用

13.3.1 荧光分析仪器简介

荧光分析所用的仪器主要有光电荧光计及荧光分光光度计(spectrofluorometer)两类，主要由激发光源、单色器、样品池、检测器和记录显示系统组成(图 13-5)。

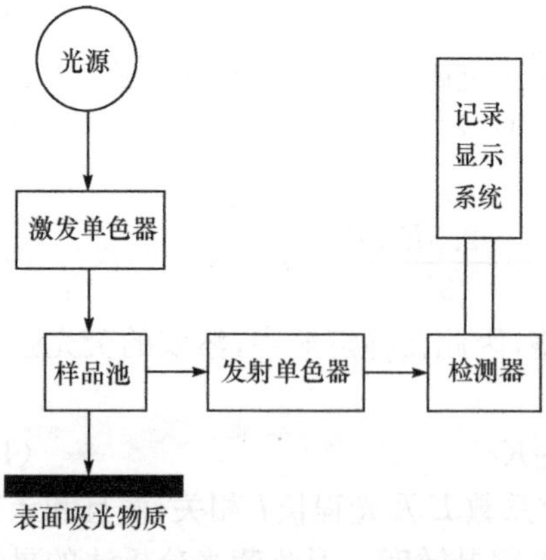

图 13-5　荧光仪器的结构示意图

由激发光源发出的光，经激发单色器得到所需波长的激发单色光；激发单色光照射到样品池，其中一部分光被样品分子吸收，其余则透过样品池；样品分子吸收激发单色光被激发后产生荧光；与激发光入射方向垂直的荧光可以进入发射单色器，滤除激发光产生的反射光、散射光和溶液中的杂质荧光，使被测分子产生的荧光(某一波长的发射光)通过，到达检测器，转变成相应的电信号，经信号放大系统放大后记录下来。

光源　理想的激发光源要求发射光的波长范围宽、强度大，且在整个波长范围内强度一致。荧光光度计中多使用高压汞灯为激发光源，能够发射较强的线状光谱，其中 365 nm、398 nm、436 nm、546 nm、579 nm、690 nm 及 734 nm 处谱线较强，由于荧光化合物可用在一定范围内不同波长的光激发，因此通常至少有一条谱线是适用的。

氙灯是荧光分光光度计常用的激发光源，其特点是光强度大，且连续分布在 250～700 nm，在 300～400 nm 范围的辐射强度几乎相等。高功率连续可调染料激光光源是一种新型的荧光激发光源，其不仅单色性好，强度大，而且脉冲激光的光照时间短，可避免被测分子的分解。

单色器 荧光计多采用滤光片，如国产 930 型荧光计，以一组通带型吸收滤光片作为激发滤光片，荧光（发射）滤光片则采用一组截止型吸收滤光片。荧光分光光度计一般采用光栅作为单色器。

样品池 荧光分析用样品池需采用低荧光材料制作，常用石英池，其横截面为正方形，四面经过抛光处理，以减少杂散光的干扰。

检测器 荧光强度较弱，因此要求仪器有较高的检测灵敏度。一般荧光计用光电池或光电管，而荧光分光光度计采用光电倍增管作为检测器，其输出可用高灵敏度的微电计测量，或经再放大后输入记录器中自动描绘光谱图。

13.3.2 应用与示例

无机化合物一般不显荧光，直接产生荧光并用于测定的为数不多，但通过有机试剂反应形成荧光配合物，或通过催化、猝灭等荧光反应而进行荧光分析的元素已近 70 种。

荧光分析法在有机物测定方面的应用很广。许多药品、农药、杀虫剂以及临床样品、天然产物、食品中的重要有机化合物都能产生强荧光，荧光法的高灵敏度和高选择性使得其在这些领域里具有特殊的价值。

绝大多数具有共轭不饱和取代基的芳香族化合物因有较大的共轭体系和分子刚性，多能发生荧光；具有芳环或芳杂环结构的氨基酸及蛋白质，具有共轭结构的生物碱、甾体、激素、抗生素、维生素等许多可使用荧光分析法作为鉴别及含量测定的方法。

很多无荧光或弱荧光性物质，若能和某些荧光试剂发生化学反应生成强荧光性物质，则也可用荧光分析法进行分析。常用的荧光衍生试剂有荧光胺、丹酰氯和邻苯二甲醛等。荧光分析的灵敏度极高，其在体内痕量药物分析上具有重要地位。

习 题

1. 解释下列名词：

   单重态、三重态、振动弛豫、内部能量转换、荧光、激发光谱、发射光谱、Stokes 位移、瑞利光、拉曼光
2. 荧光光谱与激发光谱之间有什么关系？
3. 什么是荧光效率？哪些分子结构的物质有较高的荧光效率？
4. 为什么荧光分析法的灵敏度比紫外-可见分光光度法的灵敏度高？
5. 比较紫外-可见分光光度计和荧光分光光度计的异同点。
6. 采用荧光分析法测定利血平片中利血平分子的含量时，精密称取利血平对照品 1.00 mg，置 100 mL 棕色量瓶中，加三氯甲烷 10 mL 溶解后，再用乙醇稀释至刻度，摇匀，精密量取2 mL，置于 100 mL 棕色量瓶中，用乙醇稀释至刻度，摇匀，测得对照品溶液荧光强度为 200。取供试品 20 片（标示量每片 0.1 mg）质量为 1.520 g，精密称定，研细，精密称取适量（相当于利血平约 0.5 mg），置于 100 mL 棕色量瓶中，加热水 10 mL，摇匀后，加三氯甲烷 10 mL，振摇，用乙醇定量稀释至刻度，摇匀，滤过，精密量取续滤液，精密量取 20 mL，置于 50 mL 棕色量瓶中，用乙醇稀释至刻度，摇匀，测得供试品溶液荧光强度为 350。试计算利血平片中有效药物利血平的含量。

   [17.5%]

7. 1.00 g 谷物制品试样，用酸处理后分离出核黄素及少了无关杂质，加入少量 $KMnO_4$，将核黄素氧化，过量的 $KMnO_4$ 用 H_2O_2 除去。将此溶液移入 50 mL 量瓶，稀释至刻度。准确吸取 25 mL 放入样品池中以测定荧光强度(核黄素中常含有发生荧光的杂质称为荧光黄)。事先将荧光计用硫酸奎宁调整至刻度 100，测定氧化液读数为 6 格。加入少量 $Na_2S_2O_4$，使氧化态核黄素(无荧光)重新转化为核黄素，这时荧光计读数为 55 格。在另一样品池中重新加入 24 mL 被氧化的核黄素溶液，以及 1 mL 核黄素标准溶液(0.50 μg/mL)，这一溶液的读数 92 格，计算试样中核黄素的含量(μg/g)。

[0.57 μg/g]

(南京医科大学　魏芳弟)

第 14 章 原子吸收分光光度法

原子吸收分光光度法(atomic absorption spectrophotometry,AAS)是基于待测元素的气态基态原子对其元素的特征谱线的吸收,从而建立的测定样品中该元素含量的分析方法。

早在 19 世纪,人们就通过对太阳光谱的研究观察到原子吸收现象。1955 年,澳大利亚化学家瓦尔什(Walsh)创建了原子吸收分光光度法,以后随着原子吸收分光光度计技术的发展,在 20 世纪 60 年代原子吸收分光光度法就已经成为比较成熟的光谱分析方法,适用于绝大部分金属元素和部分非金属元素,目前可测定元素已达 70 多种。

与分子吸收光谱法相比,原子吸收分光光度法具有以下特点:①选择性好,抗干扰能力强;②灵敏度高,常规分析中,可达 10^{-6}～10^{-9} g;③精密度高,一般 RSD 为 1%～3%;④测量范围广。此法的局限性一方面是标准曲线的线性范围窄,一般仅为一个数量级,另一方面是测定不同元素需要使用不同的光源灯,不够方便。

14.1 基 本 原 理

14.1.1 原子吸收光谱和共振吸收线

类似于 UV-vis 和 IR 等分子吸收光谱法,原子吸收分光光度法是利用吸收光谱的原理进行分析的。但就吸收机理而言,分子光谱产生机理,除了分子外层电子能级跃迁外,同时伴随振动能级和转动能级的跃迁,所以是一种宽带吸收,使用连续光源;而原子吸收光谱只有原子外层电子能级的跃迁,是一种窄带吸收,又称谱线吸收,吸收宽度仅有 10^{-3} nm 数量级,使用锐线光源。

原子吸收光谱是原子最外层电子的跃迁产生的。当原子受外界能量激发时,辐射能引起的是原子最外层电子能级的跃迁。当原子受辐射能激发,由基态跃迁到不同的激发态产生原子吸收光谱。由于不同的元素具有不同的原子结构和外层电子排布,因而不同元素的原子能级不同,产生跃迁所需要吸收的辐射能也不相同,因此不同元素的光谱各有其特征。

将原子外层电子从基态跃迁到第一激发态或由第一激发态跃迁回基态产生的谱线称为共振线。一般来说,从基态到第一激发态的跃迁最容易产生,谱线最灵敏,因此共振线又称为元素的特征谱线,如 Na 为 586.0 nm、K 为 766.5 nm、Cu 为 324.7 nm 等。

在原子吸收光谱分析中,原子化温度一般为 2000～3000 K,在此温度范围将待测元素原子化,绝大多数元素的激发态和基态原子数之比小于 0.1%,因此,激发态的原子数可忽略不计,认为原子化时被测元素都变成其基态的气态原子,这样就可以通过测定被测元素基态的气态原子对光源发出的特征谱线的吸收进行定量分析。

14.1.2 原子吸收线的形状

如果光辐射照到基态原子蒸气上,当辐射能量等于原子由基态跃迁到激发态所需要的能量,原子将产生吸收,其吸收的辐射频率 ν_0 或波长 λ_0 为

$$\Delta E = h\nu_0 = h\frac{c}{\lambda_0} \tag{14-1}$$

式中，ΔE 为原子激发态与基态间的能级差；h 为普朗克常量。

由式(14-1)可知，对应于能级差为 ΔE 的跃迁，其吸收的谱线应为一条频率为 ν_0(或波长为 λ_0)的几何线，但实际上，原子吸收线是一条具有一定轮廓的窄带。因此原子谱线常用谱线的中心频率(或中心波长)、半宽度、强度等光谱特性表征原子吸收谱线或发射谱线(图 14-1)，其中 I_{max} 为发射线强度，ν_0 和 λ_0 分别为中心频率和中心波长，K_0 为吸收线的峰值吸收系数，$\Delta\nu$ 和 $\Delta\lambda$ 均可表示谱线的半宽度，即峰值一半处所对应的频率或波长差。显然，吸收线的半宽度明显比发射线的宽。

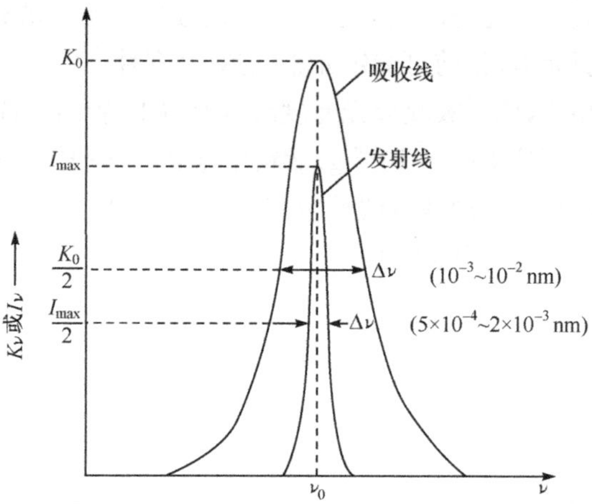

图 14-1　测定峰值吸收系数 K_0 时吸收线与发射线宽度的比较

影响谱线轮廓的因素较复杂，主要有以下四种。

(1) 自然宽度　取决于产生跃迁的激发态原子的寿命，根据测不准原理，激发态的寿命越短，谱线自然宽度越宽，共振线的半宽度为 10^{-5} nm 数量级。

(2) 热变宽　也称多普勒(Doppler)变宽，该变宽是谱线变宽的主要原因，由原子的无规则热运动产生。气态原子处于无序运动中，其中部分原子远离检测器运动时，检测到比原来更低的频率或更长的波长，而向着检测器运动时，则检测出比原来更高的频率或更短的波长，因此谱线变宽了。温度越高变宽越严重。通常热变宽为 $10^{-4}\sim10^{-3}$ nm，是变宽的主要因素。

(3) 压力变宽也称碰撞变宽　是由原子间相互碰撞产生。可分为两类。

一类是被测原子之间的碰撞变宽，称为 Holtsmark 变宽或共振变宽，该变宽因被测元素浓度较低，常被忽略。

另一类是被测原子与其他粒子间碰撞引起的变宽，称为 Lorentz 变宽，外界气体压力增大，粒子的空间密度增加，碰撞机会增多，变宽会越严重。采用非火焰原子化时，该变宽可忽略不计，而火焰原子化时，其变宽程度与热变宽相近，不能被忽略。

(4) 自吸变宽　原子吸收分光光度计的光源也会由于自吸收现象使发射谱线变宽。

此外，若有外电场或磁场也会使谱线变宽，该变宽也称场致变宽。

在通常条件下的原子吸收分光光度法中，火焰原子化法的吸收线的宽度主要为热变宽和压力变宽引起，而非火焰原子化法的吸收线宽度主要由热变宽决定。

14.1.3　原子吸收与原子浓度的关系

从光源辐射出来的特征谱线的光强度为 I_0，经过原子蒸气（光程长为 L）后，光强度减弱为 I（图 14-2）。与分子吸收光谱一样，原子吸收光谱光强减弱的程度符合 Lambert-Beer 定律，即

$$I=I_0\exp(-K_\nu L) \qquad A=-\lg\frac{I}{I_0}=0.4343\,K_\nu L \tag{14-2}$$

式中，K_ν 为吸收系数。

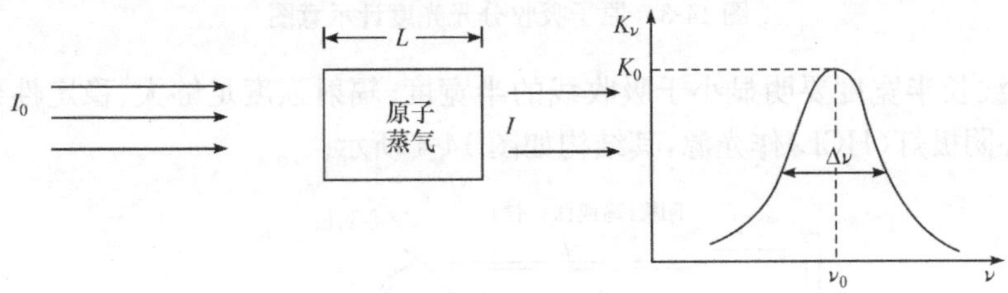

图 14-2　原子吸收示意图

他们的主要区别在于分子吸收谱带上的任意各点与不同的能级跃迁相联系。而原子吸收线轮廓上的任意各点，属于相同的能级间跃迁，是同种元素的基态原子在吸收其共振线时被展宽了的吸收带，所以基态原子浓度 N_0 应与吸收系数轮廓所包围的面积（称为积分吸收系数）成正比。因此，只有测定了积分吸收系数，才可以确定蒸气中的原子浓度。但由于原子吸收谱线很窄，宽度只有约千分之几纳米，要在如此小的轮廓准确积分，一般光谱仪难以达到。因此应避免积分吸收测定。同时，若用连续光源（最小通带宽度为 0.1 nm），吸收线（半宽度约为 10^{-3} nm）实际吸收的能量仅占入射光能量的千分之几，很难准确测定其信噪比，因此，又不能使用连续光源。

1955 年，瓦尔什从理论上证明，只要使用锐线光源，就可以用测量峰值吸收系数 K_0 代替积分吸收系数 K_ν 来进行个定量分析。所谓锐线光源就是发射线的半宽度比吸收线的半宽度窄得多，同时，发射线的中心频率与吸收线的中心频率重叠。

用 K_0 代替式(14-2)中的 K_ν，并将 N_0 近似地视为蒸气中的总原子浓度 N，整理即得

$$A=KNL \tag{14-3}$$

式中，K 为比例常数。实际工作中通常要求控制实验条件，使得试样中被测组分浓度 c 与 N 之间保持稳定的比例关系，即成正比时，则可得原子吸收分光光度法常用的定量公式

$$A=K'c \tag{14-4}$$

即吸光度与试样中被测组分的浓度呈线性关系。

14.2　原子吸收分光光度计

原子吸收分光光度计的结构和紫外-可见分光光度计相似（图 14-3），只是用空心阴极灯代替了连续光源，用原子化系统代替了吸收池，由四个基本部分组成：光源、原子化系统、单色系统和检测系统。

14.2.1　光源

光源的功能是发射被测元素基态原子所需吸收的特征共振辐射。对光源的基本要求如

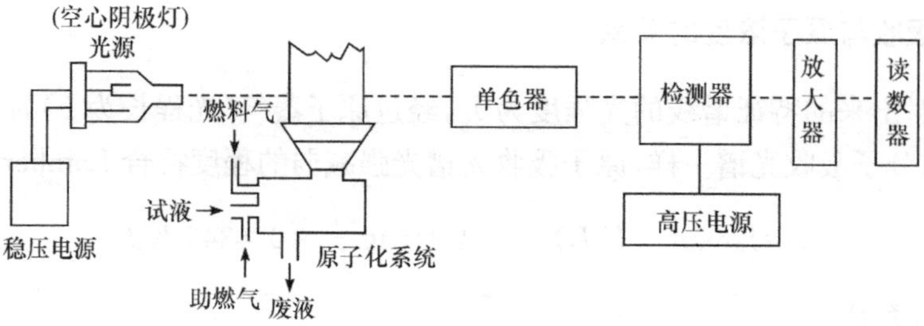

图 14-3　原子吸收分光光度计示意图

下：发射线的波长半宽度要明显小于吸收线的半宽度、辐射强度足够大、稳定性好、使用寿命长。常用空心阴极灯（HCL）作光源，其结构如图 14-4 所示。

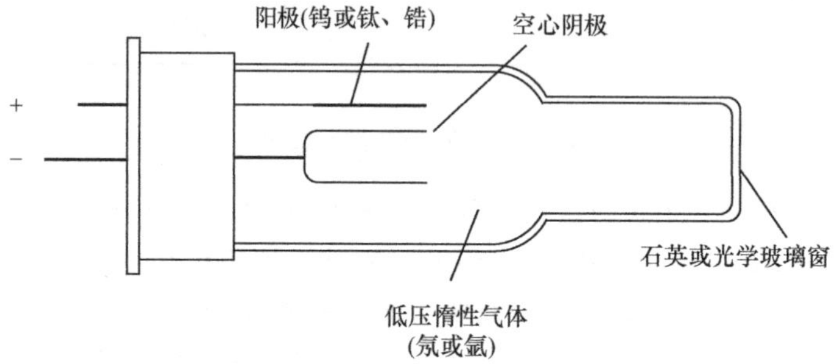

图 14-4　空心阴极灯结构

空心阴极灯实际上是一个带有石英窗（或光学玻璃窗）的气体放电管，阳极是一个钨棒，阴极是一个含有待测元素的空心筒，管内充有低压惰性气体（Ne 或 Ar、He 等）。当接通电源，空心阴极灯放电时，由于惰性气体电离，生成的惰性气体阳离子在电场作用下，撞击阴极内壁，使阴极溅射出待测元素的自由原子，这些自由原子在管内又与高速运动的电子、惰性气体分子及离子相互碰撞而被激发，从而发射出待测元素的特征谱线。这种光源发射的是锐线光谱，辐射强度大，稳定性好，但测定一种元素要换一个灯，不够方便。

14.2.2　原子化系统

原子化系统的功能是将试样中的待测元素转变为原子蒸气，方法可分为火焰原子化法和非火焰原子化法两种。

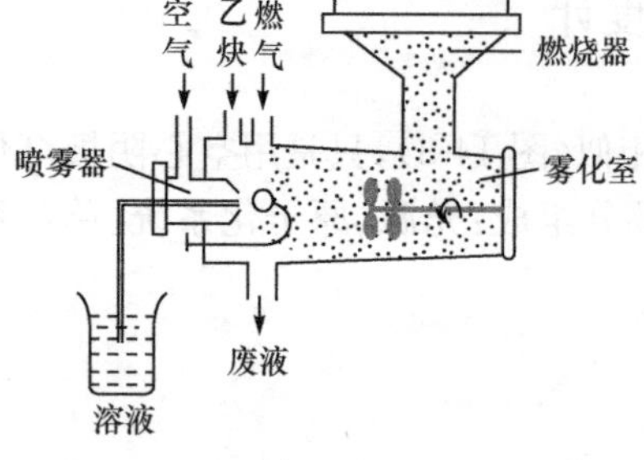

图 14-5　预混合型火焰原子化装置

火焰原子化法　实现火焰原子化的原子化器有两种，即全消耗型和预混合型。全消耗型原子化器系将试液直接喷入火焰，信号重现性不好；预混合型原子化器包括雾化器、雾化室和燃烧器三部分，将试液雾化并使雾滴均匀，然后再喷入以乙炔燃烧产生的火焰中将样品原子化，图 14-5 为预混合型火焰原子化器示意图。

采用预混合型原子化器使进入火焰的微粒均匀且细微，在火焰中可瞬时原子化，形成的火焰稳定性好，有效吸收光程长。缺点是提升进雾化器的溶液仅有 10% 变成微小雾滴进入火焰中被原子化，其他部分则因雾滴较大，沉降在雾化室底部，从废液管流走，导致原子化效率较低；另外，溶液浓度较高时容易在雾化室沉积，产生"记忆"效应。

非火焰原子化法　应用最广的非火焰原子化器是管式石墨炉原子化器。商品化的仪器如图 14-6 所示，由电炉、炉体和石墨管组成。石墨管两端用铜电极夹住，通过铜电极供电；样品用微量进样器直接由进样孔注入石墨管中，石墨管作为电阻发热体，通电后可达到 2000～3000 ℃高温，以蒸发试样和使试样原子化。铜电极周围用水冷却。密封后构成保护气室，室内通以惰性气体氩或氮，以保护原子化了的原子不再被氧化，也延长石墨管的使用寿命。

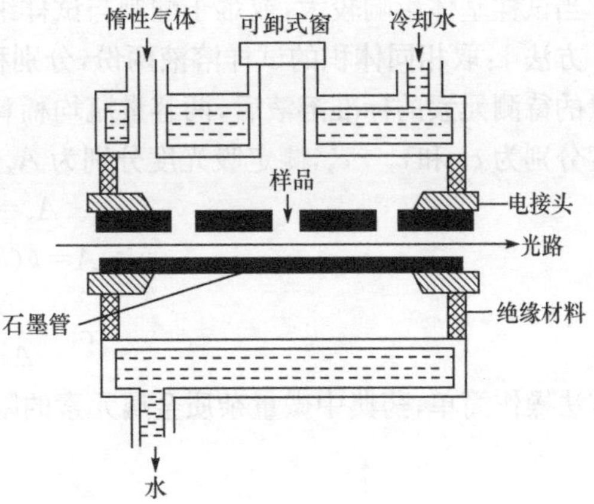

图 14-6　高温石墨管原子化器

与火焰原子化法相比，石墨炉原子化是在充有惰性保护气的气室内，于强还原性石墨介质中进行，有利于难熔氧化物的分解；取样量小，通常固体样品仅为 0.1～10 mg，液体样品为 1～50 μL，试样全部蒸发，原子在测定区的有效停留时间长，几乎全部参与光吸收，因而绝对灵敏度高；还可排除化学火焰中常产生的组分和火焰之间的相互作用，减小化学干扰。但由于取样量小，试样组成不易均匀使得测定精密度不如火焰法好；操作也不够简便，设备比较复杂，费用较高。

14.2.3　单色器

单色器的作用是将所需的共振吸收线分离出来。由于原子吸收分光光度计使用锐线光源，吸光度测定采用峰值吸收测定法，而且吸收光谱本身也比较简单，因此对单色器分辨率的要求并不高。单色器中的色散元件多用光栅。为了阻止来自原子化器的背景辐射进入检测器，单色器配置在原子化器以后的光路中。

14.2.4　检测系统

检测系统主要由检测器、放大器、对数变换器、指示仪表所组成。检测器多为光电倍增管，工作波段一般在 190～900 nm。目前原子吸收分光光度计多设有标度扩展、背景自动校正、自动取样等装置，并用计算机进行控制。

14.3　定量分析方法

定量分析常用的方法有标准曲线法、标准加入法和内标法。这里仅介绍前两种方法。

14.3.1　标准曲线法

在吸光度与被测元素浓度呈线性的范围内，配制一系列标准溶液（尽可能与试样基体相同或相近），由低浓度到高浓度依次测定吸光度值 A，以吸光度 A 为纵坐标，标准溶液的浓度 c 为横坐标作图 A-c，即得标准曲线（或用线性回归分析）。在相同条件下，测定试样溶液的吸光度，由标准曲线求被测元素的含量。该方法适用于组成较简单、干扰较少的试样。

14.3.2　标准加入法

当试样基体影响较大，或难于配制与试样组成相似的标准溶液时，可采用标准加入法。

方法 1：取相同体积的试样溶液两份，分别移入相同体积的容量瓶 A、B 中，在 B 中加入一定量的待测元素的标准溶液后，两容量瓶均稀释至刻度，设此时 A 和 B 容量瓶中待测元素的浓度分别为 c_x 和 c_x+c_s，测定吸光度分别为 A_x 和 A，则

$$A_x=kc_x \tag{14-5}$$

$$A=k(c_x+c_s) \tag{14-6}$$

$$c_x=\frac{A_x}{A-A_x}c_s \tag{14-7}$$

该方法操作简单，药典中微量杂质金属元素的限度检测常使用该方法。

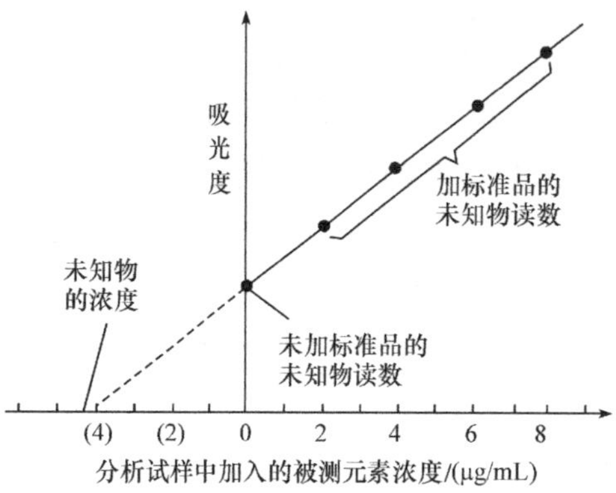

图 14-7　标准加入法图解

方法 2(作图法)：分别取等体积的试样 n 份($n\geqslant 4$)，从第二份开始加入不同量待测元素的标准溶液(加入量按一定比例递增)，稀释至相同体积，测吸光度 A，以吸光度为纵坐标，以加入待测元素标准溶液浓度 c_1、c_2、…为横坐标作图得一直线，直线反向延长与浓度轴的交点，就是试液中待测元素的浓度。该方法所加的标准溶液 c_0 尽量与试液中被测元素浓度接近，且所有溶液的吸光度都应在吸光度与被测元素浓度呈线性的范围内。如图 14-7 所示。

【例 14-1】　用原子吸收分光光度法测定某试样中铜的浓度，采用标准加入法，各取试样 10.00 mL，加入不同体积铜标准溶液，均用水稀释至 50.00 mL 后测定吸光度，见下表，求铜的浓度。(已知铜标准溶液的浓度为 10.00 μg/mL。)

项目	瓶号				
	1	2	3	4	5
试样体积/mL	10.00	10.00	10.00	10.00	10.00
铜标准溶液加入体积/mL	0.00	1.00	2.00	3.00	4.00
稀释后所加标准溶液铜浓度/(μg/mL)	0.000	0.200	0.400	0.600	0.800
吸光度 A	0.035	0.068	0.104	0.131	0.176

解　以吸光度 A 为纵坐标，以加入待测元素标准溶液浓度为横坐标作图(图 14-8)得一直线，与浓度轴的交点为 0.196 μg/mL(不考虑负号)，换算成原试样中铜的浓度为

$$\frac{0.196\ \mu\text{g/mL}\times 50.00\ \text{mL}}{10.00\ \text{mL}}=0.98(\mu\text{g/mL})$$

该题也可用铜标准溶液的加入体积为横坐标，用吸光度为纵坐标作图，得交点 0.98 mL 换算成原试样中铜的浓度为$\dfrac{0.98\ \text{mL}\times 10.00\ \mu\text{g/mL}}{10.00\ \text{mL}}=0.98(\mu\text{g/mL})$。

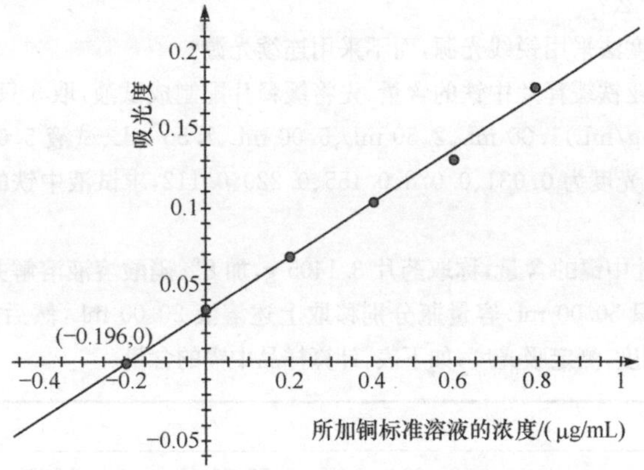

图 14-8　吸光度与加入铜标准溶液浓度关系曲线

14.4 应用方法

原子吸收分光光度法具有灵敏度高、选择性好、操作简单等优点，元素周期表中大多数元素(达 60～70 种)都可用本法直接或间接测定，在冶金、地质、环境、医药等行业有广泛的应用。

14.4.1 测定条件的选择

原子吸收分光光度法的应用要求对样品进行合适的处理，对分析线、原子化条件等仪器参数经常要通过实验进行优化，以取得较高的分析灵敏度。尤其应该重视原子吸收测定的干扰效应，特别是电离干扰和物理干扰。对火焰原子化器，往往要采用加入保护剂、释放剂来消除化学干扰，通过加入过量易电离金属元素减小电离干扰，提高原子化效率；对石墨炉原子化器，可加入适宜的基体改进剂以降低物理干扰，采用仪器配备的背景校正系统来消除背景吸收；此外，采用标准加入法也可有效地消除物理干扰。

14.4.2 在药物分析中的应用

药物分析中，《中国药典》(2010 年版)收录了原子吸收分光光度法在测定药物中金属元素含量方面的应用，如乳酸钠林格注射液和复方乳酸钠葡萄糖注射液中的钠、钾、钙，氯化钾缓释片中的钾，口服补盐液Ⅱ中的钠、钾，碳酸锂缓释片中的锂，硫酸亚铁缓释片中的铁，重组人胰岛素中的锌的测定。另外，还可应用在测定药品中杂质金属元素限量检测方面，如补钙用碳酸钙片剂中的镉，重质碳酸镁中的汞，氢氧化铝中的镉、汞，葡萄糖酸锌中的镉，碱式碳酸铋中的铅的测定。此外，人的体液和某些生物试样以及一些中药材中的微量金属元素的测定也经常采用原子吸收分光光度法。原子吸收分光光度法已被各国药典收录，原子吸收分光光度计已成为药物分析实验室必备的光谱分析仪器。

习　题

1. 原子吸收分光光度法中为什么常选择共振线作为吸收线？
2. 什么是积分吸收？什么是峰值吸收系数？为什么原子吸收分光光度法常用峰值吸收而不用积分吸收？
3. 紫外-可见分光光度计的分光系统放在吸收池的前面，而原子吸收分光光度计的分光系统放在原子化系统

(吸收系统)的后面,为什么?

4. 为什么原子吸收分光光度法采用锐线光源,而不采用连续光源?

5. 用标准曲线法测定硫酸亚铁缓释片中铁的含量,先将缓释片配制成试液,取5只50.00 mL容量瓶,分别加入标准Fe溶液(10.00 μg/mL)1.00 mL、2.50 mL、5.00 mL、7.50 mL、试液5.00 mL稀释至刻度,在波长248.3 nm下分别测定吸光度为0.031、0.078、0.155、0.220、0.112,求试液中铁的浓度。

[7.42 μg/mL]

6. 石墨炉法测定碳酸钙药片中镉的含量,称取药片3.1405 g,加8%硝酸溶液溶解并转移入100.0 mL容量瓶中,稀释至刻度,另取四只50.00 mL容量瓶分别移取上述溶液20.00 mL,然后加入不同量的标准镉溶液(1.00 μg/mL),稀释至刻度,测定吸光度,如下表,计算样品中镉的含量。

瓶号	1	2	3	4
试样体积/mL	20.00	20.00	20.00	20.00
铜标准溶液加入体积/mL	0.00	0.50	1.00	1.50
吸光度 A	0.028	0.063	0.101	0.143

[0.000055%]

(大连医科大学　彭　茵)

第 15 章　核磁共振波谱法

用波长为 10～100 m 的无线电波照射物质分子时，分子中的某些原子核将吸收能量，从低能态跃迁至高能态，发生原子核自旋能级的跃迁。由于这种能级的跃迁能量差别极小，信号很弱，不能像普通吸收光谱通过测定透过光的信号强度变化进行检测，而是应用在外界强磁场的诱导下产生的核磁共振吸收进行测定。记录发生核磁共振吸收信号的位置和强度就得到核磁共振波谱。利用核磁共振波谱进行分析的方法称为核磁共振波谱法(nuclear magnetic resonance spectroscopy，NMR)。

核磁共振技术是哈佛大学的 Purcell 与斯坦福大学的 Bloch 等在 1946 年发现的，并因此而获得 1952 年诺贝尔物理学奖。1953 年出现了第一台 30 MHz 连续波核磁共振波谱仪商品。1964 年以后，采用脉冲傅里叶变换技术(PFT)使自然丰度很低的 ^{13}C 及 ^{15}N 等 NMR 信号的直接测定成为可能。近年来，强磁场超导核磁共振仪以及二维核磁共振(2D NMR)技术、差谱技术及固体核磁共振技术等有了迅速的发展，使得核磁共振波谱法成为化学、生命科学和临床医学研究中主要的分析手段之一。

目前应用最为普遍的核磁共振波谱有两种。质子核磁共振谱(^1H NMR)，又称氢谱，提供的主要信息有：①质子类型及其化学环境；②氢核分布；③核间关系。碳-13 核磁共振谱(^{13}C-NMR)，又称碳谱，可直接提供分子碳骨架的信息，与氢谱相互补充成为有机化合物结构测定的常用技术。本章重点介绍质子核磁共振谱的基本原理和方法。

15.1　基本原理

15.1.1　原子核自旋与磁矩

1. 自旋分类

原子核是带正电荷的粒子，若有自旋现象就可以产生磁矩。原子核的自旋特征可以用自旋量子数(spin quantum number)I 描述。不同的核具有不同的自旋量子数(表 15-1)，因而自旋情况也不相同，可分为三种类型。

(1) $I=0$。这类核无自旋现象，其核的质量数与电荷数(原子序数)均为偶数，不产生核磁共振信号，如 ^{12}C、^{16}O 等。

(2) I 为半整数($I=1/2,3/2,5/2,\cdots$)。这类核的质量数为奇数，电荷数为奇数的如 ^1H、^{19}F 等；也可为偶数的如 ^{13}C 等。其中 $I=1/2$ 的核是目前核磁共振测定的主要对象。

(3) I 为整数($I=1,2,\cdots$)。这类核的质量数为偶数，电荷数为奇数，如 ^2H、^{14}N 等；虽有自旋现象，但因机理较复杂，目前研究较少。

表 15-1　各种核的自旋量子数

质量数	中子数	电荷数 Z	自旋量子数 I	例子
偶数	偶数	偶数	零(0)	^{12}C、^{16}O、^{32}S
奇数	偶数	奇数	半整数(1/2,3/2,5/2,…)	^1H、^{19}F、^{31}P、^3H、^{15}N
奇数	奇数	偶数	半整数(1/2,3/2,5/2,…)	^{13}C、^{11}B、^{17}O、^{29}Si
偶数	奇数	奇数	整数(1,2,3)	$^2H(D)$、^{14}N、^{10}B

2. 核磁矩

原子核自旋时，核上的电荷绕轴旋转产生循环电流，具有自旋角动量 P，同时也具有自旋感应产生的核磁矩 μ。自旋角动量 P 和自旋量子数 I 有以下关系：

$$P=\frac{h}{2\pi}\sqrt{I(I+1)} \tag{15-1}$$

式中，h 为普朗克常量。

核磁矩 μ 和自旋角动量 P 之比称为磁旋比(magnetogyric ratio)。γ 为原子核的特征常数，见表 15-2，不同磁核的磁旋比不同，因此其产生相应的核磁矩也不同。

$$\mu=\gamma P \tag{15-2}$$

表 15-2 有机化合物中原子核与核磁共振谱的相关特性

自旋核	自旋量子数	磁旋比 γ/(rad/Ts)	磁矩 μ (μ_N)	自然丰度 /%	核相对灵敏度	考虑自然丰度后的绝对灵敏度	2.3488 T下的共振频率 ν_0/MHz	7.05 T下的共振频率 ν_0/MHz
^1H	1/2	26.752	2.793	99.985	1.000	1.000	100.00	300
^{13}C	1/2	6.728	0.702	1.10	0.016	1.76×10^{-4}	25.144	75.43
^{19}F	1/2	25.181	2.627	100.0	0.833	0.833	94.077	282.23
^{31}P	1/2	10.841	1.132	100.0	0.066	0.066	40.481	121.44

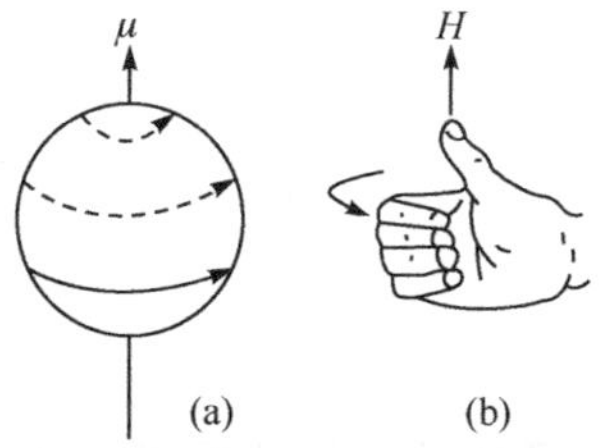

图 15-1 质子的自旋
(a) 核自旋与其产生的核磁矩方向；
(b) 右手螺旋法则

因此，μ 的大小与自旋量子数有关。当 $I=0$ 时，μ 等于 0，不产生核磁共振吸收信号；$I>0$ 有核磁矩，其方向可用右手法则确定(图 15-1)。

15.1.2 原子核的共振吸收

1. 核自旋能级分裂

在无外磁场时，由于核的无序排列，核磁矩的取向是任意的。若将原子核置于磁场中，根据量子力学，其核磁矩的取向是量子化的，其空间取向数目用磁量子数(magnetic quantum number)m 表示，m 取 $-I\sim I$ 的整数，则共有 $2I+1$ 个取向。若 $I=\frac{1}{2}$，如 ^1H，在 $m=\frac{1}{2}$ 时，核磁矩在外磁场方向 z 的投影(μ_z)与外磁场平行，能量较低；$m=-\frac{1}{2}$ 时，μ_z 与外磁场相反，能量较高。若 $I=1$，如 ^2H，$m=1$、0、-1，表明有三种取向。如图 15-2 所示。

核的自旋角动量在 z 轴上的投影 P_z 为

$$P_z=\frac{h}{2\pi}m \tag{15-3}$$

因此，不同取向的核磁矩在磁场方向 z 轴上的分量为

$$\mu_z=\gamma\cdot m\cdot\frac{h}{2\pi} \tag{15-4}$$

根据电磁学理论，外磁场作用下不同能级所具有的能量为

$$E=-\mu_z \cdot H_0=-\gamma \cdot m \cdot \frac{h}{2\pi}H_0 \qquad (15\text{-}5)$$

对于 $I=1/2$ 的 ^{1}H 核，其在磁场中的能量为

$$m=-\frac{1}{2},E_2=-\left(-\frac{1}{2}\right)\frac{\gamma h}{2\pi}H_0$$

$$m=\frac{1}{2},E_1=-\frac{1}{2}\frac{\gamma h}{2\pi}H_0$$

则
$$\Delta E=E_2-E_1=\frac{\gamma h}{2\pi}H_0 \qquad (15\text{-}6)$$

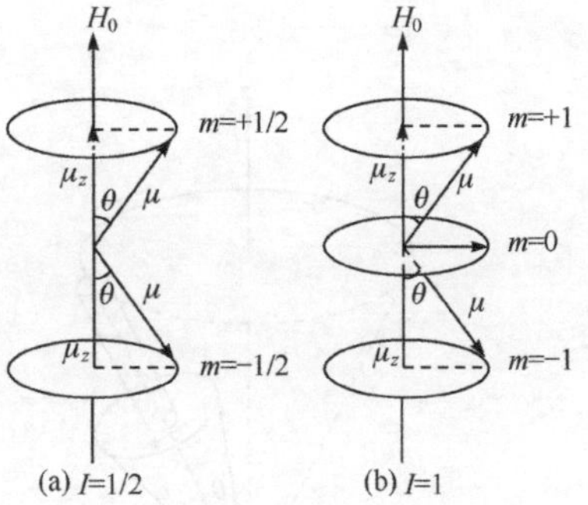

图 15-2　^{1}H 与 ^{2}H 自旋的空间量子化
(a) ^{1}H 核；(b) ^{2}H 核

由此说明原子核在顺磁场时，$m=1/2$，能量低；逆磁场时，$m=-1/2$，能量高，两者的能量差随着磁场强度的增加而增大，如图 15-3 所示。这种在外磁场作用下核磁矩发生不同取向，形成能级分裂的现象称为空间量子化。

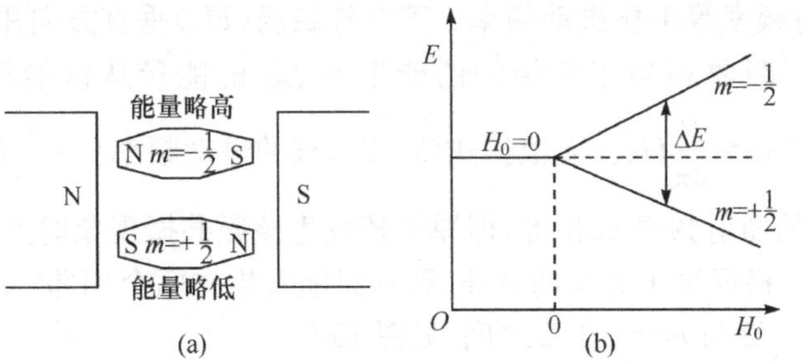

图 15-3　$I=1/2$ 的核在外磁场中的自旋与能级分裂
(a) $I=1/2$ 的核在外磁场中能级分裂与自旋取向；(b) $I=1/2$ 核的自旋能级分裂与外磁场 H_0 的关系

2. 原子核在磁场中的进动

在外磁场中，原子核绕其自旋轴旋转，而自旋轴又与外磁场保持某一夹角 θ 旋进运动，使磁矩有取向于外磁场方向的趋势。这种情形就如同玩具陀螺的进动（图 15-4）。具有一定速度的陀螺在地面上旋转时，其自旋轴虽有所倾斜，但在地心引力下不改变其倾斜度。原子核在磁场中的回旋也称为进动(precession)，又称 Larmor 进动（图 15-5）。

自旋核进动频率(ν)与外磁场强度(H_0)的关系用 Lamor 方程表述：

$$\nu=\frac{\gamma}{2\pi}H_0 \qquad (15\text{-}7)$$

当 H_0 一定时，进动频率与磁旋比成正比，则由于不同的原子核 γ 不同，进动频率不同。例如，^{1}H 的 γ 为 $2.67\times10^8\ \mathrm{T^{-1}\cdot S^{-1}}$，^{13}C 的 γ 为 $0.6721\times10^8\ \mathrm{T^{-1}\cdot S^{-1}}$，因此在 1.4092 T 的磁场中，^{1}H 和 ^{13}C 的 ν 分别为 60.00 MHz 和 15.08 MHz。

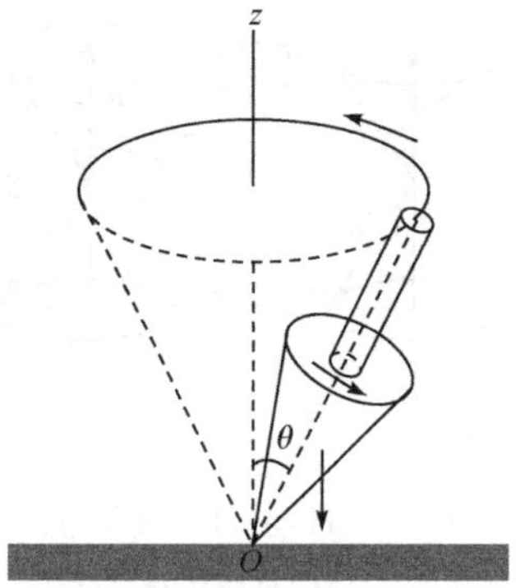

图 15-4　陀螺的进动图

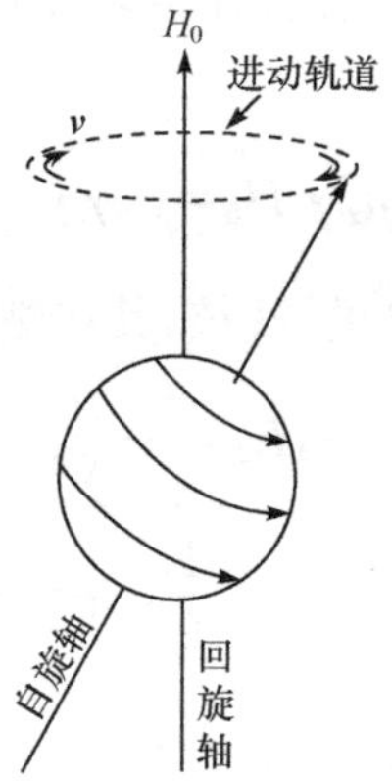

图 15-5　自旋核在外磁场中的进动

3. 共振吸收及其条件

(1) $\nu_0=\nu$，照射频率等于核进动频率。若在外磁场(H_0)垂直方向用频率为 ν_0 的电磁波照射，则原子核可以吸收相当于能级间的能量差 ΔE 的能量从低能级跃迁到高能级，而 $\Delta E=h\nu_0=\frac{\gamma h}{2\pi}H_0$，即 $\nu_0=\frac{\gamma}{2\pi}H_0$。而根据式(15-7)，核的进动频率 $\nu=\frac{\gamma}{2\pi}H_0$，则此时核的进动频率 ν 与外加磁场的照射频率 ν_0 相等，即原子核发生核磁共振现象时产生能级跃迁。

(2) $\Delta m=\pm 1$。根据量子力学的选律，跃迁只能发生在两个相邻能级间，即对于 $I=1/2$ 的核，仅发生在 $m=1/2$ 与 $m=-1/2$ 之间，见图 15-6。

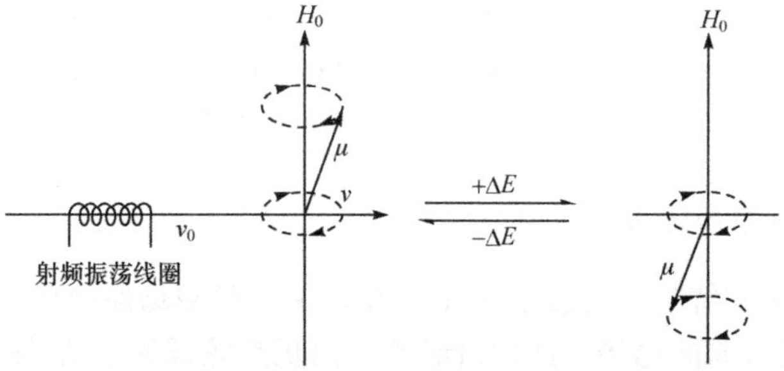

图 15-6　氢核的共振吸收与弛豫

4. 饱和与弛豫

在外磁场作用下，低能态(基态)核数(n_α)与高能态核(激发态)核数(n_β)的比例服从 Boltzmann分布：

$$\frac{n_\alpha}{n_\beta}=e^{\Delta E/kT}=e^{\frac{\gamma h}{2\pi}H_0/(kT)} \tag{15-8}$$

式中，k 为 Boltzmann 常量。根据式(15-8)，在 27 ℃(300 K)、$H_0=1.4092$ T 时，氢核的 $n_\alpha/n_\beta=1.0000099$，即核磁信号是靠多出的约百万分之十基态核的净吸收而产生。若跃迁至高能态的核不回到低能态，则吸收饱和，NMR 信号将消失。通常高能态的核通过非辐射方式损失能量而回到低能态，称为弛豫(relaxation)。如图 15-6 所示，吸收和弛豫是可逆过程，若无有效的弛豫过程，饱和现象很容易发生。式(15-8)还表明，随着 H_0 的增加，n_α/n_β 增大，因而灵敏度增加。

15.1.3　核磁共振波谱的测定

如前所述，核磁共振波谱法应用共振吸收法测定核磁共振信号进行检测。核磁共振波谱的常用测定方法有以下两种类型。

1. 连续波核磁共振仪

传统的核磁共振光谱仪采用辐射频率或磁场强度连续变化扫描的方式测定，通常称为连续波核磁共振仪(continuous wave NMR)，简称 CW-NMR。其结构如图 15-7 所示，由磁铁、探头、射频发生器、射频接收器、扫描发生器、信号放大及记录仪组成。

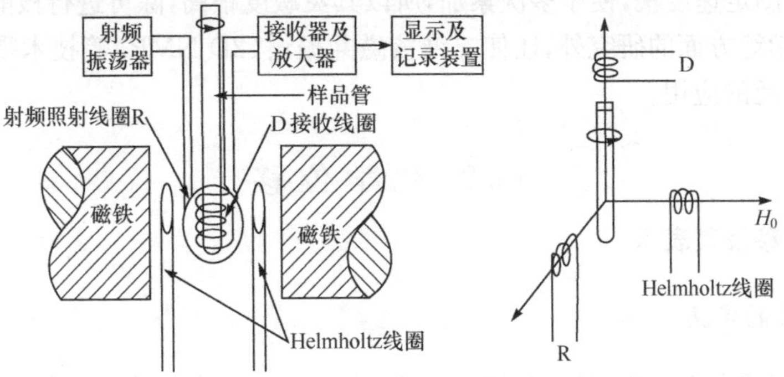

图 15-7　CW-NMR 结构与原理示意图

这种仪器的磁场由电磁铁或永久磁铁产生。在两个磁极中间安装有探头，其正中插入一根样品管，可匀速而平稳地旋转，使样品受到均匀的磁场强度。R 为照射线圈，D 为接收线圈。R、D 安装在探头中，与磁场方向垂直，互不干扰。R 产生与磁场方向垂直的射频场；D 用来接收核磁共振时的吸收信号。另一组线圈称为 Helmholtz 线圈，也称扫描线圈，安装在磁极上，改变其电流即可改变磁场强度，称为扫场。同时记录接收线圈收到的吸收信号和扫场的磁场强度即可得到核磁共振谱图。这种固定照射频率，连续改变磁场强度的扫描方式称为扫场(field sweep)法。若固定磁场强度，连续改变照射频率的扫描方式称为扫频(frequency sweep)法。

2. 脉冲傅里叶变换核磁共振仪

由于 CW-NMR 的工作是单频发射和接收，单位时间内获得的信息量很少，灵敏度较低，且扫描速度慢，以 ^{1}H-谱为例，扫描产生所有 ^{1}H-谱共振信号组成一张图谱需要数分钟时间，对于不灵敏核，如 ^{13}C，用 CW-NMR 获得其核磁共振谱几乎是不可能的。目前，NMR 测量中广泛采用的是脉冲傅里叶变换 NMR(PFT-NMR)。该仪器首先用包括了测谱范围内全部频率的宽频带强脉冲射频照射样品，使样品中所有磁核同时吸收射频中的各频率而被激发。当脉冲停止发射后，弛豫过程立即开始，接收器开始接收磁核发射的自由感应衰减信号(free induction decay，FID)，FID 信号是时间(t)的函数。FID 信号经过滤波、被模/数(A/D)转换器转换成数字信号后被计算机采集，再由计算机进行傅里叶变换计算，使其转变成频率(ν)的函数，最后经过数/模(D/A)转换器变换就得到通常的 NMR 图谱，仪器的工作原理如图 15-8 所示。

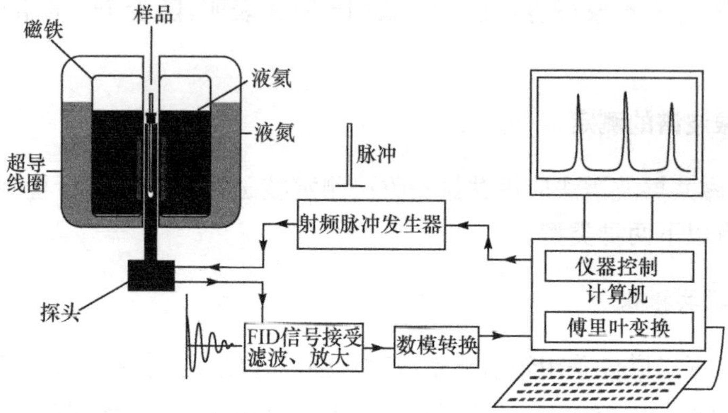

图 15-8　PFT-NMR 的工作原理及结构示意图

PFT-NMR 测定速度快，便于多次累加，所以其灵敏度很高，除可进行核的动态过程、瞬变过程、反应动力学等方面的研究外，还使二维核磁共振谱（2D NMR）等技术得以实现，使核磁共振谱有了更广泛的应用。

15.2　化学位移

15.2.1　化学位移及其表示

1. 化学位移的定义

如前所述，氢核在 1.4092 T 的磁场中，只吸收 60 MHz 的电磁波产生核磁共振信号。但是实验发现，不同类型氢核的共振频率有百万分之十左右的差别。例如，苯丙酮（$C_6H_5CH_2COCH_3$）的甲基氢与亚甲基氢共振频率相差百万分之 1.5，亚甲基氢与芳氢相差百万分之 3.7（图 15-9）。这种差别是由于氢核并非裸核，他本身及其他原子核的核外电子运动产生不同的感应磁场，因而对施加在氢核上磁场的屏蔽作用也不同，使原子核实受磁场强度稍有不同程度的降低，称为局部抗磁屏蔽（local diamagnetic shielding）。由于屏蔽效应的存在，核实受磁场强度（H）应校正为 $H=(1-\sigma)H_0$，σ 称为屏蔽常数（shielding constant）。由此，Larmor 公式修正为

$$\nu=\frac{\gamma}{2\pi}(1-\sigma)H_0 \tag{15-9}$$

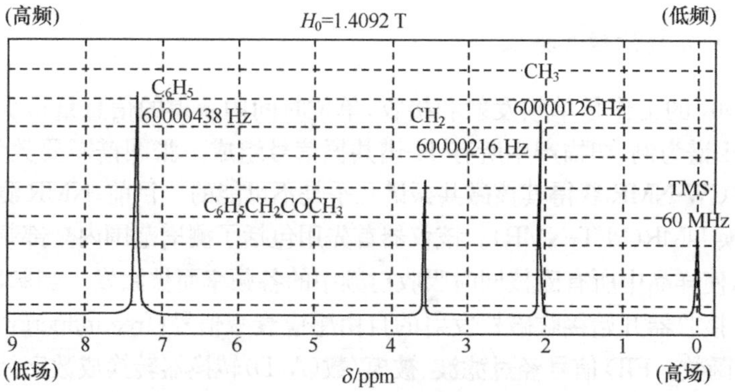

图 15-9　苯丙酮的核磁共振氢谱

式(15-9)说明,各种不同化学环境的氢核,因其周围的电子云分布不同,σ 不同,质子的共振频率不同。如果以频率为横坐标,不同化学环境质子将在核磁共振谱的不同位置出现吸收峰。

当 H_0 一定时(扫频),屏蔽常数 σ 大的氢核,进动频率 ν 小,共振峰出现在核磁共振谱的低频端(右端);反之,出现在高频端(左端);若 ν_0 一定时(扫场),则 σ 大的氢核,需在较大的 H_0 下共振,共振吸收峰出现在高场(右端);反之出现在低场(左端)。由于原子核所处的化学环境不同,核磁共振频率不相同的现象称为化学位移(chemical shift)。

2. 化学位移的表示

由于核磁共振的频率差别仅有百万分之几,要精确测定其绝对值比较困难。此外,若用磁场强度或频率表示化学位移,当外加磁场强度改变,产生屏蔽效应引起化学位移的数值也改变。为此,化学位移常采用相对法表示,以一定标准物测得的共振峰为零点,按以下方法测得待测样品的化学位移 δ(ppm):

扫频时

$$\delta(\text{ppm})=\frac{\nu_{样品}-\nu_{标准}}{\nu_{标准}}\times 10^6=\frac{\Delta\nu}{\nu_{标准}}\times 10^6 \tag{15-10}$$

式中,$\nu_{样品}$ 与 $\nu_{标准}$ 分别为被测样品及标准物的共振频率。

扫场时

$$\delta(\text{ppm})=\frac{H_{标准}-H_{样品}}{H_{标准}}\times 10^6 \tag{15-11}$$

式中,$H_{标准}$ 及 $H_{样品}$ 分别为标准品及样品共振时的场强。

这种相对计算法使得同一种质子在不同仪器上测得化学位移的结果一致。例如,样品质子化学位移为 1 ppm 时,在 60 MHz 仪器上测得的共振频率与标准品的差为 60 Hz;在 100 MHz仪器上则为 100 Hz。

测定时所用的标准物最常用的是 TMS(四甲基硅烷)。国际纯粹与应用化学学会(IUPAC)规定 TMS 的 δ 为 0,TMS 峰左 δ 为正,峰右 δ 为负。

15.2.2　化学位移的影响因素

凡是能使核外电子云密度改变的因素都能影响化学位移。若能使核外电子云密度降低,会使磁屏蔽效应减弱,即去屏蔽效应增大,化学位移增加,核磁共振信号移向低场;反之,核外电子云密度增加,屏蔽效应增加,化学位移降低,核磁共振信号移向高场。影响化学位移的因素主要有电负性、磁各向异性、氢键等。

诱导效应　当氢核附近具有电负性的取代基(如卤素、硝基等)都可降低核外电子云密度,使其化学位移增加,其影响程度与该原子或基团的电负性有关。以 CH_3X 型化合物为例,$(CH_3)_4Si$、CH_4、CH_3Cl、CH_3OH 和 CH_3F 中,Si、H、Cl、O 和 F 电负性分别为 1.8、2.1、3.1、3.5 和 4.0,质子的 δ 分别为 0、0.23、3.05、3.40 和 4.26。相邻原子或基团的电负性增大,去屏蔽效应增大,δ 增加。

取代基的诱导效应可通过碳链延伸,相隔 3 个以上碳原子则影响可忽略不计。常见官能团的电负性一般大于氢原子的电负性,碳的电负性也比氢大,因此 $\delta_{CH}>\delta_{CH_2}>\delta_{CH_3}$。

磁各向异性(magnetic anisotropy)　质子在分子中所处的空间位置不同,其受邻近原子或基团的核外电子所产生的屏蔽效应的影响不同，统称为磁各向异性或远程屏蔽效应(long range shielding effect)。

(1) 芳环。苯和其他芳环的大 π 键在外加磁场诱导下，易形成电子环流，产生次级磁场(图 15-10)。在芳环中心及平面的上下方，次级磁场的磁力线与外磁场的磁力线方向相反，在这个区域中，质子所受的外磁场强度降低，称为正屏蔽区，以“＋”表示。处于正屏蔽区的质子的 δ 减少(峰右移)。在平行于芳环平面四周的区域，次级磁场的磁力线与外磁场一致，此区域的质子所受磁场强度增加，称为去屏蔽区或负屏蔽区，以“－”表示。苯环上氢原子处于负屏蔽区，使 δ 达到 7.27 ppm。

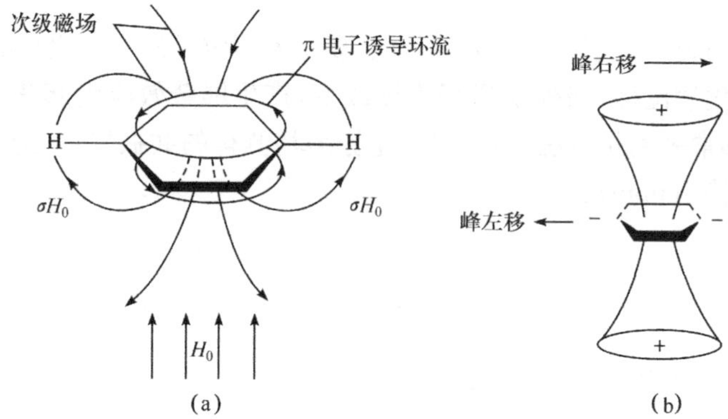

图 15-10　苯环的磁各向异性

(a) 苯环 π 电子产生的次级磁场(诱导环流中的箭头指电子运动方向，下同)；

(b) 苯环的正屏蔽区与负屏蔽区

(2) 双键(C═O 及 C═C)。双键的 π 电子云分布于成键平面的上下方，形成结面(nodal plane)，在外加磁场诱导下形成电子环流，产生次级磁场，平面内为去屏蔽区(图 15-11)。由于双键烯氢既有双键的诱导效应又有负屏蔽区的去屏蔽作用，因此 δ 较大，出现在较低场。例如，乙烯氢的 δ 为 5.25 ppm，乙醛氢的 δ 为 9.69 ppm。

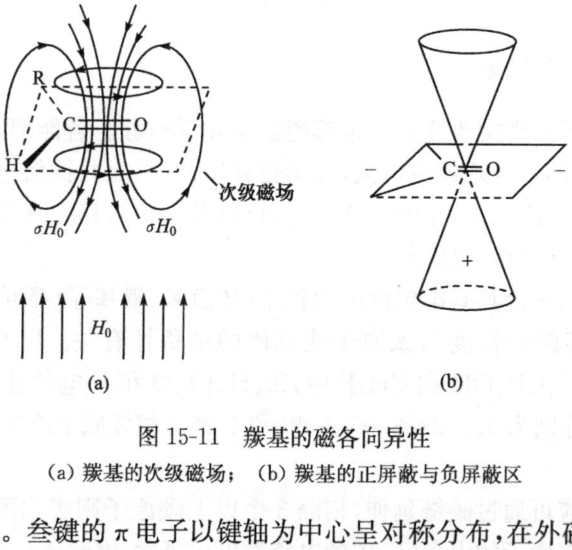

图 15-11　羰基的磁各向异性

(a) 羰基的次级磁场；(b) 羰基的正屏蔽与负屏蔽区

(3) 叁键(C≡C)。叁键的 π 电子以键轴为中心呈对称分布，在外磁场诱导中，其 π 电子绕碳碳键形成环流，产生次级磁场(图 15-12)。因而炔氢处于正屏蔽区，其实受的磁场强度降低，δ 小于烯氢，如乙炔氢 δ 为 2.88 ppm，而乙烯氢 5.25 ppm。

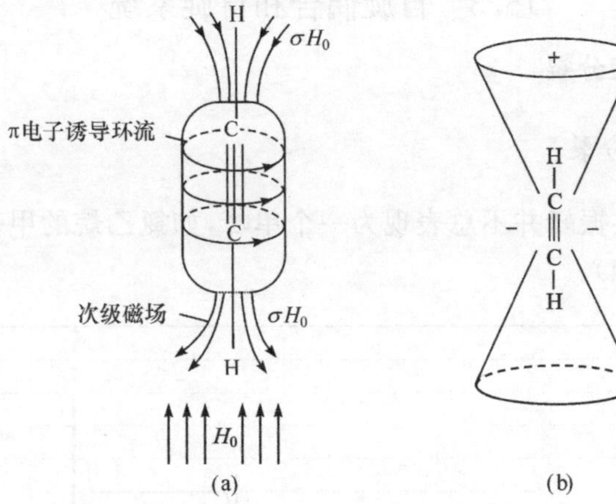

图 15-12　炔键的磁各向异性

(a) 炔键的次级磁场；(b) 炔键的正屏蔽与负屏蔽区

氢键的去屏蔽效应　由于氢键形成后能降低质子周围的电子云密度，因而使质子的化学位移增加。例如，羟基氢在稀溶液中 δ 为 0.5～1.0 ppm，而在浓溶液中形成氢键，则 δ 为 4～5 ppm。随浓度减小，氢键作用减弱，羟基峰向高场位移。由于氢键的形成与温度、浓度及溶剂极性有关，因而与其他杂原子相连的活泼氢呈现较宽范围变动的化学位移。

15.2.3　不同类型质子的化学位移

有机化合物中各类质子化学位移的大体规律归纳如下（以 δ 值为序）：

(1) 芳氢＞烯氢＞炔氢＞烷氢。

(2) $(C)_3C—H > (C)_2CH_2 > C—CH_3$。

(3) $—C(=O)—OH > —C(=O)—H > Ar—OH > R—OH \approx R—NH_2$。

在核磁共振谱上各类质子化学位移的大体范围如图 15-13 所示。

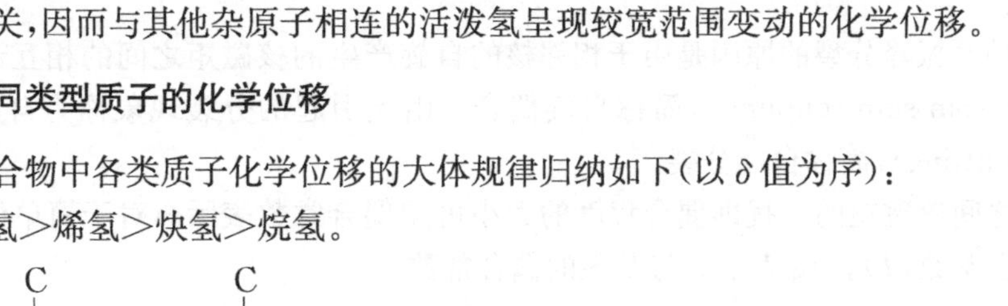

图 15-13　有机化合物中各类质子化学位移的分布简图

15.3　自旋偶合和自旋系统

15.3.1　自旋偶合与自旋分裂

1. 自旋偶合与自旋分裂

在^1H NMR 谱上，共振峰并不总表现为一个单峰，如氯乙烷的甲基峰为三重峰，亚甲基(CH_2)为四重峰(图 15-14)。

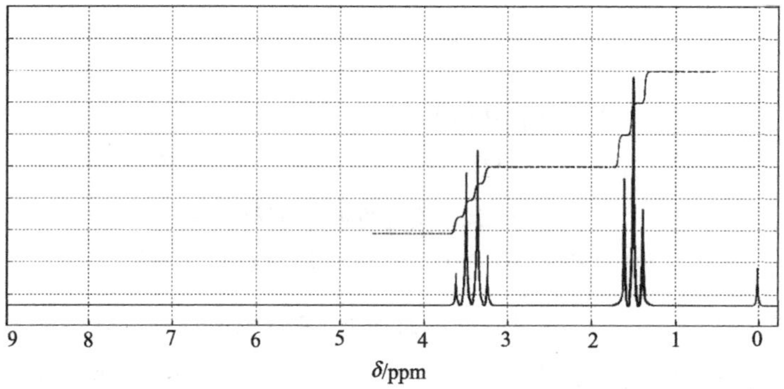

图 15-14　氯乙烷的核磁共振谱

发生这种共振峰分裂的原因是由于相邻核的自旋产生的核磁矩之间的相互干扰，称为自旋-自旋偶合(spin-spin coupling)，简称自旋偶合。由此引起的分裂现象称为自旋-自旋分裂(spin-spin splitting)，简称自旋分裂。

相邻核之间核磁矩的干扰即偶合程度的大小可用偶合常数表示。对于简单偶合而言，峰裂距即为偶合常数(J)。J_{ab}表示 a 与 b 核的偶合常数。

2. 一级偶合和高级偶合

通常把自旋偶合按偶合强弱分为一级偶合和高级偶合两种。$\Delta\nu \gg J$ 的偶合为弱偶合，反之为强偶合。强弱偶合的分类目前多以 $\Delta\nu/J>10$ 为界，$\Delta\nu/J>10$ 的为一级偶合，$\Delta\nu/J<10$ 的为高级偶合。符合一级偶合的核磁共振谱为一级图谱，高级偶合图谱的分析方法不在本书要求范围之内。

在典型的一级偶合示例氯乙烷的氢谱(图 15-15)中，甲基上的质子受相邻亚甲基上两个氢核磁矩的微扰分裂为三重峰。因为 CH_2 质子有两种自旋取向($m=1/2, -1/2$)，产生不同的局部磁场，若 $m=1/2$ 的磁矩与外磁场方向相同，则使甲基上的氢核感受到的外磁场增加，$m=-1/2$自旋取向的磁矩则与外磁场方向相反，抵消一部分外磁场使甲基上的氢核感受到的外磁场降低。若以 b_1 和 b_2 表示 CH_2 的两个质子，则有四种自旋取向：①b_1 和 b_2 都为 $m=1/2$，与外部磁场方向相同；②b_1 为 $m=1/2$，b_2 为 $m=-1/2$；③b_1 为 $m=-1/2$，b_2 为 $m=1/2$；④b_1 和 b_2 都为 $m=-1/2$，与外部磁场方向相反。因此偶合的结果使甲基上的质子分裂为三重峰。

同样，氯乙烷的亚甲基也受甲基三个氢核的干扰，产生了四种不同的效应：①↑↑↑；②↑↑↓，↑↓↑，↓↑↑；③↓↓↑，↓↑↓，↑↓↓；④↓↓↓，分裂 3 次，形成峰高比为 1∶3∶3∶1的四重峰，如图 15-16 所示。

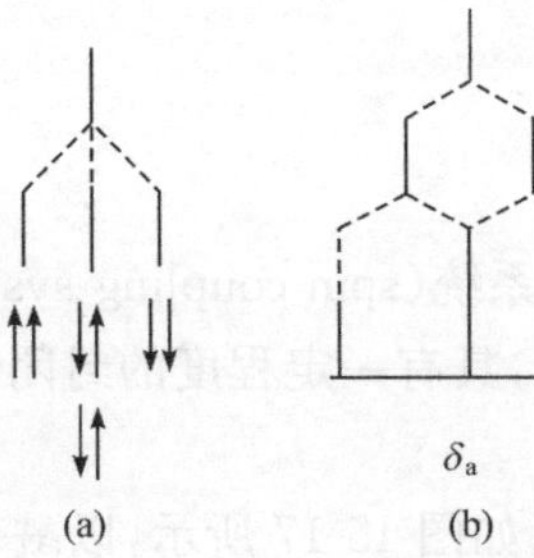

图 15-15　氯乙烷甲基的自旋分裂

(a)自旋分裂图；(b)示意图

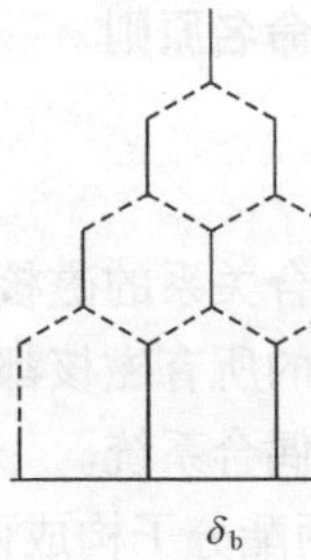

图 15-16　氯乙烷亚甲基的自旋分裂

3. $n+1$ 规律

由上文可知，对于一级偶合，质子共振峰自旋分裂的峰数取决于邻近磁核给出磁矩自旋方式结合的数目，与 n 个相邻氢偶合时将被分裂为 $n+1$ 重峰，而与该基团本身的氢数无关，此规律称为 $n+1$ 规律。

对于服从 $n+1$ 律的多重峰，偶合分裂的多重峰强度比即峰高比大致为二项式 $(a+b)^n$ 展开式的系数比，则二重峰(doublet，d)峰高比为 1∶1，三重峰(triplet，t)峰高比为 1∶2∶1，四重峰(quartet)峰高比为 1∶3∶3∶1，五重峰(quintet)峰高比为 1∶4∶6∶4∶1，六重峰(sextet)峰高比为 1∶5∶10∶10∶5∶1；而化学位移位于多重峰的中心处。

上述自旋偶合分裂的规律即 $n+1$ 律实际上是 $2nI+1$ 规律的特殊形式。因为氢核的 $I=1/2$，因而 $2n\times1/2+1=n+1$。若 $I=1$(如氘核)，如在一氘碘甲烷中(CIH_2D)，氢核受一个氘核的干扰，分裂为三重峰，服从 $2nI+1$ 律。

若某基团的氢核与 n、n'、…个氢核相邻，且发生简单偶合，则有下述两种情况：

(1) 偶合常数相等(裂矩相等)，如当一个基团被多取代时，则服从 $n+1$ 律，分裂峰数为 $(n+n'+\cdots)+1$。例如，对于 $CH_3CH(Br)CH_2COOH$，$J_{ac}=J_{bc}$，H_c(—CH—)分裂为 $(3+2)+1=6$ 重峰(1∶5∶10∶10∶5∶1)。

(2) 偶合常数不等，则呈现 $(n+1)(n'+1)\cdots$ 个子峰。每个氢都被一个相邻的氢分裂为二重峰，再被另一个氢分裂，得双二重峰，峰高比为 1∶1∶1∶1。注意双二重峰不是一般的四重峰(1∶3∶3∶1)。

4. 偶合常数及影响因素

如前所述，偶合常数 J 源于自旋偶合，反映了相邻核之间核磁矩的干扰程度。对于简单偶合而言，峰裂距即为偶合常数(J)。J_{ab} 表示 a 与 b 核的偶合常数，单位为 Hz，左上角可加数字表示偶合质子间相隔的化学键数。J 与 δ 一样是有机结构解析的依据。

根据偶合核间隔的化学键，常将偶合分为同碳偶合(偕偶)、邻碳偶合(邻偶)及远程偶合三种。按核的种类可分为 H—H 偶合及 C—H 偶合，相应的偶合常数用 J_{H-H} 及 J_{C-H} 表示。影响偶合常数的因素主要是核的结构因素，特别是偶合核间距离。偶合核间距离越大，偶合程度越小，因而 J 越小，如饱和烷烃的 ${}^2J_{H-H}$ 为 10～15 Hz，而 ${}^3J_{H-H}$ 为 6～8 Hz。由于峰裂距只取决于偶合核的局部磁场，因而偶合常数与外部磁场强度无关。

15.3.2 自旋系统及命名原则

1. 自旋系统

一组相互存在偶合关系的磁核可构成一个自旋偶合系统(spin coupling system)。一个独立的自旋偶合系统内的所有磁核都不参与系统外的偶合,具有一定程度的封闭性。一个化合物可以有一个或多个偶合系统。

例如,正丁酸异丙酯分子构成两个独立的偶合系统,如图 15-17 所示,以酰基部分的正丙基质子构成的自旋系统与烷氧基部分的异丙基构成的自旋系统。显然,上述一级偶合和高级偶合都发生在各个自旋系统内部。两个自旋系统之间由于羰基和氧的相隔,不发生偶合。按偶合核的数目,自旋系统可分为二旋、三旋及四旋系统等。

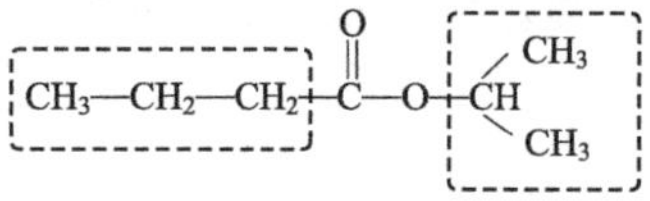

图 15-17　正丁酸异丙酯的两个独立自旋系统

在核磁共振谱中,分子中化学位移相同的一组核称为化学等价核。这些核处于相同的化学环境中,不仅与它们相连的原子或基团相同,而且其空间排列也相同,这些质子对称或快速旋转作用使得质子的位置可以互换。

若一组化学等价核,与组外任一核偶合时其偶合常数相同,则称为磁等价核,也称磁全同核。磁等价核的特征是:①组内核的化学位移相等;②与组外核偶合时,偶合常数相等;③在无组外核干扰时,组内核虽偶合,但不分裂。显然,一组氢核若其磁等价必定化学等价,化学等价不一定磁等价,但化学不等价一定磁不等价。

2. 命名原则

对自旋系统的命名有助于核磁共振图谱的研究。命名时,将每个系统中的磁核用英文字母代表,将 26 个英文字母分为三组,分别为 A～K、M～W 及 X～Z。用同一字母代表磁等价核,磁核的数目在其右下角用阿拉伯数字表示,如 CH_4 命名为 A_4 系统。如果偶合核之间的偶合作用较强但化学位移相近($\Delta\nu/J<10$),则用同组内的不同字母表示。如果偶合核之间的偶合作用较弱或化学位移相差较大($\Delta\nu/J>10$),就应用不同组的字母表示。

例如,正丁酸异丙酯的正丙基部分可命名为 $A_3M_2X_2$ 系统,而异丙基部分则可命名为 A_6X 系统。对于一组化学等价而磁不等价的磁核,仍然用同一字母代表,但在字母的右上角加“撇号”,以示区别,如氯苯的偶合系统被命名为 AA′BB′C 系统。

不难理解,如果一个自旋系统的名称不出现同组字母,图谱就比较简单,应为一级图谱,容易解析。若自旋系统中出现同组字母或有化学等价而磁不等价的磁核,则属于高级图谱。

多数有机物的核磁共振谱呈现高级偶合。随着超导磁体技术的发展,所用的磁场强度增高,700～900 MHz 的商品仪器已常见。采用高磁场强度的仪器能使某些复杂的高级偶合简化成一级偶合。这是由于化学位移的绝对值之差($\Delta\nu$)是随着外磁场强度增加而增加,而偶合常数(J)不变,因而 $\Delta\nu/J$ 也随之增大。例如,丙烯腈的三个烯氢,在 60 MHz 仪器中所得谱图为 ABC 系统,而在 220 MHz 仪器中,则可简化为 AMX 系统。

15.4　核磁共振氢谱的解析方法与示例

15.4.1　送样要求

在进行核磁共振谱测量时，一般样品的纯度应大于 98%。CW-NMR 仪器一般样品需 30 mg/0.4 mL(约 10%)左右，否则信号弱，不易获得正常图谱。但对于 FT-NMR 仪器，样品量由累加次数确定(一般只需要几个毫克即可)。

制备的样品溶液黏度不宜过高，否则会降低分辨率。若溶液黏度过大，应减少样品量或提高测试温度。为了避免溶剂中质子干扰，应采用氘代试剂或无质子溶剂。常用溶剂有 CCl_4、重水(D_2O)、氘代氯仿($CDCl_3$)、氘代丙酮(CD_3COCD_3)及氘代二甲亚砜(CD_3SOCD_3)等。对低、中极性样品，常用较便宜的氘代氯仿。极性大的化合物可采用氘代丙酮、重水等。

15.4.2　解析顺序

(1) 计算不饱和度(U)。根据已知分子式，计算不饱和度(第 14 章)，根据不饱和度初步判断分子式中的碳原子饱和程度。

(2) 计算氢分布。由积分曲线或峰面积，参考分子式或孤立甲基峰等，算出各组氢核的数目，即各组的氢分布。

(3) 解析孤立甲基峰。初步确定其类型，如 CH_3—O— 及 CH_3—Ar 等。

(4) 根据化学位移初步确定低场氢核的归属，醛基氢 δ～10 ppm、酚羟基氢 δ 为 9.5～15 ppm、羧基氢 δ 为 11～12 ppm 及烯醇氢 δ 为 14～16 ppm。

(5) 由 $\Delta\nu/J$ 确定图谱中的一级偶合与高级偶合。先解析图谱中的简单偶合，根据化学位移及自旋分裂确定各峰归属。

(6) 对于含有活泼氢的化合物，可通过对比重水交换前后的图谱，确定活泼氢的峰位及类型(OH、NH、SH 及 COOH 等)。

(7) 根据各组氢核的化学环境和偶合关系，写出可能的结构单元，根据化学结构的合理性推出一种或几种可能的结构式。

(8) 结构初步确定后，查表或按经验式计算各基团氢核的化学位移，与实测值对照，确定结构是否正确，也可通过参考 IR、UV 及 MS 等图谱进行综合波谱解析或应用标准图谱进行核对。

以上解析顺序主要用于一级图谱。对于有高级偶合系统的谱图，则往往要应用各种去偶技术或二维图谱等技术解决，也可采用更高强度的磁场仪器使图谱简化。这里不予讨论。

15.4.3　解析示例

某两异构体化合物的分子式均为 $C_4H_8O_2$，二者在 IR 光谱 1735 cm^{-1} 处均有强吸收，其核磁共振谱分别如图 15-18(a)和(b)所示，试推断它们的结构式。

解　不饱和度 $U=\dfrac{2+2\times4-8}{2}=1$，只含一个双键，为脂肪族化合物；在 IR 光谱 1735 cm^{-1} 处均有强吸收，说明有羰基 C═O ，且可能为酯羰基。

由图 15-18(a)：

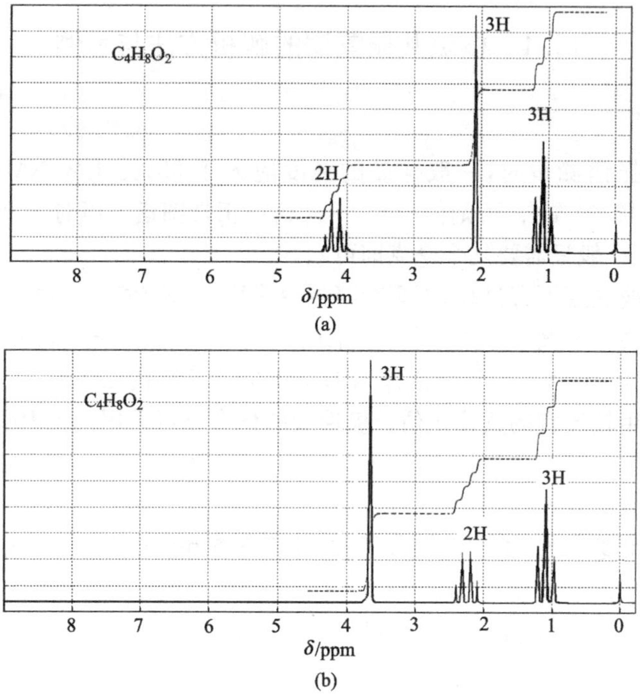

图 15-18　分子式 $C_4H_8O_2$ 的核磁共振谱图

(1) δ4.2 ppm，四重峰，2H：为$-CH_2-$，旁邻$-CH_3$和$-O-$，归属结构CH_3-CH_2-O。

(2) δ2.0 ppm，单峰，3H：为$-CH_3$，旁邻$C=O$，归属结构$CH_3-\overset{\overset{\displaystyle O}{\|}}{C}-$。

(3) δ1.3 ppm，三重峰，3H：为$-CH_3$，旁邻$-CH_2-$，归属结构CH_3-CH_2-。

由此该化合物结构可能为$CH_3-\overset{\overset{\displaystyle O}{\|}}{C}-O-CH_2-CH_3$。

由图 15-18(b)：

(1) δ3.7 ppm，单峰，3H：是$-CH_3$，旁邻$-O-$，归属结构CH_3-O-。

(2) δ2.4 ppm，四重峰，2H：是$-CH_2-$，旁邻$-CH_3$，归属结构CH_3-CH_2-。

(3) δ1.2 ppm，三重峰，3H：是$-CH_3$，旁邻$-CH_2-$，归属结构CH_3-CH_2-。

由此该化合物的结构可能为$CH_3-CH_2-\overset{\overset{\displaystyle O}{\|}}{C}-O-CH_3$。

核对不饱和度，化学位移及自旋偶合等，均符合。进一步可核对 Sadtler 标准光谱予以确证。

15.5　核磁共振技术的进展

15.5.1　核磁共振碳谱简介

^{13}C NMR 简称为碳谱，具有化学位移范围宽(可达 250 ppm 以上)，分辨率高的特点，可直接提供有关分子碳“骨架”结构信息。但由于^{13}C 的天然丰度较低，仅为^{12}C 的 1.1%，而且其磁旋比也仅是^1H 的 1/4，这使得测定^{13}C NMR 信号的灵敏度仅为^1H NMR 的 1/5700，因此采用

传统的 CW-NMR 测定^{13}C NMR 信号十分困难。直到 20 世纪 70 年代，FT-NMR 技术及各种去偶技术的发展，如完全去偶谱（COM）、^{13}C 宽带去偶（BBD）、无畸变极化转移技术（DEPT）等使图谱简单，才使得其应用成为可能。

各类化合物的^{13}C 化学位移如图 15-19 所示。另外，也常采用经验公式预测 δ 或验证结构。

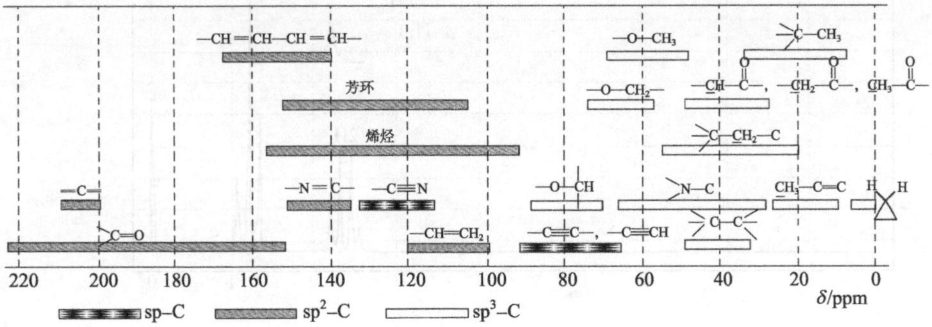

图 15-19　各类有机化合物基团的^{13}C 化学位移大体范围

碳谱可以通过化学位移、偶合常数及弛豫时间等途径获得丰富的碳的"骨架"信息，对于简单图谱可利用这些参数解析，确定分子结构式。但对于复杂的图谱，需要借助某些辅助手段或结合其他光谱法进行综合解析。

15.5.2　相关谱技术简介

前述^{1}H NMR 和^{13}C NMR 谱均是以横坐标表示频率参数的谱图，称为一维核磁共振图谱（1D NMR）。若将化学位移-化学位移或化学位移-偶合常数分别展开在二维坐标上，即一个坐标表示化学位移，而另一个坐标表示偶合常数或化学位移，称为二维核磁共振图谱（2D NMR）。

2D NMR 在 20 世纪 80 年代初开始发展，其特点是可简化 1D NMR 中由于磁核间的相互干扰而导致的谱线重叠，同时通过相关峰进行追踪，对直接确定化合物结构提供了可靠的信息，提高了对复杂药物结构测定的可信度和准确度。常用 2D NMR 技术有：

(1) 偶合常数分解谱（J-resolved spectroscopy）指二维谱的两轴分别是化学位移（ν）及偶合常数（J），用于同时检测磁性核所处的化学环境及其偶合常数的大小，包括^{1}H-J_{HH}分解谱和^{13}C-J_{CH}分解谱。

(2) 化学位移相关谱（correlation spectroscopy，COSY）指二维谱的两轴分别代表同核（^{1}H-^{1}H）或异核（^{13}C-^{1}H）的化学位移，可以直观检测自旋核之间的偶合作用，包括^{1}H-^{1}H COSY 谱、^{13}C-^{1}H COSY 谱。

习　题

1. 核磁共振氢谱给出了哪些结构信息？
2. 什么是化学位移？什么是偶合常数？为什么高磁场仪器能够使某些高级偶合简化为一级偶合？
3. 如何确定自旋偶合系统？它对图谱解析有何意义？
4. 为什么炔氢的化学位移位于烷烃和烯烃之间？
5. 某化合物的分子式为 $C_6H_{10}O_2$，其氢谱的数据为 δ1.20 ppm，三重峰；δ1.90 ppm 二重峰；δ4.0 ppm 四重峰；

δ5.5 ppm 二重峰；δ6.5 ppm 多重峰；峰面积比为 3 : 3 : 2 : 1 : 1，推测其化学结构并给出自旋系统。

[$CH_3—CH═CH—C(═O)—O—CH_2—CH_3$ ，ABX_3，A_2X_3]

6. 某未知化合物具有强烈的刺激气味，其分子式为 $C_3H_6O_2$，试根据下列谱图推断化合物的结构。

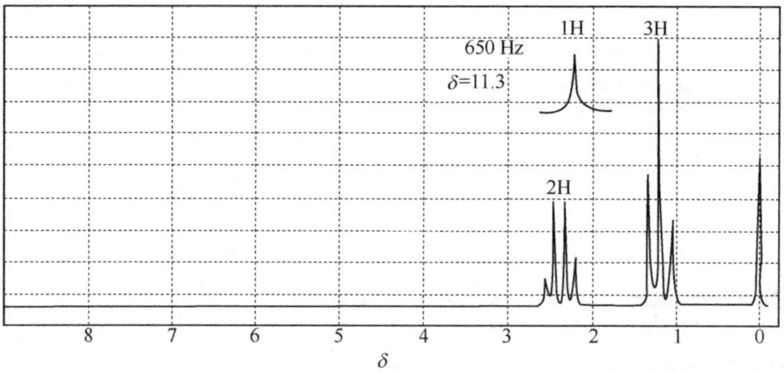

[$CH_3—CH_2—C(═O)—OH$]

7. 某化合物 $C_{14}H_{14}S$。试根据下列谱图推导其结构并解释各峰的归属。

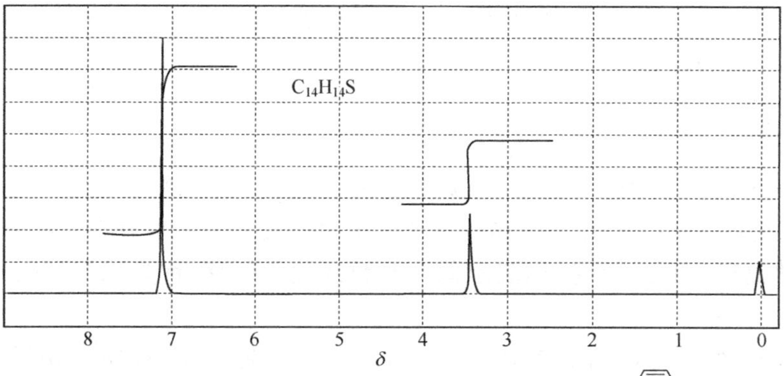

[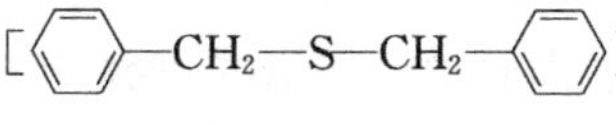]

（河北医科大学　蒋　晔）

第16章 质 谱 法

质谱法(mass spectrometry,MS)是将样品分子离解成带电的离子,并通过对生成离子的质量和强度测定,而进行样品成分和结构分析的方法。20 世纪 60 年代起,质谱法广泛应用于分子结构的研究,与 UV、IR 和 NMR 法合称四谱,可作为鉴定有机物结构常规的分析技术。

质谱的形成过程与光谱有相似之处,是在离子源中将样品分子电离成的各种离子,由质量分析器分离,按质荷比(m/z)大小,依次被检测器检测,并记录得到质谱(mass spectrum)。质谱仪中的离子源、质量分析器和检测器分别类似于光谱仪中的光源、单色器和检测器。但二者的实质完全不同。

质谱法具有以下特点:①应用范围广,适合于不同类别的化合物,而且可以是气体、液体或固体;②灵敏度高,样品用量少,有机质谱仪的绝对灵敏度可以达 10^{-11} g,检出限可达 10^{-14} g,用 μg 量级的样品即可得到分析结果;③分析速率快,一般只需数秒钟。

本章主要介绍有机质谱法,其在药学中的主要用途:①确定相对分子质量和分子式;②推测未知物的结构;③鉴定化合物,与标准品质谱或数据库中的质谱比较可以快速鉴别未知物;④与色谱的联用分析。

16.1 质谱仪及工作原理

质谱仪由样品导入系统、离子源、质量分析器、离子检测器、数据处理系统和真空系统等部分构成。图 16-1 是单聚焦磁质谱仪的示意图。虽然这种类型的质谱仪市场上已不多见,但其原理对理解质谱法仍然十分有用。

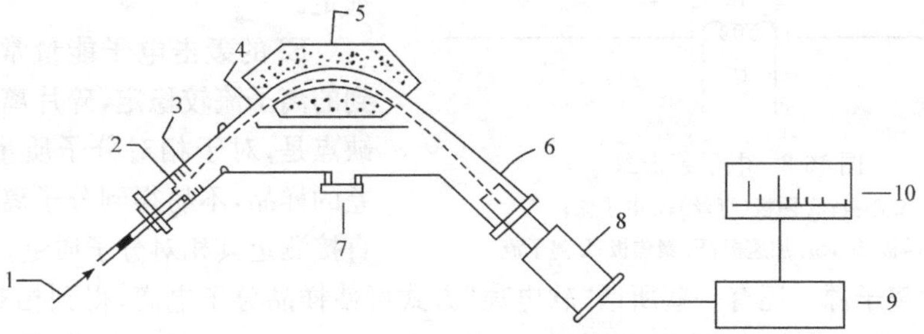

图 16-1 质谱仪示意图

1. 样品导入;2. 电离区;3. 离子加速区;4. 质量分析器;5. 磁铁;6. 检测器;7. 接真空系统;8. 前置放大器;9. 放大器;10. 记录器

16.1.1 样品的导入与离子源

1. 样品导入系统

有机质谱仪的样品导入系统大致可分为两类:直接进样和色谱联用导入样品。

(1) 直接进样 适合于单组分、挥发性较低的样品分析。用直接进样杆的尖端装上少许样品，送入离子源，快速加热使之挥发，在离子源实现离子化。这种方法可测量的相对分子质量范围在 2000 以下。

(2) 色谱联用导入样品　适用于多组分分析。通过色谱将多组分分离成单一组分后，通过“接口”导入质谱仪，称为色谱-质谱联用法。“接口”的作用是除去色谱仪流出的流动相，将被测组分导入高真空的质谱仪中。目前常见的有气相色谱-质谱联用法(gas chromatography-mass spectrometry，GC-MS)、高效液相色谱-质谱联用法(high performance liquid chromatography-mass spectrometry，HPLC-MS)和毛细管电泳-质谱联用法(capillary electrophoresis-mass spectrometry，CE-MS)等。

2. 离子源

离子源的功能是使被分析物质电离为正离子或负离子。质谱仪的离子源种类有多种。最常见的是电子轰击离子源(electron impact source，EI)。

(1) 电子轰击源　结构如图 16-2 所示。气化的样品分子(或原子)受到灯丝发射的电子束的轰击。如果轰击电子的能量大于分子的电离能，分子将失去电子而发生电离，通常失去一个电子。

$$M + e^-(高速) \longrightarrow M^{+\cdot} + 2e^-(低速)$$

式中，M 表示分子；$M^{+\cdot}$ 表示自由基阳离子(常称为分子离子)。

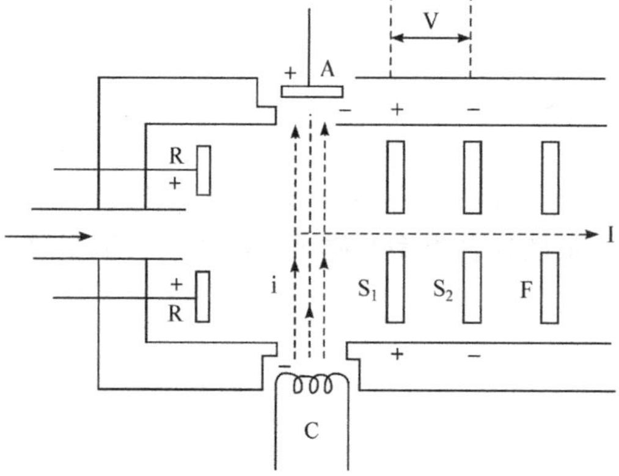

图 16-2　电子轰击源

A. 阳极；C. 阴极(灯丝)；i. 电子流；
R. 推斥极；S_1，S_2. 加速极；F. 聚焦极；I. 离子流

如果再提高轰击电子的能量，使超过分子的电离能，则足以打断分子中各种化学键，而产生各种碎片，有阳离子、离子-分子复合物、阴离子和中性裂片等。在推斥极作用下阳离子将进入加速区，被加速和聚集成离子束，并引入质量分析器，而阴离子和中性裂片则被真空抽走。

EI 的轰击电子能量常为 70 eV，得到的离子流较稳定，碎片离子较丰富；其缺点是，对于相对分子质量大或稳定性差的样品，不易得到分子离子峰，则无法直接测定其相对分子质量。

(2) 其他离子源　还有一些所谓“软电离”方式可使样品分子电离，得到相对丰度较大的分子离子峰($M^{+\cdot}$)或拟分子离子峰(quasi molecular ions peak)，也称准分子离子峰，$(M-1)^+$、$(M+1)^+$或$(M+x)^+$。这类离子源工作原理各不相同，常见的有：电喷雾离子源(ESI)；化学离子源(chemical ionization source，CI)；场致离子源，如场电离(field ionization，FI，也称场致电离)和场解析(field desorption，FD)；快速原子轰击离子源(fast atom bombardment，FAB)等。此外，还可采用降低 EI 的轰击电子能量或化学衍生化，以提高样品分子挥发度和稳定性等法获得分子离子峰的信息。

电喷雾离子源(ESI)　作为一种离子化装置，也是目前大多数高效液相色谱仪与质谱仪的接口。分析物以有机溶剂(如乙腈或甲醇)的水溶液为溶剂，酸度的调节用甲酸、乙酸或者挥发性的盐(如乙酸铵)。

ESI 的基本结构见图 16-3，主要部件是一个多层套管组成的电喷雾喷嘴。试样溶液从喷嘴中心内径为 0.1 mm 的不锈钢毛细管中喷出，针尖周围是圆柱形电极，加有 3～8 kV 电压，外层是喷射气(或称雾化气，常用氮气或氦气)，使喷出的液体分散成雾状液滴。液滴在喷射出来时由于针尖电极的作用而带上电荷。离子产生后在一级真空区溶剂挥发，液滴发生裂分，形成单电荷或多电荷的气体离子，借助喷嘴和截取锥孔间的电压而穿过锥孔进入质量分析器。

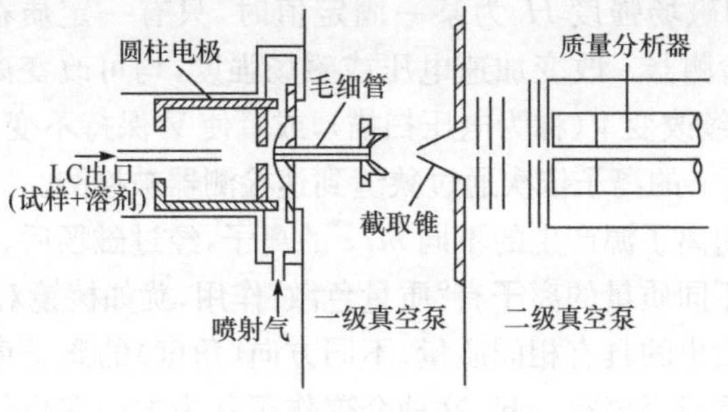

图 16-3 电喷雾离子源的结构示意图

ESI 是在待测物气化前实现离子化的离子源。离子化发生在溶液状态，使得待测物分子形成$[M+H]^+$和$[M-H]^-$，分别称为正离子方式和负离子方式。这两种方式都能减缓化学键进一步断裂的趋势。

ESI 由于能形成多电子荷离子，特别适合于高相对分子质量的样品测定，因而扩大了一般质谱仪的测量范围。ESI 使用的溶剂是一般反相高效液相色谱的常用溶剂，因而成为 HPLC-MS 联用仪器中最常用的离子源。ESI 的缺点是对溶剂的杂质敏感，质谱图上经常观察到$[M+Na]^+$以及$[M+NH_4]^+$等加合离子峰。

16.1.2 质量分析器

质量分析器(mass analyzer)是指质谱仪中分离不同质荷比离子的部件。质量分析器种类较多，分离原理也不相同。用磁偏转式质量分析器的称为磁质谱仪(magnetic-sector mass spectrometer)，用四极杆质量分析器的称为四极杆质谱仪或四极质谱仪(quadrupole mass spectrometer)。此外还有离子阱质谱仪、飞行时间质谱仪和傅里叶变换离子回旋共振质谱仪等。

1. *磁偏转式质量分析器*

这种分析器是一个处于磁场中的真空容器，如图 16-1 所示。设质量为 m，电荷为 z 的离子经电压 V 加速后，势能 zV 转化为动能，以速度 v 进入质量分析器。

$$\frac{1}{2}mv^2=zV \tag{16-1}$$

在分析器中，离子受到磁场力的作用，将在与磁场垂直的平面内，做匀速圆周运动。圆周运动的向心力 Hzv 等于离心力 $m\cdot\frac{v^2}{R}$，即

$$m\cdot\frac{v^2}{R}=Hzv \tag{16-2}$$

式中，H 为磁场强度；R 为离子偏转半径；V 为加速电压；v 为离子的速度；z 为离子所带电荷

数目；m 为离子的质量，单位是原子质量单位(amu)。化简式(16-2)后代入式(16-1)，整理得磁偏转式质量分析器的质谱方程式：

$$m/z=\frac{H^2R^2}{2V} \quad 或 \quad R=\sqrt{\frac{2V}{H^2}\cdot\frac{m}{z}} \tag{16-3}$$

可见，离子在磁场中运动的半径 R 由 V、H、m/z 三者决定。在质谱仪中，离子检测器 R 固定，当加速电压 V 和磁场强度 H 为某一固定值时，只有一定质荷比的离子可以满足式(16-3)，通过狭缝到达检测器。改变加速电压或磁场强度，均可改变离子的轨道半径。这样，如果使 H 保持不变，连续改变 V(称为电压扫描)，或者使 V 保持不变，连续改变 H(称为磁场扫描)，都可以使不同 m/z 的离子依次通过狭缝到达检测器被检测。

由以上分析可知，由离子源产生的不同 m/z 的离子，经过磁场后，可以按照一定的 m/z 依次彼此分开，即磁场对不同质量的离子有"质量色散"作用，犹如棱镜对不同波长的光有色散作用一样。另外，由一点发出的具有相同质量、不同方向(角度)的离子束，以一定的速度进入磁场，经磁场偏转后可以重新会聚在一起，这种会聚作用称为方向聚焦作用。在质谱学上，把只依靠磁场的质量色散作用和方向聚焦作用进行分离的质量分析器称为单聚焦磁偏转质量分析器，这种质谱仪称为单聚焦磁质谱仪。但是，由于离子源中电场不可能完全均匀，相同 m/z 的离子有可能具有不同动能，使得其飞行轨道有微小差别，因而具有相同 m/z 的离子束难以完全聚集，形成了所谓的能量色散作用，对分辨率有影响。

因此，磁质谱仪中大多采用双聚焦方法，即在质量分析器的磁场前加一个静电分析器，使得离子从质量分析器入口狭缝进入静电分析器后在电场作用下发生能量色散。适当地组合静电分析器和离子源的电场，就可使得两者的能量色散作用相互抵消，在质量分析器出口狭缝实现能量和质量的双聚焦作用。这种质量分析器称为双聚焦磁偏转质量分析器，目前在高分辨质谱仪中应用最为普遍。

2. 四极杆质量分析器

四极杆质量分析器又称四极滤质器，工作原理如图 16-4 所示。

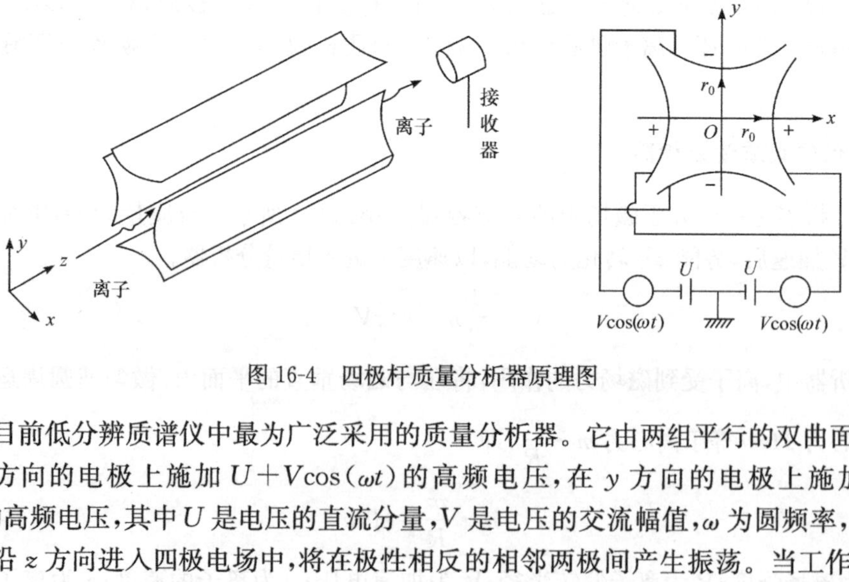

图 16-4 四极杆质量分析器原理图

这是目前低分辨质谱仪中最为广泛采用的质量分析器。它由两组平行的双曲面状电极组成。在 x 方向的电极上施加 $U+V\cos(\omega t)$ 的高频电压，在 y 方向的电极上施加 $-(U+V\cos\omega t)$ 的高频电压，其中 U 是电压的直流分量，V 是电压的交流幅值，ω 为圆频率，t 是时间。一束离子沿 z 方向进入四极电场中，将在极性相反的相邻两极间产生振荡。当工作参数固定时，只有一种 m/z 的离子到达接收器被检出，其他 m/z 的离子因振幅过大，碰到四极杆上被吸收。通过保持其他参数不变，维持 U/V 为一定比值，改变直流电压 U 和交流电压幅值 V 来实现质量扫描。

四极杆质量分析器结构简单、体积小、扫描速度快，特别适合与色谱仪联用。但其分辨率不高，质量范围较窄，一般为 50～2000 amu。

3. 飞行时间质量分析器

飞行时间质量分析器(time of flight，TOF)不需要磁场和电场，其基本结构是一个长达 1 m的无场离子飞行管。这种质量分析器对来自离子源的具有相同电荷的离子都给予相同的动能，而进入飞行管的离子动能 E 为

$$E=\frac{1}{2}mv^2 \tag{16-4}$$

显然在飞行管中运动的离子质量越小，速度就越快，只需较短的飞行时间即可到达检测器，反之则需要较长的飞行时间。因而可以通过达到检测器的离子的飞行时间来确定离子质量，由此分离不同质量的离子。

TOF 的特点是仪器结构简单，质量范围宽，扫描速度快，灵敏度高；但分辨率相对较低，目前主要用于联用仪器中。

16.1.3 离子检测器和质谱

质谱仪中最常用的检测器是电子倍增器，其原理与光电倍增管相似。一定能量离子打到电极的表面，产生二次电子，通过多极倍增放大，输出到放大器，信号放大后由计算机处理，即可得质谱图(又称棒图，bar graph)或质谱表。多巴胺的质谱图如图 16-5 所示。

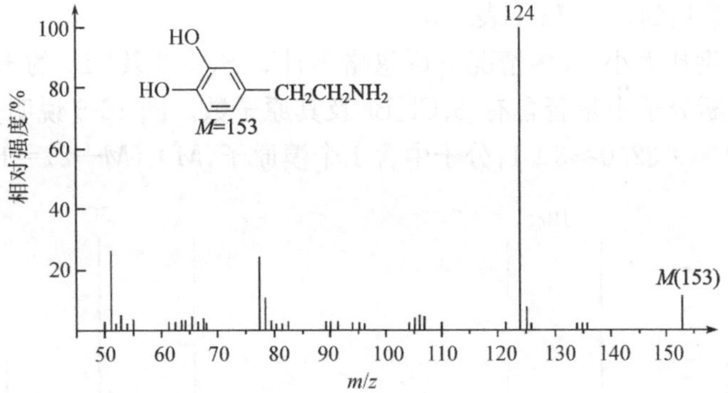

图 16-5 多巴胺的质谱

棒图中，横坐标表示质荷比(m/z)，纵坐标表示离子丰度(ion abundance)即离子的强度，常用相对丰度(relative abundance，又称相对强度)表示。以最强峰的高度定为 100%，称为基峰(base peak)。以基峰高度去除其他各峰的高度，所得值即为其他离子的相对丰度。

16.2 质谱中的离子与裂解类型

16.2.1 离子的主要类型

在有机质谱中主要出现四种离子，即分子离子、碎片离子、同位素离子和亚稳离子(metastable ion)。

(1) 分子离子　如前所述,分子失去一个电子形成的离子为分子离子(molecular ion)。分子离子一般表示为 $M^{+\cdot}$,也可写成 $M^{\dot{+}}$。

分子离子含奇数个电子,经常出现在质谱的最右侧。分子离子的质荷比是确定相对分子质量和分子式的重要依据。

质谱中的分子离子一般是单电荷。偶尔出现的双电荷分子离子是中性分子失去两个电子的离子,常用 M^{++} 表示,其质荷比可写成 $m/2e$。$m/2e$ 相当于相对分子质量的二分之一,相应的峰出现在单电子分子离子峰质荷比减半的地方。

(2) 碎片离子　当撞击电子能量较高,超过分子本身电离所需能量时,分子离子发生裂解,产生碎片离子(fragment ion)。由于各种化合物分子结构不同,裂解方式不同,产生的碎片离子也不同,所以研究碎片离子的信息,对于鉴定化合物和推断化合物结构很有意义。质谱中常见碎片离子和中性碎片见附录Ⅻ。

(3) 同位素离子　大多数元素都是由具有一定丰度的同位素组成的。含有同位素的离子称为同位素离子(isotopic ion)。有机化合物的主要组成元素 C、H、O、N、S、Cl 及 Br 等的同位素丰度比见表 16-1。重质同位素峰与丰度最大的轻质同位素峰的峰强比,用$\frac{M+1}{M}$、$\frac{M+2}{M}$、…表示,其数值由同位素丰度比及原子数目决定。

表 16-1　同位素的丰度比

同位素	$^{13}C/^{12}C$	$^{2}H/^{1}H$	$^{17}O/^{16}O$	$^{18}O/^{16}O$	$^{15}N/^{14}N$	$^{33}S/^{32}S$	$^{34}S/^{32}S$	$^{37}Cl/^{35}Cl$	$^{81}Br/^{79}Br$
丰度比/%	1.12	0.015	0.040	0.20	0.36	0.80	4.44	31.98	97.28

^{13}C 的丰度比较低,为 1.12%。由于有机物一般含碳原子数较多,质谱中分子离子峰 ^{13}C 产生的同位素峰经常见到,用 $M+1$ 表示。

^{2}H 及 ^{17}O 的丰度比太小,大多情况下可忽略不计。^{34}S、^{37}Cl 及 ^{81}Br 的丰度比较大,可以利用同位素峰强比推断分子中是否含有 S、Cl、Br 及其原子数。图 16-6 说明分子中含 1 个氯原子,$M:(M+2)=100:32.0\approx3:1$;分子中含 1 个溴原子,$M:(M+2)=100:97.3\approx1:1$。

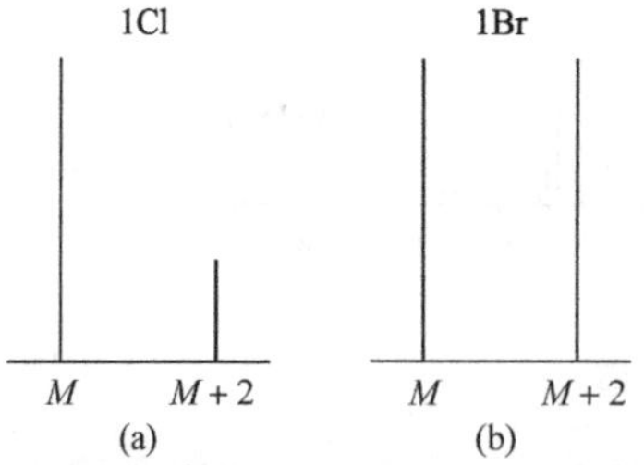

图 16-6　氯化物(a)与溴化物(b)的同位素峰强比

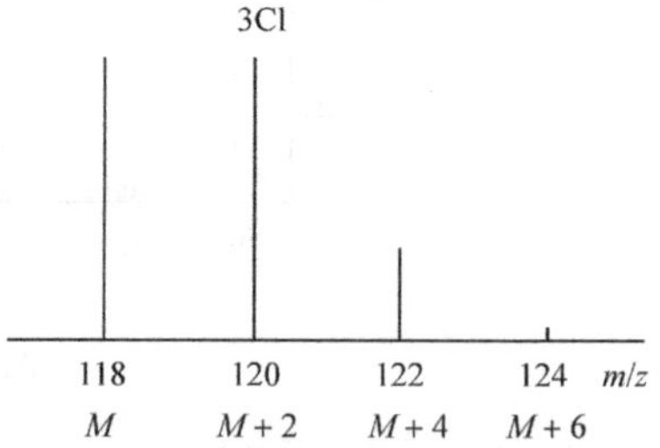

图 16-7　氯仿的同位素峰强比

同位素峰强比可用二项式 $(a+b)^n$ 计算。a 与 b 为轻质及重质同位素的丰度比,n 为原子数目。如图 16-7 所示,$CHCl_3$ 分子中含 3 个氯原子($n=3$、$a=3$、$b=1$),质谱中出现 $M+2$、$M+4$ 及 $M+6$ 峰的峰强比计算为

$$
\begin{aligned}
(a+b)^3 &= a^3 + 3a^2b + 3ab^2 + b^3 \\
&= 27 \quad + \quad 27 \quad + \quad 9 \quad + \quad 1 \\
&\quad (M) \quad (M+2) \quad (M+4) \quad (M+6)
\end{aligned}
$$

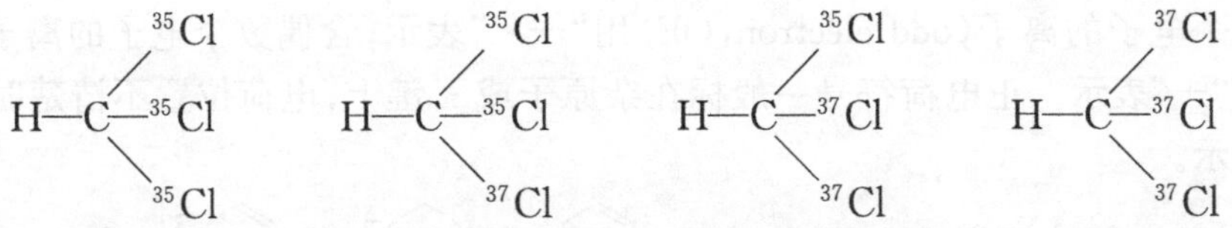

m/z	118	120	122	124
峰强比/%	27	27	9	1

(4) 亚稳离子　当质谱仪采用磁偏转式质量分析器时，在离子源生成的 m_1^+，如果在飞行中发生裂解而变为 m_2^+，它的一部分动能要被中性碎片夺去，因此这种 m_2^+ 的动能要比在离子源产生的 m_2^+ 小。因为动能较小，这种 m_2^+ 在磁场中的偏转要比普通的 m_2^+ 大，即尽管它们质荷比相同，但在质谱中出现在较低质荷比的位置上。这种离子是由于离子不稳定在飞行途中裂解释放能量生成的，因此称为亚稳离子(metastable ion)，由它形成的质谱峰称为亚稳峰(metastable peak)。为了与普通离子 m_2^+ 区别，亚稳离子一般都以 m^* 来表示，m_1^+ 称为母离子(parent ion)，m_2^+ 称为子离子(daughter ion)，裂解过程为

$$m_1^+ \longrightarrow m_2^+ + \text{中性碎片}$$

母离子、子离子和亚稳离子在质谱中的顺序如图16-8所示。

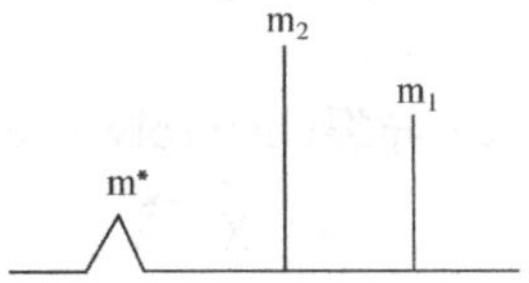

图16-8　亚稳峰(m^*)、子离子峰(m_2^+)及母离子峰(m_1^+)的峰位示意图

亚稳峰的特点：①峰较弱，强度仅为 m_1 峰的1%～3%；②峰钝，一般可跨2～5个质量单位；③质荷比一般不是整数，与母离子、子离子有下述关系：

$$M_{m^*}=\frac{M_{m_2}^2}{M_{m_1}} \tag{16-5}$$

用式(16-5)可以确定离子的亲缘关系。

【例16-1】 对氨基茴香醚质谱中在 m/z 94.8 及 59.2 处出现两个亚稳峰，证明某些离子间的裂解关系。

解　根据式(16-5)计算，得

$$\frac{108^2}{123}=94.8 \qquad \frac{80^2}{108}=59.2$$

证明裂解过程为　　m/z $123 \xrightarrow{m^*(94.8)} 108 \xrightarrow{m^*(59.2)} 80$

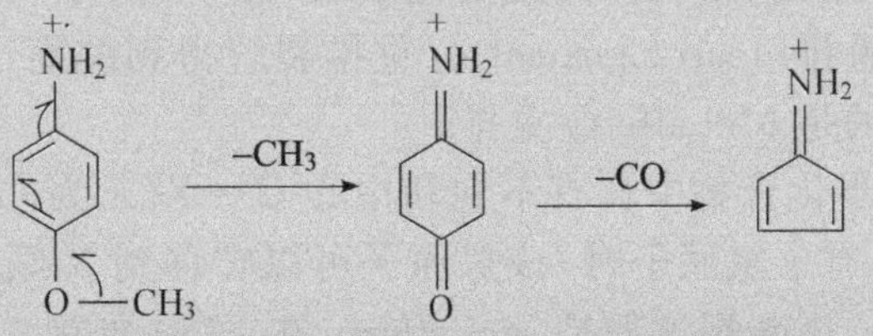

上述计算说明：有 m/z 94.8 及 59.2 亚稳峰存在，证明 m/z 80 离子是由分子离子经两步裂解生成，而不是一步裂解。

16.2.2　阳离子的裂解类型

在有机质谱中，大多数离子的裂解类型可以分为四种：单纯裂解、重排、复杂裂解和双重重排。前两种在质谱上最为常见；后两种较复杂，本书不做介绍。

表示裂解过程和结果的符号是：鱼钩"⇀"表示单个电子的转移；箭头"↷"表示两个电子

的转移；含奇数个电子的离子（odd electron，OE）用“+·”表示；含偶数个电子的离子（even electron，EE）用“+”表示。正电荷符号一般标在杂原子或 π 键上；电荷位置不清楚时，可用“$\urcorner^{+\cdot}$”及“$\urcorner^{+}$”表示。

例如，$CH_3—\overset{+\cdot}{O}—H$ 也可用 $CH_3OH\urcorner^{+\cdot}$ 表示； 可用或 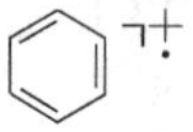 表示。

1. 单纯裂解

一个化学键发生裂解称为单纯裂解。常见的化学键断裂方式有均裂、异裂和半均裂三种。

（1）均裂（homolytic cleavage）。

$$X—Y \longrightarrow \dot{X} + \dot{Y}$$　（σ 键断裂，两碎片各留一个电子）

如 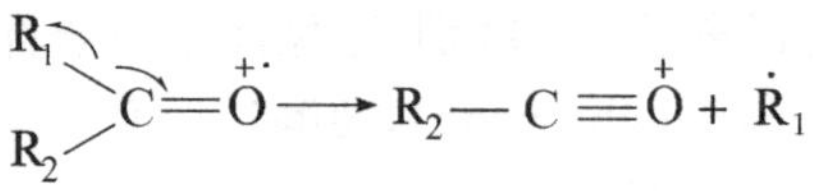

（2）异裂（heterolytic cleavage）。

$$X—Y \longrightarrow X^+ + Y^-$$　（σ 键断裂，两个电子留在一个碎片上）

如 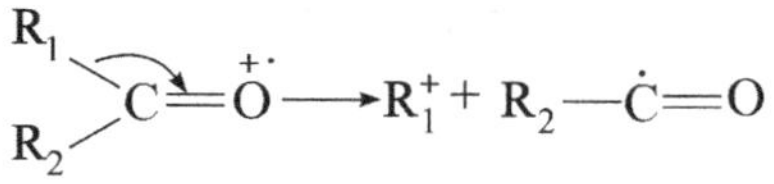

（3）半均裂（hemi-homolysis cleavage），指已经离子化的 σ 键的断裂。

$$X+ \vdots \cdot Y \longrightarrow X^+ + Y^\cdot$$

例如，饱和烷烃失去一个电子后先形成离子化键，然后发生半均裂：

$$CH_3CH_2CH_2CH_3 \longrightarrow CH_3CH_2 + \cdot CH_2CH_3 \longrightarrow CH_3CH_2^+ + CH_3\dot{C}H_2$$

分子中最易失去的电子是杂原子上的 n 电子，依次为 π 电子和 σ 电子。同是 σ 电子，C—C上的又较 C—H 上的容易失去。

2. 重排裂解

有些离子不是由单纯裂解产生，而是通过断裂两个或两个以上的键，结构重新排列形成的，这种裂解称为重排（rearrangement）。重排裂解得到的离子也称重排离子。重排方式很多，其中最常见的是 McLafferty 重排。

McLafferty 重排　当化合物中含有不饱和中心 C═X（X 为 O，N，S，C）基团，而且与这个基团相连的键上具有 γ 氢原子时，该氢原子可以转移到 X 原子上，同时，β 键发生断裂，脱掉一个中性分子。该断裂过程是 McLafferty 在 1959 年首先发现的，因此称为麦氏重排。这种重排规律性强，解析质谱时十分实用。

通式：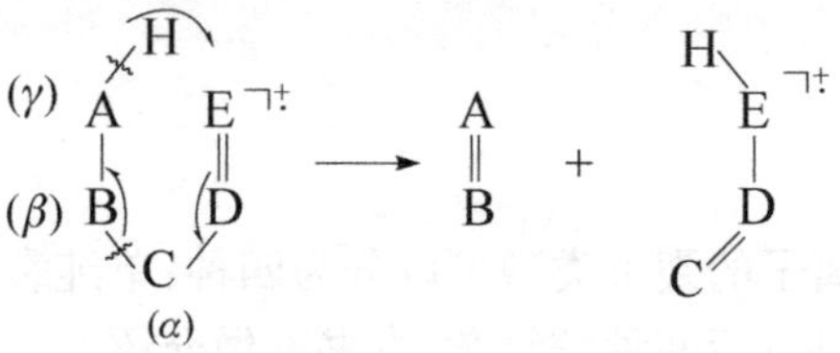

如戊酮-2

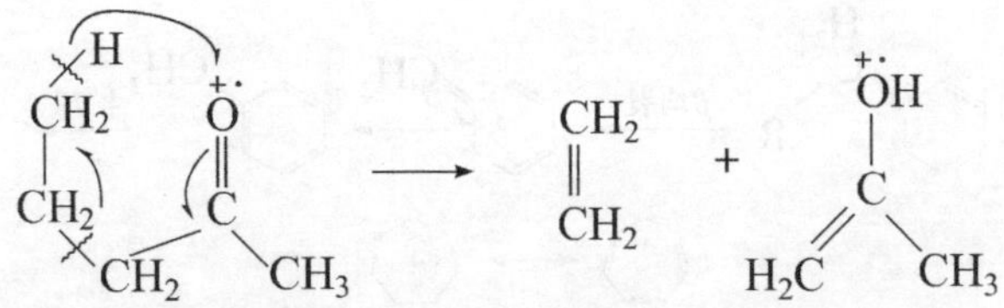

m/z 58

16.3 典型有机化合物的质谱特征

了解已知典型化合物的质谱特征,有助于进行未知化合物的解析。

16.3.1 烷烃

(1) 分子离子峰较弱,随碳链增长,强度降低以至消失。

(2) 直链烃具有一系列 m/z 相差14的 C_nH_{2n+1} 碎片离子峰(m/z=29、43、57、…),基峰为 $C_3H_7^+$(m/z 43)或 $C_4H_9^+$(m/z 57)离子。

(3) 在 C_nH_{2n+1} 峰的两侧,伴随着质量数大一个质量单位的同位素峰及质量小一个或两个单位的 C_nH_{2n} 或 C_nH_{2n-1} 等小峰,组成各峰群。(M−15)峰一般不出现。

(4) 支链烷烃在分支处优先裂解,形成稳定的仲碳或叔碳阳离子。分子离子峰比相同碳数的直链烷烃小。其他特征与直链烷烃类似。

16.3.2 链烯

(1) 分子离子较稳定,丰度较大。

(2) 有一系列 C_nH_{2n-1} 的碎片离子,通常为 $41+14n$,n=0、1、2、…。m/z 41峰一般都较强,是链烯的特征峰之一。

$$CH_2{=}CH{-}CH_2{-}R \xrightarrow{-e^-} \overset{+}{C}H_2^{\cdot}{-}CH{-}CH_2{-}R$$

$$\longrightarrow \overset{+}{C}H_2{-}CH{=}CH_2 + R\cdot$$

m/z 41

(3) 具有重排离子峰(麦氏重排)。

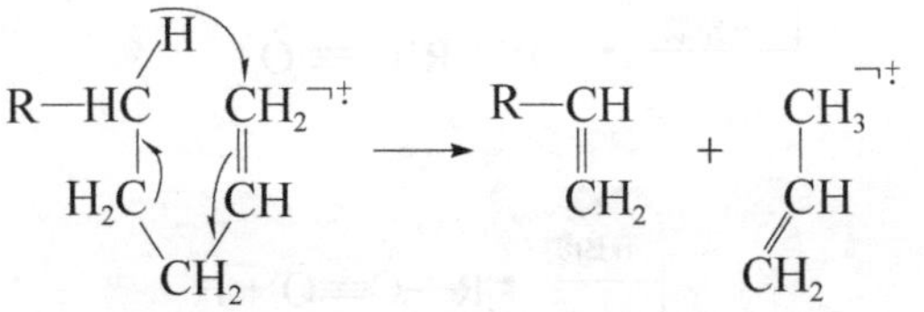

m/z 42

16.3.3 芳烃

(1) 分子离子稳定,峰较强。

(2) 烷基取代苯易发生 β 裂解(β-cleavage,β 键断裂),产生稳定的 m/z 91的䓬𬭩离子(tropylium ion),䓬𬭩离子是烷基取代苯的重要特征。

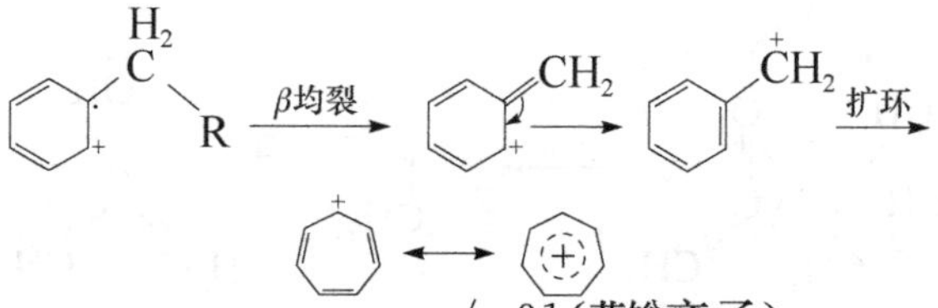

m/z 91(䓬鎓离子)

(3) 䓬鎓离子可进一步裂解生成环戊二烯及环丙烯离子。

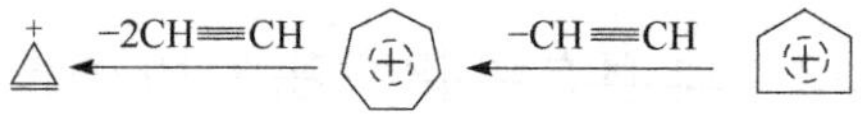

$C_3H_3^+$, m/z39　$C_7H_7^+$, m/z91　$C_5H_5^+$, m/z65

(4) 取代苯也能发生 α 裂解(α-cleavage, α 键断裂)产生苯离子，进一步裂解生成环丙烯离子及环丁二烯离子。

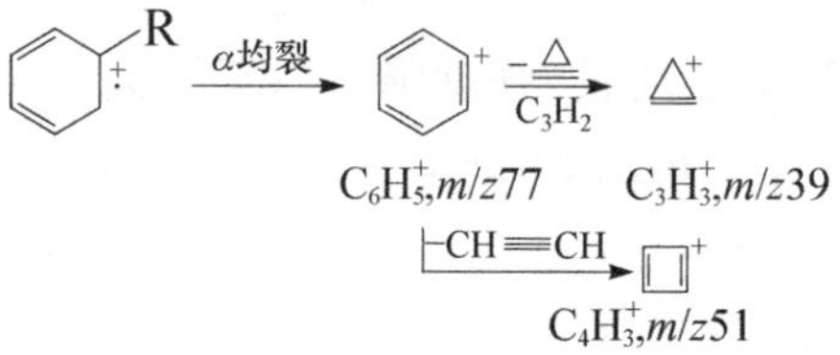

(5) 具有 γ 氢的烷基取代苯，能发生麦氏重排裂解，产生 m/z 92 的重排离子。

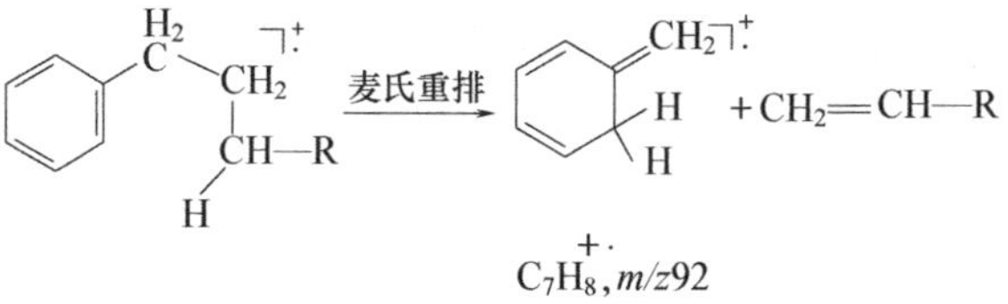

综上所述，烷基取代苯的特征离子为䓬鎓离子 $C_7H_7^+$ (m/z 91)、$C_6H_5^+$ (m/z 77)、$C_5H_5^+$ (m/z 65)、$C_4H_3^+$ (m/z 51)、$C_3H_3^+$ (m/z 39)及 $C_7H_8^{+\cdot}$ (m/z 92)等。

16.3.4 羰基化合物

(1) 分子离子峰明显，芳香族比脂肪族化合物峰强度大。

(2) 易发生 α 裂解，如酮的 α 裂解为

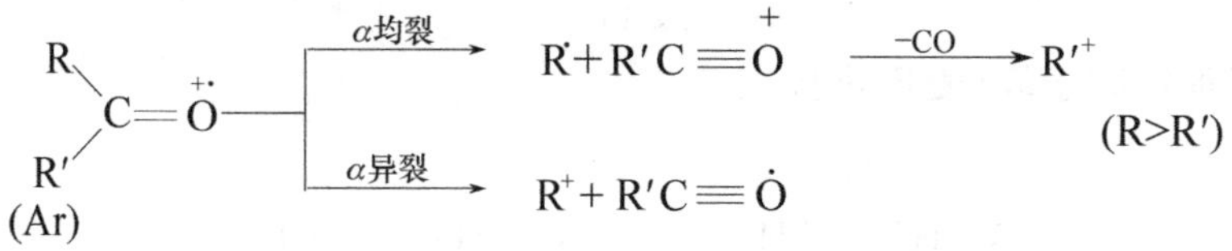

醛的 α 裂解为

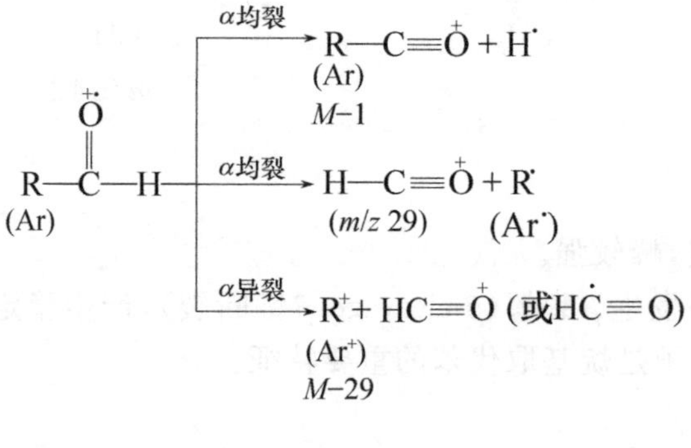

故醛的 α 裂解产生 R^+(Ar^+)及 $M-1$ 峰。$M-1$ 峰是醛的特征峰，如甲醛的 $M-1$ 峰的相对强度可高达90%。

(3) 含 γ 氢的羰基化合物可发生麦氏重排。醛产生 m/z 44 的 $CH_2=CH-\overset{+\cdot}{O}H$，酸产生 m/z 60 的 $HO-C(=CH_2)-\overset{+\cdot}{O}H$。

16.4　有机质谱的解析方法

由于影响因素较复杂，目前有机质谱主要用于确定相对分子质量、分子式和作为综合光谱解析结论的佐证。对于简单化合物，单靠质谱也可确定分子结构。

16.4.1　相对分子质量的确定

一般来说，单电荷分子离子峰的质荷比即相对分子质量，但实际是有差别的。例如，辛酮-4($C_8H_{16}O$)分子离子峰的精密质荷比为128.1202，但相对分子质量为128.2161。这是因为质荷比是由丰度最大同位素的质量计算而得，而相对分子质量则由以同位素质量加权均值作为相对原子质量计算而得。

通常我们推测质谱中最大质荷比的峰为分子离子峰。但由于下列原因，还是可能造成误判，使确认分子离子峰遇到困难。

(1) 分子离子峰不够稳定，因而不出现分子离子峰。

(2) 因采用不同的离子源，在质谱中不形成分子离子而产生加合离子或(M−1)离子、$(M+NH_3)^+$ 离子或 $(M+Na)^+$ 离子等。计算相对分子质量时，应扣除相应的加合部分。

(3) 有时可能出现多电荷离子。

在识别分子离子峰时，可根据以下几点来考虑。

(1) 分子离子的质量数服从氮律。结构中不含氮元素的化合物，分子离子峰的质量数是偶数。有氮元素的化合物，分子式含奇数个氮原子，质量是奇数；含偶数个氮，质量数是偶数。这一规律称为氮律。例如，$CH_3CH_2N(CH_3)_2$ 的分子离子($M^{+\cdot}$)为 m/z 73。凡不符合氮律者，就不可能是分子离子峰。

(2) 分析脱落碎片的质量数是否合理。分子离子峰的质量数与相邻峰质量数之差 Δm，应该符合合理丢失的碎片。例如，$\Delta m=15$，为丢失甲基的峰 $(M-CH_3)^+$，$\Delta m=17$，为丢失羟基的峰 $(M-OH)^+$。如果 Δm 为3～14，则该峰不可能是分子离子峰。若 $\Delta m=14$ 则丢失一个氮原子或亚甲基(CH_2)，显然是不合理的。

16.4.2　分子式的确定

过去运用质谱确定分子式，主要是采用同位素峰强比法(Beynon 表法)。随着高分辨质谱仪器的发展，这种方法已不常使用。

高分辨质谱仪可测得小数点后4～6位数字，实验误差约为±0.006。当用高分辨质谱仪测得分子离子的精确质量后，符合这一精确数值的可能分子式数目大为减少，若再配合其他信息，便可确定化合物的分子式。

已有将C、H、O、N可能组合的分子式精确质量数编排成的“质谱用质量与丰度表”。将实测精确分子离子质量数与该表核对，即可方便地确定分子式。

【例 16-2】 用高分辨质谱测得样品分子离子的质量数为150.1045，该化合物的红外光谱出现羰基吸收峰（1730 cm^{-1}），试确定分子式。

解 若质谱测定误差是±0.006，则分子离子质量小数部分的波动范围将是0.0985～0.1105。查“质谱用质量与丰度表”质量数为150，小数部分在这个范围内的式子有4个：

编号	分子式	精确质量	编号	分子式	精确质量
1	$C_3H_{12}N_5O_2$	150.099093	3	$C_8H_{12}N_3$	150.103117
2	$C_5H_{14}N_2O_3$	150.100435	4	$C_{10}H_{14}O$	150.104459

其中，第1和第3式含奇数个N原子，与分子离子的质量数为偶数不符，否则违反“氮律”，因此可以排除。第2式的$U=0$，是饱和化合物，不可能含羰基，与其红外光谱数据不符，也应排除。因此此化合物的分子式只可能是第4式，即$C_{10}H_{14}O$。

16.4.3 结构解析程序

根据质谱图解析简单有机物结构的一般程序如下：

(1) 首先确认分子离子峰，确定相对分子质量。

(2) 用高分辨质谱法确定分子式。

(3) 计算不饱和度。

(4) 解析某些主要质谱峰的归属及峰间关系。

(5) 推定结构。

(6) 验证：查对标准图谱验证或参考其他图谱及物理常数综合解析。

【例 16-3】 一个未知物的质谱如图16-9所示，由高分辨质谱测得其分子式为$C_9H_{10}O_2$。试确定其分子结构。

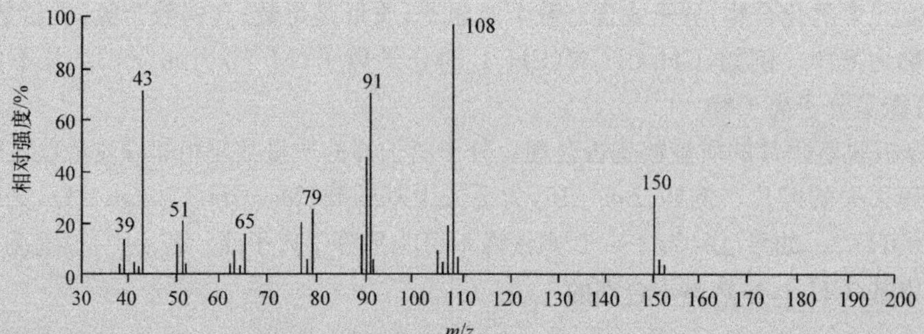

图 16-9　未知物的质谱

解 (1) 根据分子式求不饱和度：

$$U=\frac{2+2\times9-10}{2}=5$$

$U>4$，说明结构中可能具有苯环。

(2) 谱图解析

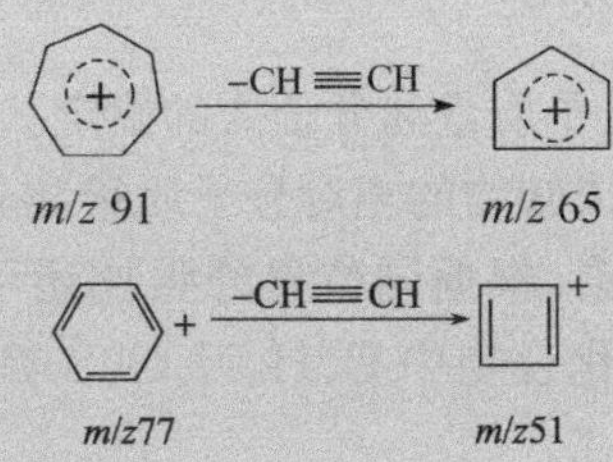

上述碎片离子峰说明未知物具有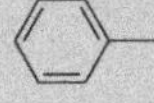—CH_2—基团。

m/z 43 峰很强，而且分子式中共 9 个碳，7 个已有归属，只余两个碳。因此该峰只能是 $CH_3C{\equiv}\overset{+}{O}$。

(3) 推测结构：由 $C_9H_{10}O_2$ 中减去 $C_6H_5CH_2$ 及 CH_3CO 剩余一个氧，因而未知物的结构只能是 C_6H_5—CH_2—O—$COCH_3$（乙酸苄酯）。

(4) 验证：m/z 108 为重排离子峰。

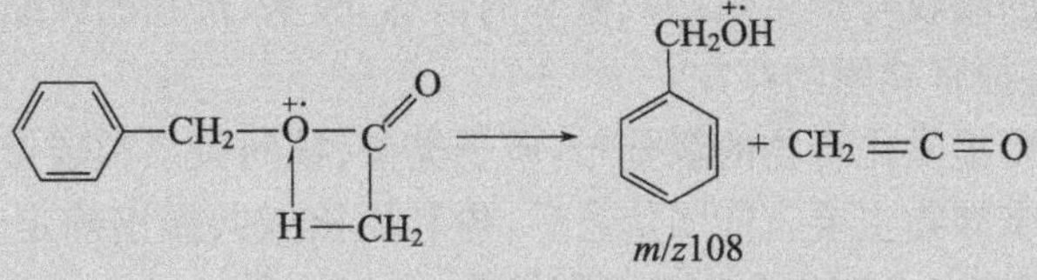

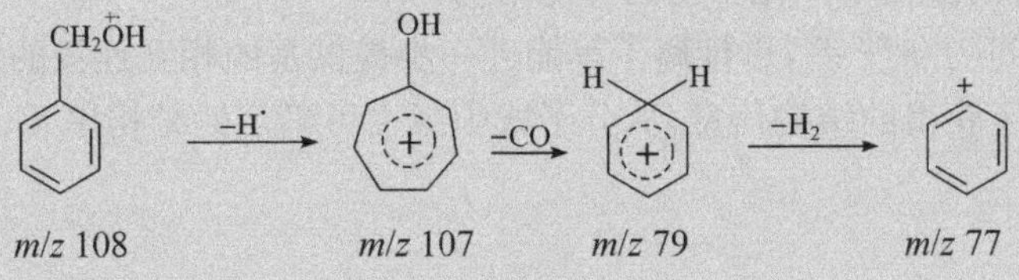

上述各离子均能在未知物质谱上找到，可初步确定推断的结论合理。

16.5 综合光谱解析法简介

对有机化合物进行结构分析，单靠一种谱图往往无法获得合理的结果，经常需要采用光谱综合解析的方法。综合光谱解析法没有一个统一的步骤和方法，需要对样品的综合信息和各种谱图进行全面分析、对比和验证，使得推出的结构能够符合样品的信息及测试到的所有谱图。

16.5.1 综合光谱解析的一般步骤

1. 样品的来源与性质

在综合分析未知试样的谱图之前，要充分了解样品的来源、纯度和理化性质。如果样品来源不明或者属于混合物，则所测试的谱图解析将十分困难，甚至会导致错误的结论。因此不纯的试样，应先予以纯化，一般要求纯度大于 98%，或者采用色谱联用技术分离后再进行测试。

试样的理化常数，如熔点、沸点、比旋度、折光率、溶解度、灰分等，可为光谱解析提供有价值的线索，应尽可能全面了解掌握。

2. 相对分子质量和分子式的确定

质谱可用于未知化合物相对分子质量和分子式的确定。通常可由质谱获得分子离子峰的精密质量或同位素峰强比，以确定未知物的相对分子质量和分子式。根据质谱分子离子峰 m/z 的奇偶性，可确定是否存在氮元素，根据同位素峰强比还可判断卤素、硫原子存在的情况。必要时，可补充元素分析测定未知化合物中 C、H、N、O、S 等元素的含量，从而算出各元素的原子比，以辅助确定未知物的分子式。

3. 分子结构的推测

首先，由未知化合物的分子式，计算不饱和度，推测未知物的类别及不饱和官能团的数目。

由紫外吸收光谱（UV）可提供未知化合物是否存在共轭骨架、苯环、羰基等信息，并可由其最大吸收波长初步判断共轭体系和苯环取代的信息。

红外光谱可提供未知物的主要官能团信息。例如，1700 cm^{-1} 附近的强吸收提供羰基的信息，2300～2100 cm^{-1} 的吸收峰提供炔基或氰基的信息，醚基、羟基的伸缩振动峰以及苯环的特征峰等，从而确定各特征官能团的存在。

核磁共振光谱则可提供化合物的氢分布，质子类型、核间关系和碳骨架等。通常通过红外吸收光谱和质谱得到未知物主要官能团信息后，再利用核磁共振谱确定未知化合物各特征官能团的连接方式，进而推出未知化合物的可能结构。

质谱碎片离子间的 m/z 差，重排离子等能进一步提供基团相互连接的信息。

全面分析各谱所获得的结构信息，从分子式中减去可确定的结构单元，一般即可初步推断出可能的结构式。

4. 结构的验证

对初步推断出的分子结构，需进一步予以验证。

首先推断出的分子结构的不饱和度与由分子式计算的不饱和度应相符合。

其次通过质谱的裂解过程，验证质谱图中各主要峰的产生与碎片的存在（如碎片离子、重排离子、亚稳离子等）。

最后核对标准光谱或文献以确证化合物的结构。

16.5.2 解析示例

【例 16-4】 某未知物由紫外光谱可知在近紫外区有强吸收，由高分辨质谱测得其分子式为 $C_{10}H_{13}NO_2$，测得其 MS、IR 和 ^1H NMR 谱如图 16-10 所示，试推断该未知物的分子结构式。

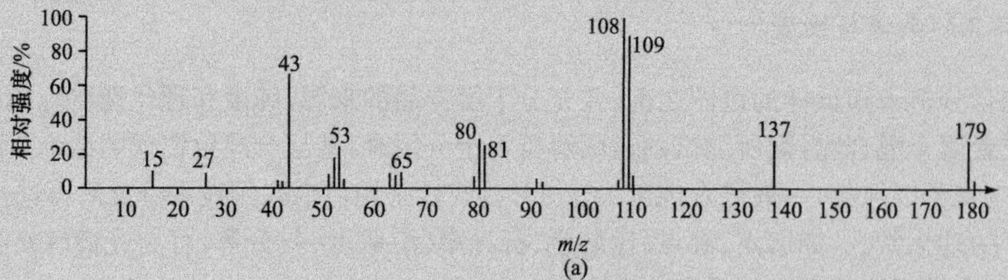

图 16-10　$C_{10}H_{13}NO_2$ 的光谱图

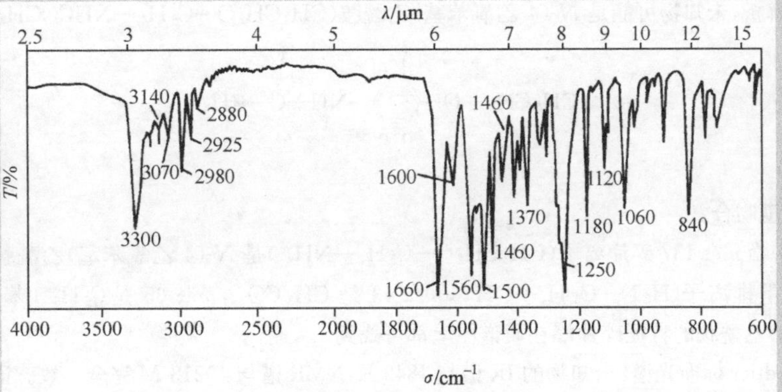

(b)

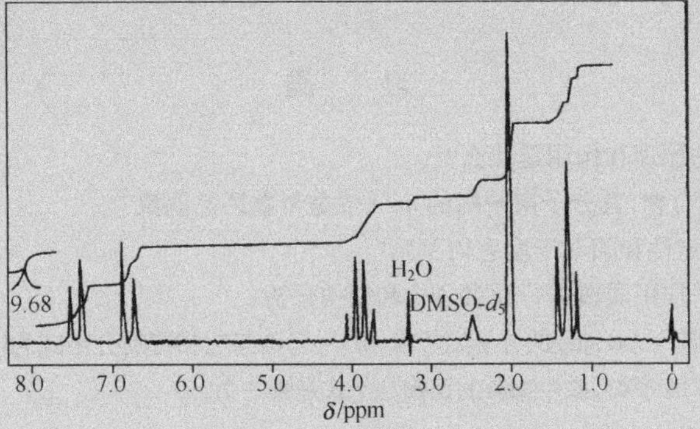

(c)

图 16-10(续)

(a)质谱;(b)红外光谱;(c)核磁共振谱

解 (1) 计算不饱和度

$$U=(2+2\times10+1-13)/2=5$$

可能具有一个苯环和一个双键,和紫外光谱近紫外区有强吸收相符。由质谱图上的m/z39与51离子峰,也证明未知物有苯环。

(2) 红外吸收光谱解析

① 特征区第一强峰1660 cm^{-1},肯定是羰基峰。但频率低,而且已知分子中含氮,因此是酰胺基中的羰基的可能性较大。

查看酰胺的主要相关峰:3300 cm^{-1}的强吸收峰(单峰)是仲酰胺基的ν_{NH}峰,1560 cm^{-1}是仲酰胺基的β_{NH}峰。证明未知物具有—CONH—基团。

② 特征区第二强峰1250 cm^{-1},是芳醚的特征峰($\nu^{as}_{\phi-O-C}$)。相关峰:1060 cm^{-1}($\nu^{s}_{\phi-O-C}$)。

③ 特征区第三强峰1500 cm^{-1},是苯环的骨架振动特征峰。相关峰:1600 cm^{-1}(骨架振动)、840 cm^{-1}(对位双取代$\gamma_{\phi H}$)及3070 cm^{-1}($\nu_{\phi H}$)。证明有苯环存在。

④ 2980 cm^{-1}、2925 cm^{-1}、2880 cm^{-1}、1460 cm^{-1}及1370 cm^{-1}是CH_3与CH_2的特征峰(ν_{CH})。

(3) 核磁共振氢谱解析

① 氢分布:以积分高度算出6种质子的氢分布为:1H∶2H∶2H∶2H∶3H∶3H。

② 质子类型:δ9.98 ppm(钝峰,—NH—CO—)。δ7.40 ppm与δ6.80 ppm为不对称对位双取代苯环上4个氢(2,6位两个氢的δ一致,但与其他氢偶合时偶合常数不等;3,5位的情况与2,6位氢的情况相同),因此这4个氢构成对位双取代的AA′BB′高级偶合系统。根据质子核磁共振波谱的峰形,即可确认为对位双取代,无需再参考碳谱。δ3.92 ppm(2H,q)与δ1.30 ppm(3H,t)是乙基构成的A_2X_3一级偶合系统。δ2.20 ppm(3H,s)是与羰基相连的孤立甲基。

根据上述解析，未知物可能是 *N*-(4-乙氧苯基)乙酰胺($CH_3CH_2O—C_6H_4—NHCOCH_3$)。

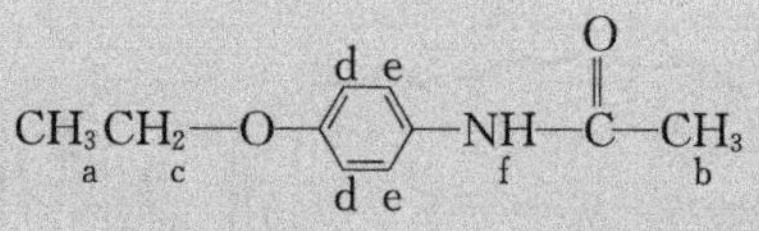

(4) 验证

① 不饱和度吻合。

② 质谱：基峰 m/z 137 碎片离子($CH_3CH_2O—C_6H_4—NH_2^+$)是 *N*-(4-乙氧苯基)乙酰胺重排离子特征峰，m/z 109 是重排离子 $H_2N—C_6H_4—OH^+$，m/z 43 是 CH_3CO^+，m/z 65 是$C_5H_5^+$(苯环特征离子)。*N*-(4-乙氧苯基)乙酰胺的特征碎片峰在质谱图上都可找到。

③ 查阅 Sadtler 标准光谱：未知物的 IR 谱与 4849 K，NMR 谱与 10213 M 完全一致。证明未知物是对 *N*-(4-乙氧苯基)乙酰胺。

习　　题

1. 离子源与质量分析器的原理和作用是什么？
2. 只含 C、H、O 的任何化合物，其分子离子峰的 m/z 值是奇数还是偶数？
3. 在质谱图中，离子的稳定性和相对丰度有何关系？
4. 什么是高分辨质谱？怎样用质谱进行元素分析和结构分析？
5. 由低分辨质谱测得生物碱 Vobtusine 的分子离子峰 $m/z=718$，与它相符的分子式为$C_{43}H_{50}N_4O_6$或 $C_{42}H_{46}N_4O_7$。高分辨质谱测得 $m/z=718.3743$，该生物碱的正确分子式是哪一个？

[$C_{43}H_{50}N_4O_6$]

6. 某未知物的分子式为 $C_8H_{16}O$，质谱如下图所示。试给出其分子结构及峰归属。

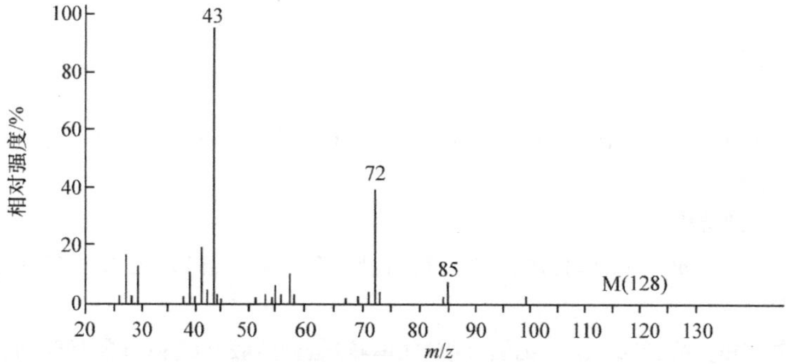

[3-甲基-庚酮-2]

7. 一个含有 C、H、O 元素的有机化合物的质谱如下图，已知其红外光谱在 3100～3700 cm^{-1}无吸收，试推断其结构式。

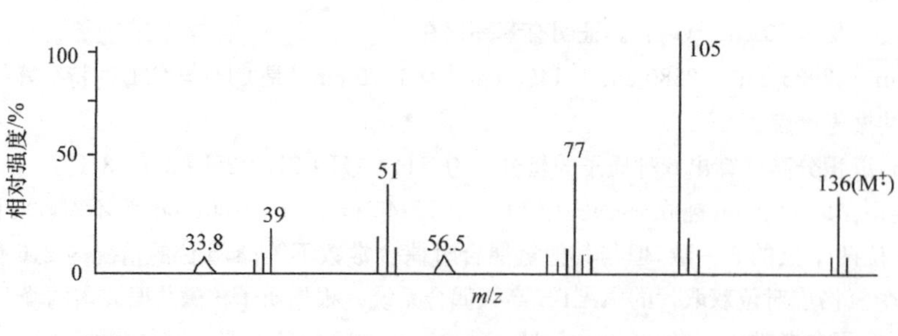

[苯甲酸甲酯]

8. 已知某含氮纯物质，由质谱仪测得其分子离子的 $m/z=117$。试根据其质谱、红外吸收光谱及核磁共振氢谱确定分子结构式。

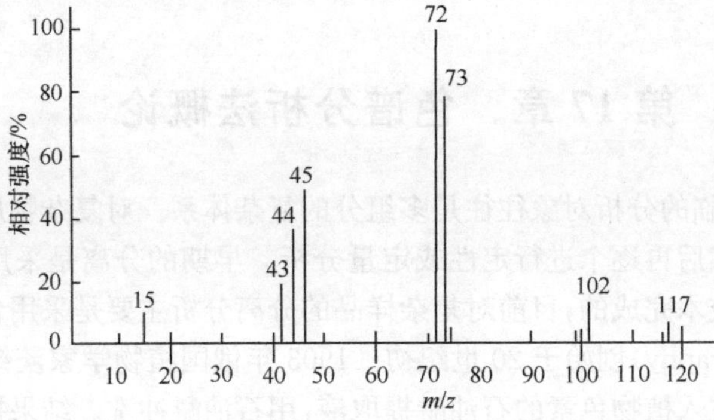

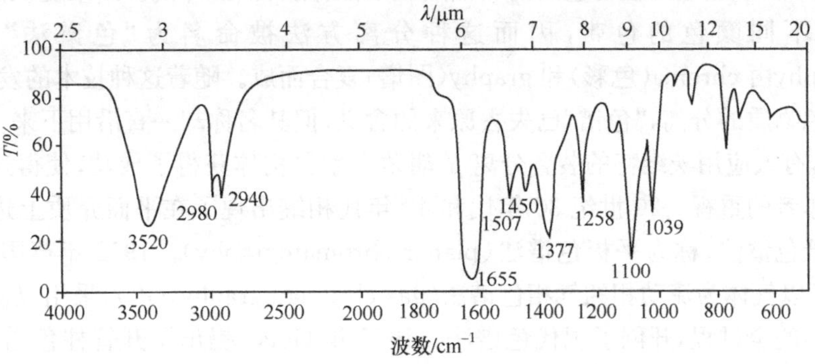

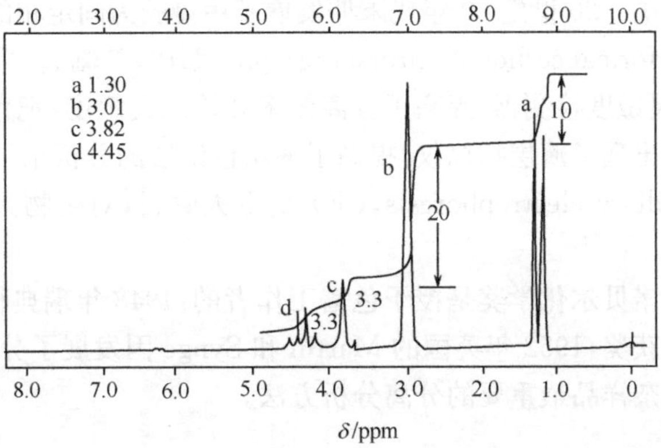

[CH_3—CH(OH)CO—N$(CH_3)_2$]

（中国药科大学　杜迎翔）

第 17 章　色谱分析法概论

当代分析工作者面临的分析对象往往是多组分的复杂体系。对复杂物质的分析需将样品中的各种组分先分离，然后再逐个进行定性或定量分析。早期的分离是采用沉淀法、萃取法、蒸馏法、升华法等经典技术完成的，目前对复杂样品的分离分析主要是采用色谱分析法。

色谱法(chromatography)创始于 20 世纪初。1903 年俄国植物学家茨维特将碳酸钙放在直立玻璃管中，从顶端注入植物色素的石油醚提取液，用石油醚冲洗。结果提取液中不同色素在管中形成不同颜色的色带，因而这种分离方法被命名为“色谱法”。英文名称 chromatography由 chroma(色彩)和 graphy(图谱)复合而成。随着这种技术的发展，色谱法已大量用于无色物质的分离，“色谱”已失去原来的含义，但其名称却一直沿用下来。

1931 年，有人应用茨维特的装置分离 β-胡萝卜素异构体获得了成功，使得这种分离技术获得化学工作者的重视。20 世纪 30 年代和 40 年代相继出现了在平面介质上进行分离的薄层色谱法与纸色谱法，称为平板色谱法(planar chromatography)。1952 年英国的 Martin 和 Synge 建立了以气体为流动相的气相色谱法(gas chromatography，GC)，采用仪器方法完成色谱分离和检测的全过程，开创了现代色谱法。1956 年 Golay 提出了开管柱色谱理论，研制了毛细管气相色谱分析法。20 世纪 50 年代末期发展了用凝胶为固定相的色谱法。70 年代高效液相色谱法(high performance liquid chromatography，HPLC)崛起，采用高性能填料的高效色谱柱、高压泵和高灵敏度检测器，提高了分离效率和检测灵敏度，把色谱法又推进到一个新里程碑。在此期间还出现了薄层扫描仪，提高了薄层色谱法的分析水平。80 年代末发展起来的毛细管电泳法(capillary electrophoresis，CE) 更令人瞩目，对生物大分子的分离具有独特优点。

历史上曾有两次诺贝尔化学奖是授予色谱工作者的：1948 年瑞典科学家 Tiselins 因电泳和吸附分析的研究而获奖，1952 年英国的 Martin 和 Synge 因发展了分配色谱而获奖。目前，色谱分析法已成为复杂样品最重要的分离分析方法。

17.1　色谱法基础

17.1.1　色谱法的分类

茨维特所建立的色谱法所用的玻璃管称为色谱柱(column)，管中填充的碳酸钙称为固定相(stationary phase)，用于冲洗样品的溶剂称为流动相(mobile phase)。

色谱法的分类可按照流动相和固定相的状态进行分类。流动相是液体的称为液相色谱法(liquid chromatography，LC)，气体的称为气相色谱法(gas chromatography，GC)；此外，按固定相为固体或液体，气相色谱法又可分为气-固色谱法 (GSC)和气-液色谱法(GLC)；液相色谱法又可分为液-固色谱法(LSC)和液-液色谱法(LLC)。另一种分类方法是按照固定相的操作形式进行分类。将固定相装于柱管内的色谱法称为柱色谱法；固定相构成平面层的称为平板色谱法，常用的有纸色谱法和薄层色谱法。第三种分类方法是按照色谱过程的分离机制分为吸附色谱法、分配色谱法、离子交换色谱法和分子排阻色谱法等类型。

17.1.2　色谱过程及其基本术语

1. 色谱过程

吸附柱色谱法的色谱过程如图 17-1 所示。把含有 A、B 两组分的样品加到色谱柱的顶端，样品组分被吸附到固定相上。用适当的流动相冲洗，当流动相通过时，被吸附在固定相上的组分溶解于流动相中，称为解吸，已解吸的组分随着流动相向前移行，遇到新的吸附剂颗粒，又再次被吸附，如此在色谱柱上不断地发生吸附、解吸、再吸附、再解吸、……的过程。若两种组分的极性不同，则吸附剂表面对组分的吸附能力也存在差异，其结果就使吸附能力弱的组分先从色谱柱中流出，吸附能力强的组分后流出色谱柱，从而使 A、B 两组分得到分离。

2. 色谱图

早期的色谱法只能手工操作。现代色谱法实现了色谱过程的自动化，在柱后安装了可对待测组分产生信号的检测器，检测到的信号对时间或流动相流出体积作图得到的曲线称为色谱流出曲线。图 17-2 以气相色谱流出曲线为例，各组分测得的信号在色谱图上形成谱峰，谱峰的峰高或峰面积和组分的浓度或质量相关。正常峰的形状符合正态分布，以峰顶垂直线为中心呈对称分布。

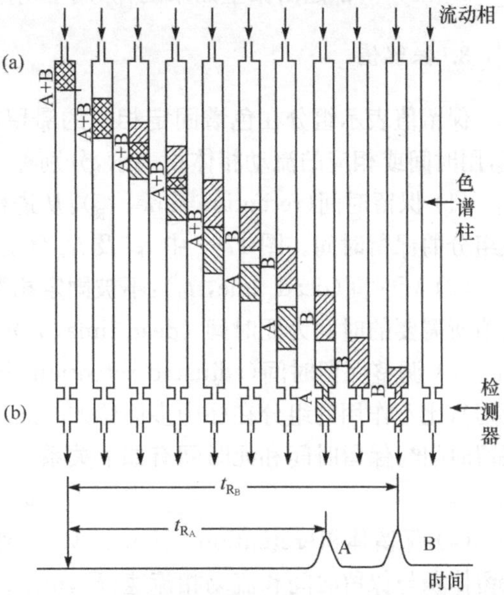

图 17-1　色谱过程示意图

基线　流动相通过检测器系统时所产生的信号的曲线，称为基线（base line），如图 17-2中的 Ot 线。实验条件稳定时基线应是一条平行于横轴的线；基线反映仪器噪声随时间的变化。

峰高　谱峰顶点与基线间的垂直距离，以 h 表示，如图 17-2 中的 $B'A$ 线。

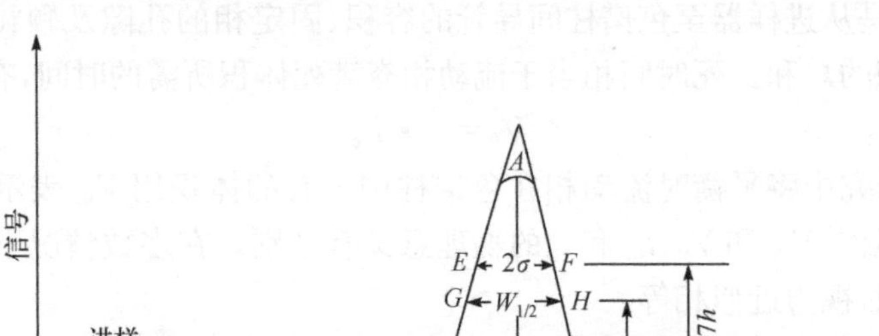

图 17-2　色谱流出曲线

峰宽　谱峰的宽度和分离效率有关。描述色谱峰宽的方法有 3 种方法。

(1) 标准差(σ):σ 为正态分布曲线上两拐点间距离的一半,σ 的大小反映组分流出的分散程度。σ 值越大,流出的组分越分散,分离效果变差。

(2) 峰宽(peak width,W 或 Y):通过谱峰两侧的拐点作切线,在基线上的截距称为峰宽,或称基线宽,如图 17-2 中的 IJ 的距离。根据正态分布可证得峰宽和标准差的关系是

$$W=4\sigma \tag{17-1}$$

(3) 半峰宽(peak width at half height;$W_{1/2}$ 或 $Y_{1/2}$):峰高一半处的峰宽称为半峰宽,如图 17-2中的 GH 间的距离。

$$W_{1/2}=2.355\sigma \tag{17-2}$$

即

$$W=1.699\ W_{1/2}$$

W 和 $W_{1/2}$都是由派生而来的,除用于衡量柱效外,还经常用于计算峰面积。

3. 保留值

保留值表示组分在色谱固定相内的滞留状态,是主要的色谱定性参数;通常通过实验测定,用时间或相应的流动相体积表示,分别称为保留时间和保留体积。

(1) 保留时间(retention time, t_R):从进样开始到某个组分的色谱峰顶点的时间间隔称为该组分的保留时间。图 17-1 中 t_{R_A} 及 t_{R_B} 分别为组分 A 及组分 B 的保留时间。

(2) 死时间(dead time, t_0):不被固定相滞留的组分从进样开始、通过色谱柱,到出现峰最大值所需要的时间为死时间 (dead time, t_0) ,即流动相到达检测器所需的时间。

(3) 调整保留时间(adjusted retention time, t'_R):某组分由于和固定相作用(如溶解或被吸附),比不作用的组分在柱中多停留的时间称为调整保留时间,又称为校正保留时间。调整保留时间与保留时间和死时间有如下关系:

$$t'_R=t_R-t_0 \tag{17-3}$$

(4) 保留体积(retention volume, V_R):组分从进样到出现峰最大值所需的流动相体积。保留体积与保留时间和流动相流速(F_c,mL/min)有如下关系:

$$V_R=t_R\cdot F_c \tag{17-4}$$

(5) 死体积(dead volume,V_0):由进样器至检测器的流路中未被固定相占有的空间体积称为死体积,一般是从进样器至色谱柱间导管的容积、固定相的孔隙及颗粒间隙、柱出口导管及检测器内腔容积的总和。死时间相当于流动相充满死体积所需的时间,有如下关系:

$$V_0=t_0\cdot F_c \tag{17-5}$$

在色谱理论研究中将平衡时流动相在色谱柱中占有的体积用 V_m 表示,经过色谱柱所需时间用 t_m表示。显然,V_m 和 V_0,t_m 和 t_0的物理意义有区别。在多数情况下,可忽略导管和检测器内腔容的容积,视为近似相等。

(6) 调整保留体积(V'_R):由 V_R 扣除 V_0 的体积称为调整保留体积(V'_R),即

$$V'_R=V_R-V_0=t'_R\cdot F_c \tag{17-6}$$

4. 分配系数和保留因子

色谱过程中,在流动相与固定相中的溶质分子处于动态平衡。平衡时组分在固定相与流动相中的浓度之比为分配系数(partition coefficient,K)。

$$K=\frac{c_s}{c_m} \tag{17-7}$$

在不同分离机制的色谱中 K 都可用式(17-7)表示，但名称有所不同。

在平衡状态下，组分在固定相与流动相中的质量之比称为保留因子(retention factor，常写作 k)，过去也称为容量因子(capacity factor)。若用 V_s 和 V_m 表示色谱柱中固定相和流动相的体积，则有

$$k=\frac{c_s V_s}{c_m V_m}=K\frac{V_s}{V_m} \tag{17-8}$$

k 值应相当于组分被固定相滞留的时间和流动相通过系统所需时间的比，即

$$k=\frac{t_R-t_0}{t_0}=\frac{t'_R}{t_0} \tag{17-9}$$

根据式(17-9)还可以得到

$$t_R=t_0(1+k) \tag{17-10}$$

式(17-10)表示保留时间与保留因子的关系。由此可知通过实验测定 t_R 和 t_0 即可计算保留因子 k。显然，组分的 k 大，则表示有较长的 t_R。不同组分实现色谱分离的先决条件是组分的保留因子存在差异。

保留因子 k 反映组分和固定相、流动相分子间作用力的大小，是组分的色谱定性参数。

5. 分离参数

色谱中用分配系数比或分离度表示描述相邻组分分离状态。分配系数比被定义为两种物质调整保留值之比，又称为选择性系数，以 α 表示：

$$\alpha=\frac{t'_{R_2}}{t'_{R_1}}=\frac{V'_{R_2}}{V'_{R_1}}=\frac{k_2}{k_1}=\frac{K_2}{K_1} \tag{17-11}$$

另一个分离参数是分离度(resolution，R)，定义如下：

$$R=\frac{t_{R_2}-t_{R_1}}{\frac{1}{2}(W_2+W_1)} \tag{17-12}$$

式中，t_{R_1}、t_{R_2} 分别为相邻两个组分的保留时间；W_1、W_2 为峰宽。通过测量保留时间和峰宽即可求算相邻峰的分离度。

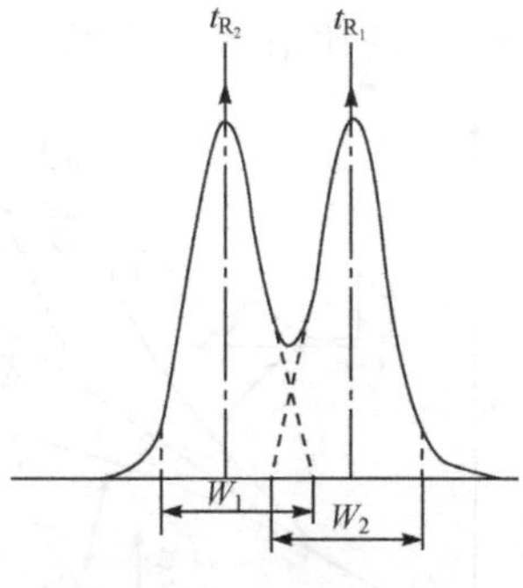

图 17-3　分离度的计算

设色谱峰为正常峰，且 $W_1\approx W_2$，则 $\frac{1}{2}(W_2+W_1)$ 为 4σ。若 $R=1$，则峰尖距应为 4σ，此时两峰略有重叠；若 $R=1.5$，则峰尖距为 6σ，两峰完全分开。通常要求色谱条件满足二相邻峰的 $R\geqslant1.5$。

【例 17-1】 一个气相色谱柱，已知固定相的保留体积 $V_s=14.1$ mL，载气流速为 43.75 mL/min。分离一个含 ABC 三组分的样品，测得组分保留时间分别为 A 1.41 min、B 2.67 min、C 4.18 min、空气为 0.24 min。试计算：(1)死体积(假定检测器及柱接头等体积可以忽略)；(2)各组分的调整保留时间和分配系数；(3)相邻两组分的分配系数比 α。

解　(1) 已知 $F_c=43.75$ mL/min，则 $V_0=t_0\times F_c=0.24\times43.75=10.5$ mL。检测器及柱接头等体积可以忽略时，$V_m\approx V_0$。

(2)
$$t'_{R_A}=t_R-t_0=1.41-0.24=1.17\ (\text{min})$$
$$t'_{R_B}=2.67-0.24=2.43\ (\text{min})$$

$t'_{R_C}=4.18-0.24=3.94\ \text{min}$

$$K=\frac{c_s}{c_m}=k\frac{V_m}{V_s}\qquad K_A=\frac{t'_{R_A}}{t_0}\cdot\frac{V_m}{V_s}=\frac{1.17}{0.24}\times\frac{10.5}{14.1}=3.63$$

$$K_B=\frac{t'_{R_B}}{t_0}\cdot\frac{V_m}{V_s}=\frac{2.43}{0.24}\times\frac{10.5}{14.1}=7.54\qquad K_C=\frac{t'_{R_C}}{t_0}\cdot\frac{V_m}{V_s}=\frac{3.94}{0.24}\times\frac{10.5}{14.1}=12.2$$

(3)　$$\alpha_{AB}=\frac{K_2}{K_1}=\frac{K_B}{K_A}=\frac{7.54}{3.63}=2.08\qquad \alpha_{BC}=\frac{K_2}{K_1}=\frac{K_C}{K_B}=\frac{12.2}{7.54}=1.62$$

17.2　色谱分离的基本理论

17.2.1　分配系数和保留行为的关系

由式(17-8)和式(17-10)可导出

$$t_R=t_0\left(1+K\frac{V_s}{V_m}\right)\tag{17-13}$$

式(17-13)称为色谱过程方程，说明了保留时间与分配系数的关系。由此式可知，在确定的色谱系统 V_s 与 V_m、t_0 一定时，t_R 仅取决于分配系数 K。

17.2.2　等温线

由式(17-7)，在一定条件下，组分在固定相和流动相间分配达到平衡时，在两相中的浓度 c_s 和 c_m 的比值 K 为常数，由此绘制出的 c_s 和 c_m 的关系曲线应为一条直线，称为等温线，如图17-4中 a 线所示。线性等温线为 K 固定时得到的理想等温线，对应的色谱峰为正常峰。

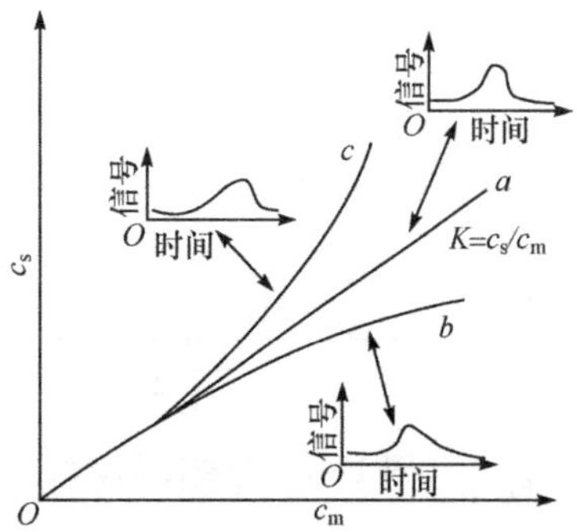

图 17-4　等温线与色谱峰形的关系

在大多数实际分析工作中，完全对称的色谱峰是少有的，一般只能得到非线性等温线，如图中 b 或 c 所示。b 为凸形等温线，产生拖尾峰；c 凹形等温线，产生前伸峰。

从图 17-4 还可以看到，当浓度较低时两种等温线的流出曲线都近似于正常峰。因而在色谱分析中，应注意控制样品进样量，以避免非线性等温线造成的不对称峰。通常用待测峰的拖尾因子(tailing factor，T)评价色谱峰的对称性。拖尾因子也称为对称性因子(symmetry factor)，计算公式为

$$T=\frac{W_{0.05h}}{2d_1}\tag{17-14}$$

式中，$W_{0.05h}$ 为 0.05 峰高处的峰宽；d_1 为峰极大至峰前沿之间的距离。T 应为 0.95～1.05。完全对称色谱峰的拖尾因子为 1.00。除另有规定外，把拖尾因子为 0.95～1.05 的峰看成对称峰；小于 0.95 的为前延峰；大于 1.05 的为拖尾峰。

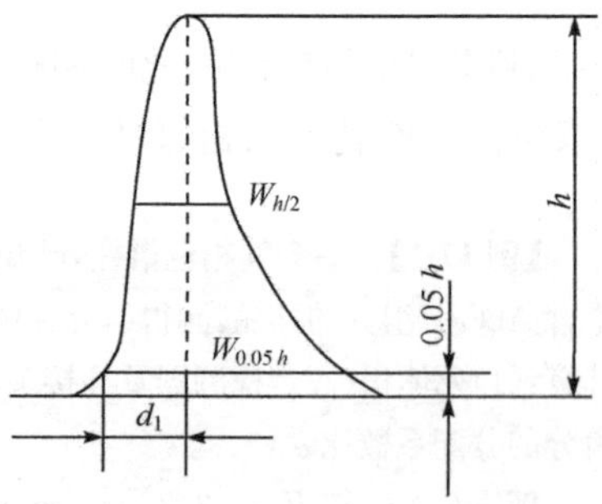

图 17-5　拖尾因子的计算

d_1 为峰极大至峰前沿之间的距离

17.2.3 塔板理论

在色谱分离过程中，两组分的距离随着时间逐渐加大，每一组分的分布会趋向分散，即色谱峰峰宽变宽。分离的效果和峰的宽度及出峰时间相关。能够解释这一现象的理论首推塔板理论。塔板理论把色谱柱看成一个蒸馏塔，由若干连续、等距的水平塔板组成，每个塔板的高度称为理论塔板高度(height equivalent to a theoretical plate)，用 H 表示，有如下基本假设：

(1) 样品和流动相同时加在第 1 个塔板上，且样品的纵向扩散可以忽略。

(2) 流动相通过色谱间歇式前进运动，每次前进为一个塔板体积。

(3) 组分能够在流动相和固定相两相瞬间达到平衡。

(4) 分配系数在各塔板上是常数。

按照这些假设，对于柱长 L、理论塔板高度 H 的色谱柱，定义应有的理论塔板数(N)为

$$N=\frac{L}{H} \tag{17-15}$$

N 的本质是组分在两相间实现平衡的次数，可由峰宽和保留时间计算

$$N=16\left(\frac{t_R}{W}\right)^2 \quad 或 \quad N=5.54\left(\frac{t_R}{W_{1/2}}\right)^2 \tag{17-16}$$

式(17-16)说明，在 t_R 一定时，若峰越窄，即 W 或 $W_{1/2}$ 越小，理论塔板数越大，理论塔板高度越小，柱的分离效率越高，因此通常把理论塔板数称为柱效指标。

若考虑到扣除死时间的影响，用 t'_R 代替 t_R 计算出的理论塔板数称为有效理论塔板数($N_{有效}$)，理论塔板高度为有效理论塔板高度($H_{有效}$)。

值得注意的是，在同一根色谱柱上不同组分的理论塔板数可能不同，同一组分在不同色谱条件下理论塔板数也不相等。色谱工作人员常在一定色谱条件下，用标准物测定理论塔板数，以评价色谱柱的优劣；用被测组分测定不同色谱条件下的理论塔板数，用以考察所建立的色谱系统。

【例 17-2】 已知气相色谱柱长 2.0 m，固定相为白色硅藻土上涂渍的 5%OV-17，柱温 125 ℃，载气(N_2)流速 30 mL/min，记录纸速为 2.0 cm/min。测定萘的保留时间为 2.35 min，半峰宽为 0.20 cm。求理论塔板数和板高。若用甲烷测得死时间为 0.20 min，求有效理论塔板数和板高。

解 应用式(17-16)，将半峰宽单位换算成时间(min)，得

$$N=5.54\left(\frac{2.35}{0.20/2.0}\right)^2=3.1\times10^3$$

$$H=\frac{2000}{3.1\times10^3}=0.65(\text{mm})$$

扣除死时间的影响，用 t'_R 代替 t_R 计算 $N_{有效}$ 和 $H_{有效}$，有

$$t'_R=2.35-0.20=2.15(\text{min})$$

$$N_{有效}=5.54\left(\frac{2.15}{0.20/2.0}\right)^2=2.6\times10^3$$

$$H_{有效}=\frac{2000}{2600}=0.77(\text{mm}) \quad (取两位有效数字)$$

17.2.4 速率理论

塔板理论在解释流出曲线的形状、浓度极大点的位置以及评价柱效高低等方面是有效的。

但塔板理论存在一定局限性，除了其基本假设和事实不完全相符外，它无法解释谱带扩张的原因，也无法解释色谱过程与流动相流速、柱内分子扩散传质过程以及色谱参数等动力学因素的关系。

1956 年荷兰学者 van Deemter 等在塔板理论基础上，研究了影响板高的因素，通过色谱实验证实，在低流速时增加流速，峰变锐，即柱效增加；当超过一定流速时峰变钝，柱效降低。用塔板高度 H 对载气流速 u 作图为二次曲线(图 17-6)，曲线最低点对应的塔板高度最小，柱效最高，此时的流速称为最佳流速($u_{最佳}$)，由此导出的速率方程式即 van Deemter 方程为

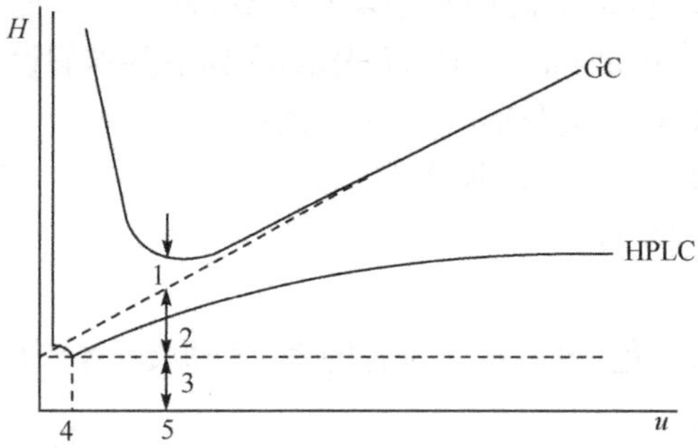

图 17-6　塔板高度-流速曲线

1. B/u；2. Cu；3. A；4. HPLC 的 $u_{最佳}$；5. GC 的 $u_{最佳}$

$$H=A+B/u+Cu \qquad (17\text{-}17)$$

式中，H 为塔板高度(cm)；A、B 和 C 为常数，其单位分别为 cm、cm^2/s 及 s；u 为载气线速度(cm/s)。若 L 为柱长(cm)，t_0 为死时间(s)，u 按式(17-18)计算：

$$u=L/t_0 \qquad (17\text{-}18)$$

式(17-17)中各项的意义如下：

(1) 涡流扩散项 A　由流动相沿不同路径流出的距离差异引起的峰展宽(图 17-7)，称为多径扩散项，计算公式为

$$A=2\lambda d_p \qquad (17\text{-}19)$$

式中，λ 填充不规则因子；d_p 为填料粒径(cm)。λ 与填料颗粒大小、分布范围及填充均匀性有关。一般认为用较小颗粒填料比易获得均匀填充。细粒径填料有利于降低 A，但可能造成高柱压。

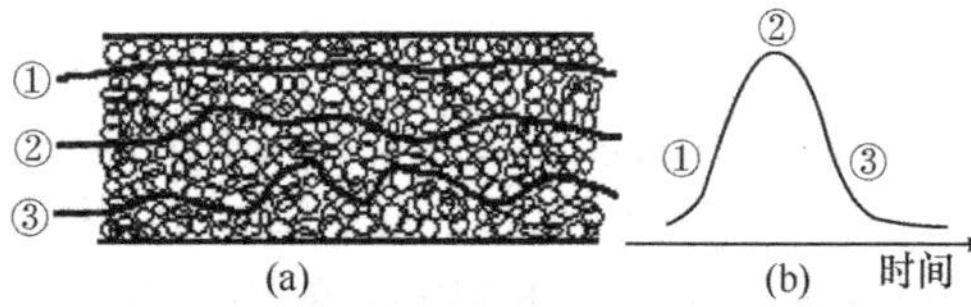

图 17-7　涡流扩散对峰展宽的影响

(2) 纵向扩散项 B/u　又称为分子扩散项，是溶质在流动相中沿柱方向的纵向扩散引起的谱带展宽，常数 B 称为纵向扩散系数，为

$$B=2\gamma D_m \qquad (17\text{-}20)$$

式中，γ 为纵向扩散系数，反映了载气在柱内形成的扩散障碍；D_m 为组分在流动相中的扩散系数，与温度、柱压、组分和载气的性质有关。使用较高流速、降低柱温和采用相对分子质量大的载气，能减少分子扩散。因此，载气线速度不宜过低，可使用相对分子质量较大的氮气。但当高流速时也可用氦气或氢气。

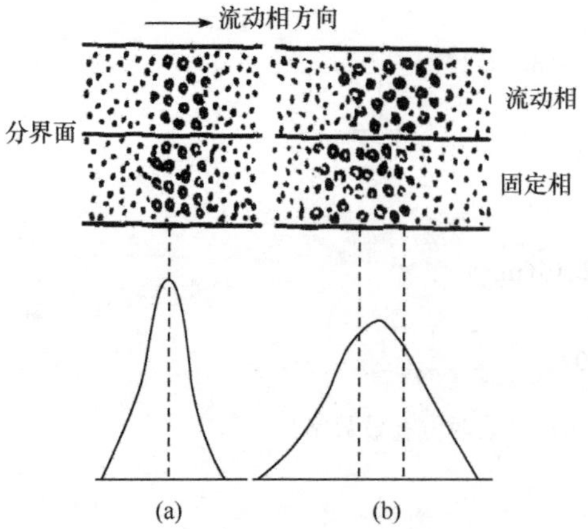

图 17-8　传质阻力对峰展宽的影响

(a) 无传质阻力；(b) 有传质阻力

(3) 传质阻力项 Cu　组分被流动相带入色谱柱后，在固定相和流动相的界面发生溶解、扩散、吸附等作用进入固定相，在这个传质过程中产生的阻抗称为传质阻力。图 17-8 描述了传质阻力引起色谱峰扩张的过程。未能进入固定相的溶质分子被流动相推向前进，发生分子超前；进入

固定相的溶质分子未能及时解吸进入流动相，发生分子滞后，二者都产生使谱峰展宽的效应。

C称为传质阻力系数，为固定相传质阻力系数(C_s)和流动相传质阻力系数(C_m)之和 $C=C_s+C_m$。对气液色谱，C_m 可忽略，而 C_s 与液膜厚度平方成正比，因此降低液膜厚度有利提高柱效。

从 H-u 曲线还可以看出，A 与流速无关，对板高的贡献是固定的；B/u 和 Cu 都与速度有关。低流速时，B/u 是引起板高增加的主要因素；高流速时，Cu 是引起板高增加的主要因素。

综上所述，van Deemter 方程说明了色谱柱填充均匀程度、载体性质与粒度、流动相种类及流速、柱温、固定液层厚及涂渍均匀程度等对柱效的影响。van Deemter 方程对分离条件的选择具有指导意义。

17.2.5　影响分离度的因素

若假设二组分的 $n_1=n_2=n$，设 $k_{平均}=(k_1+k_2)/2$，由式(17-11)、式(17-12)和式(17-16)可推得

$$R=\underset{a}{\frac{\sqrt{N}}{4}}\underset{b}{\left(\frac{\alpha-1}{\alpha}\right)}\underset{c}{\left(\frac{k_2}{1+k_{平均}}\right)} \tag{17-21}$$

式中，a 为柱效项，影响峰位；b 为柱选择性项，影响峰间距；c 为柱容量项，影响峰位。该式也称分离方程式，显示了分离度和柱效(n)、分配系数比(α)及保留因子(k)的关系。从图 17-9 可知，增大 n 使峰变窄，保留时间不变；增大 k 能改善分离，但峰宽也增加；而提高 α 则使峰间距增大，能改善分离。对于相邻峰，可以忽略峰宽差别，以 k_2 代替 $k_{平均}$，得

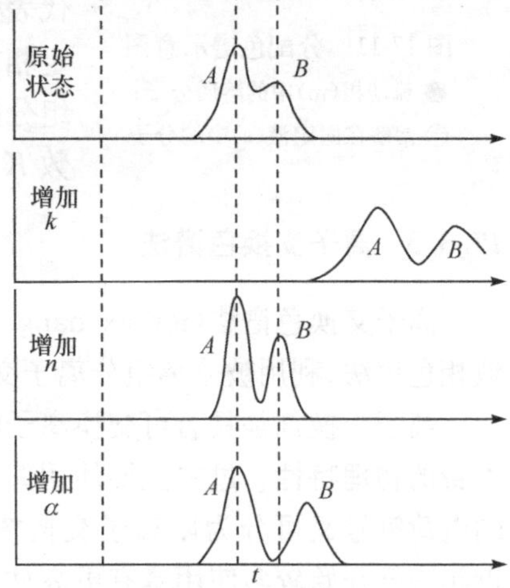

图 17-9　保留因子(k)、柱效(n)及分配系数比(α)对分离度(R)的影响

$$R=\frac{\sqrt{N}}{4}\left(\frac{\alpha-1}{\alpha}\right)\left(\frac{k_2}{1+k_2}\right) \tag{17-22}$$

在不改变塔板高度(H)的条件下，根据式(17-15)和式(17-21)可得到分离度与柱长的关系为

$$\left(\frac{R_1}{R_2}\right)^2=\frac{L_1}{L_2} \tag{17-23}$$

17.3　基本类型色谱的分离机制

17.3.1　吸附色谱法

吸附色谱法(adsorption chromatography)以固体吸附剂作为固定相，利用被分离组分对固体相表面活性吸附中心吸附能力的差别而实现分离。大部分 GSC 和 LSC 都属于吸附色谱法。前面介绍的俄国植物学家 Tswett 建立的色谱法即属于吸附色谱法的分离机制。

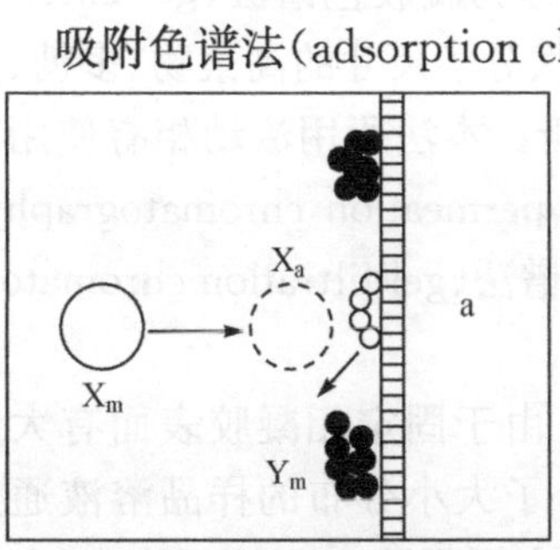

图 17-10　吸附色谱示意图
X. 溶质分子；Y. 流动相分子；
a. 吸附剂；m. 流动相

吸附色谱的固定相为具有吸附功能的吸附剂，流动相为气体或液体。吸附过程是样品中各组分的分子(X)与流动相分子(Y)争夺吸附剂表面活性中心的过程(图 17-10)。流动相中组分的分子 X_m 与吸附在吸附剂表面的 n 个流动相分子 Y_a 相置换，组分的分子被吸附，以 X_a 表示。流动相分子回至流动相内部，以 Y_m 表示。由此达到吸附平衡。式(17-7)中的分配系

数在吸附色谱中又被称为吸附系数 K_a。

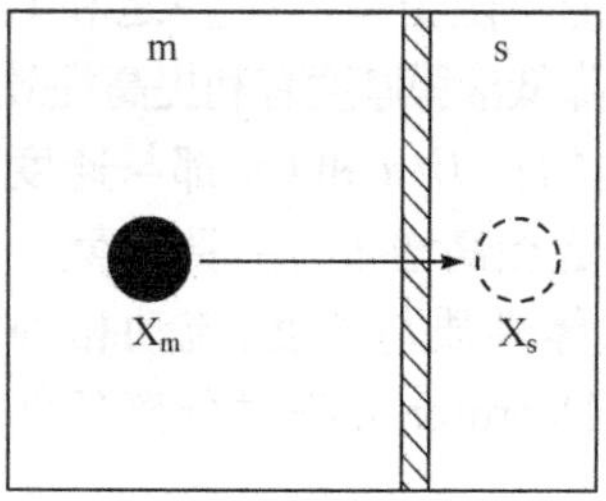

图 17-11　分配色谱示意图
● 流动相(m)中的溶质分子；
○ 溶解在固定液(s)中的分子

17.3.2　分配色谱法

分配色谱法(partition chromatography)利用被分离组分在固定相或流动相中的溶解度差别而实现分离，固定相一般为液体。GLC 和 LLC 大都属于分配色谱法。

分配色谱法的示意图如图 17-11 所示。图中 X_m 和 X_s 分别代表样品中某组分(溶质)在流动相和固定相中的分子。这里固定相在液-液分配色谱中为涂渍在惰性载体上的固定液。溶质组分处于动态平衡时流动相和固定相两浓度之比即前述分配系数 K。

17.3.3　离子交换色谱法

离子交换色谱法(ion exchange chromatography)是以离子交换作用分离离子型化合物的液相色谱法，利用被分离组分离子交换能力的差别而实现分离，其固定相为离子交换剂。

离子交换剂是具有可交换离子的聚合物电解质，能参与溶液中的离子交换作用而不改变本身的物理特性。过去主要使用离子交换树脂作为离子交换剂。离子交换树脂按可交换离子的电荷符号又可分为阳离子交换树脂和阴离子交换树脂。近年来已开始较多使用具有更高柱效的薄壳型离子交换剂或离子交换键合相。

以离子交换色谱为例说明分离机制。图 17-12 中 R 为树脂骨架，树脂表面的负离子(如 SO_3^-)为不可交换离子；其正离子为可交换离子(如 H^+)。当流动相中携带有正离子出现时，由于相反电荷发生离子交换反应。交换反应达平衡时的平衡常数称为选择系数(selectivity coefficient，K_s)。K_s 与离子电荷及半径、流动相、树脂的性质及温度等有关。

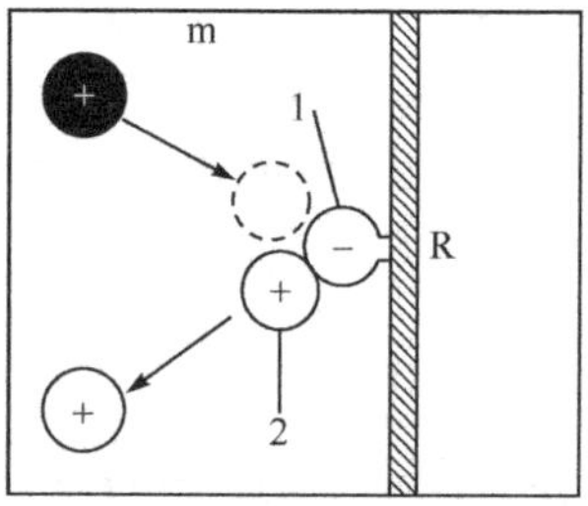

图 17-12　阳离子交换色谱示意图
R. 树脂骨架；m. 流动相

17.3.4　分子排阻色谱法

分子排阻色谱法(molecular exclusion chromatography)，又称空间排阻色谱法(size exclusion chromatography)，由于其以多孔凝胶为固定相，过去被称为凝胶色谱法(gel chromatography)。本法主要用于有较大分子尺寸的高聚物、多糖、蛋白质及各种生化样品的分离分析。本法所用流动相有使用有机溶剂的凝胶渗透色谱法(gel permeation chromatography，GPC)以及水溶液的凝胶过滤色谱法(gel filtration chromatography，GFC)。

图 17-13　分子排阻色谱示意图
Ge. 多孔凝胶；m. 流动相

本法分离机制见图 17-13。由于固定相凝胶表面有大量不同尺寸的孔隙，当具有一定分子大小分布的样品溶液通过凝胶时，较小的分子能够更多地占据凝胶表面的空隙，而在柱中滞留的时间较长，这样较小分子的样品流过色谱柱需要较长的时间，而较大分子的样品则不能进入孔隙，通过时间较短，即可按分子大小顺序分离样品组分。

凝胶色谱法的分离机制有多种理论，空间排斥理论是目前被多数人所接受的理论。该理论假设孔内外同等大小的溶质分子处于扩散平衡状态。平衡时，两者浓度之比为渗透系数(permeation coefficient，K_p)，主要取决于凝胶的孔径大小与被分离组分分子尺寸之间的关系，与流动相性质没有直接关系。

习　题

1. 一个组分的色谱峰可用哪些参数描述？这些参数各有何意义？受哪些因素影响？
2. 说明保留因子的物理含义及与分配系数的关系。它受哪些因素影响？为什么保留因子或分配系数不等是分离的前提？如何使两个组分的保留因子不等？
3. 什么是等温线？试述三种等温线与色谱峰形的关系。
4. 什么是塔板理论？说明其对色谱的贡献和局限性。
5. 用 van Deemter 方程式讨论气相色谱实验条件的选择：①载气流速与载气相对分子质量；②柱温；③载体粒度、粒度分布、形状及柱填充均匀程度；④固定液涂层厚度。
6. 简述色谱法四种基本类型的分离机理。
7. 试推导最小理论塔板高度的计算式：$H_{最小}=A+2\sqrt{BC}$。
8. 试推导分离方程式 $R=\frac{\sqrt{N}}{4}\left(\frac{\alpha-1}{\alpha}\right)\left(\frac{k_2}{1+k_{平均}}\right)$。设 $N_1=N_2=N$，$k_{平均}=(k_1+k_2)/2$。
9. 在一根 2.0 m 的硅油柱上分析一个混合物得下列数据：苯、甲苯及乙苯的保留时间分别为 1′20″、2′2″、3′1″；半峰宽为 0.211 cm、0.291 cm 及 0.409 cm(用读数显微镜测得)，已知记录纸速为 1200 mm/h，求此色谱柱对每种组分的理论塔板数及塔板高度。

[885，2.3 mm；1.08×10^3，1.9 mm；1.21×10^3，1.7 mm]

10. 组分 A 和 B 在 1 支 1.8 m 长色谱柱上的调整保留时间 $t'_{R,A}=3.0$ min，$t'_{R,B}=3.3$ min，两组分峰的半宽分别为 $W_{1/2,A}=1.5$ mm 和 $W_{1/2,B}=2.0$ mm。若色谱图横坐标每 1.0 cm 相当于 1.0 min，则(1)以 A 组分计算，该柱的理论塔板数和塔板高度为多少？(2)如果要使 A 和 B 的完全分离，色谱柱至少需延长多少？

[(1) 2.2×10^3，0.81 mm；(2) 至少 0.9 m]

11. 在一根 3.0 m 长的色谱柱上分离样品的结果如图所示。
(1) 求调整保留时间 t'_{R1} 及 t'_{R2}；(2)求有效塔板数 $N_{有效}$ 及有效塔板高度 $H_{有效}$；(3)求保留因子 k_1 及 k_2；(4)用组分 2 计算色谱柱的理论塔板数 N 及塔板高度 H；(5)求使二组分 R 为 1.5 时的柱长。

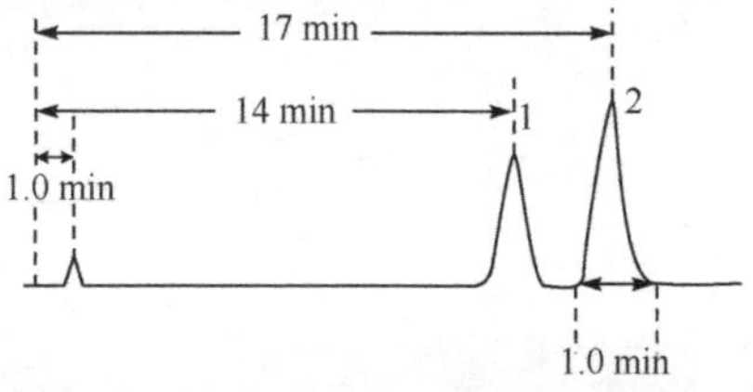

[(1) 13.0 min，16.0 min；(2) 4.1×10^3，0.73 mm；(3) 13，16；(4) 4.6×10^3，0.62 mm；(5) 0.75 m]

12. 在 2.0 m 长的色谱柱上分析苯与甲苯的混合物。测得死时间为 0.20 min，甲苯的保留时间为 2.10 min 及半峰宽为 0.285 cm，记录纸速为 2 cm/min。若苯比甲苯先流出色谱柱，且苯与甲苯的分离度为 1.0。求(1)甲苯与苯的分配系数比；(2)苯的保留因子与保留时间；(3)达到 $R=1.5$ 时的柱长。

[(1) 1.1；(2) 8.6，1.9 min；(3) 4.5 m]

13. 在一根 2.0 m 色谱柱上，用 He 为载气，在三种流速下测得结果如下，求算：(1)三种流速下的线速度 u_1，u_2 及 u_3；(2)三种流度下的 N 及 H；(3)van Deemter 方程中 A、B、C 三个参数；(4)$H_{最小}$ 和 $u_{最佳}$。

甲烷	正十八烷	
t_R/s	t_R/s	W/s
18.2	2020.0	223.0
8.0	888.0	99.0
5.0	558.0	68.0

[(1) 11 cm/s,25 cm/s,40 cm/s;(2) 1.31×10^3,1.29×10^3,1.08×10^3;(3) 0.152 cm,0.155 cm,0.186 cm;
(4) 0.0605 cm,0.683 cm^2/s,0.0027 s,15.9 cm/s,34 cm/s]

（中国药科大学　胡育筑）

第18章 气相色谱法

20世纪50年代初期，英国生物化学家 Martin 在经典的液相色谱法的基础上建立了气相色谱法(gas chromatography, GC)。本法具有分离效率高、选择性好、灵敏度高、分析速度快等优点。但不适于不易挥发和热稳定性差的物质的分析。据统计约有20%的有机物可用气相色谱法直接分析。在药物分析中，气相色谱法在药物的杂质检查、含量测定、挥发油分析及纯化制备中发挥了重要作用。

18.1 气相色谱仪

18.1.1 气相色谱仪及其一般流程

气相色谱仪一般由载气源、进样器、色谱柱与柱温箱、检测器和数据处理系统五部分组成，简单流程如图18-1所示。载气大多由高压钢瓶供给，经减压阀减压后，进入净化干燥管以除去载气中的水分。由针形阀控制载气的压力和流量，流量计和压力表用以指示载气的柱前流量和压力。试样在进样器注入，经气化室瞬间气化为气体，由载气携带进入色谱柱，试样中各组分按分配系数大小顺序，依次被载气带出色谱柱，进入检测器。检测器将物质的浓度或质量的变化，转为电信号，由记录仪记录，得到色谱图。进样器、色谱柱与检测器各自控温，数据处理系统记录和处理实验数据，打印图谱和报告。

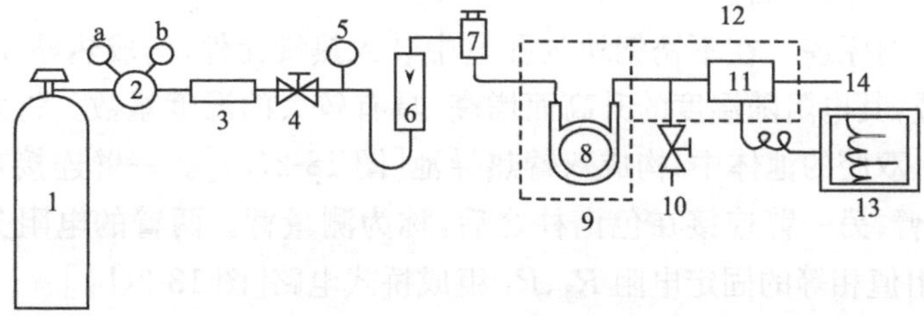

图18-1 气相色谱仪示意图

1. 载气瓶；2. 压力调节器(a. 瓶压 b. 输出压力)；3. 净化器；4. 稳压阀；5. 柱前压力表；6. 转子流量计；7. 进样器(气化室)；8. 色谱柱；9. 色谱柱恒温箱；10. 馏分收集口；11. 检测器；12. 检测器恒温箱；13. 记录仪；14. 尾气出口

18.1.2 进样器和柱温箱

(1) 进样器　将待测样品(气体或液体)加到色谱柱中的装置，包括进样器和气化室。常用的进样方式可采用直接进样或顶空进样。直接进样使用微量注射器或进样阀，适用于溶液或气体样品，溶液一般用1～5 μL的微量注射器，也可用微量进样阀，气体样品注射量大，可使用医用注射器；顶空进样使用顶空进样器，适用于样品中挥发性组分，使样品在密闭装置中加热至挥发性组分气化，达平衡后进样器自动吸取气体注入色谱柱。

液体样品在气化室内成为蒸气。气化室位于进样口的下端，能使样品瞬间气化而不分解。

气化室由金属制成，外套加热块，内加石英或玻璃作衬管消除金属表面的催化作用，污染后可洗涤；注射孔用硅橡胶密封，由注射器将样品注入热区。溶剂的选择、进样器温度、进样方式、进样量对结果都有影响。

(2) 柱温箱　柱温与柱效和分离度直接相关。柱温的设定主要参考组分的沸点，高柱温可缩短分析时间。但最高柱温应该低于固定液最高使用温度 20～50 ℃，以防止固定液流失。柱温的设定有两种方式：恒温和程序升温。恒温方式柱温保持恒定；程序升温方式是指每个分析周期内柱温按一定程序改变，具有改善分离效果、减小检测限及节省时间等作用，用于宽沸程混合试样的分析。

18.1.3　检测器

检测器(detector)是将流出色谱柱的载气中组分的浓度(或质量)转换为电信号(电压或电流)的装置。它与色谱柱构成气相色谱仪的两个主要部分。根据检测原理的不同，检测器可分为两大类：①浓度型检测器，如热导检测器和电子捕获检测器等，此类检测器测量载气中组分浓度的变化，响应值与组分浓度成正比；②质量型检测器，如氢焰离子化检测器等，此类检测器测量载气中组分质量的变化，响应值与单位时间进入检测器的组分质量成正比。

检测器的种类虽然很多，但常用的检测器仅有四五种，尤其以热导检测器和氢焰离子化检测器应用最多。现简要介绍如下。

1. 热导检测器

热导检测器(thermal conductivity detector，TCD)利用被检测组分与载气的热导率的差别检测组分的浓度变化，是一种通用型检测器，具有构造简单、稳定性好、线性范围宽、样品不被破坏等优点，但灵敏度不高。

(1) 构造和检测原理　在不锈钢块的孔道中装入热敏元件，构成热导池。热敏元件用钨丝或铼钨丝等制成，其电阻随温度的升高而增高，具有较大的温度系数。将两个材质、电阻相同的热敏元件装入双腔的池体中，构成双臂热导池[图 18-2(a)]。一臂连接在色谱柱之前，只通载气，称为参考臂；另一臂连接在色谱柱之后，称为测量臂。两臂的电阻分别为 R_1 与 R_2。将 R_1、R_2 与两个阻值相等的固定电阻 R_3、R_4 组成桥式电路[图 18-2(b)]。

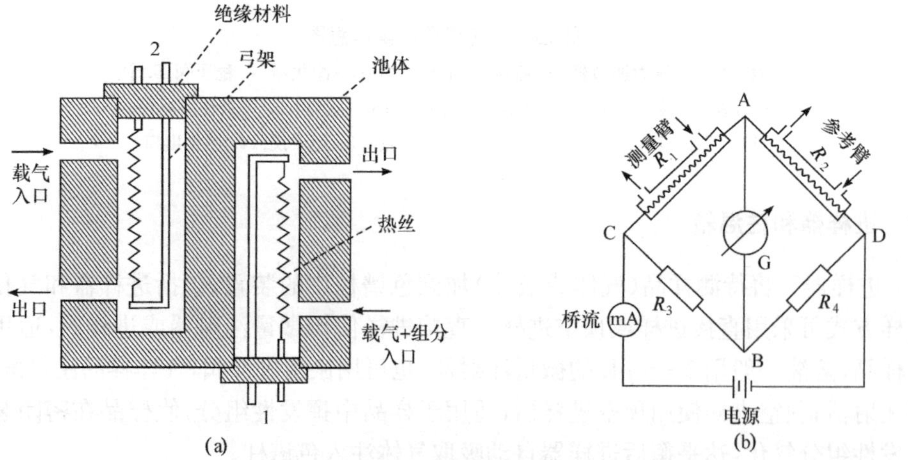

图 18-2　双臂热导池的构造(a)和检测原理(b)示意图

1. 测量臂；2. 参考臂

当载气以恒定的速度通入热导池，以恒定电压给热导池通电时，热丝所产生的热量主要经载气由热传导方式传给温度低于热丝的池体；当热量的产生与散失建立热动平衡后，热丝的温度恒定。若测量臂无样品气通过，即只通载气时，两个热丝的温度相等，即电阻也相等。根据惠斯通电桥原理，当 $R_1/R_2=R_3/R_4$ 时，A、B 两点间的电位差 $V_{AB}=0$。此时检流计 G 中无电流通过($I_G=0$)，检流计指针停在零点，记录器记录的是一条基线。

当样品注入色谱柱，组分被载气带入测量臂时，若组分与载气的热导率不等，则测量臂的热动平衡被破坏，热丝的温度将改变，于是 $R_1\neq R_2$；$R_1/R_2\neq R_3/R_4$；$V_{AB}\neq 0$；$I_G\neq 0$，检流计指针偏转。当组分完全通过后，指针又恢复至零点。由此记录器记录到色谱峰。V_{AB} 的大小取决于组分与载气的热导率之差，以及组分在载气中的浓度，因此在载气与组分一定时，峰高与组分在载气中的浓度成正比。

早期的气相色谱仪多用双臂热导池，其灵敏度较低。目前都采用四臂热导池，即将电桥上两个固定电阻(R_3、R_4)也换成热敏元件，以提高检测灵敏度。

(2) 操作注意事项 主要有：①载气的选择。在温度与流速等实验条件恒定时，检测器的灵敏度取决于载气与组分热导率之差，两者相差越大，检测器越灵敏。常用载气有氢气、氮气和氦气，其中氮气的热导率比较小，与多数有机物的热导率相接近，因此用氮气为载气时，灵敏度低，且有时出倒峰。选用氢气(热导率大)为载气，可获得较高的检测灵敏度，而且不出倒峰，但不够安全，使用时应对气路系统进行严格检漏。氦气的热导率也较大，但其价格较高；②增加桥流能提高检测器灵敏度，但桥流过高会使热敏元件受损及基线噪声增加。要注意不通载气时不能加桥流，以防热敏丝烧断；③用峰面积定量时，应保持载气流速恒定。因为热导检测器属浓度型检测器，当进样量一定时，峰面积与载气流速成反比。

2. 氢焰离子化检测器

氢焰离子化检测器(flame ionization detector，FID)，简称氢焰检测器，是利用有机物在氢焰的作用下化学电离而形成离子流，借测定离子流强度进行检测。FID 具有灵敏度高、响应快、线性范围宽等优点，是目前最常用的检测器之一。但一般只能测定含碳有机物，而且检测时样品被破坏。

(1) 构造和检测原理 氢焰检测器的主要部件是离子室，室内有火焰喷嘴、极化环(负极)和收集极(正极)，两极间加有极化电压(图 18-3)。

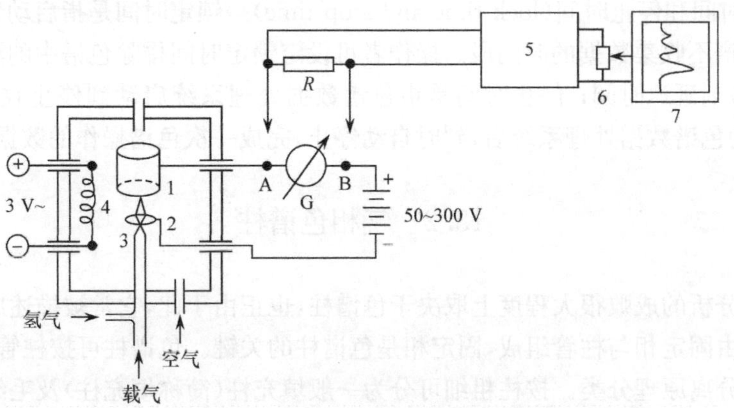

图 18-3 氢焰检测器构造示意图

1. 收集极；2. 极化环；3. 氢火焰；4. 点火线圈；5. 微电流放大器；6. 衰减器；7. 记录器

有机化合物进入氢火焰，在燃烧过程中直接或间接产生的离子，在收集极与极化环间作定向流动形成离子流。离子流强度与进入检测器中组分的量及分子中的含碳量有关，因此在组分一定时，测定离子流强度可以对组分进行定量。

在没有有机物通过检测器时，氢气燃烧，在电场作用下，也能产生极微弱的离子流，此电流称为检测器的本底，一般只有 $10^{-12}\sim10^{-11}$ A。在有微量有机物引入检测器后，电流急剧增加，可达到 10^{-7} A。当组分一定时，电流大小与单位时间内引入组分的质量成正比。

(2) 操作注意事项　主要有：①氢焰检测器常用氮气为载气，氢气为燃气，空气为助燃气，三种气体的流量比例会影响火焰的温度及组分的电离过程，常用比例是氮气∶氢气∶空气＝1∶1～1.5∶10；②极化电压的大小对电流有明显影响，通常选用 150～300 V 的极化电压；③用峰高定量时，应保持载气流速一致。因为氢焰检测器属质量型检测器，在进样量一定时，峰高与载气流速成正比。

18.1.4　数据处理

气相色谱法早期采用手工或数字积分仪测量色谱峰面积，进行数据处理；目前则大多使用微机与专用色谱数据处理软件——色谱工作站。色谱工作站能控制仪器操作参数，如柱温、载气流速。对数据的处理，除了对色谱峰积分外，还能绘制标准曲线、计算样品含量、理论塔板数及其他色谱参数。

色谱工作站主要能够设定下列几个参数：

(1) 斜率(slope)　也称为色谱峰测定灵敏度，决定了峰面积积分的起点和终点。斜率值设定太小时，峰面积积分过早，导致峰面积积分值过大；反之，斜率值设定太大时，峰面积积分过迟，导致峰面积积分值过小。

数据处理系统常设有自动斜率测定(s，test)功能，在基线平稳后，自动测试一段时间(常为 50 s)，自动设定基线波动的斜率最大值，用于判断色谱峰积分起点与终点。也可人为设定斜率值，或根据谱图手动调节积分的起点与终点。

(2) 半峰宽(peak width at half-height)　指设定的最窄色谱峰的峰高一半的宽度，单位为 s(秒)。设定此值，用于控制数据处理报告中峰的数量，小于设定半峰宽的窄峰不出现在报告中。

(3) 最小峰面积(minimumpeakarea)　指设定的色谱峰面积积分值的最小值。也是用于控制数据处理报告中峰数量的参数，小于最小峰面积值的色谱峰不出现在报告中。

(4) 锁定时间和停止时间(lock time and stop time)　锁定时间是指启动色谱数据处理系统后只记录图谱不收集数据的时间段。操作者可设定锁定时间排除色谱中的溶剂峰或非待测定峰，也称为溶剂延迟时间；停止时间是指色谱数据处理系统启动到停止收集数据的时间。每次进样、启动色谱数据处理系统后，到时自动停止，完成一次色谱操作的数据采集过程。

18.2　气相色谱柱

气相色谱分析的成败很大程度上取决于色谱柱，也正由于此，它常被描述成气相色谱仪的心脏。色谱柱由固定相与柱管组成，固定相是色谱柱的关键。色谱柱可按柱管的粗细、固定相的填充方法及分离原理分类。按柱粗细可分为一般填充柱(简称填充柱)及毛细管柱两类。按填充方式可分空心毛细管柱、填充毛细管柱及微填充柱等。按分类原理可分为分配柱及吸附柱等。它们的区别主要在于固定相。

18.2.1 填充柱

填充色谱柱常用内径为 4～6 mm 的玻璃管、金属管和塑料管制成螺旋形或 U 形管柱，填充液态固定相(气-液色谱)或吸附剂(气-液固色谱)，则构成填充色谱柱。常用柱长为 2～4 m。

1. 玻璃柱

玻璃柱的材质一般用硬质玻璃。此柱的优点是柱效高，便于观察色谱柱的填充状况，化学惰性好；适用于高温时，物质与金属内壁接触后发生反应或分解的物质的分离。缺点是易碎。

2. 金属管柱

金属管柱的材质多采用不锈钢。在药物分析中主要用于生物碱、巴比妥、儿茶酚胺的分析。

3. 塑料管柱

用聚四氟乙烯管分析强腐蚀性的物质如 HCl、HF 等。此柱的缺点是柱效低。

18.2.2 固定相和载体

在色谱分析中，混合物中各组分能否完全分离，主要取决于色谱柱的效能和选择性。柱选择性很大程度上取决于固定相的性质，因此固定相的选择对色谱分离的成败起着关键作用。气相色谱固定相可分为固体固定相和液体固定相两类。

1. 气液色谱固定相

气液色谱固定相是将固定液均匀地涂到载体上制成的。固定液一般都是一些高沸点的液体，在色谱分离操作温度下为液态，在室温时为固态或液态。在用气相色谱法进行分离各组分时，大多采用液体固定相，这是因为液体固定相在使用时有如下优点：①在通常操作条件下，可获得较对称的色谱峰；②有众多的固定液可供选用，在分离难分离组分时容易选取最适宜的固定液；③有质量高的载体与纯度好的固定液供使用，因而色谱保留值的重线性极好；④可在一定范围内调节固定液膜厚度。气相色谱商品柱常用固定相列于表 18-1。

2. 固定液要求

对固定液的要求如下：①在操作温度下，呈液体状态、蒸气压低，黏度要低，以保证固定液能均匀地分布在载体上形成均匀的液膜；②固定液的热稳定性及化学稳定性好，这样固定液流失慢，柱寿命长，检测器本底低；③固定液对样品中各组分有足够的溶解能力，使各组分能够分离。若分配系数太小，则起不到分离效果；④选择性能高，对两个沸点或性质相同或相近的组分，有尽可能高的分辨能力，即分配系数存在差别。

3. 固定液分类

目前，用于气相色谱的固定液的高沸点有机化合物有近千种，其分类方法主要有两种：一是化学分类法，即将化学结构类型相同的有机物分类；二是极性分类法，即按极性大小分类。下面简要介绍化学分类法。

表 18-1　气相色谱商品柱常用固定相

固定相组成	商品名称	极性	使用温度/℃	应用
甲基硅氧烷	DB-1,HP-1,BP-1 SPB-1,OV-1,SE-30	非极性	60～325	通用
5%苯基,95%甲基硅氧烷	DB-5,HP-5,SPB-5 SE-52,SE-54	弱极性	60～325	通用
50%苯基,50%甲基硅氧烷	DB-17,HP-17,CBP-17 OV-17	中等极性	60～240	药物,杀虫剂,二醇类,甾体
50%氰基苯基,50%甲基硅氧烷	DB-225,BP-225,OV-225	中等极性	60～240	脂肪酸,酯类等,中性兴奋剂
聚乙二醇	BP-20,HP-INNOWax CBP-20	极性	40～240	挥发油,有机酸,醇,醛类

(1) 烃类　包括烷烃与芳烃。常用的有:角鲨烷(异三十烷 $C_{30}H_{62}$)、阿皮松(apiezon $C_{36}H_{74}$),角鲨烷是标准非极性固定液。其特点是极性最弱,用于分离非极性化合物。

(2) 硅氧烷类　是目前应用最广的固定液,包括从弱极性到强极性固定液的许多类别。可用于分离不同极性的化合物。

(3) 醇类　是一类氢键型固定液,可分为非聚合醇与聚合醇两类。属于强极性的固定液,用于强极性化合物的分离。

(4) 酯类　邻苯二甲酸酯及丁二酸二乙二醇聚酯或聚二乙二醇丁二酸酯(diethylene glycol succinate,DEGS)是最常用的酯类固定液。由于此类固定液的分子中既有极性基团又含有非极性基团,因此应用范围较广。

4. 固定液的选择

一个混合物在气相色谱柱中能否得到完全分离,关键是选择适宜的固定液。通常是根据样品情况和分析要求,并参考有关文献,按照下列原则选择固定液。

(1) 按相似性原则选择　按“相似相溶”,即被分离组分的极性或官能团与固定液相似的原则来选择。这样,组分在固定液中的溶解度大,分配系数大,保留时间长,各组分被分开的可能性就大。

按极性相似选择有:①非极性化合物应首先选择非极性固定液,组分基本上按沸点高低顺序出柱,低沸点的在前,高沸点的在后;②中等极性化合物可首选中等极性固定液。基本上仍按沸点高低顺序出柱。但沸点相同的组分中,极性较强的组分后出柱;③强极性化合物首选极性固定液。按极性强弱顺序出柱,极性弱的组分在前,极性强的组分在后。

按化学官能团相似选择有:当固定液与组分的化学官能团相似时,相互作用力最强,选择性最高。例如,被分离化合物为酯可选酯类或聚酯类固定液;化合物为醇可选醇类或聚乙二醇固定液。能形成氢键的组分可选氢键型固定液,如醇等。

(2) 按主要差别选择　若组分的沸点差别是主要矛盾,可选非极性固定液;若极性差别为主要矛盾,则选极性固定液。例如,分离苯与环己烷的混合物,二者沸点相差 0.6 ℃(苯 80.1 ℃,环己烷 80.7 ℃)。苯为弱极性化合物,环己烷为非极性化合物,二者极性差别虽然不大,但相对而言比沸点差别大,极性差别是主要矛盾。因此在用非极性固定液分离时,很难将苯与环己烷分开。改用中等极性的固定液,如用邻苯二甲酸二壬酯,则苯的保留时间是环己烷的 1.5 倍。

上述两种选择方法，适用于样品中多数组分的性质或化合物类别已知的样品。性质和类别未知的样品可用下述尝试法进行固定液的选择。

(3) 尝试法　首先根据实验条件，选择极性依次增大的五个常用色谱柱如 HP-1、HP-5、HP-17、BP-225、BP-20。首先将未知样品在中等极性柱上分离(HP-17)，然后更换极性较弱色谱柱(HP-5)。在同样实验条件下，观察样品在 HP-5 柱上被分离的情况。若与 HP-17 柱相比有所改善，但尚不满意，可进一步降低柱极性，更换 HP-1 或调整柱温等，至分离度合乎要求为止。

若由 HP-17 换为 HP-5 分离情况变差，则反向增大柱极性，更换 BP-225 或 BP-20 进一步分离至满足分析要求。

尝试法是以改变柱极性来确定未知物组分性质。一般来说，上述五个色谱柱再配合柱温调节，足可解决一般测试需要。

5. 载体

载体又称担体，一般是多孔性化学惰性微粒。特殊载体如玻璃微珠，是比表面积大的化学惰性物质，但并非多孔。

(1) 对载体的要求　①比表面积大，孔径均匀；②表面没有吸附性能(或很弱)；③化学稳定性、热稳定性均好；④粒度均匀，有一定的机械强度。

(2) 载体的分类　可分为两大类：硅藻土型载体与非硅藻土型载体。非硅藻土型载体，如氟载体、玻璃微珠及素瓷等，多用于特殊用途。硅藻土型载体为气相色谱常用载体，是将天然硅藻土压成砖形，在 900 ℃煅烧后粉碎、过筛而获得的具有一定粒度的多孔性固体微粒。载体又分为红色载体和白色载体两类。

红色载体由硅藻土与黏合剂直接煅烧而成。因煅烧后天然硅藻土中所含的铁形成氧化铁，使载体呈淡红色，其表面孔穴密集，孔径较小，机械强度高，吸附性强，常与非极性固定液配伍；白色载体是在原料中加入助熔剂，如 Na_2CO_3，煅烧后呈白色而成，其颗粒疏松，表面孔径较大，吸附性弱，常与极性固定液配伍。

(3) 载体的钝化　常用的硅藻土载体表面存在着硅醇基及少量的金属氧化物，分别会与易形成氢键的化合物及酸碱作用而产生拖尾现象。可用酸洗、碱洗或硅烷化的方法除去或减弱载体表面的吸附性能。

(4) 载体的选择　载体的选择对色谱分离很有影响。不同类型的载体经过处理后，表面性质不同，同一类载体经过处理后，表面性质也会改变。载体的表面性质会影响柱效率、峰形及保留值。因此，应根据样品的性质、固定液的种类和用量来确定使用载体的种类。根据经验，将选择载体的原则列于表 18-2。

表 18-2　载体的选择

样品	固定液	推荐用载体	备注
非极性	非极性	未经处理的硅藻土	
极性	极性	酸洗、碱洗或硅烷化硅藻土	酸性样品用酸洗硅藻土
极性和非极性	弱极性或极性	酸洗硅藻土	
	极性或非极性用量小于 5%	硅烷化硅藻土	
高沸点		玻璃微球	
强腐蚀性样品	聚四氟乙烯等特殊载体		

18.2.3 固体固定相

气-固色谱填充柱的固体固定相可分为吸附剂、分子筛、高分子多孔小球及化学键合相等。在药物分析中应用较多的是高分子多孔小球。

高分子多孔小球(GDX)由苯乙烯(STY)或乙基乙烯苯(EST)与二乙烯苯(DVB)交联共聚而成,聚合物为非极性。若 STY 与含有极性基团的化合物聚合,则形成极性聚合物。高分子多孔小球的分离机制一般认为具有吸附、分配及分子筛三种作用,有如下优点:①选择性强,可以合成各种比表面积及孔径的聚合物,根据样品的性质选择使用,可使分离效果最佳;②无有害的吸附活性中心,极性组分也能获得正态峰;③无流失现象,柱寿命长;④具有强疏水性能,特别适合分析混合物中的微量水分;⑤比表面积较大,粒度均匀,机械强度高;⑥耐腐蚀,具有良好的热稳定性;⑦柱容量较大,还可用于制备色谱。

18.2.4 毛细管柱

色谱动力学理论认为,可把气-液填充柱看成一束涂了固定液的毛细管,载气通过这束毛细管的途径是弯曲与多径的,从而引起涡流扩散,使柱效降低,而且填充柱的传质阻抗大,也使柱效降低。1957 年,Golay 根据这个观点,制成了 Golay 柱——开管(空心)毛细管柱,标志着毛细管气相色谱法的诞生。近年来,毛细管气相色谱已得到普及,新型高效毛细管柱层出不穷,为气相色谱法开辟了新的途径。

1. 毛细管色谱柱的分类

按制备方法的不同,毛细管色谱柱可分为:

(1) 开管型毛细管柱　柱内径为 0.1～0.5 mm。目前应用的主要是涂壁毛细管柱(WCOT)和载体涂层毛细管柱(SCOT)。涂壁毛细管柱是将固定液直接涂在玻璃或金属毛细管内壁上制成。涂层厚度通常为 0.3～1.5 μm,固定液易流失,柱寿命短。载体涂层毛细管柱是在毛细管内壁粘上一层载体,然后再将固定液涂在载体上制成。载体涂层毛细管柱克服了涂壁毛细管柱的上述缺点,是目前应用最广泛的毛细管色谱柱。近年来出现的交联弹性石英毛细管柱是将固定液交联聚合在毛细管内,减少了固定液流失,柱寿命长,是当前常用的 SCOT 柱。

(2) 填充型毛细管柱　将载体、吸附剂等松散地装入玻璃管中,然后拉制成毛细管就构成了填充型毛细管柱。一般柱内径≤1.0 mm,填料粒度与内径的比值为0.2～0.3。与普通填充柱相比,该柱具有分析速度快、柱效高等优点。

2. 开管毛细管柱与一般填充柱的比较

开管型毛细管柱目前仍然大量使用。与一般填充柱相比,其特点有:①柱渗透性好,柱效高,毛细管柱的理论塔板数最高可达 10^6,而填充柱仅为几千。原因主要有三个:一是无涡流扩散;二是传质阻抗小;三是柱长比填充柱长。②易实现气相色谱-质谱联用,由于毛细管柱的载气流量小,较易维持质谱仪离子源的高真空。③缺点是柱容量小,进样器需有分流装置,定量重复性稍差。

18.3　色谱实验技术

色谱实验技术条件的选择就是寻求实现组分分离的满意条件。已知混合物分离的效果同时取决于色谱热力学因素(组分间分配系数的差异)和动力学因素(柱效能的高低)。前者由组分及固定相的性质决定,在试样一定时主要取决于固定相的选择,这是实现组分分离的、内在的、本质的因素。后者由分离操作条件的选择决定,这是实现组分分离的外部条件。因此,色谱实验技术条件的选择包括分离条件和操作条件的选择。分离条件是指色谱柱。操作条件是指载气流速、柱温、进样条件、检测器等的选择,所以色谱实验技术条件的选择对实现组分分离都是很重要的。

18.3.1　色谱柱的选择

色谱柱是色谱分离的关键部分,色谱柱的选择主要是选择固定相和柱长。固定相选择需注意两方面:极性和最高使用温度。按相似性原则和主要差别选择固定相。柱温不能超过最高使用温度,因此在分析高沸点化合物时,需选择高温固定相。在气-液色谱法中,还要注意载体的选择。高沸点的样品用比表面积小的载体、低固定液配比(1%～3%),以防保留时间过长,峰扩张严重。此外,低配比时可使用较低柱温。低沸点样品宜用高配比(5%～25%),从而增大 k 值,以达到良好的分离。

柱长对色谱分离也有很大影响。已知分离度 R 正比于柱长的平方根,柱长越长,分离度越大,但各组分的保留时间也随之增加,分析时间延长;同时柱阻力也增加,操作不便。因此,在满足分离度的前提下,应尽可能采用较短的色谱柱。

18.3.2　温度的选择

因为温度直接影响组分的分离度和分析速度。所以温度是气相色谱实验技术条件选择中十分重要的操作变量之一,主要包括色谱柱温度、气化室温度及检测器温度。

1. 柱温的选择

首先要求柱温不能高于固定液的最高使用温度,否则固定液随载气流失,影响色谱柱的使用寿命。其次柱温对组分的分离影响较大,提高柱温,会使各组分的分配系数 K 值变小,不利于分离。宜采用较低的柱温,但柱温太低,柱效能下降,分析时间延长还会出现峰拖尾。因此,柱温选择的基本原则是:在使最难分离的组分有尽可能好的分离度的前提下,应尽可能采用较低柱温,但以保留时间适宜且峰形不拖尾为宜。一般柱温应比试样中各组分的平均沸点低 20～30 ℃,具体的柱温选择可通过实验确定。

对于沸点范围较宽的试样,宜采用程序升温的方法提高各组分的分离效果。程序升温(temperature programming)是在色谱分离的过程中,按一定加热速度,使柱温随时间呈线性或非线性变化,使混合物中各组分能在最佳温度下流出色谱柱。

2. 气化室温度的选择

气化温度选择取决于试样的挥发性、沸点、稳定性及进样量等因素。一般可等于样品的沸点或稍高于沸点,以保证迅速完全气化。但一般不要超过沸点 50 ℃以上,以防样品分解。对于稳定性差的样品，可用高灵敏度检测器，降低进样量，这时样品可在远低于沸点温度下气化。一般选择气化温度比柱温度高 30～70 ℃。

3. 检测器温度的选择

为了使色谱柱的流出物不在检测器中冷凝而污染检测器，检测器温度应高于柱温。一般可高于柱温 30～50 ℃或等于气化室温度。但检测器温度太高，用热导检测器时，灵敏度会降低。

18.4 定性与定量分析方法

18.4.1 定性分析方法

气相色谱定性分析的目的是确定试样的组成，即确定各色谱峰所代表的化合物。一般来说，气相色谱的定性能力比较弱，但由于气相色谱法与质谱、红外光谱等联用技术的发展，使色谱分析的强分离能力与质谱、红外光谱的强鉴别能力相结合，为未知化合物的定性鉴别开辟了广阔的前景。现将气相色谱中常用的几种定性分析方法介绍如下。

1. 利用保留值定性

(1) 已知物对照法　同一种物质在同一根色谱柱上，在相同的操作条件下保留值相同。本法尤其适用于有对照品的已知组分的鉴别。

先将试样注入色谱柱，记录色谱图。再将适量的已知对照物质加入试样中采用同一方法测定。对比加入对照物前后的色谱图，若加入后某色谱峰相对增高，则该色谱组分与对照物质可能为同一物质。

(2) 利用相对保留值定性　对于一些比较简单的混合物，或无对照品、但有适宜参考物质的组分，可用此法定性。

相对保留值可按式(18-1)求出：

$$r_{2,1}=\frac{t'_{R_2}}{t'_{R_1}} \tag{18-1}$$

式中，t'_{R_1}、t'_{R_2} 分别为待定性组分和参考物质的保留值；$r_{2,1}$ 的数值只取决于组分的性质、柱温与固定液的性质。部分相对保留值可查阅色谱手册或文献。

(3) 利用保留指数定性　许多手册上收载了有机化合物的保留指数，只要固定液及柱温相同，就可以利用手册数据对物质进行定性。按式(18-2)计算保留指数：

$$I_x=100\left[Z+n\,\frac{\lg t'_{R(x)}-\lg t'_{R(Z)}}{\lg t'_{R(Z+n)}-\lg t'_{R(Z)}}\right] \tag{18-2}$$

保留指数测定时使用了两个参考物质(碳原子数分别为 Z 和 $Z+n$ 的正构烷烃)，具有较好定性准确度。

2. 与其他仪器联用定性

虽然质谱、红外光谱等仪器的定性鉴别能力很强，但要求所鉴别的化合物纯度较高，相对而言，对多组分复杂混合物的鉴别能力较弱。若将它们与色谱仪联用，经色谱仪分离成各个组分后再进行定性鉴别。尤其是气相谱法-质谱的联用，为复杂未知物的定性问题提供了有效的分析手段。

18.4.2　定量分析方法

气相色谱定量方法分为归一化法、外标法、内标法、内标对比法及叠加法等。

定量分析的依据是在实验条件恒定时，峰面积与组分的量成正比。在操作条件(色谱柱、温度、载气流速等)不变时，在一定进样范围内，色谱峰的半峰宽与进样量无关。因此正常峰也可用峰高代替峰面积来求含量。

峰面积测量的准确度直接影响定量结果，根据流出曲线可推导出正常色谱峰面积计算式：

$$A = 1.065h \times W_{1/2} \tag{18-3}$$

早期用读数显微镜测量半峰宽，其测量误差可控制在1%以下。

对于不对称峰，用平均峰宽代替半峰宽，计算结果较准确。平均峰宽即峰高0.15倍处的峰宽($W_{0.15}$)和0.85倍处的峰宽($W_{0.85}$)的平均值，即

$$A = 1.065h \times (W_{0.15} + W_{0.85})/2 \tag{18-4}$$

目前的气相色谱仪带有的数据处理机或色谱工作站，能自动打印或显示出峰面积及峰高，测量的RSD为0.2%～1%。

1. 定量校正因子

同一种物质在不同类型检测器上往往有不同的响应灵敏度；同样，不同物质在同一检测器上的响应灵敏度也往往不同，即相同量的不同物质产生不同值的峰面积或峰高。因此引入了定量校正因子的概念。

定量校正因子可分为绝对定量校正因子和相对定量校正因子两种。绝对定量校正因子是指单位峰面积所代表的物质的量，即

$$f'_i = m_i / A_i \tag{18-5}$$

绝对定量校正因子的值随色谱实验条件而改变，使用不够方便。在实际工作中一般采用相对校正因子，定义为某物质i与所选定的基准物质s的绝对定量校正因子之比，即

$$f_{mi} = \frac{f'_{mi}}{f'_{ms}} = \frac{m_i/A_i}{m_s/A_s} = \frac{A_s m_i}{A_i m_s} \tag{18-6}$$

如果式(18-6)中m表示质量，f_m称为相对质量校正因子；在《中国药典》附录中用浓度c_i和c_s取代m_i和m_s，则称为相对浓度校正因子。

气相色谱手册中可查到部分有机物的定量校正因子，常以苯或正庚烷为基准物质。校正因子的数值原则上只与待测物质、基准物质和检测器类型有关。定量分析所用校正因子的色谱条件应与文献条件相同。有些物质的校正因子从手册和文献查不到，这时就需要自己测定。测定时，准确称取待测校正因子的物质(i)和所选定的基准物质(s)，混合均匀后进样，测得两色谱峰面积A_i和A_s，用式(18-6)求得物质i的相对质量校正因子。

2. 归一化法

由于组分的量与其峰面积成正比，如果试样中所有组分都能产生信号，得到相应的色谱峰，则可以用如下归一化公式计算各组分的含量。

$$c_i\% = \frac{A_i f_i}{A_1 f_1 + A_2 f_2 + A_3 f_3 + \cdots + A_n f_n} \times 100\% = \frac{A_i f_i}{\sum A_i f_i} \times 100\% \qquad (18\text{-}7)$$

若试样中各组分的校正因子相近，也可将校正因子消去，直接用峰面积进行计算。

$$c_i\% = \frac{A_i}{A_1 + A_2 + A_3 + \cdots + A_n} \times 100\% \qquad (18\text{-}8)$$

【例 18-1】 用热导检测器分析乙醇、庚烷、苯及乙酸乙酯的混合物。实验测得它们的色谱峰面积各为 5.0 cm^2、9.0 cm^2、4.0 cm^2 及 7.0 cm^2。按归一化法分别求它们的质量浓度。已知它们的相对质量校正因子 f_g 分别为 0.64、0.70、0.78 及 0.79。

解

$$w(\text{乙醇}) = \frac{5.0\times0.64}{5.0\times0.64+9.0\times0.70+4.0\times0.78+7.0\times0.79}\times100\% = \frac{3.20}{18.15}\times100\% = 17.60\%$$

$$w(\text{庚烷}) = \frac{9.0\times0.70}{18.15}\times100\% = 34.70\% \qquad w(\text{苯}) = \frac{4.0\times0.78}{18.15}\times100\% = 17.20\%$$

$$w(\text{乙酸乙酯}) = \frac{7.0\times0.79}{18.15}\times100\% = 30.50\%$$

《中国药典》规定可用不加校正因子的面积归一化法粗略考察药物中各杂质的含量，即测定各杂质峰的面积和色谱图上除溶剂峰以外的色谱峰总面积，计算各杂质峰面积占总峰面积的百分率。

归一化法的优点是方法简便，定量结果在色谱柱不超载的范围内与进样量无关，操作条件略有变化时对结果影响较小。但要求所有组分在一个分析周期内都流出色谱柱，而且检测器对它们都产生信号；还要求已知所有组分的校正因子。显然此法不适于微量杂质的含量测定。

3. 外标法

用待测组分的纯品作对照物质，可分为工作曲线法及外标一点法、外标二点法等。

工作曲线法是配制一系列浓度的对照品溶液，以峰面积或峰高对浓度绘制工作曲线，也可计算回归方程。在完全相同的条件下，准确进样与对照品溶液相同体积的样品溶液，根据待测组分的信号，用工作曲线或用回归方程获得其浓度。有时也可以用外标二点法代替，工作曲线的截距为零时，还可使用外标一点法。

外标一点法是用一种浓度的对照品溶液对比测定供试品溶液中 i 组分的含量。将对照品溶液与供试品溶液在相同条件下多次进样，测得峰面积的平均值，用式(18-9)计算供试品溶液中 i 组分的含量：

$$c_i = \frac{A_i c_s}{A_s} \qquad (18\text{-}9)$$

式中，c_i 与 A_i 分别为在供试品溶液中 i 组分的浓度及峰面积；c_s 及 A_s 分别为对照品溶液的浓度及峰面积。

外标法方法简便，不需用校正因子，无论试样中其他组分是否出峰，均可对待测组分定量。但此法的准确性受进样重复性和实验条件稳定性的影响。

《中国药典》规定可用外标(一点)法测定药品中某个杂质或主成分的含量。为降低误差，应尽量使配制的对照品溶液的浓度与供试品中组分浓度相近。

4. 内标法

选择试样中不含有纯物质作为对照物质(内标物)，加入待测试样溶液中，以待测组分和对照物质的响应信号对比，测定待测组分含量的方法称为内标法。

精密称量 m (g)试样，再精密称量 m_s(g) 内标物，溶解混匀后进样。测量待测组分 i 的峰面积 A_i 及内标物的峰面积 A_s，则组分 i 在 m(g)样品中所含的质量 m_i，与内标物的质量 m_s 有下述关系：

$$\frac{m_i}{m_s}=\frac{A_i f_i}{A_s f_s} \tag{18-10}$$

待测组分 i 在样品中的含量为

$$w(\%)=\frac{A_i f_i}{A_s f_s}\cdot\frac{m_s}{m}\times 100\% \tag{18-11}$$

(1) 对内标物的要求：①应是原试样中不含有的组分；②保留时间应与待测组分相近，但能完全分离($R\geqslant 1.5$)；③必须是符合要求的纯物质。

(2) 内标法的优点：①在一定范围内，定量结果与进样量的重复性无关；②只要被测组分及内标物出峰，且分离度合乎要求，就可定量，与其他组分无关；③适用于测定药物中微量有效成分或杂质的含量。由于杂质(或微量组分)与主要成分含量相差悬殊，无法用归一化法测定含量，用内标法则很方便。向试样中加入一个与杂质量相当的内标物，加大进样量突出杂质峰，测定杂质峰与内标峰面积之比，即可求出杂质含量。

【例 18-2】 内标法测定无水乙醇中微量水分。

试样配制　量取被检无水乙醇 100 mL，称量为79.37 g。用减重法加入无水甲醇(内标物)约 0.25 g，精密称定为 0.2572 g，混匀，进样。

实验条件　色谱柱：上试 401 有机载体(或 GDX-203)；柱长：2 m；柱温：120 ℃；气化室温度：160 ℃；检测器：热导池；载气：H_2 流速 40～50 mL/min。实验所得色谱图如图 18-4 所示。

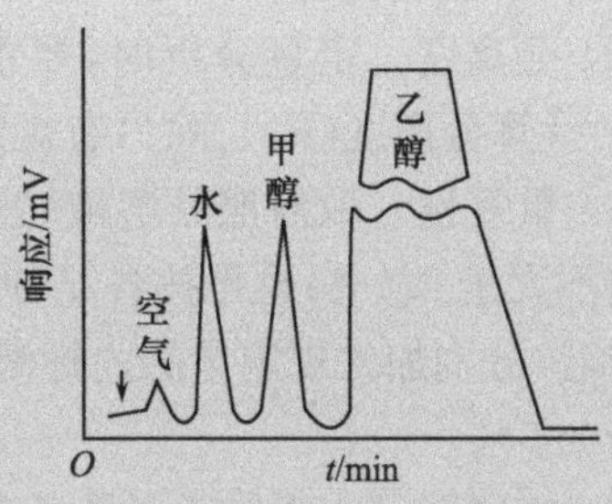

图 18-4　无水乙醇中的微量水分的测定

空气 22 s；水 59 s；甲醇(内标物)92 s

测得数据为水：$h=4.60$ cm，$W_{1/2}=0.130$ cm。甲醇：$h=4.30$ cm，$W_{1/2}=0.187$ cm。计算水的相对质量分数。

解　用峰面积计算，查得以峰面积表示的相对质量校正因子有

$$f_{水}=0.55,\ f_{甲醇}=0.58$$

$$w(H_2O)=\frac{1.065\times 4.60\times 0.130\times 0.55}{1.065\times 4.30\times 0.187\times 0.58}\times\frac{0.2572}{79.37}\times 100\%=0.23\%$$

用峰高计算，查得以峰高表示的相对质量校正因子 $f_{水}=0.224$，$f_{甲醇}=0.340$，则

$$w(H_2O)=\frac{4.60\times 0.224\times 0.2572}{4.30\times 0.340\times 79.37}\times 100\%=0.228\%$$

5. 内标对比法

内标对比法又称已知浓度样品对照法，是在不知校正因子时内标法的应用。在药物分析中，校正因子多是未知的，这时可用内标对比法进行定量。先配制待测组分 i 的已知浓度的对照品溶液，加入一定量的内标物 s(相当于以内标物为参考物质测定组分 i 的校正因子 f_i)；再将内标物按相同量加入至同体积供试品溶液中，分别进样相同体积，由式(18-12)计算供试品溶液中待测组分的含量。

$$(c_i\%)_{样品}=\frac{(A_i/A_s)_{样品}}{(A_i/A_s)_{对照}}\times(c_i\%)_{对照} \tag{18-12}$$

《中国药典》规定可用此法(内标法加校正因子)测定药品中某个杂质或主成分的含量。用对照品溶液测定浓度校正因子 f_i 后，按式(18-13)计算供试品中 i 组分的浓度：

$$c_i=\frac{f_iA_ic_s}{A_s} \tag{18-13}$$

除上述方法外，药品标准分析还采用加校正因子的主成分自身对照法测定杂质含量。

18.4.3 系统适用性评价

《中国药典》规定，用色谱法进行分析前，应进行系统适用性实验，其规定内容包括色谱柱的最小理论塔板数、分离度、重复性和拖尾因子。

(1) 色谱柱的理论板数(N) 在选定的条件下，注入供试品溶液或各品种项下规定的内标物质溶液，记录色谱图，量出供试品主要成分或内标物质的保留时间 t_R 和半峰宽($W_{1/2}$)，按 $N=5.54(t_R/W_{h/2})^2$ 计算色谱柱的理论板数，如果测得理论板数低于各品种项下规定的最小理论板数，改变色谱柱的某些条件(如柱长、载体性能、色谱柱等)，使理论板数达到要求。

(2) 分离度 定量分析时，要求定量峰与其他峰或内标峰之间有较好的分离度。按式(16-12)计算分离度(R)。除另有规定外，分离度应大于 1.5。

(3) 重复性 取对照品溶液，连续进样 5 次，除另有规定外，其峰面积测量值的相对标准偏差应不大于 2.0%；也可按各品种校正因子测定项下，配制相当于 80%、100%和 120%的对照品溶液，分别加入规定量的内标溶液，各进样 3 次，计算平均校正因子，其相对标准偏差也应不大于 2.0%。

(4) 拖尾因子 为保证测量精度，特别是采用峰高法测量时，应检查待测峰的拖尾因子(T)是否符合各品种项下的规定。按式(17-14)计算拖尾因子。除另有规定外，T 应为 0.95～1.05。

18.5 应用与示例

18.5.1 药品的定量分析

气相色谱法在药物分析中的应用十分广泛，包括药物的含量测定、杂质检查及微量水分和有机溶剂残留量的测定、中药挥发性成分测定，还可进行药物中间体的监控、制剂分析、治疗药物监测和药物代谢研究等。

【例 18-3】 维生素 E 的含量测定[《中国药典》(2005 年版)二部第 674 页]。

解　色谱条件与系统适用性实验：以硅酮(OV-17)为固定相，涂布浓度为 2%，或以 HP-1 毛细管柱(100%二甲基聚硅氧烷)为分析柱；柱温 265 ℃。理论塔板数按维生素 E 峰计算不低于 500(填充柱)或 5000(毛细管柱)，维生素 E 峰与内标物质峰的分离度应符合要求。

校正因子的测定：取正三十二烷适量，加正己烷溶解并稀释成每 1 mL 中含 1.0 mg 的溶液，作为内标溶液。另取维生素 E 对照品约 20 mg，精密称定，置棕色具塞瓶中，精密加内标溶液 10 mL，密塞，振摇使溶解，取 1～3 μL 注入气相色谱仪，计算校正因子。

测定法：取本品约 20 mg，同上述操作，测定，计算，即得。

18.5.2　有机溶剂残留量的测定

在药物的合成、精制以及提取过程中，常使用有机溶剂。不少有机溶剂对人体有害，残留在药物中势必影响用药安全。《中国药典》采用气相色谱法检查。残留有机溶剂测定有直接进样法和顶空进样法，挥发性大的溶剂宜采用顶空进样法。

【例 18-4】 盐酸莫索尼定中有机溶剂残留量的测定。

解　乙醚和异丙醇均为盐酸莫索尼定生产过程中引入的对人体有害的有机溶剂，其限量均为 0.5%。色谱操作条件为：色谱柱：GDX-401 玻璃柱，柱温 118 ℃；汽化室温度 210 ℃；检测器(FID)温度 220 ℃；载气：氮；流速：35 mL/min；理论板数以异丙醇峰计，不得低于 800。

取本品约 1 g，精密称定，置于 10 mL 量瓶中，加入内标溶液溶解并稀释至刻度，摇匀，作为供试品溶液。取对照品溶液和供试品溶液各 2 mL，分别注入气相色谱仪，记录色谱图。按内标法计算。供试品溶液中乙醚和异丙醇的峰面积与内标的峰面积比不得超过对照品溶液中乙醚和异丙醇的峰面积与内标的峰面积比。

18.5.3　衍生化气相色谱法

由于绝大部分药物和生物样品是具有高沸点或高熔点的化合物，并且常带有羟基、羧基、氨基或酰基等极性基团，不能直接进行气相色谱分析。为此，可加入衍生化试剂将其制成各类衍生物再进行分析。常用的衍生化试剂有三甲基硅烷化试剂(TMS 化试剂)、甲酯化试剂及卤素试剂等。例如，用气相色谱法测定核酸时，由于其没有挥发性，因此先用三甲基硅烷化试剂将其转化为三甲基硅烷衍生物就可用气相色谱法进行测定。

习　题

1. 简述气相色谱仪的分离原理和流程。
2. 判断下列情况对色谱峰峰形的影响：
   (1)样品不是迅速注入的；(2)样品不能瞬间气化；(3)增加柱长；(4)增加柱温
3. 什么是程序升温？什么情况需进行程序升温？其色谱图有何特征？
4. 气相色谱对固定液和单体的基本要求是什么？如何选择固定液？
5. 热导检测器和氢火焰离子化检测器的基本原理是什么？它们各有什么特点？
6. 毛细管色谱柱与一般填充色谱柱有哪些主要区别？什么是 WCOT 与 SCOT 柱？
7. 一甲胺、二甲胺、三甲胺的沸点分别为－6.7 ℃、7.4 ℃ 和 3.5 ℃。试推测它们的混合物在角鲨烷柱上和三乙醇胺柱上各组分的流出顺序。
8. 什么是相对质量校正因子？它与检测器的灵敏度有何关系？引用手册上的校正因子时，需注意什么？

9.《中国药典》规定的色谱系统适用性实验包括哪些内容？

10. 实验条件　柱温：80 ℃；气化室与氢焰检测室温度：120 ℃；载气：N_2，30～40 mL/min；H_2 ∶ N_2＝1 ∶ 1；H_2 ∶空气＝1 ∶ 8；样品：0.05%（体积比）苯的二硫化碳溶液（浓度需准确配制）；进样量：0.51 μL，进样三次。已知苯的密度为 0.88 mg/μL。
噪声 $N=\pm0.01$ mV；峰高平均值 10.10 cm；半峰宽平均值 0.202 cm；记录器灵敏度 $C_1=0.40$ mV/cm；记录纸速倒数 $C_2=0.50$ min/cm；衰减 $K=16$（所测峰高为真实峰高的 1/16）。求检测器的灵敏度 S_m 及检测限 D_m。

[$S_m=1.90\times10^9$ mV · s/g；$D_m=1.05\times10^{-11}$ g/s]

11. 在一根甲基硅橡胶（OV-1）色谱柱上，柱温 120 ℃。测得纯物质的保留时间：甲烷 4.9 s、正己烷 84.9 s、正庚烷 145.0 s、正辛烷 250.3 s、正壬烷 436.9 s、苯 128.8 s、3-正己酮 230.5 s、正丁酸乙酯 248.9 s、正己醇 413.2 s 及某正构饱和烷烃 50.6 s。（1）求出这些化合物的保留指数。（2）未知正构饱和烷烃是何物质？

[（1）苯 678，3-正己酮 785，正丁酸乙酯 799，正己醇 890；（2）正戊烷]

12. 有一含有四种组分的试样，用气相色谱法 FID 检测器测定含量，实验步骤如下。
测定校正因子：准确配制苯（内标物）与组分 A、B、C 及 D 的纯品混合溶液，它们的质量分别为 0.435 g、0.653 g、0.864 g、0.864 g 及 1.760 g。吸取混合溶液 0.2 μL，进样三次。测得平均峰面积分别为 4.00、6.50、7.60、8.10 及 15.0 面积单位。测定试样：在相同的实验条件下，取试样 0.5 μL，进样三次。测得 A、B、C 及 D 的峰面积分别为 3.50、4.50、4.00 及 2.00 面积单位。计算各种组分的相对质量校正因子和相对质量分数。

[相对质量校正因子：$f_A=0.924$、$f_B=1.04$、$f_C=0.981$、$f_D=1.08$；
相对质量分数：A%＝23.1%、B%＝33.4%、C%＝28.0%、D%＝15.4%]

13. 化学纯二甲苯为邻位、间位及对位二甲苯三种异构体的混合物，用气相色谱法分析实验条件为色谱柱：有机皂土-34＋DNP/101 载体（4＋4/100，质量比），柱长 2 m；柱温：70 ℃；检测器：热导池，100 ℃；载气：H_2，流速 36 mL/min。测得数据：对二甲苯：$h=0.95$ cm，$W_{1/2}=0.92$ cm；间二甲苯：$h=14.40$ cm，$W_{1/2}=0.98$ cm；邻二甲苯：$h=3.22$ cm，$W_{1/2}=1.10$ cm。用归一化法计算含量。

[20.4%；63.2%；16.4%]

14. 冰醋酸的含水量测定，内标物为 AR 甲醇，质量为 0.4896 g，冰醋酸质量为 52.16 g，H_2O 峰高为 16.30 cm，半峰宽为 0.159 cm，甲醇峰高 14.40 cm，半峰宽为 0.239 cm，用内标法计算冰醋酸中的含水量。

[以峰高及面积校正因子计算含量分别为 0.70%和 0.67%]

（佳木斯大学　丁立新）

第19章　液相色谱法

如第17章所述，由俄国植物学家茨维特创建的分离植物色素的柱色谱法是最早的经典液相色谱法。液相色谱技术经过100多年的发展，已成为应用广泛、技术先进的现代分析手段，包括高效液相色谱法、毛细管电泳法、超临界流体色谱法及其相关的联用技术。本章介绍在化学和医药学中常用的各类液相色谱法。

19.1　经典液相色谱法

经典液相色谱法采用液体固定相，在重力或较低的压力下输送流动相，不具备在线检测功能。液相色谱法根据分离机制分为液-固色谱法(LSC)及液-液色谱法(LLC)；按照固定相的操作形式分为将固定相装于柱管内的柱色谱法和固定相构成平面层的平板色谱法。柱色谱法是把固定相装在柱管中，上样后用流动相连续冲洗，使不同组分得到分离。平面色谱法是将固定相涂铺在平面载板上，流动相在毛细管作用下流经固定相，使板上组分得以分离。

经典液相色谱法的特点是仪器设备简单，成本费用低，对样品预处理的要求不高，试样不受沸点、热稳定性的限制。因此，经典液相色谱法广泛应用于医药工业中样品的制备和纯化、药品纯度控制和杂质检查、天然药物研究中有效成分分离、中药的定性鉴别、药物筛选以及临床检验中各类样品的分析。

19.1.1　固定相

色谱法的四种分离类型：吸附色谱、分配色谱、离子交换色谱和空间排阻色谱在经典液相色谱中都有应用。不同类型的色谱法采用不同的固定相。

液-固吸附色谱法以吸附剂为固定相，用液体流动相进行洗脱，通常极性强的物质吸附系数 K_a 值大，易被吸附剂所吸附，具有较大的保留值。常用的吸附剂有硅胶、氧化铝、聚酰胺和大孔吸附树脂等。

硅胶　硅胶是具有硅氧交联结构，表面具有许多硅醇基(≡Si—OH)的多孔性微粒。通常用 $SiO_2 \cdot xH_2O$ 表示。

硅醇基是硅胶的吸附活性中心，通过硅原子上的—OH基与极性化合物或不饱和化合物形成氢键而具有吸附性，利用化合物的极性及不饱和程度不同形成氢键的能力不同而使化合物得以分离。

硅胶能吸附水分形成水合硅醇基(≡Si—OH·OH_2)而降低吸附能力，将硅胶加热到100 ℃左右，结合的水能被可逆地释放，硅胶又重新恢复吸附能力。所以硅胶的含水量低，吸附能力强，若加热至200 ℃以上，由于硅胶结构内的水(结构水)不可逆地失去，因此硅醇基结构变成硅氧烷结构，吸附能力显著下降。

硅胶具有微酸性，适合分离酸性和中性物质，如酚类、醛类、有机酸、氨基酸和甾体等。

氧化铝　氧化铝吸附力较强，分为碱性、中性和酸性三种类型。一般情况下中性氧化铝使用最多。

碱性氧化铝(pH 9～10)适用于碱性(如生物碱)和中性化合物的分离。酸性氧化铝(pH 4～5)适用于分离酸性化合物,如有机酸、酸性色素、某些氨基酸以及对酸稳定的中性物质。中性氧化铝(pH 7.5)适用于分离生物碱、挥发油、萜类、甾体以及在酸、碱中不稳定的苷类、酯、内酯等化合物。

氧化铝的活性与其含水量密切相关,水分的增加可使吸附能力降低。

大孔吸附树脂 大孔吸附树脂(macroporous absorption resin)是一类非离子型高分子聚合物吸附剂,具有大孔网状结构,理化性质稳定,不溶于酸、碱及有机溶剂,有良好的吸附选择性,吸附速度和洗脱速度快,容易再生,成本低等特点。大孔吸附树脂已用于工业生产,目前多用于中药有效成分和有效部位的分离纯化、中药复方的提取精制、维生素和抗生素的分离提纯、化学制品的脱色、血液的净化、食品添加剂分离精制和工业废水的处理等。

聚酰胺 聚酰胺是一类由酰胺聚合而成的高分子化合物,其吸附力主要因聚酰胺与被分离物质形成氢键的能力不同而产生,形成氢键的能力越强,吸附能力越大。聚酰胺酰胺基中的羰基与酚类、黄酮类和酸类中的羟基或羧基形成氢键吸附;酰胺基中的氨基与醌基或硝基形成氢键吸附。

离子交换树脂 主要作为离子交换色谱法的固定相,利用试样中电离组分对离子交换树脂亲和力的不同,达到分离离子型或可离子化物质的目的。常用于去离子水的制备、离子型药物的分离、纯化和检测及微量元素的分离富集等。

最常用的离子交换树脂是聚苯乙烯型离子交换树脂,它是以苯乙烯为单体,二乙烯苯为交联剂聚合生成的球形网状结构,并在网状骨架结构上引入不同的离子交换基团。按离子交换基团和电荷的性质,离子交换树脂可分为阳离子交换树脂和阴离子交换树脂两大类。

阳离子交换树脂是在树脂骨架结构上引入酸性基团,如磺酸基($—SO_3H$)、羧基($—COOH$)和酚羟基($—OH$)等。这些酸性基团上的 H^+ 可以和溶液中的阳离子发生交换反应,依据其酸性强度,可分为强酸型和弱酸型阳离子交换树脂。树脂的酸性强度按以下次序递减:$R—SO_3H > R—COOH > R—OH$(R 代表树脂的骨架部分)。

强酸性阳离子交换树脂的交换与再生反应为

$$n\text{R—SO}_3^-\,\text{H}^+ + \text{M}^{n+} \underset{\text{再生}}{\overset{\text{交换}}{\rightleftharpoons}} (\text{R—SO}_3^-)_n\text{M}^{n+} + n\text{H}^+$$

将样品溶液加入色谱柱中,离子 M^{n+} 与氢离子交换,进入树脂网状结构中,氢离子进入溶液,此为交换过程。当离子交换树脂上所有的可交换离子均被交换掉后,离子交换树脂即失去活性。如果以适当浓度的酸溶液处理,反应逆向进行,树脂又恢复交换阳离子的能力,这一过程称为再生。再生后树脂可继续使用。

阴离子交换树脂是在树脂骨架上引入一些碱性基团,如季铵基$—N(CH_3)_3^+$、伯胺基$—NH_2$、仲胺基$—NHCH_3$ 和叔胺基$—N(CH_3)_2$ 等,含季铵基$—N(CH_3)_3^+$ 的树脂为强碱性,含伯胺基$—NH_2$、仲胺基$—NHCH_3$ 和叔胺基$—N(CH_3)_2$ 等的树脂为弱碱性。这些碱性基团上的 OH^- 可以和溶液中的阴离子发生交换反应。例如,季铵基阴离子交换树脂,其交换与再生反应为

$$n\text{R—N(CH}_3)_3^+\,\text{OH}^- + \text{Y}^{n-} \underset{\text{再生}}{\overset{\text{交换}}{\rightleftharpoons}} [\text{R—N(CH}_3)_3^+]_n\text{Y}^{n-} + n\text{OH}^-$$

用一定浓度的稀 NaOH 溶液冲洗处理,可使阴离子交换树脂再生。

离子交换树脂的性能指标用交联度、交换容量、溶胀、粒度等评价。

凝胶　空间排阻色谱法的固定相为具有一定孔径范围的多孔性凝胶，分离机制是根据组分分子大小的不同即分子筛效应而进行分离，适合高分子化合物的分离。根据耐压程度，凝胶可分为软质、半硬质和硬质三种。

软质凝胶包括常用葡聚糖凝胶、琼脂糖凝胶、聚丙烯酰胺凝胶等，都为亲水性凝胶，用于分离水溶性样品。葡聚糖凝胶是由葡聚糖和交联剂通过醚桥（—O—CH_2—CHOH—CH_2—O—）相互交联而形成的多孔性网状结构。孔径大小由交联剂的量控制，可制成不同交联度，具有不同溶胀度和孔径，用于不同相对分子质量物质的凝胶。一般的软质凝胶在压强约为 0.1 MPa 时即被压坏，所以只能用于常压排阻色谱法。

半硬质凝胶为苯乙烯和二乙烯苯交联的聚合物，能耐较高的压强，用于有机溶剂为流动相的高效凝胶渗透色谱法的固定相。优点是具有可压缩性，能填充紧密，柱效高，缺点是在有机溶剂中可膨胀，会改变柱的填充状态。

硬质凝胶属于无机凝胶，分为多孔硅胶和多孔玻璃珠等，其优点是在溶剂中不变形，孔径尺寸固定，溶剂互换性好；缺点是装柱时易碎，难装紧，柱效较低。

凝胶的主要参数是平均孔径和分子质量排阻极限（无法进入凝胶所有孔径，而被排阻的相对分子质量极限）。

其他固定相　液-液分配色谱法的固定相为液体，分离机制是由于样品组分溶入固定相与流动相达到平衡后分配系数的差别而分离。把固定液涂渍在载体上的称为经典的液-液分配色谱法，而化学键合相色谱是将固定液的官能团化学键合在载体的表面构成化学键合固定相，是目前应用最为广泛的液相色谱固定相。

19.1.2　正相液相色谱和反相液相色谱

根据流动相和固定相的相对极性，液相色谱法可分为正相液相色谱法（normal phase liquid chromatography，NP-LC）和反相液相色谱法（reversed phase liquid chromatography，RP-LC）。固定相极性较流动相极性强的称为正相液相色谱法；固定相极性较流动相极性弱的称为反相液相色谱法。这两种色谱类型有时也分别称为正相洗脱和反相洗脱。正相色谱和反相色谱的比较列于表 19-1。

表 19-1　正相色谱和反相色谱的比较

类型	固定相	流动相	洗脱次序	流动相极性的影响
正相液相色谱	极性	非（弱）极性	极性组分 K 大	极性增加，K 减小
反相液相色谱	非（弱）极性	极性	非（弱）极性组分 K 大	极性增加，K 增大

19.1.3　流动相

1. 流动相的分类及选择性

液相色谱法的流动相由单一或混合溶剂组成，有多种溶剂可供选择。按照溶剂的性质分类有利于从诸多溶剂中选择出能满足要求的流动相。

样品组分的分配系数由组分、溶剂和固定相三者的分子间作用力决定。Snyder 将 81 种溶剂按溶剂接受质子能力 X_e、给予质子能力 X_d 和偶极作用力 X_n 三种作用力，分成 8 组。张敬宝等进行进一步的研究，提出用模糊聚类法把溶剂分成 6 类（表 19-2）。

表 19-2　溶剂分类

类别	作用力	溶剂
Ⅰ	电子授受体	甲苯、苯、氯苯、四氢呋喃、乙酸乙酯、丙酮、乙腈
Ⅱ	质子给予体	异丙醇、正丁醇、无水乙醇、甲醇
Ⅲ	强质子给予体	氯仿、冰醋酸、甲酸、水
Ⅳ	质子受体	三乙胺、乙醚
Ⅴ	偶极作用力	1,2-二氯乙烷、二氯甲烷
Ⅵ	惰性溶剂(即非极性溶剂)	环己烷、正己烷、四氯化碳

资料来源:张敬宝,班允东,孙毓庆. 色谱,1989,7(5):256。

处于同一类别中的溶剂的作用力类型相同,在色谱分离中具有相似的选择性,而处于不同类别的溶剂,其选择性差别较大。因此,选择流动相时,往往是从不同类别溶剂中选取组成多元溶剂,以增大流动相对难分离组分的选择性。

2. *溶剂极性和溶剂强度*

溶剂强度是指单一或混合溶剂洗脱某种溶质的能力,与溶剂的极性相关。正相液相色谱中,固定相是极性的,溶剂极性参数 P' 值越大,即溶剂的极性越大,洗脱能力越强,组分的 k 降低。反相液相色谱中,固定相是非极性的,溶剂的极性增加,洗脱能力降低,样品组分的 k 增加。反相液相色谱中,溶剂的洗脱能力用强度因子 S 表示。极性弱的溶剂 S 大,洗脱能力强。有关数据见表 19-3 和表 19-4。

表 19-3　常用溶剂的极性参数 P'

溶剂	P'	类别	溶剂	P'	类别
正己烷	0.1	Ⅵ	乙酸乙酯	4.0	Ⅰ
乙醚	2.8	Ⅳ	甲醇	5.0	Ⅱ
二氯甲烷	3.1	Ⅴ	丙酮	5.1	Ⅰ
正丙醇	4.0	Ⅱ	乙腈	5.8	Ⅰ
四氢呋喃	4.0	Ⅰ	乙酸	6.0	Ⅲ
氯仿	4.1	Ⅲ	水	10.2	Ⅲ

表 19-4　反相洗脱溶剂的强度因子 S

溶剂	S	类别	溶剂	S	类别
水	0	Ⅲ	二噁烷	3.5	—
甲醇	3.0	Ⅱ	乙醇	3.6	Ⅱ
乙腈	3.2	Ⅰ	异丙醇	4.2	Ⅱ
丙酮	3.4	Ⅰ	四氢呋喃	4.5	Ⅰ

对于混合溶剂的溶剂强度,可用式(19-1)和式(19-2)分别计算极性参数和强度因子。

$$P'_{混} = \sum_{i=1}^{n} P'_i \varphi_i \tag{19-1}$$

$$S_{混} = \sum_{i=1}^{n} S_i \varphi_i \tag{19-2}$$

式中，$P'_{混}$和 $S_{混}$ 分别为混合溶剂在正相色谱中的极性参数及反相色谱中的强度因子；P'_i和 S_i 为溶剂 i 的极性参数及强度因子；φ_i 为溶剂 i 的体积分数。

19.1.4　应用示例

中药提取物中含有的色素影响了提取物的质量和外观。采用大孔吸附树脂作固定相，应用液-固色谱法分离色素可获得良好的效果。例如，人参皂苷的脱色：用人参皂苷的粗提物配成 4%的溶液（呈棕色），采用极性大的大孔吸附树脂 ADS-7 吸附，然后用 70%乙醇溶液解吸，人参皂苷被洗脱下来，色素则留在树脂上。把洗脱液蒸干，得纯度很高的白色或微黄色人参皂苷。

19.2　平面液相色谱法

液相色谱过程在固定相构成的平面层内进行的色谱法，称为平面液相色谱法。平面色谱法可分为薄层色谱法（thin layer chromatography，TLC）和纸色谱法（paper chromatography，PC）。

19.2.1　平面色谱参数

决定平面色谱性能的参数包括定性参数、相平衡参数和分离参数等。

1. 定性参数

定性参数一般以比移值或相对比移值表示。比移值（R_f）定义为组分的迁移距离（l）与展开剂的迁移距离（l_0）之比：

$$R_f = l/l_0 \tag{19-3}$$

式中，l 为由原点至某组分斑点中心（质量重心）的距离；l_0 为由原点至展开剂前沿的距离。在定时展开的经典平面色谱中，可将 R_f 值看成是在一小段距离内的组分迁移速度的平均值（u）与展开剂迁移速度的平均值（u_0）之比（图 19-1），即 $R_f = u/u_0$。由于组分的迁移速度总是小于展开剂的迁移速度，即 $u < u_0$，其迁移距离也总是小于展开剂的迁移距离，即 $l < l_0$，因此，R_f 值总是小于 1。不被固定相保留的组分的 R_f 值等于 1。R_f 值的可用范围是 0.2～0.8，最佳范围是 0.3～0.5。

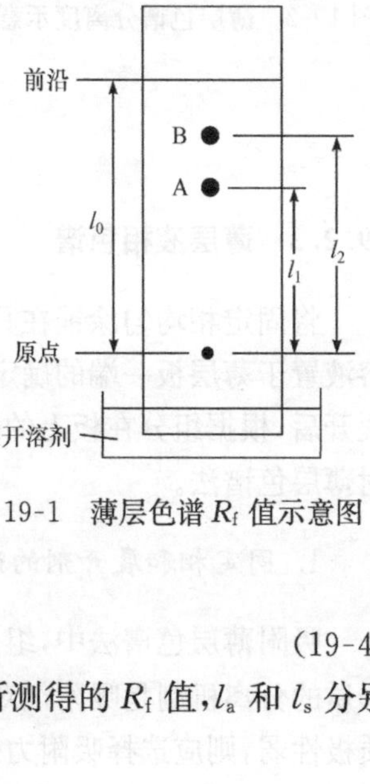

图 19-1　薄层色谱 R_f 值示意图

比移值是平面色谱的基本定性参数，它说明组分在色谱系统中的保留行为。比移值的大小除与组分的性质有关外，还与固定相的性质（如吸附剂的活性等）、展开剂的性质（极性、组成等）和温度有关。

由于影响 R_f 值的因素很多，要想在不同条件下进行 R_f 值的比较是很困难的。因此建议采用相对比移值（relative R_f，R_r）作为定性参数，其定义如下：

$$R_r = R_{f(a)}/R_{f(s)} = l_a/l_s \tag{19-4}$$

式中，$R_{f(a)}$ 和 $R_{f(s)}$ 分别为组分 a 和参考物质 s 在同一展开条件下所测得的 R_f 值，l_a 和 l_s 分别为原点至组分 a 和参考物质的斑点中心的距离。

2. 相平衡参数

作为主要的相平衡参数——分配系数 K 在液相色谱中和比移值的关系用式(19-5)表示：

$$R_f=\frac{1}{1+KV_s/V_m}=\frac{V_m}{V_m+KV_s} \tag{19-5}$$

式中，V_s 和 V_m 分别为薄层板上固定相和展开剂的体积。如果实验条件固定，则 V_s 和 V_m 固定，组分的 R_f 值就由分配系数 K 决定，分配系数大的组分比移值小，分配系数小的组分比移值大。而 K 的大小与组分的性质、薄层板和展开剂的性质及温度有关。

容量因子(capacity factor)又称为质量分配系数，表征平衡状态下组分在固定相和展开剂中的质量之比，也属于相平衡参数，在式(17-8)中已定义为 $k=\frac{c_sV_s}{c_mV_m}=K\frac{V_s}{V_m}$，代入式(19-5)可得 R_f 与容量因子 k 之间的关系：

$$R_f=\frac{1}{1+k} \tag{19-6}$$

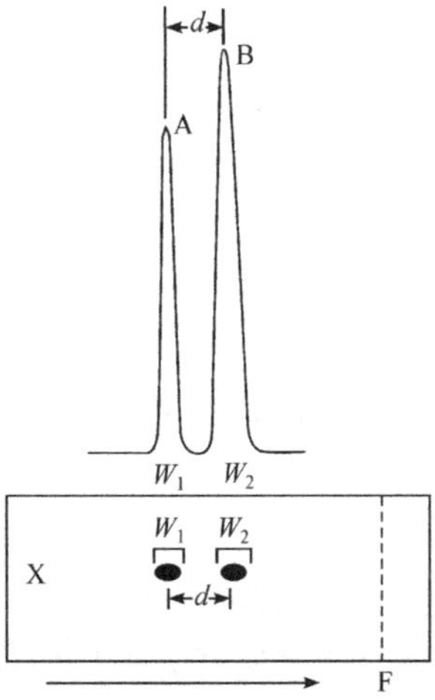

图 19-2　薄层色谱分离度示意图

影响 R_f 值的因素很多，如物质本身的结构和性质、流动相的组成，展开时的温度、展开槽内溶剂的蒸气饱和程度等。为了获得适当的 R_f 值，需要选择适当的固定相和展开剂。同时应保持恒定的色谱条件，以保证结果的重现性。

3. 分离参数

分离度是色谱法的重要分离参数。平面液相色谱中的分离度(resolution;R)定义为两相邻斑点中心距离与两斑点平均宽度(直径)的比值(图 19-2)：

$$R=\frac{2d}{W_1+W_2} \tag{19-7}$$

式中，d 为两斑点中心间的距离；W_1、W_2 分别为两斑点的宽度。分离度也可以用比移值来计算：

$$R=\frac{2l_0(R_{f_2}-R_{f_1})}{W_1+W_2} \tag{19-8}$$

19.2.2　薄层液相色谱

将固定相均匀涂铺在具有光洁表面的玻璃、塑料或金属板上制成薄层板。将一定量样品溶液置于薄层板一端的确定位置(称为点样)，在密闭容器中用适当的溶剂(习惯称为展开剂)展开后，根据组分在板上的位置和浓度进行定性定量分析，称为薄层色谱法。这里主要讨论吸附薄层色谱法。

1. 固定相和展开剂的选择

吸附薄层色谱法中，组分的极性越大，吸附系数 K_a 越大，展开时 R_p 越小。因此，被分离物质的分离机制是吸附剂对样品组分吸附能力的极性强，应选择吸附力弱的吸附剂；被分离物质极性弱，则应选择吸附力强的吸附剂。

硅胶是应用最多的吸附剂，其粒度一般为 10～40 μm。不含黏合剂的硅胶称为硅胶 H，铺板时一般需加黏合剂羧甲基纤维素钠 CMC-Na。含 10%～15%的煅石膏黏合剂的硅胶称为硅胶 G。对既无颜色、又无特征紫外吸收组分的斑点，可在吸附剂中添加某种荧光指示剂，以便在一定的激发光照射下，产生均匀的荧光背景，而组分斑点则以暗色显示。含荧光剂的商品吸附剂，以“F”标记，并以下标表示激发波长，如硅胶 HF_{254}、硅胶 HF_{360}、硅胶 GF_{254} 和硅胶 GF_{360} 等。

硅胶有微酸性，适用于酸性和中性物质的分离。可在制备薄层时加入某种添加剂制备成具有特殊性能的薄层，以适合各种物质分离的要求。例如，可以在硅胶中加入碱或碱性缓冲液代替水制成碱性薄层分离生物碱等碱性物质。

对于展开剂的选择，要综合考虑被分离物质的极性，吸附剂的活性以及展开剂的极性。吸附与洗脱过程实际是样品中各组分分子与流动相分子争夺吸附剂表面活性中心的结果。极性化合物要在薄层吸附剂中移动，就要使用极性强的展开剂，而对于弱极性化合物，则应使用极性较弱的展开剂，理想的 R_f 应为 0.2～0.8。

常见基团的极性顺序是：烷烃＜烯烃＜醚类＜硝基（—NO_2）＜二甲胺[—$N(CH_3)_2$]＜酯类（—COOR）＜酮（$>C=O$）＜醛（—CHO）＜硫醇（—SH）＜胺类（—NH_2）＜酰胺（—NH-$COCH_3$）＜醇类＜酚类＜羧酸类。

常用流动相的极性顺序是：石油醚＜环已烷＜四氯化碳＜苯＜甲苯＜乙醚＜氯仿＜乙酸乙酯＜正丁醇＜丙酮＜乙醇＜甲醇＜水。

因此，选择吸附薄层色谱条件的一般原则是：若被测组分极性较强，应选用吸附性能较弱的吸附剂和极性较强的流动相；如被测组分极性较弱，则应选择吸附性强的吸附剂和极性弱的流动相。

对难分离组分常需要使用二元、三元甚至多元的溶剂作为展开剂。如果样品斑点用某种展开剂展开时，R_f 偏小，甚至留在原点，说明展开剂极性太弱，可以加入丙酮、醇等极性强的溶剂，加大展开剂的极性；若样品斑点 R_f 偏大，则应加入非极性溶剂降低展开剂的极性。

对酸性组分的分离，可在展开剂中加入少量酸，防止拖尾现象，常用的酸性物质是甲酸、乙酸、磷酸或乙二酸。在分离碱性物质（如某些生物碱）时，可选用氧化铝为吸附剂，选用中性溶剂为展开剂；若采用硅胶为吸附剂，则选用碱性展开剂为宜。加入的碱性物质常用二乙胺、乙二胺、氨水或吡啶。

选择薄层色谱的多元展开剂时，一般可从电子授受体溶剂（Ⅰ）、质子授受体溶剂（Ⅱ、Ⅲ、Ⅳ）、诱导（偶极）作用力溶剂（Ⅴ）以及溶剂强度调节溶剂（Ⅵ）中分别选出一种溶剂来构成四元系统进行实验。可选择均匀设计、正交试验等实验设计方法，采用合理的优化指标，在诸多溶剂中筛选优化展开剂的组成和比例。

2. 实验技术

薄层板的制备　薄层板的厚度及均匀性对分离效果和 R_f 的重复性影响极大。以硅胶固定相制备的薄板，一般厚度约为 0.25 mm，若欲分离制备纯物质，则薄层厚度应稍大些，可为 0.5～2 mm。

铺制方法有倾注法、平铺法、机械涂铺法和烧结玻璃板法。铺好的硅胶板应先自然晾干后，在烘箱中于 105～110 ℃活化 0.5～1 h，然后置于干燥器内备用。

商品化的预制板涂布均匀光滑、薄层强度高，分离效果以及重现性等也较手工制的薄层板好。条件允许时，最好能首选使用商品预制板。

点样 溶解样品的溶剂要尽量避免用水，因为水溶液斑点易扩散，且不易挥发。一般用甲醇、乙醇、丙酮、氯仿等挥发性的有机溶剂，最好用与展开剂极性相似的溶剂，并尽量使点样后溶剂能迅速挥发，以减少斑点的扩散。对水溶性样品，可先用少量水使其溶解，再用甲醇或乙醇稀释定容。

点样量应视薄层的性能及显色剂的灵敏度而定。适当的点样量可使斑点集中。点样量过大，易拖尾或扩散；点样量太少则不能检出。经典薄层色谱一般为 1～5 μL，高效薄层可达 100～500 nL。

定性时点样用内径为 0.5～1 mm 的毛细管，管口应平整。定量时点样可使用平头微量注射器或自动点样器。自动点样的方式有点状点样、喷雾带状点样等。自动点样器使吸样、点样、清洗、样品及对照品的精确位置、点样速率等由程序控制，能节省时间，提高点样精度，保证分析的精密度和准确度。

展开 点样后的薄层板，要置于加有展开剂的密闭展开槽中进行展开。多数情况下，是借助毛细管作用使展开剂流经固定相，也有通过压力(加压薄层)或离心力(旋转薄层)的作用完成展开过程。一般薄板展开大多采用上行法，也有下行法、径向法，双向展开、多次展开等方式。展开装置可分为立式、卧式和连续展开等，可根据需要选用不同的展开装置和方式。为了减免环境条件和人为因素的影响，提高色谱分离的重现性，可购买已商品化的全自动展开仪器。

边缘效应 薄层色谱操作中，要特别注意用多元展开剂时可能产生的边缘效应。所谓边缘效应，是指展开时薄板边缘斑点的 R_f 高于中部同组分斑点的 R_f 的现象。原因主要是色谱槽空间未被溶剂蒸气饱和，在展开过程中极性较弱和沸点较低的溶剂在薄层的边缘较易挥发，造成边缘部分的展开剂中极性溶剂的比例增大，R_f 相应增大。消除边缘效应最有效的方法是用展开剂将色谱槽及薄层板饱和后再进行展开。

在操作过程中最好能保持恒温恒湿，因为温度和湿度的改变都会影响 R_f 和分离效果，降低重现性。尤其对活化后的硅胶、氧化铝板，更应注意空气的湿度，尽可能避免与空气接触，以免降低活性，影响分离效果。

3. 分析方法

定位 薄层色谱展开后确定斑点的位置(定位)方法有：①有色斑点可直接在可见光下观察，标出色斑轮廓定位；②无色但有紫外吸收的物质可在紫外灯下观察，一般使用荧光薄层板(如硅胶 GF_{254})，以待测物质产生荧光淬灭的暗斑进行定位；③既无色、又无紫外吸收的物质可采用显色剂显色定位。

显色方法有喷雾显色和浸渍显色等。显色剂包括通用显色剂和专用显色剂。常用的通用显色剂有碘、硫酸溶液、荧光黄溶液等。碘对许多化合物都可显色，如生物碱、氨基酸、肽类、脂类、皂苷等，其最大特点是显色反应往往是可逆的，在空气中放置时，碘可升华除去，组分恢复原来状态。专用显色剂是对某类化合物显色的试剂。例如，三氯化铁高氯酸溶液可显色吲哚类生物碱；茚三酮则是氨基酸和脂肪族伯胺的专用显色剂；溴甲酚绿可显色羧酸类物质。

定性分析 最常用的是对照法，即样品和对照品在同一块薄层板上对比定性，包括：①利用斑点的 R_f 定性，即通过显色等方法定位后，测出斑点的 R_f，与同块板上的已知对照品斑点的 R_f 对比。若 R_f 一致，即可初步定性该斑点与对照品为同一物质。②利用斑点显色特性定性，显色后将斑点的 R_f 和颜色与同板上的对照品比较定性。③利用斑点的光谱特性定性，方法是用薄层扫描仪扫描组分和对照品斑点，比较两者的扫描光谱图形及最大吸收波长进行定性。

定量分析　常用方法有：①目测比较法。将一系列不同浓度对照品和样品溶液定量点在同一块薄层板上，展开显色后目视比较斑点的颜色深浅和大小，可求出试样的近似含量范围或限度。②斑点洗脱法。把色斑部位整体刮下用适当溶剂洗脱后再用比色法或紫外光谱法进行定量分析。③应用薄层扫描法进行定量分析。

4. *高效薄层色谱法简介*

高效薄层色谱法(high performance thin layer chromatography，HPTLC)的分离效率比经典薄层色谱法高，分离效率高，检出限低，分析时间短。高效薄层板与经典薄层板的比较列于表 19-5。

表 19-5　高效薄层板与经典薄层板的对比

参数	经典薄层板	高效薄层板
板尺寸/cm	20×20	10×10，10×20
颗粒度，平均/μm	20	5～15
分布/μm	宽(10～60)	窄
层厚/μm	250～300	200
样品点加体积/μL	1～5	0.1～0.2
原点直径/mm	3～6	≤1
分离斑点直径/mm	6～15	2～5
展开距离(直线式)/cm	10～15	3～6
展开时间/min	30～200	3～20
检测限，吸收/ng	1～5	0.1～0.5
荧光/ng	0.05～0.1	0.005～0.01
每板分离样品个数	10	18～36

高效薄层板是由小颗粒极细且均匀的吸附剂(或其他固定相)用喷雾法制备而成的商品预制板，常用的有硅胶、氧化铝、纤维素和化学键合相薄层板等。由于吸附剂颗粒小，流动相展开速度慢，易于达到平衡，传质阻力小，组分均呈小而圆的斑点，分离效果得到提高。

5. *薄层扫描法简介*

基本原理　薄层扫描法以一定波长的光束扫描展开后的薄层板上被分离组分的斑点，通过测定斑点的透射光、反射光或荧光来测定物质的含量。

图 19-3 为双波长双光束薄层扫描仪光学系统示意图。从光源 L(氘灯、钨灯或氙灯)发出的光，经两个单色器(CM)分光后，成为两束不同波长的光 λ_1 和 λ_2，斩光器(CH)对其进行切换，使 λ_1、λ_2 交替地照射及扫描到薄板(P)上的物质斑点；记录 λ_1 和 λ_2 波长处的吸光度差值随展开距离的变化，即可得到薄层色谱扫描曲线。曲线上的每一个峰相对应于薄板上的一个斑点，峰高或峰面积与组分的量之间有线性关系，对比试样与对照品中相应的峰高或峰面积可求出被测组分的量。

扫描波长的选择　双波长扫描法中，根据组分斑点的吸收光谱选择最大吸收峰的波长作为样品的测定波长 λ_1；选择斑点吸收光谱的基线部分，即斑点组分无吸收的波长作为参比波长 λ_2。而记录的信号是 λ_1 和 λ_2 两波长处的吸光度之差，即扣除了斑点所在处的空白薄层吸收值，这使得薄层背景不均匀性得到补偿，扫描曲线的基线较平稳，提高了测定精度。

曲线校正　由于薄层固定相是由细小的颗粒组成的半透明物体，光照射到薄层表面，除透射光、反射光之外，还有不规则的散射光存在，所以吸光度与物质浓度的关系不完全服从 Beer 定律，浓度与吸光度之间的曲线呈抛物线形式，特别是在高浓度时更为明显，如图 19-4 中的曲线 1 所示。通常对曲线采用两类处理方法：曲线校正法和计算回归法（线性与非线性回归）。曲线校正法是利用薄层扫描仪的线性补偿（linearer）功能，用电路系统将弯曲的曲线校正为直线，如图 19-4 中曲线 2。校正后，在一定的范围内，峰面积与斑点中物质的量（或点样量）呈直线关系。

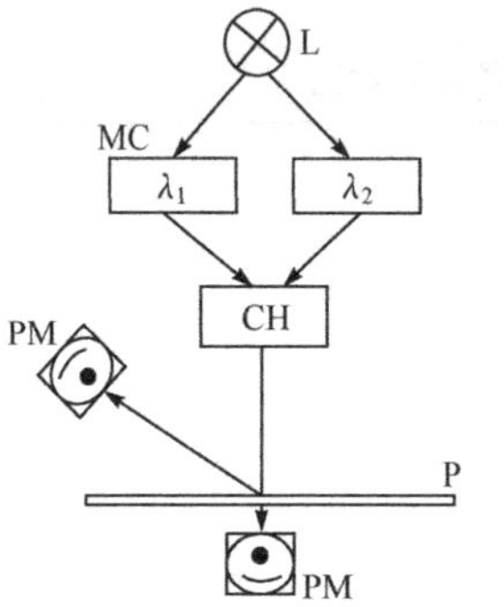

图 19-3　双波长薄层扫描仪光学系统示意图

L. 光源；MC. 单色器；CH. 斩光器；P. 薄层板；PM. 光电检测器

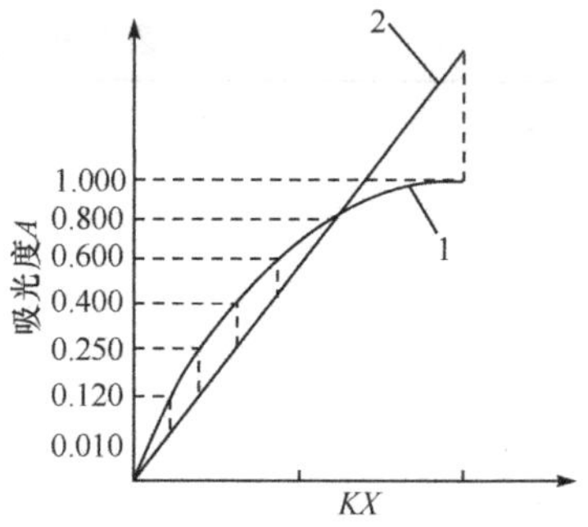

图 19-4　线性校正

1. 校正前的标准曲线；2. 校正后的标准曲线

反射法与透射法　薄层扫描法可选择薄板上方的光电检测器（PM）测量反射光的强度或选用薄板下方的光电检测器测量透射光的强度，分别称为反射法与透射法。薄层不均匀度及厚度对透射法测定有影响，基线噪声大，且玻璃对紫外光有吸收，所以反射法应用较普遍。

定量分析　主要采用外标法和内标法，外标法更为常用。绘制标准曲线，求得待测组分的线性范围后，可采用外标一点法或两点法。当工作曲线为通过原点的直线时，可采用外标一点法；当工作曲线不通过原点时，须采用外标两点法。

19.2.3　纸色谱

基本原理　纸色谱法（paper chromatography）是以滤纸作为载体，用纸纤维上吸附的水作为固定相，流动相为不与水相混溶的有机溶剂，分离原理属于分配色谱。

纸纤维所吸附的水分子有 6%能通过氢键与纤维上的羟基结合成复合物，这部分水与水相混溶的溶剂仍能形成类似不相混溶的两相，所以也常用与水相混溶的溶剂（如丙酮、乙醇、丙醇等）作为展开剂。除水以外，纸也可以吸留甲酰胺、缓冲溶液等作为固定相。

被分离组分在纸色谱中的保留行为用 R_f 来表达。化合物的极性大或亲水性强，在水中分配量多，分配系数 K 大，在水为固定相的纸色谱中 R_f 小；若化合物极性小或亲脂性强，分配系数 K 小，R_f 值大。

实验方法及应用　用于色谱分离的滤纸必须具备下述条件：①质地均匀、平整、厚薄一致；

②具有一定的纯净度，不含 Ca^{2+}、Mg^{2+}、Fe^{2+}、Cu^{2+} 等金属离子或其他显色物质，无荧光斑点；③机械强度高，被溶剂浸润后仍有一定的硬度；④纸质松紧适宜，过于紧密则展开速度太慢，过于疏松则斑点扩散，分离效果差。

选择滤纸时，R_f 相差小的混合物宜采用慢速滤纸；R_f 相差大的混合物，可选用中速或快速滤纸。厚纸载量大，供制备和定量用；薄纸供一般定性用。

分离酸、碱物质时，为使滤纸维持相对恒定的酸碱度，可将滤纸在一定 pH 缓冲溶液中浸渍后再使用。对于一些极性小的物质，常用甲酰胺、二甲基甲酰胺、丙二醇等来代替水作固定相，以增加其在固定相中的溶解度，降低 R_f。

展开剂的选择主要根据被分离物质的极性。在纸色谱中常用展开剂是用水饱和的正丁醇、正戊醇、酚等。有时为了防止弱酸碱的离解，在展开剂中加入少量的酸碱，如乙酸、吡啶等。为改变展开剂的极性，可以加入少量的甲醇、乙醇。

纸色谱法价格低廉、操作简便，但不能用腐蚀性展开剂，组分斑点较为扩散，且预饱和与展开较费时。纸色谱法的操作方式、定性定量方法与薄层色谱法相似。目前，纸色谱法主要应用于氨基酸、糖类、苷类和无机离子等水溶性成分的分离，且分离效果优于薄层色谱法。

19.2.4　平面色谱法在医药方面的应用

随着高效薄层材料和预制板的出现，特别是由计算机控制，参数可由薄层扫描仪共享的自动薄层点样器、自动展开箱和色谱成像及图像处理系统的出现，提高了平面色谱定性分析的可靠性及定量分析的精密度和准确度。平面色谱法在医药、生化等领域仍然被广泛应用。例如，薄层色谱法在中药材的品种鉴别、中药材的薄层指纹图谱(图像)鉴别和中药成分分析；合成药物的定性鉴别、纯度检查、稳定性考察、药物代谢研究、合成工艺监控及反应机制研究；生化与抗生素研究等方面有许多成功的应用。

19.3　高效液相色谱法

高效液相色谱法(high performance liquid chromatography，HPLC)是 20 世纪 60 年代末以经典液相色谱法为基础，引入气相色谱的理论与技术，发展而成的分离分析方法。它与经典液相色谱法的主要区别是在技术上采用高压泵、高效固定相和高灵敏度的在线检测器，具有自动化程度高、分离效能好、分析速度快、应用范围广等特点。与气相色谱法相比，由于不受样品挥发性和稳定性的约束，对于挥发性低、热稳定性差、相对分子质量大的高分子化合物以及离子型化合物都可采用该法进行分离分析，在药学中的应用远较其他色谱法广泛，已成为有机药物及中草药有效成分的分离、鉴定与含量测定，体内药物分析、药理研究及临床检验的重要手段。高效液相色谱法与经典液相色谱法的主要区别见表 19-6。

表 19-6　高效液相色谱法与经典液相色谱法性能对比

指标	经典液相色谱法	高效液相色谱法(分析型)
固定相	一般规格	特殊规格
固定相粒度/μm	75～500	3～10
固定相粒度分布(RSD)	20%～30%	<5%

续表

指标	经典液相色谱法	高效液相色谱法(分析型)
柱长/cm	10～100	3～25
柱内径/cm	2～5	0.3～0.46
柱入口压强/MPa	0.001～0.1	2～40
柱效(每米理论塔板数)	10～100	3×10^4～8×10^4
样品用量/g	1～10	10^{-6}～10^{-4}
分析所需时间/h	1～20	0.05～0.5
装置	非仪器化	仪器化

19.3.1 仪器装置

高效液相色谱仪的结构如图 19-5 所示。仪器的基本部件分为输液系统、进样装置、色谱柱、检测器和数据处理系统。有些仪器还配有在线脱气、自动进样器、梯度洗脱装置。色谱柱配有恒温控制器;数据记录系统一般都配有色谱工作站,能对仪器实施自动化操作和数据处理;制备型色谱仪还配备有自动馏分收集装置。

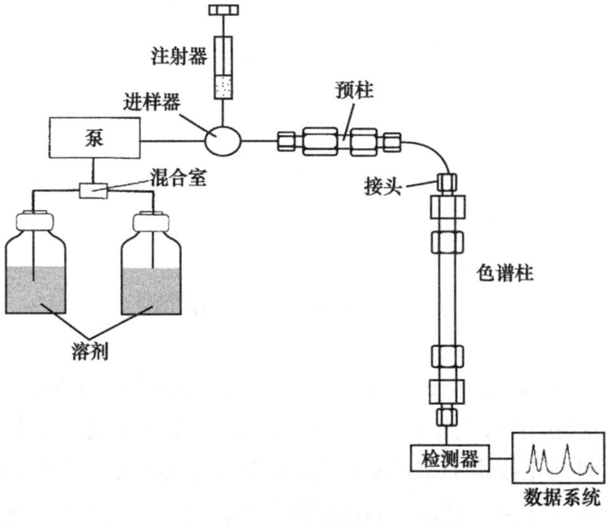

图 19-5 高效液相色谱仪结构图

输液系统 包括储液瓶、高压输液泵和梯度洗脱装置。其中最重要的是输送流动相的高压输液泵。对输液泵的基本要求是:脉动小、流量恒定,且可以调节、耐高压、耐腐蚀等。按输液性质可分为恒压泵和恒流泵,目前应用较多的是恒流泵中的柱塞往复泵,如图 19-6 所示。

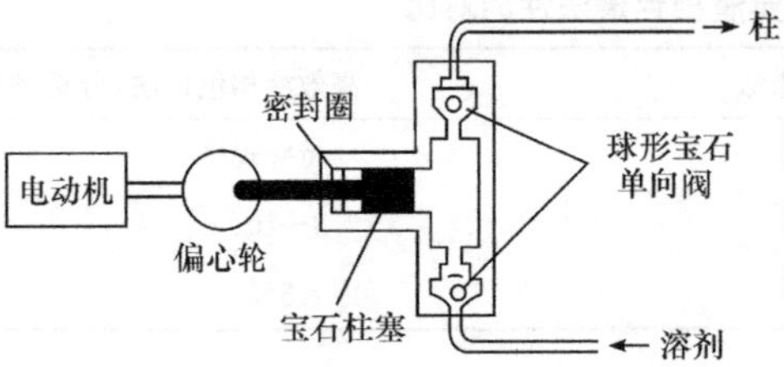

图 19-6 柱塞往复泵示意图

由电动机带动偏心凹轮转动,驱动宝石柱塞往复运动。当柱塞被拉出时,入口单向阀打开,将储液瓶中的流动相吸入缸体;当柱塞被推进时,出口单向阀打开,流动相液体流向色谱柱;如此往复运动,将流动相不断输送到色谱柱中。

柱塞往复泵的液缸容积可小至 0.1 mL,因此易于清洗和更换流动相。改变电机转速能方便地调节流量，流量不受柱阻影响，泵压可达 40 MPa。其主要缺点是泵输出的脉冲性较大，现多采用并联或串联的双泵系统连接方式来克服。

洗脱方式 可分为等度洗脱与梯度洗脱两种。用恒定配比的溶剂系统的洗脱方式，称为等度洗脱(isocratic elution)。在一个分析周期内，按一定程序，改变流动相的组成(如溶剂的极性、离子强度、pH 等)的洗脱方式，称为梯度洗脱(gradient elution)。对于组分较少、性质差别不大的样品，一般采用等度洗脱。而梯度洗脱能使复杂样品中性质差异很大的组分，在各自适宜的分离条件(保留因子 k 适宜)下分离。梯度洗脱系统可分为高压梯度和低压梯度两种类型。高压二元梯度洗脱是由两个输液泵分别各吸入一种溶剂，加压后再混合，混合比由两个泵的速度决定。低压梯度洗脱是用比例阀将多种溶剂按比例混合后，再加压输至色谱柱。低压梯度便宜，且易实施多元梯度洗脱，但重复性不如高压梯度装置。

进样器 进样器装在色谱柱的进口处，要求其密封性强，死体积小，重复性好，进样时对色谱系统的压力、流量影响小，现在大都使用六通进样阀或自动进样器。六通进样阀示意图如图 19-7所示。在状态 a 位置，用微量注射器将样品注入定量管，进样后，转动六通阀手柄至状态 b，定量管内的样品被流动相带入色谱柱。用六通进样阀进样，具有进样量准确、重复性好、可带压进样等优点。

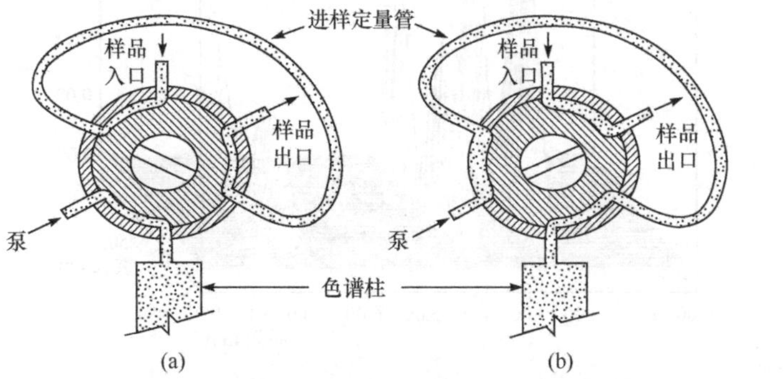

图 19-7 六通进样阀示意图

(a) 充满定量管；(b) 进样

色谱柱 承担分离功能的色谱柱被称为色谱系统的心脏。对色谱柱的要求是柱效高、选择性好，分析速度快。色谱柱由柱管和固定相组成，柱管多用不锈钢制成，柱两端的柱接头内装有烧结不锈钢滤片，以防填料漏出。色谱柱按用途可分为分析型和制备型两类，常规分析柱内径为 2～5 mm，常用 4. 6 mm，柱长 10～25 cm；制备型柱内径大于 5 mm，工业用制备柱甚至可达数十厘米。

检测器 在高效液相色谱仪中，应用较多的检测器是紫外检测器、荧光检测器与电化学检测器。蒸发光散射检测器及发光检测器近年来发展较快。示差折光检测器也是常用的检测器，但由于其受温度影响大，灵敏度相对较低，仅在糖类的检测中应用较多。

1. 紫外检测器

紫外检测器(ultraviolet detector，UVD 或 UV)是当前高效液相色谱仪配置最多的检测器，由光源、流通池、检测元件等组成。其光学结构与一般的紫外分光光度计一致，主要区别是用流通池替代吸收池。紫外检测器的特点是：①灵敏度高；②不破坏样品，能与其他检测器串联，可用于制备色谱；③对温度及流动相流速波动不敏感，可用于梯度洗脱；④属浓度型检测器。但其局限性是：①只能检测有紫外吸收的样品；②流动相的选择有一定限制，检测波长必须大于流动相的截止波长。

常用紫外检测器的类型可分为三种：固定波长型、可变波长型和光电二极管阵列检测器。固定波长检测器是光源波长固定（多用 254 nm）的光度计；可变波长检测器可按需要选择波长；光电二极管阵列检测器（photodiode array detector，DAD）属于多通道紫外检测器，由系列光电二极管组成，可以对每个洗脱组分进行光谱扫描，同时获得样品的色谱图及每个色谱峰的吸收光谱（图 19-8）。色谱图用于定量分析，光谱图用于定性，也可用于验证色谱峰是否为单一纯物质峰。

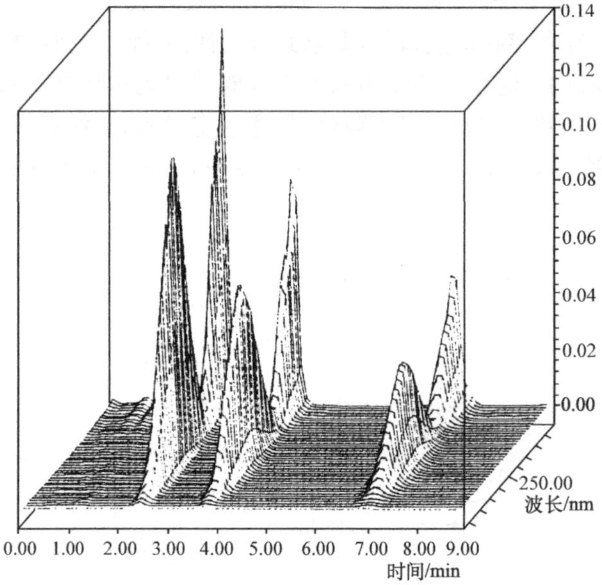

图 19-8　三组分样品的 3D 光谱-色谱图

2. 荧光检测器

目前使用的荧光检测器（fluorophotometric detector，FD）大多是带有流通池的荧光分光光度计。比紫外检测器灵敏，检测限可达 1×10^{-10} g/mL，适用于能产生荧光或其衍生物能发荧光的物质。由于灵敏度高，是体内药物分析常用的检测器之一。

3. 蒸发光散射检测器

蒸发光散射检测器（evaporative light scattering detector，ELSD）的检测原理如图 19-9 所示。将流出色谱柱的流动相及组分引进通入载气（常用高纯氮）的蒸发室，加热，使流动相蒸发而除去。样品组分在蒸发室内形成气溶胶，被载气带入检测室，用激光或强光照射气溶胶而产生散射光（丁铎尔效应），测定散射光强而获得组分的浓度信号。该检测器一般可用于挥发性低于流动相的任何样品组分的检测，即只适用于流动相能挥发的色谱洗脱，对有紫外吸收组分的检测灵敏度比 UVD 低约一个数量级，主要用于糖类、高分子化合物、脂肪酸及甾体类等化合物的测定。

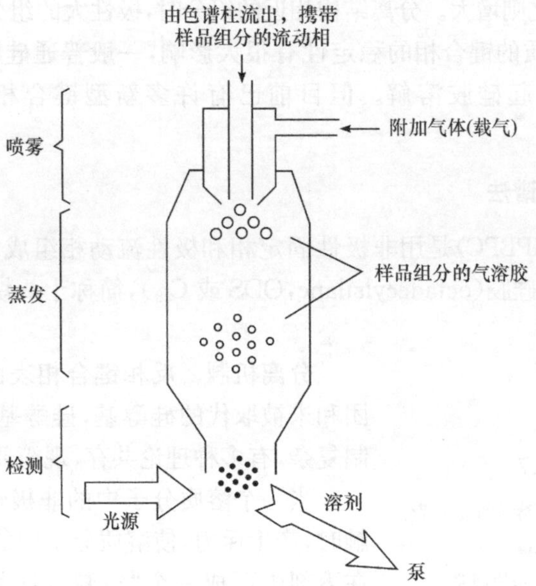

图 19-9　蒸发光散射检测器原理示意图

4. 化学发光检测器

当被分离组分由色谱柱流出后，与发光试剂反应产生光辐射，其光强度与该组分的浓度成正比。属于高选择性及高灵敏度的新型检测器，最小检测量可达 pg 级(10^{-12} g)，结构简单，自身发光不需光源，价格便宜，而且可以自制。化学发光反应常用酶为催化剂，将酶标记在待测物分子、抗原或抗体上，可进行药物代谢分析及免疫发光分析。

除以上检测器外，尚有示差折光检测器、电化学检测器(包括电导、安培及极谱检测器)和质谱检测器等。

19.3.2　化学键合相色谱法

高效液相色谱法按分离机制可分为吸附色谱法、分配色谱法、离子交换色谱法、空间排阻色谱法、亲和色谱法及胶束色谱法等。除了吸附色谱法外，化学键合相色谱法可用于其他所有的高效液相色谱法。

化学键合相色谱法　用化学反应的方法将固定液的官能团键合在载体表面，构成化学键合相，以化学键合相为固定相的色谱法称为键合相色谱法(bonded phase chromatography, BPC)。化学键合相的优点是：①使用过程不易流失；②化学性能稳定，热稳定性好；③载样量大；④适用于梯度洗脱。

一般的化学键合相用硅胶为载体，键合相的合成步骤如下：①合成硅胶载体；②键合固定液官能团；③有时可选用端基封口。用化学反应方法将硅胶载体表面未参与键合反应的硅醇基除去，称为封端(或封尾，end capping)。这种封尾键合相无吸附作用，但强疏水性是其缺点。

化学键合相按键合的官能团的极性可分为非极性、中等极性和极性三类。非极性键合相的表面基团为非极性烃基，如十八烷基、辛烷基、甲基与苯基等。常见的中等极性键合相有醚基键合相，可作正相或反相色谱的固定相，视流动相的极性而定。常用极性键合相为氨基(强极性)、氰基键合相(中强极性)，流动相是用正己烷等烷烃加适量极性调节剂如氯仿、醇、乙腈等构成。分离机制主要靠范德华定向作用力、诱导作用力或氢键作用力。洗脱时随流动相的极性增大，洗脱能力增加，k 减小，反之则增大。分离结构相近的组分时，极性大的组分后出峰。

pH 对以硅胶为基质的键合相的稳定性有很大影响，一般普通硅胶键合相应在 pH 2～8 的介质中使用，以免引起硅胶溶解。但目前已有许多新型键合相能承受更宽的 pH 范围(如 pH 2～12)。

19.3.3　反相键合相色谱法

反相键合相色谱(RPBPC)是用非极性固定相和极性流动相组成的色谱体系。最常用的固定相是十八烷基键合硅胶(octadecylsilane，ODS 或 C_{18})，简称十八烷基键合相；流动相常用甲醇-水或乙腈-水。

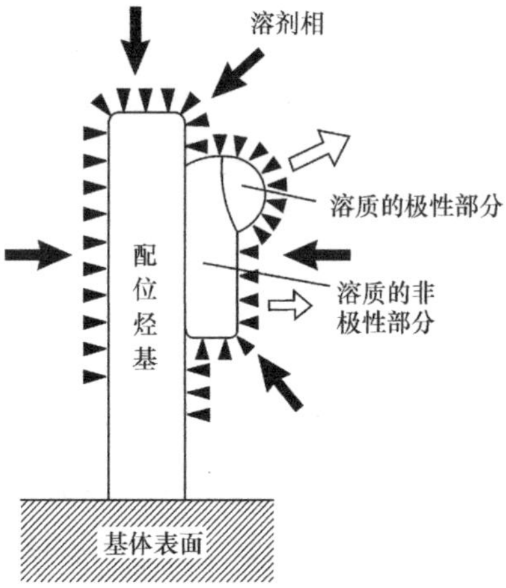

图 19-10　疏溶剂缔合示意图

分离机制　反相键合相表面具有非极性烷基官能团和未被取代的硅醇基，硅醇基具有吸附性能，分离机制复杂，有多种理论共存，现简要介绍疏溶剂理论。

当一个溶质分子中的非极性基团与极性溶剂相接触时，产生斥力，使溶质分子中的非极性基取向，将导致在溶剂中形成一个“空腔”，这种效应称为疏溶剂效应(图 19-10)。该理论认为，在键合相反相色谱中溶质的保留主要不是由于溶质分子与键合相间的色散力，而是溶质分子与极性溶剂分子间的排斥力，促使溶质分子与键合相的烃基发生疏水缔合。一般来说，固定相上键合的烷基或溶质分子非极性部分的表面积越大，或溶剂的表面张力及介电常数越大，缔合作用越强，则容量因子 k 越大，保留时间越长。

流动相　反相键合色谱的流动相是以水为底剂，再加入一种或多种与水相混溶的有机溶剂所组成，甲醇、乙腈和四氢呋喃是最常用的有机溶剂。可通过改变有机溶剂的配比调节流动相的极性，达到分离目的。反相色谱流动相的极性增大，洗脱能力降低，溶质的 k 增大，t_R 增大；反之，t_R 减小。分离结构相近的组分时，极性大的组分先出柱。本法主要用于分离非极性至中等极性的各类化合物。

【例 19-1】　样品的组成为苯乙酮、硝基苯和苯，用 C_{18} 柱为固定相，流动相为甲醇：水＝60：40，试分析和计算：①在该色谱条件下，组分流出色谱柱的顺序；②如果要增加保留值，应该如何调节流动相的比例？③若保持溶剂的洗脱强度不变，但流动相改为乙腈-水，计算溶剂的组成。

解　①在反相键合相色谱中，若流动相相同，被分离组分极性越强，与固定相的分子间作用力越弱，越先流出色谱柱，因此流出顺序为：苯乙酮、硝基苯和苯。

②如果要增加保留值，应增加流动相的极性，在各物质可溶解的前提下，增加水的比例。

③60％甲醇溶液的溶剂强度因子：

$$S = S_{甲醇}\varphi_{甲醇} + S_{水}\ \varphi_{水} = 3.0\times 0.6 + 0 = 1.8$$

设质量分数为 x 乙腈溶液的溶剂强度因子为

$$1.8：1.8 = S_{乙腈}\varphi_{乙腈} + S_{水}\ \varphi_{水} = 3.2x$$

解得 $x=0.562$，若洗脱强度不变，可改为 56.2％的乙腈溶液。

离子对色谱法　离子对色谱法(ion pair chromatography，IPC)以反相离子对色谱法(RPIPC)为主。方法是把离子对试剂加入极性流动相中，被分析的样品离子在流动相中与离子对试剂生成不带电的中性离子对，从而增加了样品离子在非极性固定相中的溶解度，使容量因子增加，改善分离效果。

反相离子对色谱法所用固定相与一般反相键合相色谱法相同，在流动相中加入合适的离子对试剂。一般分析碱类样品，用烷基磺酸盐为离子对试剂，常用十二烷基硫酸钠或磺酸钠、庚磺酸钠；分析酸类样品，用烷基季铵盐，如四丁基氯化铵。RPIPC 的出柱顺序与 RPHPLC 一致，分配系数 K 与离子对试剂的碳链长度有关。碳链长度增加，K(或 k)相应增大。用 ODS 柱，在流动相甲醇-水或乙腈-水中加入 0.003～0.01 mol/L 的离子对试剂，即可进行反相离子对色谱法分析。

离子抑制色谱法　(ion suppression chromatography, ISC) 在反相键合相色谱法中，通过向流动相中加入少量弱酸(常用乙酸)、弱碱(常用氨水)或缓冲盐(常用磷酸盐或乙酸盐)为抑制剂，调节 pH，抑制样品组分的解离，以达到分离有机弱酸、弱碱的目的。流动相的 pH 应调节至比组分的 pK_a 大(对碱)或小(对酸)一个单位以上。但要注意不要超出色谱柱填料使用允许的 pH 范围。

IPC 法和 ISC 法适用于有机弱酸、弱碱与两性化合物的分离，以及它们与分子型化合物共存时的分离。一般当弱酸的 pK_a 在 3～7 或弱碱的 pK_b 在 7～8 时可采用离子抑制色谱法；对于 $pK_a<3$ 的酸和 $pK_b>8$ 的碱则应使用离子对色谱法。ISC 法简便，比 IPC 法经济，但重复性较差。这两种方法在药学中可用于生物碱、有机酸、磺胺类药物、某些抗生素与维生素等的分析，在体内药物分析上用于测定血药浓度，分离其代谢产物和内源性酸性杂质。

19.3.4　色谱条件的选择

高效液相色谱法的 van Deemter 方程　在液相色谱中流动相是液体，黏度(η)比气体大得多，柱温(多用 25 ℃)比 GC 低得多，而分子在流动相中的扩散系数 $D_m \propto T/\eta$，因此 D_m 很小。此外，为了节省分析时间，液相色谱选用的流动相流速，一般是最佳流速的 3～5 倍。以上因素都促使纵向扩散项 B/u 减小($B=2rD_m$)至可忽略不计。因此，高效液相色谱法的 van Deemter 方程为

$$H=A+Cu \tag{19-9}$$

在 HPLC 中传质阻力系数由 3 部分组成

$$C=C_m+C_{sm}+C_s \tag{19-10}$$

传质阻力是由于溶质分子在各相中的传质过程而导致峰展宽。溶质分子在流动相和固定相中的扩散、分配、转移的过程并不是瞬间达到平衡，实际传质速度是有限的，这一时间上的滞后使色谱柱总是在非平衡状态下工作，从而产生峰展宽。其中：①流动相传质阻力系数 C_m 的产生是由于靠近固定相的流动相流速较慢，而中心较快，处于中心的溶质分子还未来得及与固定相达到分配平衡就随流动相前移，因而产生峰展宽。②静态流动相传质阻力系数 C_{sm} 的产生是由于溶质分子进入处于固定相孔穴内的静止流动相，晚回到流动相而引起峰展宽。③固定相传质阻力系数 C_s 的产生是分配色谱中溶质分子进入厚涂层固定液相对晚回到流动相而引起峰展宽，该项在键合相色谱中可忽略，因为键合相的“固定液”是键合在载体表面的固定液官能团的单分子层。因此，van Deemter 方程也可表示为

$$H=A+C_m u+C_{sm} u \tag{19-11}$$

色谱分离条件的选择　由式(19-11)可知，HPLC 的板高 H，主要由 A、$C_m u$、$C_{sm} u$ 三项组成。涡流扩散项 A 与固定相的粒度、形状、粒度分布及柱填充均匀程度相关。C_m 和 C_{sm} 都与固定相微粒的直径平方 dp^2 成正比，与组分在流动相中的扩散系数 D_m 成反比。因为

$D_m \propto T/\eta$，所以采用低黏度的流动相和增加柱温都可增大 D_m，减小传质阻力 C 而增加柱效。因此，流动相选用低黏度的甲醇而少用无害但黏度较高的乙醇，同时还可降低柱阻。但温度一般选择室温，因增加柱温，有机溶剂流动相易产生气泡。

应用 van Deemter 方程选择 HPLC 的分离条件可概括为：①采用小粒度、均匀分布的球形固定相，用高压匀浆法装柱；②采用低黏度、低流量(1mL/min)的流动相；③柱温以 25 ℃为宜。

流动相对分离度的影响　由分离方程式 $R=\frac{\sqrt{n}}{4}\cdot\frac{\alpha-1}{\alpha}\cdot\frac{k_2}{k_2-1}$ 可知，色谱柱一定时，通过改变 α 及 k 可提高分离度。流动相的种类和配比、pH 及添加剂均影响样品组分的 α 和 k。一般要求流出组分的 k 在 1～10，以 2～5 最佳。k 过大，分析时间延长，峰形平坦，影响分离度和检测灵敏度。在 HPLC 中，α 主要受到溶剂种类的影响，因为选择不同种类的溶剂，流动相与被分离组分之间的分子间作用力不同，选择性不同，有可能使组分的分配系数不等，即 $\alpha\neq1$ 或使 α 增大。而 k 主要受到溶剂配比的影响，改变多元溶剂系统的配比，洗脱能力改变，k 改变。

19.3.5　分析方法及应用示例

HPLC 的定性方法主要有以下几种：①若已知样品组分的范围，可利用纯物质和样品组分的保留时间对照定性；②色谱分离后，收集柱后流出组分进行光谱定性（如 IR、UV、MS、NMR 等）；③色谱-光谱联用仪定性（如 HPLC-DAD、HPLC-MS、HPLC-NMR 等）。

HPLC 的定量方法与 GC 相似，主要有外标法、内标法及面积归一化法。此外，在药物分析中，HPLC 法还大量用于药物杂质的限量检查，包括未知杂质的分析。《中国药典》(2010 年版）规定药物杂质限量检查的方法如下：①内标法：将所有杂质峰总面积与内标物峰面积（不加校正因子）相比较；②主成分对照法：将各杂质峰面积及其总面积与主成分的峰面积比较；③面积归一化法：计算各杂质峰面积或其总和占总峰面积（除溶剂峰外）的百分率；以上比值或百分率都不得超过规定的限度，且色谱图的记录时间一般应为内标物或主成分保留时间的两倍，还需调节检测器的灵敏度或进样量，使峰面积或峰高满足一定要求。

在用 HPLC 法分析时，应保证色谱系统性能良好，需按照规定进行色谱系统适用性评价，测定分离度、理论塔板数和拖尾因子等参数，并应符合有关规定。

【例 19-2】　高效液相色谱法测定乙酸可的松[《中国药典》]。

解　色谱条件与系统适用性实验　用十八烷基硅烷键合硅胶为填充剂；以乙腈-水(36∶64)为流动相；检测波长为 254 nm。取乙酸可的松与乙酸氢化可的松，加乙腈溶解并稀释制成每1 mL中各约含 10 μg 的溶液，取 20 μL 注入液相色谱仪，记录色谱图，理论板数按乙酸可的松峰计算不低于 3500，乙酸可的松峰与乙酸氢化可的松峰的分离度应大于 4.0。

测定法　取本品，精密称定，加乙腈溶解并定量稀释制成每 1 mL 约含 0.1 mg 的溶液，精密量取 20 μL 注入液相色谱仪，记录色谱图；另取乙酸可的松对照品，同法测定。按外标法以峰面积计算，即得。

有关物质(杂质)检查　取本品，加乙腈溶解并稀释制成每 1 mL 约含 1 mg 的溶液，作为供试品溶液；精密量取 1 mL，置 100 mL 量瓶中，用乙腈稀释至刻度，摇匀，作为对照品溶液。照含量测定项下的色谱条件，取对照溶液 20 μL 注入液相色谱仪，调节检测灵敏度，使主成分色谱峰的峰高约为满量程的 50%，再精密量取供试品溶液与对照品溶液各 20 μL，分别注入液相色谱仪，记录色谱图至主成分峰保留时间的 2.5 倍。供试品溶液色谱图中如有杂质峰，单个杂质峰面积不得大于对照溶液主峰面积的 0.5 倍(0.5%)，各杂质峰面积的和不得大于对照溶液主峰面积的 1.5 倍(1.5%)。供试品溶液色谱图中任何小于对照溶液主峰面积 0.01 倍的峰可忽略不计。

19.4　毛细管电泳法简介

在经典电泳基础上发展起来的毛细管电泳法(capillary electrophoresis,CE),是继色谱法之后又一高效、快速的分离分析技术,具有柱效高、分离速度快、样品用量少、分析成本低等特点。目前,用 CE 分离分析的物质有离子、小分子、高分子和生物大分子;分析对象从无机物、有机物到生物体系甚至活体单个细胞,是近年来发展最快的分离分析方法之一。

19.4.1　仪器装置

毛细管电泳仪主要由高压电源、电解质(含 pH 缓冲液)储液槽、内充同样电解质溶液的毛细管、进样装置、检测器和数据处理系统等部分构成。图 19-11 为毛细管电泳仪的基本结构示意图。仪器的实验步骤如下:①毛细管柱的进样端离开储液槽,进入样品槽;②进样装置进样(有重力进样方式或电动进样方式);③进样完毕,将毛细管进样端插回电解质储液槽;④施加分离电压,样品组分在柱中差速迁移而被分离;⑤被分离的组分先后到达柱端的检测器而被检测。

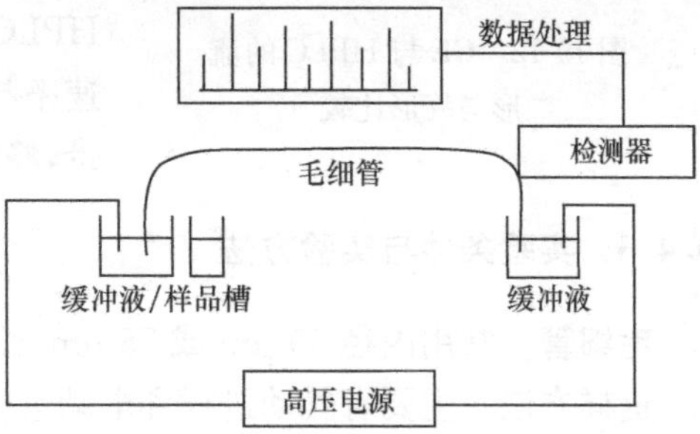

图 19-11　毛细管电泳仪示意图

19.4.2　基本原理

电泳淌度　荷电质点(离子)在电场作用下,在电解质溶液中的迁移速率称为电泳速率 u_{ep}。定义单位电场强度下离子的电泳速率为电泳淌度 μ_{ep}。

$$\mu_{ep}=u_{ep}/E \tag{19-12}$$

式中,E 为电场强度,定义是单位距离的电压降,μ_{ep}的量纲是 $m^2/(V\cdot s)$。电泳淌度与离子半径 r、溶剂黏度 η 及离子电荷 q 的关系为

$$\mu_{ep}=\frac{q}{6\pi\eta r} \tag{19-13}$$

式(19-13)表明,溶剂黏度一定时,分子半径小,电荷大的离子具有较大的电泳淌度,电泳淌度的差异是电泳分离的基础。

电渗淌度　毛细管内溶液在电场作用下整体向一个方向迁移的现象称为电渗或电渗流(electroosmotic flow,EOF),电渗流迁移的速率称为电渗速率 u_{eo}。定义单位电场强度下的电渗流的迁移速率为电渗淌度 μ_{eo}。

$$\mu_{eo}=u_{eo}/E \tag{19-14}$$

在 pH>3 的电解质介质中,石英毛细管内壁的硅醇基(≡Si—OH)解离为硅氧基(≡Si—O$^-$)阴离子,其表面带负电,溶液中水合离子(阳离子)被吸附到表面附近形成一个双电层。在 5~30 kV 高压电作用下,双电层外缘扩散层中的阳离子引起流体整体地朝负极方向移动,产生电渗流 EOF。

表观淌度　在毛细管电泳中,离子被观测到的淌度(迁移)是离子的电泳淌度 μ_{ep}和背景电解质溶液的电渗淌度的矢量和,称为表观淌度 μ_{app}(apparent mobility):

$$\mu_{app}=\mu_{ep}+\mu_{eo} \tag{19-15}$$

通常电渗流的速度总是大于电泳流的速度，所以无论带正电荷、负电荷或中性的粒子都向负极移动。正电荷粒子的电泳与电渗方向一致，最先泳出毛细管；中性粒子无电泳作用，随电渗流一起泳出；负电荷粒子电泳与电渗的方向相反，最后泳出。即在毛细管的正极端进样，负极端检测时，分离后的出峰顺序是：正离子→中性分子→负离子。

毛细管电泳的柱效　CE 的柱效比 HPLC 的柱效一般高 1～2 个数量级，其主要原因是：①CE（区带电泳模式）中的 van Deemter 方程简化为$H=B/u$。由于使用空心毛细管柱，无涡流扩散项（$A=0$）；内壁不涂渍固定液，使传质阻力项 Cu 趋近为零。②电渗是 CE 中推动流体前进的主要驱动力，它使整个流体像一个塞子一样，以均匀速度向前移动，谱带呈平头形，峰宽窄。HPLC 由于存在 A、B/u 和 Cu 项的影响，其谱带中心的速率与靠近柱壁的速率有较大差异，因而呈现抛物形谱带，峰较宽（图 19-12）。

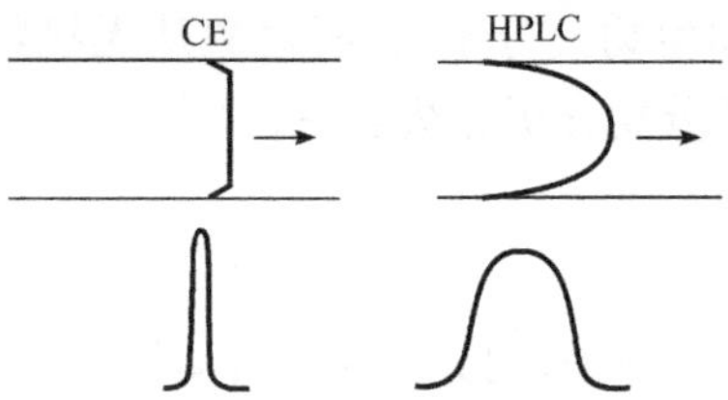

图 19-12　CE 与 HPLC 的流形与峰形比较

19.4.3　实验条件与实验方法

毛细管　常用内径 50 μm 或 75 μm、长 50～70 cm 的石英毛细管，电压为 10～30 kV。

进样方法　主要有气动进样和电动进样两种方式。气动进样也称压差进样，具体方法有三种：一是在进样端加压；二是在出口端减压；三是调节进样槽和出口槽之间的相对高度使之产生虹吸作用，将样品引入。电动进样也称电迁移进样，毛细管进样端先直接置于样品池中，并快速施加进样电压，使样品通过电迁移作用进入毛细管，改变进样电压和进样时间可控制进样量。

背景电解质　毛细管区带电泳常用 10～50 mmol/L 硼砂溶液，有时加入少量的有机改性剂，以调节迁移时间。胶束电动毛细管电泳需要在背景电解质中加入超过临界胶束浓度的表面活性剂。环糊精电动毛细管电泳则需在背景电解质中加入适量的环糊精。

检测方法　常用紫外检测器、荧光检测器和电化学检测器，而毛细管电泳-质谱联用仪是最新的检测方法。

定性定量　与 HPLC 法相同，用样品组分的迁移时间与对照品比对定性，使用相对迁移时间能提高定性分析的重现性。用 CE-MS 定性是当前 CE 定性的最好方法，定量分析通常采用内标法或叠加对比法。

19.4.4　分离类型与应用示例

毛细管区带电泳法　前面介绍的在开口毛细管及一般缓冲溶液中进行的电泳称为毛细管区带电泳（capillary zone electrophoresis，CZE），是 CE 中最基本、应用最普遍的一种分离模式，主要用于分离各种阴阳离子。

胶束电动毛细管电泳法　在缓冲液中加入超过临界胶束浓度的离子型表面活性剂，表面活性剂分子的疏水基团聚集在一起形成胶束（也称准固定相），溶质组分不仅由于表观淌度差异而差速迁移，同时又可基于在水相和在电场中泳动的胶束相之间的分配系数不同而分离。该法称为胶束电动毛细管电泳法（micellar electrokinetic capillary chromatography，MECC 或 MEKC），分离原理如图 19-13 所示。

MEKC 具有电泳和色谱两种分离机制，从而使在 CZE 中不能分离的中性分子可在

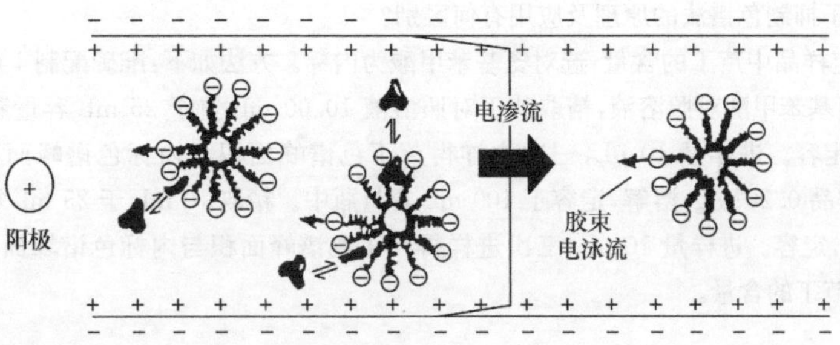

图 19-13　胶束电动毛细管色谱法分离示意图

MEKC 中分离，适用于离子与中性分子混合物的分离。

毛细管电泳的其他分离模式　除了上述讨论的两种毛细管电泳分离模式外，尚有其他分离模式如下：①在具有一定浓度的环糊精背景电解质中分离手性异构体的环糊精电动毛细管色谱法（cyclodextrin electrokinetic capillary chromatography，CDEKCC）；②以凝胶或线性高分子溶液为介质分离大分子化合物的毛细管凝胶电泳法（capillary gel electrophoresis，CGE）；③用细粒径固定相填充到毛细管中或制备整体毛细管色谱柱代替开口毛细管柱，具有色谱与电泳双重分离效能的毛细管电色谱法（capillary electro- chromatography，CEC）等。

毛细管电泳法的应用　毛细管电泳技术的应用范围非常广泛。在药物分析方面，可用于化学药品、生化药品、抗生素药品的分离分析，手性药物拆分、体内药物分析、泛用药物（毒品）分析方面的报道日益增多。在中药分析方面，CE 应用于生物碱类、黄酮苷类、香豆素类、皂苷类和有机酚酸类等中药成分的分析。由于 CE 主要针对离子型和极性成分分离，用 CE 建立中药材及中成药水溶性成分的指纹图谱，其鉴定特征性高于 HPLC。在生化样品的分离分析方面是应用 CE 技术的一个重要领域。例如，鉴定合成肽和合成蛋白的纯度，进行药用蛋白质的质量监控，绘制基因重组产物的指纹图谱等。在生命科学研究领域中，毛细管凝胶电泳法可高效、快速地分离 DNA 及其碎片分析。毛细管区带电泳可用于单细胞、细菌和病毒颗粒的分析研究。

习　题

1. 在吸附色谱法中，如何根据被分离物质的极性选择适当的固定相活性和流动相？
2. 纸色谱法常用正丁醇-乙酸-水（4：5：1，体积比）作为展开剂，正确的操作方法是哪一种？
   A. 三种溶剂混合后直接用作展开剂；　B. 三种溶剂混合、静止分层后，取下层作展开剂；
   C. 三种溶剂混合、静止分层后，取上层作展开剂；　D. 依次用三种溶剂作展开剂。
3. 用吸附薄层色谱法分离极性物质时，若组分斑点 R_f 值太大，一般可采用什么方法？为什么？
4. 在吸附柱色谱法中，硅胶为固定相，氯仿为流动相，试样中某些组分保留时间太长。若把流动相改为氯仿：甲醇（1：1），保留时间有何变动？试解释之。
5. van Deemter 方程式在 HPLC、GC、CE 中有何区别？如何选择 HPLC 的实验条件？
6. 什么是化学键合相，有哪些类型？简述反相键合相色谱法的分离机制。
7. 某样品的高效液相反相色谱测定，用甲醇-水（80.0：20.0）为流动相，分离效果较好，欲改为等洗脱能力的乙腈-水为流动相，试计算该溶剂系统的配比。

   [乙腈-水的配比为 71.8：28.2]
8. 分别写出苯、正己烷、正己醇等物质在正相色谱、反相色谱中的流出顺序及改变流动相的极性时，保留值的变化情况。

9. 离子对色谱法和离子抑制色谱法的原理及应用有何区别？

10. 用反相 HPLC 测定样品中芦丁的含量，选对氨基苯甲酸为内标。方法如下：准确配制 1 mg/mL 浓度的芦丁对照溶液和对氨基苯甲酸对照溶液，精取芦丁对照溶液 10.00 mL 置于 25 mL 容量瓶中，同时加入内标溶液 2.00 mL，定容。进样量 10 μL，三次进样得芦丁色谱峰面积与内标色谱峰面积比的平均值为 7.16。精确称量样品 0.2070 g，溶解，定容于 100 mL 容量瓶中。精取 10 mL 于 25 mL 容量瓶中，同时加入 2 mL 内标溶液，定容。进样量 10 μL，三次进样得芦丁色谱峰面积与内标色谱峰面积比的平均值为 5.10，计算样品中芦丁的含量。

[34.4%]

11. 丙酸睾酮中其他甾体的检查：取本品适量，加甲醇分别制成每 1 mL 含 1.00 mg 的供试品溶液和每 1 mL 含 0.020 mg 的对照溶液。用 HPLC 法测试。供试品如显杂质峰，不得超过 4 个，各杂质峰面积及其总和分别不得大于对照溶液主峰面积的 1/2 和 3/4。试求最大杂质和总杂质的限量。

[1%，1.5%]

12. 分别简述毛细管区带电泳、胶束电动毛细管电泳的分离机制。为什么 CE 的柱效高于 HPLC 的柱效？

（广东药学院　黄庆华）

第 20 章 医药品分析简介

在医药卫生领域，药品质量及稳定性研究、中药复杂体系定性定量分析、药物代谢分析与动力学研究、血药浓度监测、临床检验、内源性成分检验与筛查以及法医毒物分析、兴奋剂检测等，都离不开分析化学的基础。特别是随着现代仪器分析的发展，原位、在体、实时、在线等高灵敏度、高选择性的分析仪器及技术发展迅猛，在复杂药物的检测中，发挥了举足轻重的作用。

20.1 药物分析

20.1.1 药品质量控制方法选择

药物分析是药学学科的重要分支学科，“哪里有药物，哪里就有药物分析”。药品标准是根据药物自身的理化与生物学特性，按照批准的来源、处方、生产工艺、储藏运输条件等所制定的，用以检测药品质量是否达到用药要求并衡量其质量是否稳定均一的技术规定。现行《中国药典》2010 年版收载有国家药品标准。此外，还有局颁标准、企业标准等。

1. 药物的鉴别实验

药物的鉴别实验是根据药物的分子结构、理化性质，采用物理、化学或生物学方法来判断药物的真伪。药物的鉴别方法要求专属性强，耐用性好，灵敏度高，操作简便、快速等。对于化学药物常用鉴别方法有化学法、光谱法、色谱法和生物学法。

化学鉴别法 化学鉴别法必须具有反应迅速、现象明显的特点。化学鉴别实验应明确反应原理，特别是在研究结构相似的系列药物时，应注意与可能存在的相似的化合物的区别，并进行实验验证。

光谱鉴别法 在《中国药典》2010 年版中，化学药物主要采用的光谱鉴别法是紫外光谱鉴别法和红外光谱鉴别法。多数有机药物分子中含有能吸收紫外-可见光的基团而显示特征吸收光谱，可以作为鉴别的依据，可以在指定溶剂中测定 2～3 个特定波长处的吸收度比值，以提高专属性。

喹诺酮类药物分子结构中具有共轭系统，在紫外区有特征吸收，《中国药典》2010 年版二部规定利用此性质可进行鉴别或含量测定。表 20-1 列出了规定介质中几种常见喹诺酮类药物的紫外吸收特征。

表 20-1 几种常见喹诺酮类药物的紫外吸收特征

药物	介质	λ_{max}/nm	$E_{1cm}^{1\%}$
诺氟沙星	0.1 mol/L NaOH	273	1098
司帕沙星	0.025 mol/L NaOH	291	691
洛美沙星	0.1 mol/L HCl	287	975
吡哌酸	0.1 mol/L HCl	275	1630
氧氟沙星	0.1 mol/L HCl	226,294	918
甲磺酸培氟沙星	0.1 mol/L HCl	277	1001

红外光谱法专属性强，特别适用于其他方法不易区分的同类药物，如磺胺类、甾体激素类和半合成抗生素类药品。《中国药典》2010 年版采用标准图谱对照法，除另有规定外，应按照药典委员会编订的《药品红外光谱集》各卷收载的各光谱图所规定的方法制备样品。对于制剂的红外光谱鉴别则应该考虑辅料的干扰，选择合适的提取分离等步骤。

色谱鉴别法 各类色谱法都可以被用于对药物组分的鉴别实验。例如，薄层色谱特别适用于复方药物、中药及其制剂等复杂体系中有效成分的鉴别。《中国药典》2010 年版规定了薄层色谱鉴别斑点的颜色、位置与斑点大小方面的要求。高效液相色谱和气相色谱法鉴别实验，要求供试品和对照品色谱峰保留时间应该一致。采用上述方法进行鉴别时应该注意，色谱系统的稳定性要好，同一物质在不同时间进样的保留时间重现性必须有保证，色谱系统的流动相与固定相的选择应该严格按照药典的要求进行。

2. 药物的杂质检查

药物在生产和储藏过程中，常会引入一些杂质，药物的杂质会影响药物的稳定性和疗效，甚至损害人们的健康，因此必须对药物中的杂质进行检查，以保证药品的质量和临床用药安全有效。例如，在阿司匹林的生产和储存过程中会引入水杨酸；对乙酰氨基酚中含有对氨基酚等。《中国药典》都采用高效液相色谱法对其进行杂质检查。单一对映体药物，其可能共存的其他对映体应作为杂质而被检查。

化学法检查 当药物中杂质与药物的化学性质相差较大时，可以选择合适的试剂，使之与杂质发生化学反应，产生颜色、沉淀或气体，从而检查杂质的限量。

色谱法检查 药物中的有关物质包括起始原料、中间体、副产物、异构体、聚合体和降解产物等，它们的化学结构常与药物类似，色谱法是有关物质检查的首选方法。薄层色谱法在进行有关物质检查时，常采用的有杂质对照品法、供试品溶液自身稀释对照法、杂质对照品与供试品溶液自身稀释对照并用法以及对照药物法。高效液相色谱法检测灵敏度高，并且可以准确的测定各组分的峰面积。对于使用高效液相色谱法测定含量的药物，可采用同一色谱条件进行杂质检查，主要有外标法(杂质对照品法)、加校正因子的主成分自身对照测定法、不加校正因子的主成分自身对照法、面积归一化法四种。气相色谱法主要用来测定药物中挥发性特殊杂质，特别是药物中残留溶剂的检查。中药材中的农药残留，也是采用气相色谱法测定。

光谱法检查 利用药物与杂质紫外特征吸收的差异可以进行杂质检查。例如，药物在杂质的最大吸收波长处没有吸收，则可在此波长处测定样品溶液的吸光度，通过控制样品溶液的吸光度来控制杂质的量。或者利用杂质与试剂发生显色反应，在可见光区测定杂质的含量。例如，《中国药典》2010 年版二部对于苯乙胺类拟肾上腺素药物，规定检查相应的合成工艺杂质酮体，采用紫外光谱法进行，见表 20-2。

表 20-2 紫外分光光度法检查酮体的条件和要求

药物	检查的杂质	溶剂	样品浓度 /(mg/mL)	检测波长 /nm	吸光度
肾上腺素	酮体	HCl(9→2000)	2.0	310	≤0.05
重酒石酸去甲肾上腺素	酮体	水	2.0	310	≤0.05
盐酸去氧肾上腺素	酮体	水	2.0	310	≤0.20
盐酸甲氧明	酮胺	水	1.5	347	≤0.06

续表

药物	检查的杂质	溶剂	样品浓度/(mg/mL)	检测波长/nm	吸光度
硫酸沙丁胺醇	沙丁胺酮	10%HCl	0.24	310	≤0.10
硫酸特布他林	3,5-二羟基-ω-叔丁氨基苯乙酮	0.01 mol/LHCl	20	330	≤0.47

特殊杂质的研究　在研究药物中的有机杂质时,需要对杂质进行分离纯化制备或合成制备,以供进行安全性和质量研究。对于质量分数在 0.1%及以上的杂质,以及质量分数在 0.1%以下的具有强烈生物作用的杂质或毒性杂质,应予以定性或结构确证,对在稳定性实验中出现的降解产物,也应按照上述要求进行研究。当样品中杂质量较小,且分离纯化较困难时,可以合成杂质对照品,通过比较杂质与对照品的色谱性质、紫外特征及质谱信息,判断合成对照品是否与杂质相同,从而确定杂质结构。当药物中被鉴定的杂质量较大时,先分离得到特定杂质,然后再通过元素分析、紫外光谱、红外光谱、核磁共振波谱与质谱来确定有关物质的结构。需要时可采用制备液相色谱系统,根据色谱图进行分段收集含有杂质的流出液,然后根据杂质性质选择合适的有机溶剂萃取获得杂质,以便进行结构鉴定。

3. *药物的含量测定*

药物的含量是评价药物质量的主要指标之一,药品中所含特定成分的绝对质量占药品总质量的分数称为该成分的含量。含量测定是指采用规定的实验方法对药品中的有效成分进行测定。含量测定必须在鉴别无误、杂质检查合格的基础上进行。药物的含量测定可分为两大类,即基于化学或物理学原理的“含量测定”和基于生物学原理的“效价测定”。

《中国药典》2010 年版收载包括滴定分析法、光谱分析法和色谱分析法在内的多种定量分析方法。其中滴定分析法操作简便、结果准确、方法耐用性高,但是缺乏专属性,主要适用于对结果准确度和精密度要求较高的样品测定;光谱分析法简便、快速,灵敏度高,并具有一定的准确度,但方法的专属性稍差;色谱分析法具有较高的灵敏度和专属性,适合于复杂样品及制剂的分析。

化学原料药标准大多数均规定质量分数不少于 98.5%;若有关物质含量较高,在确保安全的前提下,主成分的含量限度则可有所降低。制剂的含量限度一般按照标示量计算,大多数制剂含量的限度规定为处方量的 95%～105%。

滴定分析法　将已知浓度的滴定液(标准物质溶液)由滴定管滴加到被测药物的溶液中,直至滴定液与被测药物反应完全(通过适当方法指示),然后根据滴定液的浓度和被消耗的体积,按照化学计量关系计算出被测药物的含量。供试品的取样量应满足滴定精密度的要求,为了排除因加入试剂对测定的影响,可采用空白实验进行校正。例如,《中国药典》2010 年版二部规定阿司匹林原料药含量测定采用酸碱滴定法,在中性乙醇中以酚酞为指示剂,采用氢氧化钠滴定液进行测定,规定按干燥品计算,含阿司匹林($C_9H_8O_4$)不得少于 99.5%。阿司匹林片采用 HPLC 法进行含量测定,限度规定本品含阿司匹林($C_9H_8O_4$)应为标示量的 95.0%～105.0%。

光谱分析法　药典中常采用紫外光谱法进行含量测定,根据朗伯-比尔定律,在已知吸收系数的前提下,可以根据公式 $A=ECl$,计算出供试品溶液的浓度,进而换算出供试品含量。

例如，对乙酰氨基酚片剂含量测定，按 $C_8H_9NO_2$ 的吸收系数（$E_{1cm}^{1\%}$）为 715 计算，规定本品含对乙酰氨基酚应为标示量的 95.0%～105.0%。也可在规定的波长下测定供试品溶液和对照品溶液的吸光度后，通过标准对照算出供试品中被测溶液的浓度。对于没有紫外吸收，或者有吸收，但为了避免干扰或提高灵敏度，可采用比色法，加入适当的显色剂使反应产物的最大吸收波长移至可见光区后测定。例如，酸性染料比色法测定硫酸阿托品的含量，则是选择溴甲酚绿为显色剂进行比色法测定。

色谱分析法 采用色谱分析法进行含量测定一般需要按照各品种项下要求对色谱系统进行适用性实验，即用规定的对照品溶液或系统适用性实验溶液在规定的色谱系统进行实验，必要时，可对色谱系统进行适当的调整，以符合要求。色谱系统适用性实验通常包括理论塔板数、分离度、重复性和拖尾因子四个指标。对于复杂多组分药物的定量分析，要求待测组分与相邻共存物或者内标物之间分离度大于 1.5。采用外标法进行含量测定时，通常取各品种项下的对照品溶液连续进样 5 次，其峰面积测量值的相对标准偏差不大于 2.0%。拖尾因子除另有规定外应在 0.95～1.05。理论塔板数应符合分离效能的要求。《中国药典》2010 年版二部采用离子抑制-反相高效液相色谱法测定芳酸类非甾类抗炎药物制剂，流动相中添加乙酸抑制了芳酸类药物的解离，消除了因色谱柱吸附造成的拖尾现象，主要色谱条件见表 20-3。

表 20-3 典型非甾类抗炎药物制剂含量测定的色谱条件与定量方法

药物制剂	色谱条件			定量方法
	色谱柱	流动相	检测波长/nm	
阿司匹林片/肠溶片/肠溶胶囊/泡腾片/栓	ODS	乙腈-四氢呋喃-冰醋酸-水（20∶5∶5∶70）	276	峰面积/外标法
甲芬那酸片/胶囊	ODS	0.05 mol/L 磷酸二氢铵溶液（用氨试液调节 pH5.0）-乙腈-四氢呋喃（40∶46∶14）	254	
双氯酚酸钠肠溶片	ODS	甲醇-0.12%冰醋酸溶液（20∶80）	276	
布洛芬片/胶囊/缓释胶囊/口服溶液/糖浆	ODS	乙酸钠缓冲液（取乙酸钠 6.13 g，加水 750 mL 使溶解，用冰醋酸调节 pH2.5）-乙腈（40∶60）	263	
布洛芬混悬滴剂	ODS	甲醇-乙腈-水-磷酸（65∶10∶25∶0.03）	220	
酮洛芬肠溶胶囊/搽剂	ODS	磷酸盐缓冲液（取磷酸二氢钾 68.0g，加水溶解并稀释至 1000 mL，用磷酸调节 pH 至 3.5±0.1）-乙腈-水（2∶43∶55）	255	
萘普生片/胶囊/栓/颗粒	ODS	甲醇-0.01 mol/L 磷酸二氢钾溶液（75∶25），用磷酸调节 pH3.0	272	
对乙酰氨基酚泡腾片/注射液/滴剂/凝胶	ODS	磷酸盐缓冲液（取磷酸二氢钠而水合物 15.04 g、磷酸氢二钠 0.0627 g，加水溶解并稀释至 1000 mL，调节 pH4.5）-甲醇（80∶20）	254	

20.1.2　中药及其制剂分析

中药分析是以中医药学理论为指导，应用现代分析方法学，研究中药材和饮片、提取物和中药制剂质量的一门学科。整体观是中医理论体系中的重要概念，在进行分析的过程中，需要遵循中医药理论，选择合适的分析方法及分析目标，发展针对中药药性的化学表征科学的分析方法，在分析过程中不仅要对目标成分进行准确的分析，还需要对可能变化的成分进行跟踪。

1. 中药的鉴别与检查

中药的鉴别　中药及其制剂的鉴别主要是根据中药材、中药制剂的性状、组织学特征以及所含化学成分的理化性质，采用一定的分析方法来判断中药材及其制剂的真伪。主要包括有性状鉴别、显微鉴别、理化鉴别、色谱鉴别法。其中色谱鉴别法具有分离度好、灵敏度高、专属性强的特点，特别适合其使用。常用的有纸色谱法、薄层色谱法、气相色谱法、高效液相色谱法等。

中药的检查　对于来源和规定不同的杂质，如某些无机或者有机杂质，则需要通过一定的分析方法进行测定。药材生长由于受到环境污染和使用农药等，容易引入重金属杂质，因此在药材及制剂中均需要检查重金属及有害元素的残留量。《中国药典》2010 年版一部规定了原子吸收分光光度法测定中药中的铅、镉、砷、汞、铜的方法，其中铅和镉的测定采用石墨炉法，砷的测定采用氢化物法，汞的测定采用冷蒸气吸收法，铜的测定采用火焰法。供试品溶液需要经过适当的消解制得，定量方法采用标准曲线法。采用电感耦合等离子体质谱法进行测定则可以同时定量上述 5 种元素。对于农药残留量测定，《中国药典》2010 年版一部规定采用气相色谱法对有机氯类、有机磷类和拟除虫菊酯类农药进行限量检查。对于接触农药不明的样品，一般可以测定总有机氯和总有机磷的限量。

2. 中药的含量测定

在测定成分选择上应该遵循“君臣佐使”的原则，对于有毒药物必须建立含量测定项目。同时选用的成分也尽量与中医理论、用药的功能与主治相近。主要选用色谱法对其进行含量测定，其中高效液相色谱法使用最为广泛。

以十八烷基硅烷键合硅胶为固定相，以甲醇-水或者乙腈-水为流动相体系，根据所分析化合物的特点适当添加调节极性的改性剂如四氢呋喃等，或者调节 pH 的酸或碱，专门使所需要定量的目标成分从色谱柱上洗脱。进行多成分定量时，可以考虑采用梯度洗脱方式。对于黄酮类、酚酸类成分可以参考选择乙腈-水-酸系统的流动相，流动相中的酸可以抑制酚羟基或羧酸的解离，乙腈增强了流动相的洗脱能力；对于生物碱成分可以参考选择乙腈-水-三乙胺等系统，其中三乙胺作为扫尾剂可以防止色谱柱对碱性化合物的吸附而造成的拖尾。对于某些不具有紫外吸收的成分，如碳水化合物(糖类)、类脂类(磷脂)、皂苷等，可以选择蒸发光散射检测器。色谱分析前，供试的药材或者制剂等，需要进行有效的前处理。定量方法主要是外标法，由于中药及其制剂的多组分含量波动范围大，因此采用标准曲线法进行定量。

3. 中药指纹图谱技术

中药化学成分指纹图谱是指采用光谱、色谱和其他分析方法建立的用以表征中药化学成分特征的指纹图谱。中药指纹图谱技术作为天然药物的质量控制方法，目前在国内外已被广泛接受。美国药典、英国药典及 WHO 草药评价指南均收载了指纹图谱。《中国药典》2010 年版一部对一些品种采用了高效液相色谱指纹图谱技术以控制产品质量。

指纹图谱的色谱条件选择是整个研究检测方法过程中最为重要与关键的内容，色谱柱、流动相、检测器、柱温和进样量等均会影响到指纹图谱的建立，其中又以色谱柱的选择和比较最为重要。因此，国家药品监督管理部门对中药指纹图谱研究制定了相应的技术要求，规定了指纹特征的选择和相应的技术参数，以及方法学评价指标。国家药典委员会组织编写了《中药色谱指纹图谱相似度评价系统》用于评价供试品和对照品图谱的一致性程度。

【例 20-1】 中药虎杖中主要成分为二苯乙烯类、蒽醌类和黄酮类，采用高效液相色谱建立其指纹图谱，对药材质量进行控制①。色谱条件：采用 C_{18} 色谱柱（200 mm×4.6 mm，5 μm），流动相为乙腈，水相含 0.01%乙酸，梯度洗脱见表 20-4，流速 1 mL/min，检测波长 230 nm，柱温：25 ℃，分析时间：65 min。

表 20-4　流动相梯度洗脱表

时间/min	乙腈/%	水相/%
0.01	15	85
30	35	65
50	65	35
60	80	20
65	80	20

供试品溶液制备：精密称量不同来源干燥粉碎后的虎杖粉末（60 目）各约 0.4 g，置 10 mL 容量瓶中，加入 75%乙醇适量，超声提取 60 min，放冷后，用 75%乙醇补足至刻度线，摇匀，经 0.45 μm 微孔滤膜过滤，即得。

图 20-1(a)显示的是购于 22 个地方 10 个产地的虎杖药材的指纹图谱。采用国家药典委编制颁布的《中药色谱指纹图谱相似度评价系统》软件进行色谱峰的校正，采用多点校正方法进行色谱峰的自动匹配，选择产地为四川的虎杖药材指纹图谱作为参照指纹图谱。在虎杖药材提取物的指纹图谱中，共存在 15 个共有峰。在所有共有峰中，8 号共有峰与相邻色谱峰分离度良好，且峰位居中，所以选择其为虎杖药材提取物指纹图谱的内参照峰，见图 20-1(b)。进一步将指纹图谱作为输入信息，经过软件处理后得到每批药材的一个相似度值作为药材真伪优劣的评价。对 22 批不同来源的虎杖药材提取物的指纹图谱色谱，按其共有峰设置匹配点，对图谱的保留时间进行校正，然后软件进行自动匹配，匹配后结果见图 20-1(c)，22 批虎杖药材匹配结果良好，相似程度较高。在此基础上对 22 批虎杖药材提取物指纹图谱进行相似度计算显示，它们与对照指纹图谱的相似度计算结果良好，均大于 0.8。

① 汪硕闻．2010．中药化合物组的一维和二维液相色谱指纹图谱方法学研究．上海：第二军医大学硕士学位论文

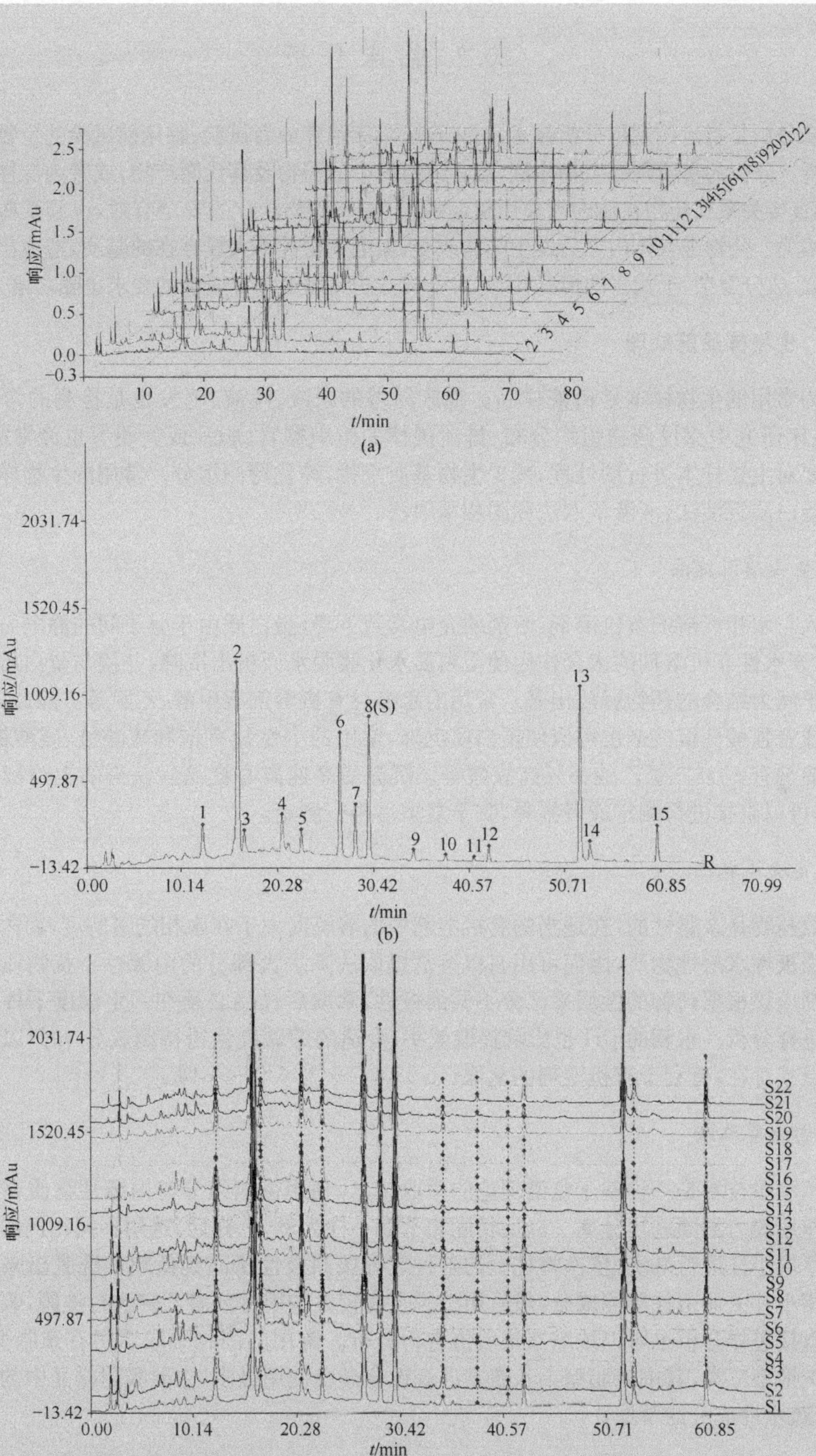

图 20-1　中药材虎杖的高效液相色谱指纹图谱

(a) 22 个不同来源地虎杖指纹图谱；(b) 虎杖药材对照指纹图谱；(c) 22 批不同来源虎杖样品经校正后的匹配图

20.2　临床分析

临床分析是指运用现代分析技术，对来自于临床治疗或者试验、临床前试验的生物样本进行定量分析。分析的实质则是生物体液、器官或组织中的药物及其代谢产物，或者内源性的活性物质，它们直接关系到药物在体内的作用机制探究、临床药物治疗的安全有效，也和某些疾病的发生密切相关。药物进入体内之后发生结构改变，加上生物样本大量存在的基质，造成出现待测组分浓度低、成分复杂、干扰多的情况，因此对分析方法灵敏度和专属性的要求也随之增大。

20.2.1　生物样品前处理

最为常用的生物样本是血液样品。临床易得的尿液、唾液、毛发也是检测的常用样本来源；在临床研究中探讨药物组织分布、排泄规律的组织器官、胆汁或粪便等也经常需要分析。因此需要对上述样本进行预处理，减少生物基质干扰，纯化待测组分。常用的生物样本预处理方法有蛋白质沉淀法、液液萃取法和固相萃取法。

1. 蛋白质沉淀法

加入与水相混溶的有机溶剂，溶剂的介电常数下降，蛋白质由于分子间的静电力增加而聚集；同时亲水性有机溶剂的水合作用使蛋白质水化膜脱水而析出沉降，并使与蛋白质以氢键及其他分子间力结合的药物释放出来。常用的水溶性有机溶剂有甲醇、乙腈等。除此以外，加入中性盐或者强酸性沉淀剂也可以使蛋白质沉降，常用的中性盐有饱和硫酸铵、硫酸钠；常用的酸性沉淀剂有10%三氯乙酸、6%高氯酸等。沉淀后高速离心样品后获得的上清液根据方法的要求，可以直接进行测定或者稀释、吹干复溶后再行测定。

2. 液液萃取法

多数药物是亲脂性的，在适当的有机溶剂中的溶解度大于在水相的溶解度，而内源性生物基质是强极性水溶性物质，因而可用有机溶剂提取法除去大部分的内源性干扰物质。选择的有机溶剂应该根据药物的性质来区分不同的极性，萃取后样品必须在一定温度下挥干浓缩后再复溶进样分析。水相的pH也影响提取效率，合适的酸碱度使得待测成分90%以上都是以非电离形式存在，有利于有机溶剂的萃取。

3. 固相萃取法

固相萃取技术是一种基于色谱理论的萃取技术，利用待测组分与内源性物质在固定相上的相互作用能力不同进行分离。以反相固相萃取小柱为例，上样后，选用不同比例的有机溶剂对固相萃取小柱进行淋洗，依次将柱上的各种成分按照极性从高到低顺序洗脱出来。有目的地在固相小柱上保留住待测成分，最后用洗脱强度较大的甲醇或者乙腈进行洗脱，收集的洗脱液可以直接进样分析也可以浓缩富集后再进行分析。常用的固相萃取填料有亲脂型、亲水型和离子交换型三类，其中亲脂型十八烷基硅烷键合硅胶使用最多，主要吸附样品中的非极性物质，适合疏水性成分的萃取。

20.2.2　治疗药物监测

药物进入体内，在一定的浓度范围内发挥治疗效果。治疗药物监测是对临床患者的体液样本进行监控，了解药物在体内的浓度波动范围，指导个体化药物治疗方案的设计与实施，帮助寻找药物失效的原因，揭示药物可能存在的相互作用及其机制，保证用药的安全有效。

1. 荧光偏振免疫分析法

荧光偏振免疫分析法是一种定量免疫分析技术，其基本原理是荧光物质经单一平面的蓝偏振光(485 nm)照射后，吸收光能跃入激发态，随后回到基态，并发出单一平面的偏振荧光(525 nm)。偏振荧光的强弱程度与荧光分子的大小呈正相关，最适宜检测小至中等分子物质，常用于药物、激素的测定。临床上对地高辛的血药浓度监测常用此方法。

地高辛是强心苷类药物，其有效血药浓度范围较窄，个体差异大，常规剂量也有可能导致药物中毒。临床将获得的患者血样进行预处理后，与经过荧光素标记的地高辛、抗地高辛单克隆抗体和反应缓冲液一起进行竞争性抗原抗体反应。待测地高辛越多，荧光素标记的地高辛与抗体复合物就越少，游离的越多，其偏振光越弱，于是就可以根据待测地高辛与偏振光强度的负相关性进行定量分析。目前抗癫痫药物如卡马西平、苯妥因钠，免疫抑制剂如环孢霉素A，以及氨基糖苷类抗生素如庆大霉素都有相对应的试剂盒可供使用。

2. 高效液相色谱法与毛细管电泳法

采用高效液相色谱法进行血药浓度监测，首先需要弄清楚药物的有效浓度范围，特别是最低浓度范围是否在方法的检测限以上。如果不能够达到要求，则可以通过色谱条件的改变，改善峰形，提高理论塔板数；或者通过对前处理方法进行优化，提高绝对回收率和浓缩倍数，保证检测结果的准确可靠。由于临床样本的数量庞大，提高分析速度，缩短单个样本分析周期也是需要考虑的问题，可以尝试采用整体柱，超快速液相色谱缩短单个样品分析周期。

毛细管电泳法是经典的电泳技术与现代微柱分离相结合的产物，具有高效、高速、微量和低消耗的特点，具有多种分离模式可以选择，并且也适合对映体拆分。在治疗药物监测中，选用毛细管电泳法为主要分析技术，它适合临床微量样品的分析，是高效液相色谱法的有力补充。

20.2.3　药物代谢与动力学研究

药物代谢与动力学研究探讨药物在体内吸收、分布、代谢及排泄的动态变化规律，为药物研究的开发提供必要的科学资料。临床前的药物代谢动力学试验，健康志愿者Ⅰ期临床试验，生物等效性评价等都需要对生物样本进行测定，因此在药物代谢动力学研究中，建立灵敏、准确、专属的生物样品分析方法并且同时测定原型药物和代谢产物浓度极其重要。目前 HPLC 和 LC-MS 联用技术应用最为广泛。

1. 药物及代谢产物定量分析

血浆中的原型药物及其代谢产物可以表征药物进入体内后的暴露程度；尿液与胆汁中的原型药物及其代谢产物可以表征药物排泄的特点；组织中的原型药物及其代谢产物可以表征药物主要的分布或者蓄积的器官。为了消除不同来源生物样本的干扰，常选择不同的前处理手段与色谱条件，尽可能地保证测定方法的准确可靠。

采用三重四级杆质谱仪，通过选择反应监测模式，在色谱分离不完全情况下也可以同时测定原型药物和代谢产物，加快了样本的分析速度。生物基质会改变待测组分的离子化效率从而影响检测，因此需要特别评价生物基质对定量分析的影响。选择结构类似的化合物作为内标，可以很好地校正生物基质对待测成分的影响。

【例 20-2】 采用液相色谱串联质谱技术测定人血浆中的卢帕他定及其代谢产物地洛他定的浓度①。卢帕他定是一种治疗过敏的药物，进入体内后发生代谢生成代谢产物地洛他定具有同样的药效，因此在Ⅰ期临床试验中需要评价原型药物和代谢产物的药动学特征。0.5 mL 血浆加入 50 μL 内标(苯海拉明)溶液及 5 mL 甲基叔丁基醚：正己烷(1：1)提取溶剂，涡旋后离心，上清液在氮气下吹干，用流动相复溶后，进样 10 μL 分析。

色谱条件：反相 C_{18} 色谱柱(100 mm×4.6 mm，5 μm)，流动相为 80%甲醇(含有 0.0005%甲酸)，流速 0.3 mL/min，柱温为 25 ℃，分析周期 5 min。质谱条件：正离子模式检测，毛细管电压 36 V，雾化气和干燥气均为氮气，分别为 50 psi② 和 21 psi 压力，50 ℃和 300 ℃。碰撞气为氩气，压力 1.8 mTorr③。卢帕他定、地洛他定和内标苯海拉明的定量离子对分别为 m/z416→309、311→259、256→167，碰撞电压分别为 14 eV、16 eV、10 eV。上述条件下卢帕他定和地洛他定的绝对回收率大于 75%，最低定量限分别为 0.1 ng/mL 和 2 ng/mL。图 20-2 显示了人血浆中卢帕他定和地洛他定测定的典型图谱。

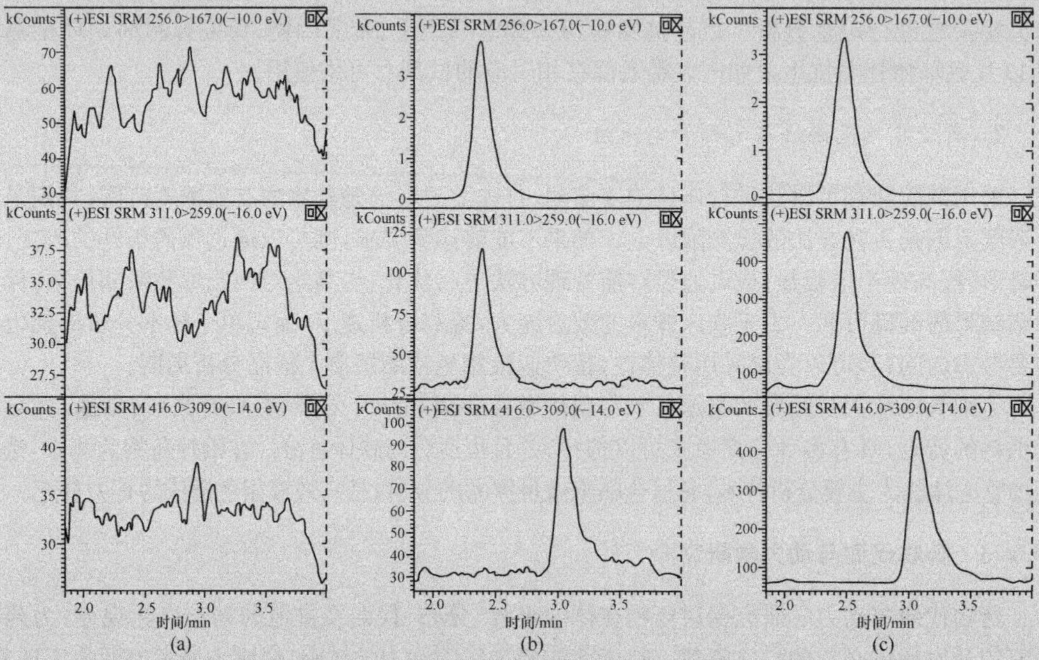

图 20-2 卢帕他定与地洛他定血浆典型色谱图

(a) 空白血浆；(b) 标准添加血浆；(c) 实测血浆

m/z 416→309 卢帕他定，m/z311→259 地洛他定，m/z256→167 内标

2. 药物代谢产物定性分析

由于液相色谱-质谱联用技术可以对分离得到的色谱峰进行一定范围内质荷比的扫描，因而对于未知化合物可以获得相关的准分子离子与碎片离子，结合药物的相关代谢途径，可以对

① Jun Wen, Zhanying Hong, Yiwen Wu, et al. Simultaneous determination of rupatadine and its metabolite desloratadine in human plasma by a sensitive LC-MS/MS method: Application to the pharmacokinetic study in healthy Chinese volunteers. Journal of Pharmaceutical and Biomedical Analysis, 2009, 49: 347

② 1 psi=1 in^{-2}=0.155 cm^{-2}。

③ 1 Torr=1 mmHg=1.33322×10^2 Pa。

代谢产物进行有效的推断。除了三重四级杆质谱仪外，离子阱质谱仪可以对同一个化合物进行多次裂解，有助于找到代谢发生的位点；飞行时间质谱可以对未知化合物的精确分子量进行测算，以推断可能的分子组成；电场轨道阱回旋共振组合质谱仪则使用线性离子阱实现离子分离、裂解以及多级质谱功能。

20.2.4　内源性成分分析

内源性成分具有生理活性，其浓度的异常变化与某些疾病的发病机理密切相关，因此测定内源性活性物质的含量，对某些疾病的诊断及治疗具有重要意义。近年来发展起来的代谢组学也是研究内源性小分子化合物的方法，通过相应的模式识别，建立一定外源性刺激或者给药后体内内源性代谢物质的变化规律和生物过程的特定联系。由于内源性活性物质浓度往往很低，因此需要高灵敏度的分析方法，如高效液相色谱法、色谱-质谱联用技术、荧光分析法等。

为了提高检测灵敏度，常选择电化学检测器或者荧光检测器进行柱后检测。在预处理过程中常进行衍生化反应以提高被分析物的检出信号。需要进行定量分析的内源性成分主要有生物胺，它的检测在神经生理研究与递质代谢异常相关的疾病如帕金森症、心脏病、甲亢等诊断治疗以及预防中有重要意义。此外，还有内源性甾体激素，在机体的发育、生殖等方面有十分重要的作用。

【例 20-3】　采用高效液相色谱-荧光法测定小鼠脑组织中单胺递质及其相关物质①。小鼠断头处死后，迅速取脑，分离后称重匀浆，加入提取液进行蛋白沉淀并提取脑中内容物，0 ℃超声 20 min 后，离心取上清液，加入一定浓度和体积的磷酸二氢钠溶液混匀后，进样分析。

色谱条件：反相 C_{18} 色谱柱（250 mm×4.6 mm，5 μm），流动相为 pH3.06 缓冲液（含 1 mmol/L 庚烷磺酸钠；30 mmol/L 磷酸二氢钠）：甲醇（85：15），流速 1.0 mL/min，柱温为 35 ℃，荧光检测激发波长280 nm，发射波长 315 nm。由于单胺具有直链氨基，极性较大，在 C_{18} 柱上保留时间短，因此在流动相中添加离子对试剂改善分离情况。图 20-3 显示了上述条件下小鼠脑皮层样本的典型色谱图，鉴别出脑中的 7 个内源性生物胺，去甲肾上腺素、多巴胺和 5-羟色胺的定量下限分别为 2.4 ng/mL、2.6 ng/mL 和 2.4 ng/mL。

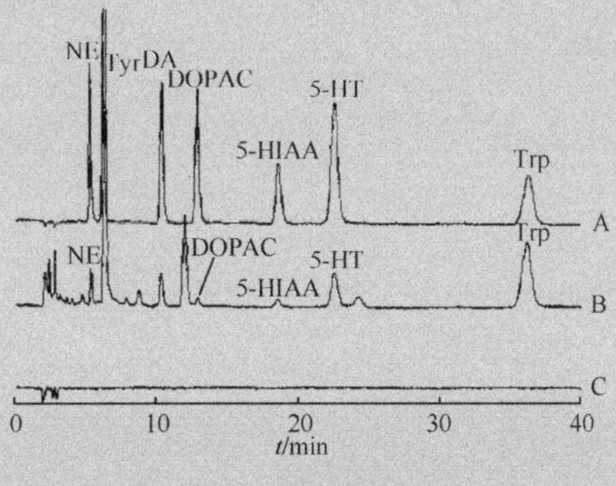

图 20-3　标准品和小鼠脑皮层的典型色谱图

A. 混合标准溶液；B. 小鼠脑皮层样品；C. 提取溶液

NE：去甲肾上腺素；Tyr：酪氨酸；DA：多巴胺；DOPAC：3，4-二羟苯乙酸；

5 HIAA：5-羟吲哚乙酸；5-HT：5-羟色胺；Trp：色氨酸

① 张璐璐，冯芳，叶小敏，等．高效液相色谱-荧光法测定小鼠脑组织中单胺递质及其相关物质．中国药科大学学报，2010，41(4)：367

20.3　毒物分析

毒物分析是运用分析化学的原理和方法对生物环境和侵入生物体内的有毒物质进行定性和定量分析，确定是否中毒或者中毒致死的原因。其分析对象被称为检材，主要包括有血液、胃液及内容物、呕吐物、尿液、毛发、尸检的脏器等生物样本，还包括如饲料、气体、吃剩的食品或饮料、衣物纤维等其他与事件有关的物品。毒物分析的待测成分主要有毒品及其代谢产物，如吗啡、甲基苯丙胺(冰毒)、氯胺酮(K粉)，滥用乙醇，镇静催眠类药物，如安定、苯巴比妥，各种农药、杀鼠剂，生物碱，氰化物等。毒物分析需要通过各种检材中毒物的定性、定量分析，判明检验对象的摄毒程度与摄毒史，以及摄毒与死亡的关系，为涉毒案件的侦破及处理提供科学依据，为各类案件所涉方的行为能力以及责任的判定提供依据。毒物分析大多由司法科学领域的毒物分析专业实验室完成，必须有良好的实验室规范及质量保证。

例如，采用气相色谱-质谱联用技术检测头发中海洛因代谢产物便可以推断吸毒时间。毛发生长速度恒定，毒品服用后一段时间便会在毛发中慢慢蓄积且稳定存在，可以通过对毛发中代谢产物的测定，判断海洛因吸食剂量及吸食史。

乙醇进入体内后少量乙醇会生成乙基葡糖糖醛酸苷从尿液中排出体外，是乙醇体内标志性代谢产物，其在血液和尿液中具有更长的检测时限，采用液相色谱串联质谱联用技术可以测定血液及尿液中微量乙基葡萄糖醛酸苷。对于酒驾逃逸后归案人员，可以通过检测乙基葡萄糖醛酸苷判断案发时间的酒精浓度以及饮酒时间，为司法案件提供科学依据。

(第二军医大学　闻　俊)

第21章 环境分析化学简介

21.1 环境分析化学的任务和特点

21.1.1 环境分析化学的任务

人类的生产活动对环境造成各种各样的污染。要了解是什么污染物进入了环境，以什么状态进入，含量是多少，又是如何分布、迁移和变化的，这就依赖于环境监测工作。环境监测的范围十分广泛，如气象监测、大气污染监测、水质监测、土壤监测及食品监测等。监测中所使用的方法有物理方法、化学方法及生物方法等。环境分析化学是整个环境监测学的重要组成部分。

环境分析化学(environmental analytical chemistry)是研究环境中污染物的种类、成分，以及对环境中化学污染物进行定性分析和定量分析的理论和方法的学科，由环境科学与分析化学互相渗透而产生，简称环境分析。

环境科学的发展在很大程度上取决于环境分析化学的进步。目前全球范围的大气、江河、海洋和土壤等环境的化学污染正在日益严重地破坏生态平衡并危及人类的生存与发展。在追踪和调查污染源，了解污染物种类、数量及其化学形态，研究其毒性、降解、迁移和转化规律，预测预报其毒性危害程度以及资源环境的破坏、管理和修复等诸多方面，环境分析化学正起着日益重要的、不可替代的作用。

21.1.2 环境分析化学的特点

环境分析化学具有如下特点。

1. 涉及范围广

环境分析包含：有机污染物的系统分析；温室气体分析；痕量元素形态分析；挥发性有机物分析；有机金属化合物分析；农药分析；真菌素分析；降解(代谢)产物分析；极性有机污染物分析；环境分析中的质量控制和质量保证；环境分析涉及大气、溪流、湖泊、江河、海洋、土壤陆地系统乃至生物圈等。

2. 样品组成复杂

分析对象不仅有基本化学污染物质，还应考虑能量污染因素及污染物不同的价态、状态等问题。例如，单质汞和化合汞的毒性、无机汞与有机汞的毒性就互不相同，有机汞以甲基汞毒性最大；六价铬比三价铬的毒性大100倍；飘尘能在大气中长期悬浮呼吸进入人体，比降尘危害更大。

造成环境污染的危害，往往是多种污染物联合作用及污染物之间综合效应的结果。各污染物对人或生物体的毒性有的具有相加、相乘的作用，有的则为单独或相抵消作用。样品组分稳定性较差，变异性较大；采样周期、采样地点、试样保存和转移、数据处理等更为复杂多样，这些都成为环境分析中不可忽视的因素。

3. 样品组成含量通常较低

定量分析除要求常规指标，如化学耗氧量(COD)、生物耗氧量(BOD)、溶解氧(DO)等例行测定项目外，还要求痕量甚至超痕量分析。环境污染物，特别是自然本底值的含量极微，属于痕量(ppm～ppb)或超痕量(ppb～ppt)分析范围。同时，从对数十千米大区域内的污染物分布进行监测，到对只有 1 μm 大小的气溶胶颗粒化学组成的分析，监测区域变化大，这给监测分析带来很大困难。因此，要求分析方法具有较高的灵敏度。由于一般常规化学分析法难以满足要求，因此广泛采用各种仪器分析方法；又由于这些往往是痕量分析，因此要特别注意试样的污染及损失。

4. 部分样品组分毒性较大

污染物的毒性，是指它侵入机体后与其体液或组织发生化学物理作用，在达到一定程度时产生的病理改变。具有剧毒的污染物，即使痕量存在，也会危及人体或生物的生存。例如，汞、氰化物就有剧毒；苯、铅及其化合物具有强毒性。对于剧毒、强毒性的污染物在进行环境分析时要十分注意安全保护。

根据环境分析研究对象的上述特点，要求分析方法除了满足一般分析所要求的准确度高，精密度好以外，还要具备以下三点：①灵敏度高，检出限低，能满足痕量和超痕量分析的要求；②选择性好，可在大量共存物的存在下测量复杂样品中的痕量组分；③适用范围广，能用于不同来源种类化学物质的测量。

21.1.3 环境分析化学的研究对象

环境分析化学研究的领域非常宽广，对象也相当复杂。它包括大气、水体、土壤、底泥、矿物、废渣，以及植物、动物、食品、人体组织等。环境分析化学所测定的污染元素或化合物的含量很低，特别是在环境、野生动、植物和人体组织中的含量极微，其绝对含量往往在 10^{-6}～10^{-12} g 水平甚至更低。

环境分析化学已渗透到整个环境科学的各个领域。例如，20 世纪 50 年代日本发生的曾惊动了全世界的公害病——痛痛病和水俣病，就是通过环境分析找到原因的。为了寻找痛痛病的病因，前后经历了 11 年之久。后来环境分析化学的科学家运用光谱分析，检查出病区的河水中含有铅、镉、砷等有害元素。继而用元素追踪的手段，分析病区的土壤和粮食，发现铅、镉等含量偏高，以后又进一步对痛痛病患者的尸骨进行光谱定量分析。骨灰中的锌、铅、镉含量高得惊人。为了确定致病因子，又以锌、铅、镉分别掺入饲料喂养动物，在动物身上进行元素追踪分析，配合病理解剖，最终证实了镉对骨质的严重危害性，揭开了痛痛病的病因之谜。

与此类似，日本渔民的水俣病是汞污染引起的这一事实，也是通过对元素的追踪分析确定的。如今，已知癌症发病率也同环境污染有关。

21.2 环境分析监测的对象和项目

地球上的一切动物、植物及人类都是生活在地球的表层，地表有机体及其生存环境称为生物圈，其活动与影响范围包括约 11 km 厚的地壳和大约 15 km 以下的大气层，这里有空气、水、土壤和岩石，为生命活动提供了必要的物质条件，也是人类生存与活动的环境，环境分析监测就是以这个环境的各个部分和局部为对象，分析监测影响环境的各种有害物质和因素。

21.2.1　环境分析监测的对象

环境分析监测的对象可概括为以下几个方面。

1. 大气污染监测

大气污染监测是监视和测定大气中污染物及其含量。目前已认识的大气污染物有 100 多种，这些污染物以分子态和粒子态两种形式存在于大气中。分子态污染物的监测项目有二氧化硫、氮氧化物、一氧化碳、臭氧、总氧化剂、卤化氢以及碳氢化合物等。粒子态污染物的监测项目有自然降尘量、飘尘浓度（或总悬浮微粒）、尘粒的化学组分，如重金属和多环香烃等。此外，局部地区还可以根据具体情况增加某些特有的监测项目。

因为大气污染物的浓度和气象条件有密切关系，所以在监测大气污染物的同时，还要测定风向、风速、气温、气压和相对湿度等气象参数。

2. 水质污染监测

水质污染的监测内容也是很广泛的，有未被污染或已受污染的天然水（包括江、河、湖、海和地下水），各种各样的工业排水等。主要监测项目大体可分为两类：一类是反映水质污染的综合项，如温度、色度、浊度、pH、电导率、悬浮物、溶解氧、化学需氧量和生化需氧量等；另一类是一些有毒物质，如酚、氰、砷、铅、铬、镉、汞和有机农药等，除上述监测项目外，对河水和江水，有时还需进行流速和流量的测定。

3. 土壤污染监测

土壤污染是两方面因素引起的：一是工业废弃物，主要是废水和废渣；二是使用化肥和农药所引起的副作用，其中工业废弃物是土壤污染的主要原因。土壤污染的主要监测项目是对生物有害的重金属，如铬、铅、镉、汞以及残留的有机农药等。

4. 生物污染监测

与人类一样，地球上的生物也是以大气、水体、土壤以及其他生物为生存和生长的条件。无论是动物或植物，都是从大气、水体和土壤（对于植物还有阳光）中直接或间接地吸取各自所需的营养。在它们汲取营养的同时，某些有害的污染物也进入体内。其中有些毒物在不同的生物体中还会被富集，从而使动植物的正常生长和繁殖受到损害，甚至死亡。这些受毒害的生物用于人的生活时，也会危害人体健康，因此生物体内有害物质的监测也是环境监测的对象之一。其监测项目视具体情况而定，如砷、镉、汞及有机农药等。

5. 噪声污染监测

随着现代工业和交通运输业的发展，在工矿区和交通密集的城市，噪声也是一种重要的污染项目。噪声虽然不像化学污染物那样能引起人体的中毒，但是强烈的噪声，不仅影响人的休息、睡眠和工作，而且会直接危害人的身心健康，因此，围绕噪声控制所进行的噪声监测，也受到人们的普遍重视。

6. 放射性污染监测

自核武器、核动力和核素应用发展以来，核爆炸、核工业生产废弃物的散失等，给自然界留下了一些放射性物质，其放射强度超过了天然放射性物质的原有强度，使环境受到放射性污染。放射性物质所放射的 α、β 和 γ 射线等，对人体有损伤作用，因此以测定射线强度为主的放射性监测也是环境监测的一部分。

上述监测对象基本上都包括有相应的污染源监测和环境监测。这里所谓环境，可以是车间、厂区、矿区、城市或一个相当大的地区或流域。在任何一个监测对象中，都包括有许多项目，可见环境监测是一项复杂而繁重的工作。

21.2.2 环境分析监测项目的选择

从以上所述可以看出，环境监测所涉及的项目很多。在实际工作中，由于受人力、物力、技术水平和其他条件的限制，不可能对所涉及的项目全都进行监测，要根据监测目的、污染物的性质和危害程度，对监测项目进行必要的筛选，从中挑选出对解决现有的问题最关键的最迫切的项目。关于监测项目的选择，以下三点仅供参考。

(1) 对污染物的性质(如自然性、化学活性、毒性、扩散性、持久性、生物可分解性和积累性等)作全面分析，从中选择影响面较广、持续时间较长、不易或不能被微生物所分解，而且能使动植物发生病变的物质作为日常例行的监测项目。对某些有特殊目的或情况的监测工作，则要根据具体情况和需要选择所要监测的项目。

(2) 需要进行的监测项目，必须有可靠的检测手段，并保证能获得有意义的监测结果。

(3) 监测结果所获得的数据，要有可比较的标准或能作出正确的解释和判断，如果监测结果无标准可比，则不能了解结果对人体和动植物的影响，将使监测结果陷入盲目性。

符合上述原则的监测对象，在不能同时进行监测时，采取“优先污染物”优先监测，即污染影响范围大的优先；污染严重的且呈上升趋势的优先；样品具有广泛代表性的优先监测。

21.3 环境分析方法及选择

在环境监测工作中，纯物理性质(如噪声)测定较少，绝大部分是污染组分的化学分析。下面就分析方法的特点及选择作概括的介绍。

21.3.1 环境分析方法的特点

用于环境监测的分析方法可分为两大类：一类是化学分析法；另一类是仪器分析法。

化学分析包括滴定法(酸碱滴定、氧化还原滴定、沉淀滴定和络合滴定)和重量法。这种方法的主要特点是：①准确度高，其相对误差一般为 0.2%；②所需仪器设备简单；③灵敏度低，适用于高含量组分的测定，对微量组分则难以使用。

仪器分析法的种类很多，以测定光辐射的吸收或发射为基础的有紫外-可见分光光度法、红外分光光度法、原子吸收分光光度法、荧光分析法、发射光谱法以及火焰光度法等；以溶液的电化学效应为基础的有极谱法、库仑滴定法、电导法、离子电极法、电位溶出法等；以色谱分离为基础，与适当的检测器配合后所得分离分析方法有气相色谱法、高效液相色谱和离子色谱法等；此外，还有质谱法以及中子活化法等。仪器分析法的共同特点是：①灵敏度高，适用于微量或痕量组分的分析；②选择性强，对试样预处理要求简单；③响应速度快，容易实现连续自动测定；④有些仪器分析法还可联用(如色谱与质谱的联用)，使两者的优点得到更好地利用。与化学分析相比，仪器分析法的相对误差较大，一般都是百分之几。此外，这类方法所用仪器的价格比较高，有的十分昂贵，在一定程度上影响了某些仪器分析法的广泛应用。

21.3.2　环境分析方法的选择原则

环境污染物的分析是一个相当复杂的问题，主要表现在：①污染物含量的差距大，有的高达数千 ppm，有的低到零点零几个 ppb，甚至更低。这就要求既要有适应高含量的测定方法，又要有适应低含量的测定方法，其中后者是更常见的；②试样的组成复杂，要求分析方法具有专属性，以便简化分析过程的预处理，加快分析速度；③试样数量大，待测组分多，工作量大。

因此选择分析方法时，要权衡各种因素，可考虑下列几点：

(1) 应尽可能采用标准统一方法。我国现行环境监测的标准分析方法是国家委托有关单位编写的《环境监测标准分析方法》和《污染源统一监测分析方法》，可根据具体条件选用。例如，因某种原因采用其他分析方法时，也应当用标准方法进行核对，以保证应用的准确性和可比性。

(2) 在通常情况下，待测物的浓度越大，对分析结果的准确度要求越高，反之，准确度要求较低。因此，含量大的污染物，一般要用准确度高的化学分析法测定，含量低的污染物，则可根据条件采用分光光度法、原子吸收法或其他仪器分析法。

(3) 在条件许可的情况下，尽可能采用单项成分测定仪器。因为单项成分测定仪一般专属性较好，可避免组分的分离，提高工作效率。例如，氟化物的测定可采用氟离子电极法；汞的测定可采用冷原子吸收法或测汞仪进行测定。

(4) 在多组分测定中，如有可能，应选用同时兼有分离和测定的分析方法，如色谱法，以便在同一次分析操作中，能同时得到各个待测组分的分析结果。

(5) 在例行测定或者测定次数较多时，尽可能采用连续性自动测定仪器。例如，在二氧化硫的测定中，可利用库仑滴定式二氧化硫测定仪或电导式二氧化硫测定仪。要经常用标准样对仪器进行校准，以保证仪器应有的准确度和灵敏度。

21.3.3　常用分析方法的检测限

环境科学研究已向纵深发展，对环境分析提出的新要求之一就是常需检测含量低达 10^{-12} g 的污染物质，以及研究制订出一套能适用于测定存在于大气、水体、土壤、生物体和食品中痕量和超痕量污染物的分析方法。例如，已测定太平洋中心上空中铅的含量为 1 ppb，南北极则低于 0.5 ppb，南极洲冰块中 DDT 的含量为 0.04 ppb，雨水中汞的平均含量为 0.2 ppb，人体中铀的平均含量为 1 ppb。这些成果的取得都是依靠痕量或超痕量分析技术来完成的。加强对新的高灵敏、选择性好而又快速的痕量和超痕量分析方法和分析技术的研究，将成为今后环境分析化学的研究方向之一。

环境分析化学中常用分析方法的检测限如表 21-1。

表 21-1 环境分析化学中常用分析方法的检测限

分析方法	检测极限/g	分析方法	检测极限/g
重量法	10^{-9}	质谱法	10^{-15}
滴定法	10^{-9}	原子吸收光谱法(火焰激发)	10^{-10}
分光光度法(包括紫外、可见红外)	10^{-9}	原子吸收光谱法(无火焰激发)	10^{-14}
荧光法	10^{-12}	火焰光度分析	10^{-10}
化学发光法	10^{-12}	电子能谱	10^{-18}
催化分析法	10^{-13}	电子探针	10^{-15}
流动注射分析法	10^{-9}	X 射线荧光光谱法	10^{-9}
离子选择性电极法	10^{-9}	放射性同位素分析法	10^{-16}
极谱法	10^{-9}	中子活化分析法	10^{-14}
阳极溶出伏安法	10^{-12}	气相色谱法	10^{-12}
库仑分析法	10^{-9}	螯合物气相色谱法	10^{-14}
发射光谱法	10^{-10}	液相色谱法	10^{-10}
激光光谱法	10^{-14}	离子色谱法	10^{-9}
火花源质谱法	10^{-14}	薄层色谱法	10^{-9}

21.3.4 常用环境分析方法

环境分析化学由于研究对象广,污染物含量低,所以要求分析手段必须灵敏而准确,选择性好,速度快,自动化程度高。环境分析方法是在现代分析化学各个领域的分析技术和手段的基础上发展起来的,已由元素和组分的定性定量分析,发展到对复杂对象的组分进行价态、状态和结构分析,系统分析,微区和薄层分析,广泛用于研究环境污染物的性质、来源、含量、分布状态和环境背景值。随科学技术的不断发展,环境分析方法种类日渐增多,且每种方法都有一定的适用范围和对象。目前常用的方法有以下几种。

1. 化学分析法

化学分析法是以特定的化学反应为基础的分析方法,分为重量分析法和滴定分析法两类。

重量分析法 主要用于大气中总悬浮颗粒、降尘量、烟尘、生产性粉尘及废水中悬浮固体、残渣、油脂、硫酸盐、二氧化硅等的测定。随着称量工具的改进,重量分析法也不断发展。例如,近年来用压电晶体的微量测重法测定大气飘尘和空气中的汞蒸气等。

滴定分析法 具有操作方便、快速、准确度高、应用范围广、费用低等特点,在环境分析中应用于生化需氧量、溶解氧、化学需氧量等水污染常规分析指标分析,也可用于水中的酸碱度、NH_3-N、Cr(Ⅵ)、铜离子、锌离子、甲醛、硫化物、氰化物、氯化物、硬度、酚及废气中铅的测定。但其灵敏度不够高,对于测定浓度太低的污染物,不宜得到满意的结果。

2. 光学分析法

光学分析法是主要根据物质发射、吸收电磁辐射以及物质与电磁辐射的相互作用所建立起来的分析方法,具有仪器简单、操作简便、灵敏度较高、测定成分广等特点,可用于金属、非金属、无机和有机污染物的分析测定。

紫外-可见分光光度法　在环境污染分析方面的应用主要有：真空紫外线气体分析仪可用于分析汽车废气；紫外气体分析仪可用于分析臭氧、二氧化氮、氯气；气态氨在 190～230 nm 波长上有几条强烈的吸收带，可用于直接测定氨气的浓度；某些多环芳烃和苯并芘在紫外区有强吸收峰，常用此法测定。某些含有共轭体系的油品在紫外光区具有特征吸收峰，故可用此法测定油类污染；另外，此法还可用于测定各种试样中的致癌物质，以及残留农药、硝酸盐和酚等，并可与色谱分析联用。

红外分光光度法　主要用于分析 1000～450 cm^{-1}红外区有吸收的气体、液体和固体污染物。在测定大气污染时，常采用多次反射长光程吸收池和傅里叶变换红外光谱仪，可测 ppm 至 ppb 级浓度的易挥发性气体。例如，在大气中发现的一种新化合物过氧乙酰硝酸酯，就是经过红外光谱法和质谱法的鉴别后确定的。此外，用红外光谱法还发现了美国洛杉矶空气中臭氧的存在；用傅里叶变换红外光谱可测定水中浓度在 1 ppb 以下的有机污染物和农药。与质谱法相比，红外光谱法可以很容易地区分污染物的各种异构体。红外光谱法还可用于水中石油污染的鉴别和大气污染化学反应的测定；气相色谱-红外光谱联用技术可以测定低沸点、易挥发的混合有机污染物。

原子吸收光谱法　是基于气态的基态原子外层电子对紫外-可见光范围的相对应原子共振辐射线的吸收来定量被测元素含量的分析方法，是一种测量特定气态原子对光辐射的吸收的方法，具有操作简便、迅速、灵敏度高、选择性好、抗干扰能力强、测定元素范围广等特点。其广泛用于测定水、飘尘、土壤、粮食以及各种生物样品中的重金属元素，并可用于痕量金属污染物的分析测定。目前已经用于 70 多种元素的测定，国内外都将其用作测定重金属的标准分析方法。原子吸收光谱法中以火焰法比较成熟，使用最多；对于环境样品，常使用灵敏度较高的石墨炉法。

发射光谱分析法　是在高压火花或电弧激发下，使原子发射特征光谱，根据各元素特征的光谱线作定性分析，而谱线强度可用作定量测定，样品用量少、选择性好，可同时测定多种元素。在环境无机分析中，目前主要采用的是电感耦合高频等离子体光源（ICP 光源），具有灵敏度高、准确度和再现性好，基体效应和其他干扰较少及线性范围宽等优点，并特别适用于液体试样的分析，因而得到普遍的重视，适用于分析涉及水、土壤、生物制品、沉积物等试样中的 30 多种元素。

荧光分析法　其灵敏度比紫外-可见分光光度法高 2～3 个数量级，能检测 10^{-11}～10^{-12} g 的痕量物质。在环境污染分析中，荧光分析法已被广泛地应用于测定致癌物和其他毒物，如苯并芘等多环芳烃、β-萘胺、黄曲霉毒素、农药、矿物油、硫化物及多种金属元素。

分子荧光分析是根据分子荧光强度与待测物浓度成正比的关系，对待测物进行定量测定的方法，在环境分析中主要用于强致癌物质——苯并芘（BP）、硒、铍、油、沥青烟等的测定。原子荧光分析是根据待测元素的原子蒸气在辐射能激发下所产生的荧光发射强度与基态原子数目成正比的关系，通过测量待测元素的原子荧光强度进行定量的测定，同时还可利用各元素的原子发射不同波长的荧光，进行定性测定。目前，原子荧光法在环境分析中的应用日益增加，常用于 Zn、Cd、Mg、Ca 的测定。

X 射线荧光分析是以高能 X 射线（一次 X 射线）轰击样品，使原子处于受激状态，原子内的电子重新配位，同时放射出特征 X 射线（二次 X 射线）。特征 X 射线波长和原子序数有一定关系，测定这些特征谱线的波长或能量可作定性分析；测量谱线的强度，可求得该元素的含量。其所用的激发源有 X 射线管、放射性同位素、电子、质子或 α 粒子等；测定方法有波长色散法和能量色散法两种。X射线荧光分析法具有快速、准确、测定范围宽、能同时测定多种元素、自动化程度较高和不破坏样品等优点,故已广泛地应用于环境污染监测。例如,测定大气飘尘中痕量金属化合物;借助电子计算机,自动监测大气飘尘以及大气中二氧化硫和吸附的硫,也适用于测定各种水体悬浮粒子中的重金属以及溶解于水中的痕量元素。

化学发光法　某些物质在进行化学反应时,吸收反应产生的化学能,导致分子或原子呈激发状态,当它们回到基态时,以光辐射形式释放出能量,在反应物为低浓度时,其发光强度与物质的浓度成正比,利用这个原理测定物质的浓度,称为化学发光法。由于化学发光法具有灵敏度高,分析速度快、特异性强,且仪器设备简单,容易实现自动化分析等优点,近年来已被用于大气中 NO_x、O_3、SO_2、硫化物及水中 Co^{2+}、Cu^{2+}、Ni^{2+}、Cr^{3+}、Fe^{2+}、Mn^{2+} 等金属离子的测定。

3. 电化学分析法

电化学分析法是应用物质的化学成分与它的电化学性质之间的关系建立起来的分析方法,其具有灵敏度高、准确度高、快速、应用范围广等特点,可以对大多数金属元素和可氧化还原的有机物进行分析。主要分为极谱分析法、电位分析法、电导分析法、库仑分析法等,此外,还有以测量电解过程的电流-电压曲线为基础的伏安法及利用阳极溶出反应测定重金属离子的阳极溶出法。

极谱分析法　极谱分析法是根据极谱学的原理建立起来的分析方法,这种分析法是将一面积极小的滴汞电极和一面积较大的去极化电极浸于待测溶液中,逐渐改变两极间的外加电压,从而得到相应的电流-电压曲线(极谱图),通过对电流-电压曲线的分析和测量,即可求得试液中相应离子的浓度。极谱分析法的灵敏度一般为 $10^{-4}\sim10^{-5}$ mol,应用比较广泛的有示波极谱法、方波极谱法、脉冲极谱法以及极谱催化法和反向溶出伏安法等。其中阳极溶出法用于测定废水中 Cu、Zn、Cd、Pb 等重金属离子;反向溶出伏安法在环境分析中使用较多,灵敏度很高,可以达到 $10^{-7}\sim10^{-10}$ mol,可用来测定天然水、海水、生物样品中的多种金属元素。

电导分析法　电导分析法是根据溶液电导的变化进行测定的电分析方法。在水质监测中,水的电导率是评价水体质量的一个重要指标,它可以反映水中电解质污染的程度,是水质监测中的常测项目。由于一些非电导元素或化合物可以与溶解氧反应产生离子而改变溶液的电导性,因此电导分析法也可以用来测定水中的溶解氧。另外,大气中的二氧化硫也常用电导法测定。其原理如下:二氧化硫与水反应生成亚硫酸,其中一部分离解生成氢离子和亚硫酸根离子,呈导电性,因此使气体样品与具有一定电导的溶液以一定比例接触,通过吸收二氧化硫后溶液电导的增加,就可以连续测定气体样品中二氧化硫的含量。此法测量范围较大,但如果气体样品中含有溶于水并会产生电导性的其他气体,则会影响测定结果的准确性。

直接电位法　直接电位法是通过直接测量对待测试液中离子浓度产生响应的指示电极的电位进行定量分析。水质监测中 pH 和氧化还原电位的测定都采用直接电位法。离子选择性电极的产生和发展使直接电位法得到了更广泛的应用。例如,应用氟离子选择性电极测定大气、天然水和工业废水中的氟离子,具有快速、准确、方便、灵敏等优点。氰离子选择性电极、硝酸根电极、卤族离子和硫离子等电极也都在环境监测中得到了应用。此外,固态膜铅离子和镉离子选择性电极可以测定 10^{-7} mol 铅离子和镉离子,已开始应用于水、空气、食品、生物样品中铅和镉的测定。

库仑分析法　库仑分析法是通过测量电解反应所消耗的电量来计算结果。库仑分析法的基础是法拉第电解定律。在电流作用下进行电极反应的物质的量与通过电解池的电量成正比。在库仑分析中，被测物质可以在控制电位下直接在电极上发生反应，也可以利用某种辅助物质在恒电流作用下在电极上发生反应，产生一种库仑中间体，再与被测物质作用。前者称为控制电位库仑分析，后者一般称为恒电流库仑滴定。库仑分析法在环境监测中用于测定大气中的二氧化硫、一氧化碳、氮氧化物、臭氧和总氧化剂，水中的生化需氧量、化学需氧量、卤素、酚、氰、砷、锰、铬等。

4. 色谱分析法

色谱分析法是检测环境样品中微量或痕量已知污染物的有效方法。

气相色谱法(GC) 气相色谱分析可用以分析气体、易挥发的液体或固体以及其他经衍生作用而转化为易挥发化合物的物质，已成为苯、二甲苯、多氯联苯、多环芳烃、酚类、有机氯农药、有机磷农药等有机污染物的重要分析方法。例如，用GC-ECD方法可连续测得各种环境介质中含量低至ppb级的有机氯农药DDT、六六六的八种异构体和降解产物。有机磷农药用FPD检测也可达ppb级。气相色谱法也是分离测定多氯联苯、多环芳烃、苯胺类、氯苯类等有机毒物，以及大气污染物如硫氧化物、氮氧化物、一氧化碳等气体常用的有效方法。

薄层色谱法(TLC) 薄层色谱法是将载体均匀地涂布在玻璃板上，所得的薄层板作为固定相，样品点在板上，放入密封槽中，用溶剂(流动相)展开，从而分离样品的各组分。近来发展的薄层扫描仪，能够直接进行定性、定量测定，效果较好。TLC适合于相对分子质量大的有机化合物的分离测定。用薄层色谱法结合薄层扫描仪可以分离测定多环芳烃、多氯联苯、亚硝胺、农药、黄曲霉毒素等，灵敏度可达ppb级。薄层色谱法近年来在高效分离方面也有进展。高效薄层色谱法(HPTLC)是用更细颗粒的硅胶(5～10 μm)制作薄层板，使展开距离变短，重现性好，灵敏度更高，可达纳克至皮克级水平。

高效液相色谱法(HPLC) 高效液相色谱是一种以流动相为液体，采用高压泵、高效固定相和高灵敏度检测器的色谱技术，具有分析速度快、分离效率高和操作自动化等优点。可用于测定高沸点、热稳定性差、相对分子质量大(>400)的有机物质，如多环芳烃、农药、苯并芘、有机汞、酚类、多氯联苯等。环境中的一些致癌物质如黄曲霉毒素、多环芳烃以及除莠剂、杀虫剂等都可以用HPLC进行快速、灵敏的分析测定。大气飘尘的多环芳烃从两环的萘至五环的苯并芘等10多种化合物，在半小时内便可分离测定。

离子色谱法(IC) 离子色谱法是在离子交换色谱法基础上发展起来的，以离子交换剂为固定相的色谱法，由于交换剂对流动相中不同离子的交换能力不同，经过多次反复的交换平衡可使各种离子分离。对于目前用原子吸收分光光度法、电化学法及其他分析方法不易测定的某些阴离子，IC显示了独特的优越性，具有高效、高速、高灵敏度和选择性好等特点，广泛应用于大气、水体及水溶胶等样品中常见阴离子分析(F^-、I^-、NO_3^-、NO_2^-、SO_4^{2-}等)、有机酸分析、金属离子(Zn^{2+}、Pb^{2+}、Ni^{2+}、Cd^{2+})等的分析。

5. 中子活化法

利用中子照射某些元素，产生核反应，使这些元素转变为放射性核素的过程，称为活化。研究活化产生的核素的放射性特点，如半衰期、射线的种类和能量等，来确定试样中某些元素含量的方法，称为中子活化法。活化时，可以用快中子或慢中子照射，所以又分为快中子活化法和慢中子活化法。采用核反应堆照射的中子活化法的分析灵敏度高，对于周期表中绝大部分元素的分析灵敏度都为 $10^{-6} \sim 10^{-12}$ g/g，少数元素可以更高些。中子活化分析法分析土壤、岩石及河流沉淀物、天然水、海水及其沉淀物中的多种元素，选择性好，灵敏度高，无试剂空白，可以不破坏样品，分析灵敏度达 ppb 级，精密度优于 ±10%；用同一样品可进行多种元素的分析，它是无机元素超痕量分析的有效方法。

6. 光纤化学传感器

光纤化学传感器是根据光纤探头所固定的指示剂与分析物作用时光学性质产生的变化，通过光纤传输光信号、检测器将光信号转化为电信号，测定待测物含量的装置。根据被分析物与试剂作用后的光学特性，光纤化学传感器可采用不同的检测方法，主要有光吸收型传感器、荧光传感器、消逝波传感器、表面等离子体共振(SPR)、量子点传感器、拉曼散射光谱检测等。光纤化学传感器操作简便、快速、便携，具有响应快、灵敏度高、抗电磁干扰能力强、体积小、功耗小、耐高温与腐蚀等特点，与传统传感器相比具有明显的优点，被广泛应用于环境监测领域中 pH 测量、溶解氧测定、CO_2 测定、水中有机物浓度及离子测定等分析，在环境污染监测、液体成分分析等领域发挥着越来越大的作用。

7. 联用技术

气相色谱-质谱联用技术(GC-MS)　在环境分析中用于测定大气、降水、土壤、水体及其沉积物或污泥、工业废水及废气中的农药残留物、多环芳烃、卤代烷以及其他有机污染物和致癌物。此外，还用于光化学烟雾和有机污染物的迁移转化研究。由于环境污染物试样的样品体系非常复杂，含量极微，且组分不稳定，因此气相色谱-质谱联用技术在环境有机污染物的分析中占有极为重要的地位。

液相色谱-质谱联用技术(LC-MS)　在环境分析中用于测定环境样品的抗生素、多环芳烃、多氯联苯、酚类化合物、农药残留等。近些年来农药残留问题一直是个热门话题。由于农药正向高效和低毒方向发展，发展高灵敏度的多残留可靠分析方法已成为环境分析的重要战略目标。高效液相色谱法在复杂环境样品痕量分析时的化学干扰常影响测定的准确性。自从 20 世纪 80 年代末大气压电离质谱(APIMS)与 HPLC 联用，LC-MS 已经成为农药残留分析最有力的工具。

液相色谱-核磁共振联用技术(LC-NMR)　是以液相色谱为分离系统，核磁共振作为检测系统，提供待测物的分子结构信息。HPLC-NMR 在线联用技术能一次性完成从样品的分离纯化到峰的检测、结构测定和定量分析。在环境分析中，LC-NMR 用于检测水污染分析、环境中抗生素和天然产物等；与常规的方法相比，可以提供待测物全面的立体结构信息，节省分析时间，并适合不稳定化合物的测定。

21.4　环境分析化学的发展

随着环境分析的发展，要求分析方法有更高的灵敏度、更好的选择性和更快的分析速度，并且要提供时空的多维信息，许多常规方法已不能满足分析工作的要求。此外，为了研究污染物的物理-化学状态和结构，它对研究污染物的形成过程、反应机理、污染效应，制定环境保护标准、确定治理措施、监测污染状况均有重要的理论和实际意义。常用的结构分析方法有：紫外光谱、红外光谱、激光拉曼(laser Raman)光谱、质谱、核磁共振、顺磁(para-magnetic)共振、X

射线衍射(X-raydiff raction)法、旋光(optical rotary)光谱与圆二色谱(circular dichroism)、电子能(electric energy)谱、莫斯鲍尔(Mossbauer)谱等。近年来,一些生物监测方法,如多种生物传感器和免疫分析方法,在环境分析中也得到了应用。

在环境研究中,需要分析监测的对象往往是微量、超微量物质,其中有很多还具有时间性和空间性。因此对分析技术要求灵敏度高、检测限低、准确性好、可以原位、实时测定。环境分析发展与整个痕量分析化学发展过程是分不开的。其发展特点之一是各种新技术的进入,尤其是微处理计算机技术与原来的仪器分析手段的结合。其次是与其他学科的相互渗透。

21.4.1　环境分析样品前处理

由于环境样品具有被测物浓度低、组分复杂、干扰物多、同种元素以多相形式存在、易受外界环境影响而变化等特点,通常都要经过前处理才能进行分析测定,否则不仅得不到可靠数据,还会污染测试系统,影响仪器的性能和使用寿命。环境样品前处理的目的是浓缩痕量污染物,降低最小检测浓度;除去干扰物,提高测定的精确度和灵敏度,通过化学衍生,提高被测物的灵敏度和选择性;消除对分析系统有害的物质,使仪器保持良好稳定地运行。

传统的环境样品前处理方法有索氏萃取、液-液萃取、柱层析、盐析、超声、离心等,主要靠人工操作,容易损失样品,重现性差,引进误差机会多,而且劳动强度大,处理周期长,又要使用大量有机溶剂等。20 世纪 80 年代在国际上出现了超临界流体萃取、微波消化、液膜分离、固相萃取和固相微萃取法等前处理技术。

21.4.2　环境分析中的色谱技术

色谱技术在环境有机分析中的应用越来越多。目前,液相色谱柱的填料向更小的颗粒度(3 μm)发展,提高了分离效率,在线净化和预浓缩及柱后反应检测等新技术深化了前处理步骤,扩大了应用范围。毛细管气相色谱、毛细管电泳法和流动注射技术在环境分析中的应用也日渐增多。

超临界流体色谱(SFC)兼有 GC 和 HPLC 的优点,由于流动相处在超临界状态,溶解能力大于气态的流动相,能分析挥发性低,遇热不稳定和相对分子质量大的有机污染物;溶质分子的传质速度比在液相色谱中快。因此,SFC 的柱效率高,分析速度快,在环境有机分析中,SFC 被用于样品预处理及复杂体系环境样品的分离分析。

为了提高方法的选择性和解决复杂体系的多组分同时测定问题,近年来联用技术的发展成为环境分析研究的新热点。例如,在 HPLC 中研制气相色谱类的检测器,如通用型的 HPLC-FID;以及对特殊元素灵敏的 HPLC-ECD、HPLC-PID、HPLC-NPD 和 HPLC-FPD 等,在环境分析中获得成功应用。多维色谱和多型色谱技术能提供更好的分离和检测效果,通过柱切换和检测器切换技术与不同类型的色谱技术组合;薄层色谱设备简便,操作方便,多用于复杂样品的预分离和预筛选。联用技术可以发挥两者的特长,又可相互补充,相互促进,解决当前环境分析中的许多难题。尤其是 GC-MS 和 HPLC-MS 联用技术在环境有机分析中的应用迅速增长,其优点在于:①对保留时间重现性的要求不像色谱分析那样高;②全部实验数据可以收集储存,随时调用;③由于样品组成复杂,对于分离不好的样品峰,利用数据系统仍可进行鉴定和定量分析;④质谱图库检索大大提高了分析鉴定的速度和效率。

21.4.3　形态分析方法

形态分析是指分析某种元素的物理-化学形态,其总和构成样品的总浓度。不同形态的元素性质相差很大，决定着它在环境中的行为与归宿。研究污染物的起源、迁移分布、相互反应、转移机制、最终归宿和污染效应，制定环境标准，确定治理措施，监测污染状况等，仅测定元素的总量是不够的，既不能反映环境质量的真实面目，也无法确定污染物的毒性效应。因为化学污染物的存在状态和结构决定它们的性质。例如，铬的毒性与其存在价态有关，通常认为六价铬的毒性比三价铬高 100 倍，Cr(Ⅵ)有明显的致癌作用，但 Cr(Ⅲ)则无致癌作用。2-萘胺比 1-萘胺的致癌性要强得多，又如同一种元素的不同化合物的生物效应和毒性相差很大。因此，探索污染物的状态和价态分析方法是环境分析化学发展的重要方向。

表面分析技术如 X 射线、紫外光电子能谱(XPS、UPS、ESCA)、俄歇能谱(AES)、次级离子质谱(SIMS)、扫描电镜(SEM)、激光微探针质谱(LMSS)、表面增强拉曼效应(SERS)等可以揭示表面的原子结构和物质的化学组成，提供有关分子表面相互作用的信息，也是表征微粒上污染物形态和分布的有用工具。

21.4.4 与生物学科的结合

1. 环境样品的系统分析

除了前述针对环境样品中某些特殊污染物的分析研究之外，环境科学研究中常常需要全面了解环境样品的整个污染情况，要求该样品中所有有机污染物的种类和数量的信息，这就需要目前广泛采用的“系统分析”方法来完成。“系统分析”根据样品中污染物的性质或所采用的分离步骤，将其组分分为若干类，如挥发性组分，饱和脂肪烃类组分，酸、碱性组分，以及不同极性组分等，然后进行各种色谱及联用技术分析。

2. 生物实验指导下的分离分析

与“系统分析”相似，但更具有针对性的“生物实验指导的分离分析”方法是近年来有机污染分析的发展方向之一。目前环境样品中的致癌、致畸变、致突变成分是人们关心的对象，由于医学还不能完全控制和治愈严重威胁人类生命的癌症，而流行病学研究又指出，人类70%～90%的癌症是由环境中化学致癌物所引起的，短期生物实验的发展(如 Ames 实验)提供了在短期内初步评价研究对象三致特性的可能，且费用低廉，灵敏度高，选择性好，结合化学分离和鉴定，就有可能从复杂的环境试样中有效地筛选出活性组分，获得新的结果，环境中潜在致癌物硝基多环芳烃的发现即是一例。较近的研究表明，大气飘尘中不但存在硝基多环芳烃，而且还有羟基硝基多环芳烃，后者的致突变性有时比前者还高。生物指导的化学分析是生物学科与分析技术结合的产物，将在环境科学研究中发挥更大的作用。

3. 免疫分析

常规的环境分析有时对大批复杂试样不能及时迅速报出结果，在这方面某些生物监测方法却能起到很好的作用。免疫实验就是一个突出的例子，近几年来在环境方面的应用有很大的成就，并已在区域性环境质量评价中得到应用。免疫实验优点很多：价格便宜，灵敏度高(如 1 ng)，前处理方法简便，有利于大量监测某种确定的对象，还有可能进行实时分析，因此前景诱人。此外，各种类型的生物传感器的开发与应用也将有广阔的前途。

21.4.5 环境分析监测的自动化

环境分析监测已逐渐由经典的化学分析过渡到仪器分析，由手工操作过渡到连续自动化的操作。20 世纪 70 年代以来，已出现每小时可连续测定数十个试样的自动分析仪器，并已正式制定为标准分析方法。目前已有许多新仪器、新技术可以实现连续自动化。例如，相关光谱技术、红外光谱技术、荧光技术等遥测技术是自动化程度较高的监测技术，可以定点、流动连续监测，也可以全球性地跟踪测量，更深入、更全面综合了解污染物的传递、转移过程，提供更多的环境信息。此外，流动注射分析法，分析速度可达每小时 200 多个试样，试剂和试样消耗量少，仪器结构简单，易于推广，是近年来发展较快的方法之一。

（中国药科大学　何　华）

主要参考文献

Ⅰ. 教材和专著(按作者姓氏字母排序)

北京大学化学系仪器分析教学组. 1997. 仪器分析教程. 北京:北京大学出版社

陈耀祖,涂亚平. 2001. 有机质谱原理及应用. 北京:科学出版社

丛浦珠. 1987. 质谱学在天然有机化学中的应用. 北京:科学出版社

邓勃. 1991. 仪器分析. 北京:清华大学出版社

胡育筑,孙毓庆. 2011. 分析化学(上册). 3版. 北京:科学出版社

胡育筑. 1997. 化学计量学简明教程. 北京:中国医药科技出版社

胡育筑. 2006. 计算药物分析. 北京:科学出版社

华中师范大学,陕西师范大学,东北师范大学. 2001. 分析化学. 3版. 北京:高等教育出版社

常建华,董绮功. 2006. 波谱原理及解析. 2版. 北京:科学出版社

李发美,胡育筑. 2006. 分析化学. 北京:中国医药科技出版社

李克安,金钦汉. 2001. 分析化学. 北京:北京大学出版社

刘密斯,罗国安,张新荣,等. 2002. 仪器分析. 2版. 北京:清华大学出版社

刘约权. 2001. 现代仪器分析. 北京:高等教育出版社

马广慈. 2000. 药物分析方法与应用. 北京:科学出版社

倪永年. 2004. 化学计量学在分析化学中的应用. 北京:科学出版社

宁永成. 2000. 有机化合物结构鉴定与有机波谱学. 2版. 北京:科学出版社

彭崇慧,冯建章,张锡瑜,等. 1997. 定量化学分析简明教程. 2版. 北京:北京大学出版社

蒲国刚,陆明刚,罗思家,等. 1998. 仪器分析原理. 合肥:中国科学技术大学出版社

四川大学工科基础化学教学中心,分析测试中心. 2001. 分析化学. 北京:科学出版社

孙毓庆. 2002. 分析化学实验. 2版. 北京:人民卫生出版社

孙毓庆. 2009. 分析化学习题集. 2版. 北京:科学出版社

孙毓庆,胡育筑. 2011. 分析化学(下册). 3版. 北京:科学出版社

孙毓庆,王延琮. 2006. 现代色谱法及其在药物分析中的应用. 北京:科学出版社

孙毓庆,胡育筑. 2008. 液相色谱溶剂系统的选择与优化. 北京:化学工业出版社

汪尔康. 2001. 21世纪分析化学. 北京:科学出版社

武汉大学. 2006. 分析化学. 5版. 北京:高等教育出版社

许国旺. 2004. 现代实用气相色谱法. 北京:化学工业出版社

张正奇. 2006. 分析化学. 2版. 北京:科学出版社

赵藻藩,周性尧,张悟铭,等. 1993. 仪器分析. 北京:高等教育出版社

钟佩珩. 2001. 分析化学. 北京:化学工业出版社

周光明. 2001. 分析化学习题精解. 北京:科学出版社

Christian G D. 2004. Analytical Chemistry. 6th ed. Hooboken:John Wiley & Sons

Harris D C. 2006. Quantitative Chemical Analysis. 7th ed. New York: W. H. Freeman

Skoog D A, Leary J J. 2006. Principle of Instrumental Analysis. 6th ed. New York:Freeman

Skoog D A, West D M, Holler F J. 2003. Fundamentals of Analytical Chemistry. 8th ed. Belmons: Brooks Cole

Ⅱ. 丛书和手册(按作者姓氏拼音排序)

高小霞. 1998. 分析化学丛书(6卷29册). 北京:科学出版社

杭州大学化学系. 1997～2001. 分析化学手册(10册). 2版. 北京:化学工业出版社

漆德瑶. 1990. 理化分析数据处理手册. 北京:中国计量出版社

中华人民共和国药典委员会. 2010. 中华人民共和国药典(二部). 北京:化学工业出版社

朱良漪. 2000. 分析仪器手册. 北京:化学工业出版社

Ⅲ. 国内外分析化学核心刊物(按名称排序)

Analytical Abstracts	分析化学
Analytical Chemistry	分析科学学报
Analytical Chimica Acta	分析试验室
Analytical Letters	高等学校化学学报
Chromatographia	光谱学与光谱分析
Chemometrics and Intelligent Laboratory Systems	化学通报
Electrophotosis	化学学报
Fresenius' Journal of Analytical Chemistry	计算机与应用化学
Journal of Chromatographic Science	色谱
Journal of Chromatography A; Journal of Chromatography B	药物分析杂志
Journal of Pharmaeutical and Biomedial Analysis	药学学报
Talanta	中草药
The Analyst	中国科学(B)
Trends in Analytial Chemistry	中国药学杂志

Ⅳ. 常用因特网化学搜索引擎

www. chemweb. com:国际著名化学数据库

www. cqvip. com　重庆维普咨询有限公司中文科技期刊数据库及服务网站

www. cnki. net　清华大学及清华同方主办的 CNKI 综合性数字图书馆

www. ncbi. nlm. nih. gov/pubmed　美国国立图书馆 MEDLINE 医学文摘数据库

www. scholar. google. com. hk　Google 学术网,可联网搜索到各种学术数据库

www. sciencedirect. com　荷兰学术出版公司 ELSEVIER 的科学论文数据库

www. scopus. com　荷兰学术出版公司 ELSEVIER 的文献摘要数据库

www. isinet. com　国际权威基础研究成果 SCI 信息网站

www. wanfangdata. com. cn　北京万方数据有限公司提供的综合信息服务网站

附　　录

附录Ⅰ　中华人民共和国法定计量单位

附表Ⅰ-1　国际单位制(SI)的基本单位

基本物理量	单位名称	单位符号
长度	米	m
质量	千克(公斤)	kg
时间	秒	s
电流强度	安[培]	A
热力学温度	开[尔文]	K
发光强度	坎[德拉]	cd
物质的量	摩[尔]	mol

附表Ⅰ-2　国际单位制中具有专门名称的导出单位

物理量	国际单位制			
	单位名称	单位符号	用其他国际单位制表示的关系式	用国际制基本单位表示的关系式
频率	赫[兹]	Hz	—	s^{-1}
力	牛[顿]	N	—	$m\cdot kg/s^2$
压力,压强,应力	帕[斯卡]	Pa	N/m^2	$m^{-1}\cdot kg/s^2$
能,功,热量	焦[耳]	J	$N\cdot m$	$m^2\cdot kg/s^2$
功率,辐射通量	瓦[特]	W	J/s	$m^2\cdot kg/s^3$
电量,电荷	库[仑]	C	—	$s\cdot A$
电位,电压,电动势	伏[特]	V	W/A	$m^2\cdot kg/(s^3\cdot A)$
电容	法[拉]	F	C/V	$A^2\cdot s^4/(kg\cdot m^2)$
电阻	欧[姆]	Ω	V/A	$m^2\cdot kg/(s^3\cdot A^2)$
电导	西[门子]	S	A/V	$s^3\cdot A^2/(kg\cdot m^2)$
磁通量	韦[伯]	Wb	$V\cdot s$	$m^2\cdot kg/(s^2\cdot A)$
磁通量密度,磁感应强度	特[斯拉]	T	Wb/m^2	$kg/(s^2\cdot A)$
电感	亨[利]	H	Wb/A	$m^2\cdot kg/(s^2\cdot A^2)$
光通量	流[明]	lm	—	$cd\cdot sr$
[光]照度	勒[克斯]	lx	lm/m^2	$cd\cdot sr/m^2$
[放射性]活度	贝可[勒尔]	Bq	—	s^{-1}
吸收剂量	戈[瑞]	Gy	J/kg	m^2/s^2
剂量当量	希[沃特]	Sy	J/kg	m^2/s^2

附表Ⅰ-3　构成十进倍数和分数单位的词头

因数	词头名称	词头符号	因数	词头名称	词头符号
10^{18}	艾[可萨](exa)	E	10^{-1}	分(deci)	d
10^{15}	拍[它](peta)	P	10^{-2}	厘(centi)	c
10^{12}	太[拉](tera)	T	10^{-3}	毫(milli)	m
10^{9}	吉[咖](giga)	G	10^{-6}	微(micro)	μ
10^{6}	兆(mega)	M	10^{-9}	纳[诺](nano)	n
10^{3}	千(kilo)	K	10^{-12}	皮[可](pico)	p
10^{2}	百(hecto)	h	10^{-15}	飞[母托](femto)	f
10^{1}	十(deca)	da	10^{-18}	阿[托](atto)	a

附录Ⅱ　分析化学中常用的物理化学常数及物理量

附表Ⅱ-1　常用物理化学常数

电子电荷	e	1.602189×10^{-19} C
普朗克(Planck)常量	h	6.626018×10^{-338} J·s
光速(真空)	c	2.99792458×10^{8} m·s^{-1}
摩尔气体常量	R	8.31441(26) J·mol^{-1}·K^{-1}
阿伏伽德罗(Avogadro)常量	N_A	$6.022045(31)\times10^{23}$ mol^{-1}
法拉第(Fraday)常量	F	9.648456×10^{4} C·mol^{-1}
电子静止质量	m_e	$9.10953(5)\times10^{-34}$ g
玻尔(Bohr)半径	a_0	$0.52917706(44)\times10^{-10}$ m
原子质量单位	u	1.6605655×10^{-24} g

附表Ⅱ-2　分析化学中常用的物理量

物理量	符号	单位名称	单位符号	物理量	符号	单位名称	单位符号
长度	L	米 分米 厘米 毫米 微米 纳米 埃	m dm cm mm μm nm Å	体积(容积)	V	立方米 立方分米，升 立方厘米，毫升 立方毫米，微升	m^3 dm^3，L cm^3，mL mm^3，μL
质量	m	千克 克 毫克 微克 纳克 原子质量单位	kg g mg μg ng u	相对原子质量	A_r	无量纲	
				相对分子质量	M_r	无量纲	
B的物质的量	n_B	摩尔 毫摩 微摩	mol mmol μmol	摩尔质量	M	千克每摩(尔) 克每摩(尔)	kg/mol g/mol
				物质B的质量摩尔浓度		摩(尔)每千克	mol/kg

续表

物理量	符号	单位名称	单位符号	物理量	符号	单位名称	单位符号
物质B的质量浓度		千克每升 克每升 （毫克每毫升）	kg/L g/L (mg/mL)	物质B的质量分数		无量纲 （含量）	
密度	ρ	千克每立方米 克每立方厘米 （毫克每毫升）	kg/m^3 g/cm^3 (mg/mL)	压力、压强	p	帕(斯卡) 千帕	Pa kPa
热力学温度 摄氏温度	T t	开(尔文) 摄氏度	K ℃	波数	σ	厘米的倒数	cm^{-1}

附录Ⅲ　国际相对原子质量①

（按照原子序数排列，以$^{12}C=12$为基准）

元素			原子序数	相对原子质量	元素			原子序数	相对原子质量
符号	名称	英文名			符号	名称	英文名		
H	氢	hydrogen	1	1.00794(7)	P	磷	phosphorus	15	30.973762(2)
He	氦	helium	2	4.002602(2)	S	硫	sulfur	16	32.065(5)
Li	锂	lithium	3	6.941(2)	Cl	氯	chlorine	17	35.4527(9)
Be	铍	beryllium	4	9.012182(3)	Ar	氩	argon	18	39.948(1)
B	硼	boron	5	10.811(7)	K	钾	potassium	19	39.0983(1)
C	碳	carbon	6	12.0107(8)	Ca	钙	calcium	20	40.078(4)
N	氮	nitrogen	7	14.0067(2)	Sc	钪	scandium	21	44.955912(6)
O	氧	oxygen	8	15.9994(3)	Ti	钛	titanium	22	47.867(1)
F	氟	fluorine	9	18.9984032(5)	V	钒	vanadium	23	50.9415(1)
Ne	氖	neon	10	20.1797(6)	Cr	铬	chromium	24	51.9961(6)
Na	钠	sodium	11	22.98976928(2)	Mn	锰	manganese	25	54.938045(5)
Mg	镁	magnesium	12	24.3050(6)	Fe	铁	iron	26	55.845(2)
Al	铝	aluminum	13	26.9815386(8)	Co	钴	cobalt	27	58.933195(5)
Si	硅	silicon	14	28.0855(3)	Ni	镍	nickel	28	58.6934(4)

① 引自 IUPAC 2007(http://www.chem.qmul.ac.uk/iupac/AtWt/)；相对原子质量末位准确度加注在其括号内；括号内数字是半衰期最长的同位素质量数。

续表

元素			原子序数	相对原子质量	元素			原子序数	相对原子质量
符号	名称	英文名			符号	名称	英文名		
Cu	铜	copper	29	63.546(3)	Xe	氙	xenon	54	131.293(6)
Zn	锌	zinc	30	65.38(2)	Cs	铯	cesium	55	132.90543(5)
Ga	镓	gallium	31	69.723(1)	Ba	钡	barium	56	137.327(7)
Ge	锗	germanium	32	72.64(1)	La	镧	lanthanum	57	138.90547(7)
As	砷	arsenic	33	74.92160(2)	Ce	铈	cerium	58	140.116(1)
Se	硒	selenium	34	78.96(3)	Pr	镨	praseodymium	59	140.90765(2)
Br	溴	bromine	35	79.904(1)	Nd	钕	neodymium	60	144.242(3)
Kr	氪	krypton	36	83.80(1)	Ho	钬	holmium	67	164.93032(2)
Rb	铷	rubidium	37	85.4678(1)	Er	铒	erbium	68	167.259(3)
Sr	锶	strontium	38	87.62(1)	Yb	镱	ytterbium	70	173.054(5)
Y	钇	yttrium	39	88.90585(2)	W	钨	tungsten	74	183.84(1)
Zr	锆	zirconium	40	91.224(2)	Ir	铱	iridium	77	192.217(3)
Nb	铌	niobium	41	92.90638(2)	Pt	铂	platinum	78	195.084(9)
Mo	钼	molybdenum	42	95.96(2)	Au	金	gold	79	196.966569(4)
Tc	锝	technetium	43	[98]	Hg	汞	mercury	80	200.59(2)
Ag	银	silver	47	107.8682(2)	Tl	铊	thallium	81	204.3833(2)
Cd	镉	cadmium	48	112.411(8)	Pb	铅	lead	82	207.2(1)
In	铟	indium	49	114.818(3)	Bi	铋	bismuth	83	208.98040(1)
Sn	锡	tin	50	118.710(7)	Po	钋	polonium	84	[209]
Sb	锑	antimony	51	121.760(1)	Th	钍	thorium	90	232.03806(2)
Te	碲	thllium	52	127.60(3)	U	铀	uranium	92	238.02891(3)
I	碘	iodine	53	126.90447(3)					

附录Ⅳ　常用相对分子质量[①]

分子式	相对分子质量	分子式	相对分子质量
AgBr	187.78	$Al_2(SO_4)_3 \cdot 18H_2O$	666.43
AgCl	143.32	As_2O_3	197.84
AgCN	133.84	$BaCO_3$	197.34
Ag_2CrO_4	331.73	$BaCl_2$	208.24
AgI	234.77	$BaCl_2 \cdot 2H_2O$	244.26
$AgNO_3$	169.87	BaO	153.33
Al_2O_3	101.96	$Ba(OH)_2$	315.47
$Al(OH)_3$	78.00	$BaSO_4$	233.39

① 小数点后保留两位有效数字。

续表

分子式	相对分子质量	分子式	相对分子质量
$CaCO_3$	100.09	$MgNH_4PO_4 \cdot 6H_2O$	245.41
CaC_2O_4	128.10	MgO	40.304
$CaC_2O_4 \cdot H_2O$	146.11	$Mg(OH)_2$	58.32
$CaCl_2$	110.98	$Mg_2P_2O_7$	222.55
CaF_2	78.08	$MgSO_4$	120.37
CaO	56.08	$MgSO_4 \cdot 7H_2O$	246.48
$Ca(OH)_2$	74.09	MnO	70.94
$CaSO_4$	136.14	MnO_2	86.94
$Ca_3(PO_4)_2$	310.18	NH_3	17.03
CH_3COOH	60.05	NH_4Br	97.95
CH_3OH	32.04	$(NH_4)_2CO_3$	96.09
C_6H_5COOH	122.12	NH_4Cl	53.49
C_6H_5COONa	144.10	$(NH_4)_2C_2O_4 \cdot H_2O$	142.11
CO_2	44.01	NH_4F	37.04
CuO	79.54	NH_4OH	35.05
$Cu(OH)_2$	97.56	$(NH_4)_2Fe(SO_4)_3 \cdot 12H_2O$	482.19
Cu_2O	143.09	$(NH_4)_3[P(MO_3O_{10})_4]$	1876.35
$CuSO_4 \cdot 5H_2O$	249.69	NH_4SCN	76.12
$KClO_4$	138.55	$(NH_4)_2SO_4$	132.14
K_2CrO_4	194.19	$FeCl_2$	126.75
$K_2Cr_2O_7$	294.19	$FeCl_3$	162.21
$KHC_4H_4O_6$(酒石酸氢钾)	188.18	FeO	71.85
$KHC_8H_4O_4$(邻苯二甲酸氢钾)	204.22	Fe_2O_3	159.69
KH_2PO_4	136.09	$Fe(OH)_3$	106.87
K_2HPO_4	174.18	$FeSO_4 \cdot 7H_2O$	278.02
$KHSO_4$	136.17	$FeSO_4 \cdot (NH_4)_2SO_4 \cdot 6H_2O$	392.14
KI	166.00	H_3AsO_4	141.94
KIO_3	214.00	H_3BO_3	61.83
$KMnO_4$	158.03	HBr	80.91
KNO_3	101.10	$HBrO_3$	128.91
KOH	56.11	$H_2C_4H_4O_6$(酒石酸)	150.09
K_3PO_4	212.27	$H_4C_{10}H_{12}O_8N_2$(EDTA)	292.25
$KSCN$	97.18	HCN	27.03
K_2SO_4	174.26	H_2CO_3	62.03
$K(SbO)C_4H_4O_6 \cdot 1/2H_2O$	333.93	$H_2C_2O_4$	90.04
$MgCO_3$	84.31	$H_2C_2O_4 \cdot 2H_2O$	126.07
$MgCl_2$	95.21	HCl	36.46

续表

分子式	相对分子质量	分子式	相对分子质量
$HClO_4$	100.46	$NaH_2PO_4 \cdot 2H_2O$	156.01
HNO_3	63.01	$Na_2HPO_4 \cdot 12H_2O$	358.14
H_2O	18.02	$NaIO_3$	197.89
H_2O_2	34.01	$NaIO_4$	213.89
HF	20.01	$NaNO_3$	84.99
HI	127.91	Na_2O	61.98
H_3PO_4	98.00	NaOH	40.00
H_2S	34.08	Na_3PO_4	163.94
H_2SO_4	98.08	Na_2S	78.05
I_2	253.81	Na_2SO_3	126.04
$KAl(SO_4)_2 \cdot 12H_2O$	474.39	Na_2SO_4	142.04
KBr	119.00	$Na_2SO_4 \cdot 10H_2O$	322.20
$KBrO_3$	167.00	$Na_2S_2O_3$	158.11
K_2CO_3	138.21	$Na_2S_2O_3 \cdot 5H_2O$	248.19
$K_2C_2O_4 \cdot H_2O$	184.23	P_2O_5	141.95
KCl	74.55	$PbCrO_4$	323.18
NO_2	45.01	PbO_2	239.19
NO_3	62.00	$PbSO_4$	303.26
$Na_2B_4O_7 \cdot 10H_2O$	381.37	SO_2	64.07
NaBr	102.89	SO_3	80.06
Na_2CO_3	105.99	SiO_2	60.09
$Na_2CO_3 \cdot 10H_2O$	286.14	$SnCl_2$	189.60
$Na_2C_2O_4$	134.00	ZnO	81.38
NaCl	58.44	$Zn(OH)_2$	99.40
$Na_2H_2C10H_{12}O_8N_2 \cdot 2H_2O$ (EDTA 二钠)	372.24	$ZnSO_4$	161.46
$NaHCO_3$	84.01	$ZnSO_4 \cdot 7H_2O$	287.56
$NaHC_2O_4 \cdot H_2O$	130.03		

附录Ⅴ 酸、碱在水中的离解常数①

化合物	分步	K_a	pK_a
		无机酸	
砷酸	1	5.8×10^{-3}	2.24
	2	1.10×10^{-7}	6.96

① 引自：Harris D C. 2006. Quantitative Chemical Analysis. 7th ed. New York: W. H. Freeman. 除另有说明外，均为 25 ℃。

续表

化合物	分步	K_a	pK_a
	3	3.2×10^{-12}	11.50
亚砷酸		5.1×10^{-10}	9.29
硼酸	1	5.81×10^{-10}	9.236
	2	1.82×10^{-13}	12.74(20 ℃)
	3	1.58×10^{-14}	13.80(20 ℃)
碳酸	1	4.30×10^{-7}	6.37
	2	5.61×10^{-11}	10.25
铬酸	1	1.6	−0.2(20 ℃)
	2	3.1×10^{-7}	6.51
氢氟酸		6.8×10^{-4}	3.17
氢氰酸		6.2×10^{-10}	9.21
氢硫酸	1	9.5×10^{-8}	7.02
	2	1.3×10^{-14}	13.9
过氧化氢		2.2×10^{-12}	11.65
碘酸		0.17	0.77
亚硝酸		7.1×10^{-4}	3.15
高碘酸		2.3×10^{-2}	1.64
磷酸	1	7.52×10^{-3}	2.12
	2	6.23×10^{-8}	7.21
	3	2.2×10^{-13}	12.66
亚磷酸	1	3×10^{-2}	1.5
	2	1.62×10^{-7}	6.79
硅酸	1	2.2×10^{-10}	9.66(30 ℃)
	2	2×10^{-12}	11.70(30 ℃)
	3	1×10^{-12}	12.00(30 ℃)
	4	1.02×10^{-12}	11.99(30 ℃)
硫酸	2	1.02×10^{-2}	1.99
亚硫酸	1	1.23×10^{-2}	1.91
	2	6.6×10^{-8}	7.18
		无机碱	
氨水		5.70×10^{-10}	9.244
氢氧化钙	1	2.69×10^{-12}	11.57
	2	2.51×10^{-13}	12.6
羟胺		1.10×10^{-6}	5.95
氢氧化铅		1.05×10^{-11}	10.98
氢氧化银		9.12×10^{-11}	10.04
氢氧化锌		1.05×10^{-11}	10.98

续表

化合物	分步	K_a	pK_a
		有机酸	
甲酸		1.80×10^{-4}	3.745
乙酸		1.75×10^{-5}	4.757
丙烯酸		5.52×10^{-5}	4.258
苯甲酸		6.28×10^{-5}	4.202
一氯乙酸		1.36×10^{-3}	2.865
三氯乙酸	1	0.22	0.66
草酸	1	5.6×10^{-2}	1.252
	2	5.42×10^{-5}	4.266
马来酸	1	1.23×10^{-2}	1.910
	2	4.66×10^{-7}	6.332
邻苯二甲酸	1	1.12×10^{-3}	2.950
	2	3.90×10^{-6}	5.408
酒石酸	1	9.2×10^{-4}	3.036
	2	4.31×10^{-5}	4.366
水杨酸	1	1.07×10^{-3}	2.97
	2	1.82×10^{-14}	13.74
柠檬酸	1	7.44×10^{-4}	3.128
	2	1.73×10^{-5}	4.761
	3	4.02×10^{-7}	6.396
	2	4.8×10^{-10}	9.32(19 ℃)
乙二胺四乙酸	1	1.0	0
	2	0.032	1.5
	3	0.010	2.0
	4	0.0022	2.66
	5	6.7×10^{-7}	6.16(NH)
	6	5.8×10^{-11}	10.24(NH)
氨基磺酸		5.86×10^{-4}	3.232
苦味酸		6.5×10^{-4}	3.19
		有机碱	
正丁胺		2.29×10^{-11}	10.640
二乙胺		1.17×10^{-11}	10.933
二甲胺		1.68×10^{-11}	10.774
乙胺		2.31×10^{-11}	10.636
乙二胺	1	1.42×10^{-7}	6.848
	2	1.18×10^{-10}	9.928
三乙胺		1.93×10^{-11}	10.715
六次甲基四胺		1.4×10^{-9}	8.85
乙醇胺		3.18×10^{-10}	9.498
尿素		1.26×10^{-14}	13.0(21 ℃)
吡啶		5.90×10^{-6}	5.229
8-羟基喹啉	1	1.23×10^{-5}	4.91(NH)
	2	1.55×10^{-10}	9.81(OH)

附录Ⅵ　常用标准缓冲溶液的 pH(0～60 ℃)

温度/℃	0.05 mol/L 乙二酸三氢钾	25 ℃饱和酒石酸氢钾	0.05 mol/L 邻苯二甲酸氢钾	0.025 mol/L KH_2PO_4 + 0.025 mol/L Na_2HPO_4	0.01 mol/L 硼砂	25 ℃饱和氢氧化钙
0	1.668	—	4.003	6.984	9.464	13.423
5	1.668	—	3.999	6.951	9.395	13.207
10	1.670	—	3.998	6.923	9.332	13.003
15	1.672	—	3.999	6.900	9.276	12.810
20	1.675	—	4.002	6.881	9.225	12.627
25	1.679	3.557	4.008	6.865	9.180	12.454
30	1.683	3.552	4.015	6.853	9.139	12.289
35	1.688	3.549	4.024	6.844	9.102	12.133
38	1.691	3.548	4.030	6.840	9.081	12.043
40	1.694	3.547	4.035	6.838	9.068	11.984
45	1.700	3.547	4.047	6.834	9.038	11.841
50	1.707	3.549	4.060	6.833	9.011	11.705
55	1.715	3.554	4.075	6.834	8.985	11.574
60	1.723	3.560	4.091	6.836	8.962	11.449

附录Ⅶ　络合滴定有关常数

附表Ⅶ-1　金属络合物的稳定常数

金属离子	离子强度	n	$\lg\beta_n$
氨络合物			
Ag^+	0.1	1,2	3.40,7.40
Cd^{2+}	0.1	1,…,6	2.60,4.65,6.04,6.92,6.6,4.9
Co^{2+}	0.1	1,…,6	2.05,3.62,4.61,5.31,5.43,4.75
Cu^{2+}	2	1,…,4	4.13,7.61,10.48,12.59
Ni^{2+}	0.1	1,…,6	2.75,4.95,6.64,7.79,8.50,8.49
Zn^{2+}	0.1	1,…,4	2.27,4.61,7.01,9.06
氟络合物			
Al^{3+}	0.53	1,…,6	6.1,11.15,15.0,17.7,19.4,19.7
Fe^{3+}	0.5	1,2,3	5.2,9.2,11.9
Th^{4+}	0.5	1,2,3	7.7,13.5,18.0
TiO^{2+}	3	1,…,4	5.4,9.8,13.7,17.4
Sn^{4+}	*	6	25
Zr^{4+}	2	1,2,3	8.8,16.1,21.9

续表

金属离子	离子强度	n	$\lg\beta_n$
氯络合物			
Ag^{+}	0.2	1,…,4	2.9,4.7,5.0,5.9
Hg^{2+}	0.5	1,…,4	6.7,13.2,14.1,15.1
碘络合物			
Cd^{2+}	*	1,…,4	2.4,3.4,5.0,6.15
Hg^{2+}	0.5	1,…,4	12.9,23.8,27.6,29.8
氰络合物			
Ag^{+}	0～0.3	1,…,4	—,21.1,21.8,20.7
Hg^{2+}	3	1,…,4	5.5,10.6,15.3,18.9
Cu^{2+}	0	1,…,4	—,24.0,28.6,30.3
Fe^{2+}	0	6	35.4
Fe^{3+}	0	6	43.6
Hg^{2+}	0.1	1,…,4	18.0,34.7,38.5,1.5
Ni^{2+}	0.1	4	31.3
Zn^{2+}	0.1	4	16.7
硫氰酸络合物			
Fe^{2+}	*	1,…,5	2.3,4.2,5.6,6.4,6.4
Hg^{2+}	0.1	1,…,4	—,16.1,19.0,20.9
硫代硫酸络合物			
Ag^{+}	0	1,2	8.82,13.5
Hg^{2+}	0	1,2	29.86,32.26
柠檬酸络合物			
Al^{3+}	0.5	1	20.0
Cu^{2+}	0.5	1	18
Fe^{3+}	0.5	1	25
Ni^{2+}	0.5	1	14.3
Pb^{2+}	0.5	1	12.3
Zn^{2+}	0.5	1	11.4
磺基水杨酸络合物			
Al^{3+}	0.1	1,2,3	12.9,22.9,29.0
Fe^{3+}	3	1,2,3	14.4,25.2,32.2
乙酰丙酮络合物			
Al^{3+}	0.1	1,2,3	8.1,15.7,21.2
Cu^{2+}	0.1	1,2	7.8,14.3
Fe^{3+}	0.1	1,2,3	9.3,17.9,25.1
邻二氮菲络合物			
Ag^{+}	0.1	1,2	5.02,12.07

续表

金属离子	离子强度	n	$\lg\beta_n$
Cd^{2+}	0.1	1,2,3	6.4,11.6,15.8
Co^{2+}	0.1	1,2,3	7.0,13.7,20.1
Cu^{2+}	0.1	1,2,3	9.1,15.8,21.0
Fe^{3+}	0.1	1,2,3	5.9,11.1,21.3
Hg^{2+}	0.1	1, 2,3	—,19.65,23.35
Ni^{2+}	0.1	1,2,3	8.8,17.1,24.8
Zn^{2+}	0.1	1,2,3	6.4,12.15,17.0
乙二胺络合物			
Ag^{+}	0.1	1,2	4.7,7.7
Cd^{2+}	0.1	1,2	5.47,10.02
Cu^{2+}	0.1	1,2	10.55,19.60
Co^{2+}	0.1	1,2,3	5.89,10.72,13.82
Hg^{2+}	0.1	2	23.42
Ni^{2+}	0.1	1,2,3	7.66,14.06,18.59
Zn^{2+}	0.1	1,2,3	5.71,10.37,12.08

附表Ⅶ-2　金属离子的 $\lg\alpha_{M(OH)}$

离子	离子强度	pH													
		1	2	3	4	5	6	7	8	9	10	11	12	13	14
Al^{3+}	2					0.4	1.3	5.3	9.3	13.3	17.3	21.3	25.3	29.3	33.3
Bi^{3+}	3	0.1	0.5	1.4	2.4	3.4	4.4	5.4							
Ca^{2+}	0.1													0.3	1.0
Cd^{2+}	3									0.1	0.5	2.0	4.5	8.1	12.0
Co^{2+}	0.1								0.1	0.4	1.1	2.2	4.2	7.2	10.2
Cu^{2+}	0.1								0.2	0.8	1.2	2.7	3.7	4.7	5.7
Fe^{2+}	1									0.1	0.6	1.5	2.5	3.5	4.5
Fe^{3+}	3			0.4	1.8	3.7	5.7	7.7	9.7	11.7	13.7	15.7	17.7	19.7	21.7
Hg^{2+}	0.1			0.5	1.9	3.9	5.9	7.9	9.9	11.9	13.9	15.9	17.9	19.9	21.9
La^{3+}	3										0.3	1.0	1.9	2.9	3.9
Mg^{2+}	0.1											0.1	0.5	1.3	2.3
Mn^{2+}	0.1										0.1	0.5	1.4	2.4	3.4
Ni^{2+}	0.1									0.1	0.7	1.6			
Pb^{2+}	0.1							0.1	0.5	1.4	2.7	4.7	7.4	10.4	13.4
Th^{4+}	1				0.2	0.8	1.7	2.7	3.7	4.7	5.7	6.7	7.7	8.7	9.7
Zn^{2+}	0.1									0.2	2.4	5.4	8.5	11.8	15.5

附表Ⅶ-3　常用金属指示剂的有关数据

1. 铬黑 T

pH	6.0	7.0	8.0	9.0	10.0	11.0	12.0	13.0	MIn 颜色	In 颜色	平衡常数
$\lg\alpha_{In(H)}$	6.0	4.6	3.6	2.6	1.6	0.7	0.1			H_2In^- 紫红	
										HIn^{2-} 蓝；In^{3-} 橙	$pK_{a_2}=6.3$　$pK_{a_3}=11.6$
pCa_t			1.8	2.8	3.8	4.7	5.3	5.4	酒红		$\lg K_{CaIn}$ 5.4
pMg_t	1.0	2.4	3.4	4.4	5.4	6.3			酒红		$\lg K_{MgIn}$ 5.4
pZn_t	6.9	8.3	9.3	10.5	12.2	13.9			酒红		$\lg K_{ZnIn}$ 12.9；$\lg K_{ZnIn}$ 20.0

2. 二甲酚橙

pH	0	1.0	2.0	3.0	4.0	4.5	5.0	5.5	6.0	6.5	7.0	MIn 颜色	In 颜色
pBi_t		4.0	5.4	6.8								红紫	亮黄
pCd_t						4.0	4.5	5.0	5.5	6.3	6.8	红紫	亮黄
pHg_t							7.4	8.2	9.0			红紫	亮黄
pLa_t						4.0	4.5	5.0	5.6	6.7		红紫	亮黄
pPb_t				4.2	4.8	6.2	7.0	7.6	8.2			红紫	亮黄
pTh_t		3.6	4.9	6.3								红紫	亮黄
pZn_t						4.1	4.8	5.7	6.5	7.3	8.0	红紫	亮黄
pZr_t	7.5											红紫	亮黄

3. PAN

pH	4.0	5.0	6.0	7.0	8.0	9.0	10.0	11.0	平衡常数
$\lg\alpha_{In(H)}$	8.2	7.2	6.2	5.2	4.2	3.2	2.2	1.2	pK_{a_1} 2.9，pK_{a_2} 11.2
pCu_t(至红)	7.8	8.8	9.8	10.8	11.8	12.8	13.8	14.8	$\lg K_{CuI}$ 16.0

附录Ⅷ　标准电极电势及条件电位①

电极反应	$\varphi^{\ominus}$/V	介质
$Ag^+ + e^- \rightleftharpoons Ag$	0.7996	
$AgBr + e^- \rightleftharpoons Ag + Br^-$	0.0713	
$AgCl + e^- \rightleftharpoons Ag + Cl^-$	0.2223	
$AgI + e^- \rightleftharpoons Ag + I^-$	−0.152	
$[Ag(NH_3)_2]^+ + e^- \rightleftharpoons Ag + 2NH_3$	0.373	
$Ag_2S + 2e^- \rightleftharpoons 2Ag + S^{2-}$	−0.691	
$Al^{3+} + 3e^- \rightleftharpoons Al$	−1.676	
$AlF_6{}^{3-} + 3e^- \rightleftharpoons Al + 6F^-$	−2.069	
$Al(OH)_3 + 3e^- \rightleftharpoons Al + 3OH^-$	−2.310	
$As + 3H^+ + 3e^- \rightleftharpoons AsH_3$	−0.225	

① 表中所列的标准电极电势(25.0 ℃，101.325 kPa)是相对于标准氢电极的电位值；列出介质的电位为条件电位。

续表

电极反应	$\varphi^{\ominus}$/V	介质
$HAsO_2+3H^++3e^- \rightleftharpoons As+2H_2O$	0.240	
$H_3AsO_4+2H^++2e^- \rightleftharpoons HAsO_2+2H_2O$	0.560	
$Au^++e^- \rightleftharpoons Au$	1.83	
$Au^{3+}+3e^- \rightleftharpoons Au$	1.52	
$Au^{3+}+2e^- \rightleftharpoons Au^+$	1.36	
$AuCl_4^- -+3e^- \rightleftharpoons Au+4Cl^-$	1.002	
$Ba^{2+}+2e^- \rightleftharpoons Ba$	−2.92	
$Be^{2+}+2e^- \rightleftharpoons Be$	−1.99	
$Bi^{3+}+3e^- \rightleftharpoons Bi$	0.317	
$Br_2(aq)+2e^- \rightleftharpoons 2Br^-$	1.087	
$BrO^-+H_2O+2e^- \rightleftharpoons Br^-+2OH^-$	0.761	1 mol/L NaOH
$BrO_3^-+6H^++6e^- \rightleftharpoons Br^-+3H_2O$	1.478	
$CH_3COOH+2H^++2e^- \rightleftharpoons CH_3CHO+H_2O$	−0.12	
$CO_2+2H^++2e^- \rightleftharpoons CO+H_2O$	−0.106	
$CO_2+2H^++2e^- \rightleftharpoons HCOOH$	−0.199	
$Ca^{2+}+2e^- \rightleftharpoons Ca$	−2.84	
$Cd^{2+}+2e^- \rightleftharpoons Cd$	−0.403	
$Cd(CN)_4^{2-}+2e^- \rightleftharpoons Cd+4CN^-$	−0.943	
$Ce^{3+}+3e^- \rightleftharpoons Ce$	−2.336	
$Ce^{4+}+e^- \rightleftharpoons Ce^{3+}$	1.44	1 mol/L H_2SO_4
$Ce^{4+}+e^- \rightleftharpoons Ce^{3+}$	1.7	1 mol/L $HClO_4$
$Ce^{4+}+e^- \rightleftharpoons Ce^{3+}$	1.28	1 mol/L HCl
$Cl_2(g)+2e^- \rightleftharpoons 2Cl^-$	1.396	
$2ClO_3^-+12H^++10e^- \rightleftharpoons Cl_2+6H_2O$	1.47	
$ClO_3^-+6H^++6e^- \rightleftharpoons Cl^-+3H_2O$	1.451	
$ClO_3^-+3H_2O+6e^- \rightleftharpoons Cl^-+6OH^-$	0.62	
$ClO_4^-+8H^++8e^- \rightleftharpoons Cl^-+4H_2O$	1.38	
$2ClO_4^-+16H^++14e^- \rightleftharpoons Cl_2+8H^+$	1.39	
$Co^{2+}+2e^- \rightleftharpoons Co$	−0.277	
$Co^{3+}+e^- \rightleftharpoons Co^{2+}$	1.92	
$[Co(NH_3)_6]^{3+}+e^- \rightleftharpoons [Co(NH_3)_6]^{2+}$	0.108	
$Co(OH)_2+2e^- \rightleftharpoons Co+2OH^-$	−0.746	
$Co(OH)_3+e^- \rightleftharpoons Co(OH)_2+OH^-$	0.17	
$Cr^{2+}+2e^- \rightleftharpoons Cr$	−0.913	
$Cr^{3+}+e^- \rightleftharpoons Cr^{2+}$	−0.424	
$Cr_2O_7^{2-}+14H^++6e^- \rightleftharpoons 2Cr^{3+}+7H_2O$	1.36	
$CrO_4^{2-}+4H_2O+3e^- \rightleftharpoons Cr(OH)_3+5OH^-$	−0.13	1 mol/L NaOH

续表

电极反应	$\varphi^{\ominus}$/V	介质
$Cu^{+}+e^{-} \rightleftharpoons Cu$	0.521	
$Cu^{2+}+2e^{-} \rightleftharpoons Cu$	0.37	
$Cu^{2+}+I^{-}+e^{-} \rightleftharpoons CuI$	0.86	
$CuBr_2^{-}+e^{-} \rightleftharpoons Cu+2Br^{-}$	0.05	
$CuCl_2^{-}+e^{-} \rightleftharpoons Cu+2Cl^{-}$	0.19	
$F_2+2H^{+}+2e^{-} \rightleftharpoons 2HF$	3.053	
$Fe^{2+}+2e^{-} \rightleftharpoons Fe$	−0.447	
$Fe^{3+}+e^{-} \rightleftharpoons Fe^{2+}$	0.771	
$Fe^{3+}+e^{-} \rightleftharpoons Fe^{2+}$	0.70	1 mol/L HCl
$Fe^{3+}+e^{-} \rightleftharpoons Fe^{2+}$	0.767	1 mol/L $HClO_4$
$Fe^{3+}+e^{-} \rightleftharpoons Fe^{2+}$	0.68	1 mol/L H_2SO_4
$Fe^{3+}+e^{-} \rightleftharpoons Fe^{2+}$	0.746	1 mol/L HNO_3
$Fe^{3+}+3e^{-} \rightleftharpoons Fe$	−0.037	
$[Fe(CN)_6]^{3-}+e^{-} \rightleftharpoons [Fe(CN)_6]^{4-}$	0.356	
$2H^{+}+2e^{-} \rightleftharpoons H_2(g)$	0.000	
$Hg_2^{2+}+2e^{-} \rightleftharpoons 2Hg$	0.852	
$2Hg^{2+}+2e^{-} \rightleftharpoons Hg_2^{2+}$	0.911	
$Hg_2Br_2+2e^{-} \rightleftharpoons 2Hg+2Br^{-}$	0.1392	
$Hg_2Cl_2+2e^{-} \rightleftharpoons 2Hg+2Cl^{-}$	0.2682	
$Hg_2I_2+2e^{-} \rightleftharpoons 2Hg+2I^{-}$	−0.0405	
$I_2+2e^{-} \rightleftharpoons 2I^{-}$	0.5355	
$I_3^{-}+2e^{-} \rightleftharpoons 3I^{-}$	0.536	
$I_3^{-}+2e^{-} \rightleftharpoons 3I^{-}$	0.545	0.5 mol/L H_2SO_4
$HIO+H^{+}+2e^{-} \rightleftharpoons I^{-}+H_2O$	0.985	
$IO_3^{-}+6H^{+}+6e^{-} \rightleftharpoons I^{-}+3H_2O$	1.085	
$IO_3^{-}+3H_2O+6e^{-} \rightleftharpoons I^{-}+6OH^{-}$	0.257	
$K^{+}+e^{-} \rightleftharpoons K$	−2.924	
$La^{3+}+3e^{-} \rightleftharpoons La$	−2.379	
$Li^{+}+e^{-} \rightleftharpoons Li$	−3.04	
$Mg^{2+}+2e^{-} \rightleftharpoons Mg$	−2.356	
$Mg(OH)_2+2e^{-} \rightleftharpoons Mg+2OH^{-}$	−2.687	
$Mn^{2+}+2e^{-} \rightleftharpoons Mn$	−1.17	
$Mn^{3+}+3e^{-} \rightleftharpoons Mn$	1.542	
$MnO_2+4H^{+}+2e^{-} \rightleftharpoons Mn^{2+}+2H_2O$	1.23	
$MnO_4^{-}+4H^{+}+3e^{-} \rightleftharpoons MnO_2+2H_2O$	1.7	
$MnO_4^{-}+8H^{+}+5e^{-} \rightleftharpoons Mn^{2+}+4H_2O$	1.51	
$MnO_4^{-}+2H_2O+3e^{-} \rightleftharpoons MnO_2+4OH^{-}$	0.595	

续表

电极反应	$\varphi^\ominus$/V	介质
$Mo^{3+}+3e^- \rightleftharpoons Mo$	−0.2	
$MoO_4^{2-}+4H_2O+6e^- \rightleftharpoons Mo+8OH^-$	−0.913	
$2HNO_2+4H^++4e^- \rightleftharpoons N_2O+3H_2O$	1.297	
$NO_3^-+3H^++2e^- \rightleftharpoons HNO_2+H_2O$	0.934	
$Na^++e^- \rightleftharpoons Na$	−2.713	
$Ni^{2+}+2e^- \rightleftharpoons Ni$	−0.257	
$Ni(OH)_2+2e^- \rightleftharpoons Ni+2OH^-$	−0.72	
$O_2+4H^++4e^- \rightleftharpoons 2H_2O$	1.229	
$O_2+2H_2O+4e^- \rightleftharpoons 4OH^-$	0.401	
$O_3+H_2O+2e^- \rightleftharpoons O_2+2OH^-$	1.24	
$P+3H_2O+3e^- \rightleftharpoons PH_3(g)+3OH^-$	−0.063	
$H_3PO_3+2H^++2e^- \rightleftharpoons H_3PO_2+H_2O$	−0.499	
$H_3PO_4+2H^++2e^- \rightleftharpoons H_3PO_3+H_2O$	−0.276	
$Pb^{2+}+2e^- \rightleftharpoons Pb$	−0.126	
$PbO_2+4H^++2e^- \rightleftharpoons Pb^{2+}+2H_2O$	1.455	
$PbO_2+SO_4^{2-}+4H^++2e^- \rightleftharpoons PbSO_4+2H_2O$	1.691	
$PbSO_4+2e^- \rightleftharpoons Pb+SO_4^{2-}$	−0.236	
$Pt^{2+}+2e^- \rightleftharpoons Pt$	1.18	
$PtCl_4^{2-}+2e^- \rightleftharpoons Pt+4Cl^-$	0.758	
$S+2e^- \rightleftharpoons S^{2-}$	−0.407	
$S+2H^++2e^- \rightleftharpoons H_2S(aq)$	0.144	
$S_2O_6^{2-}+4H^++2e^- \rightleftharpoons 2H_2SO_3$	0.569	
$2SO_3^{2-}+3H_2O+4e^- \rightleftharpoons S_2O_3^{2-}+6OH^-$	−0.576	1 mol/L NaOH
$2SO_3^{2-}+2H_2O+2e^- \rightleftharpoons S_2O_4^{2-}+4OH^-$	−1.12	
$SO_4^{2-}+H_2O+2e^- \rightleftharpoons SO_3^{2-}+2OH^-$	−0.936	
$Se+2e^- \rightleftharpoons Se^{2-}$	−0.67	1 mol/L NaOH
$Se+2H^++2e^- \rightleftharpoons H_2Se(aq)$	−0.115	
$H_2SeO_3+4H^++4e^- \rightleftharpoons Se+3H_2O$	0.74	
$SiF_6^{2-}+4e^- \rightleftharpoons Si+6F^-$	−1.37	
$SiO_2+4H^++4e^- \rightleftharpoons Si+2H_2O$	−0.909	
$Sn^{2+}+2e^- \rightleftharpoons Sn$	−0.19	
$Sn^{4+}+2e^- \rightleftharpoons Sn^{2+}$	0.154	1 mol/L HCl
$Sn^{4+}+2e^- \rightleftharpoons Sn^{2+}$	0.14	
$Sr^{2+}+2e^- \rightleftharpoons Sr$	−2.89	
$Ti^{2+}+2e^- \rightleftharpoons Ti$	−1.63	
$Ti^{3+}+e^- \rightleftharpoons Ti^{2+}$	−0.37	
$Tl^{3+}+2e^- \rightleftharpoons Tl^+$	1.25	1 mol/L $HClO_4$

续表

电极反应	$\varphi^{\ominus}$/V	介质
$Tl^{3+}+2e^- \rightleftharpoons Tl^+$	0.77	1 mol/L HCl
$Tl^{3+}+3e^- \rightleftharpoons Tl$	0.742	
$U^{3+}+3e^- \rightleftharpoons U$	−1.66	
$V^{2+}+2e^- \rightleftharpoons V$	−1.175	
$VO^{2+}+2H^++e^- \rightleftharpoons V^{3+}+H_2O$	0.337	
$VO_2^++2H^++e^- \rightleftharpoons VO^{2+}+H_2O$	0.991	
$WO_3+6H^++6e^- \rightleftharpoons W+3H_2O$	−0.09	
$Zn^{2+}+2e^- \rightleftharpoons Zn$	−0.7618	
$Zn(OH)_4^{2-}+2e^- \rightleftharpoons Zn+4OH^-$	−1.285	

附录Ⅸ　难溶化合物的溶度积(K_{sp})

分子式	K_{sp}	pK_{sp}	分子式	K_{sp}	pK_{sp}	分子式	K_{sp}	pK_{sp}
$AgCl$	1.8×10^{-10}	9.75	$CaSO_4$	3.16×10^{-7}	5.04	$Mg_3(AsO_4)_2$	2.1×10^{-20}	19.6
$AgBr$	5.0×10^{-13}	12.3	$CdCO_3$	5.2×10^{-12}	11.2	$MgCO_3$	3.5×10^{-8}	7.46
AgI	8.3×10^{-17}	16.0	$CdC_2O_4\cdot3H_2O$	9.1×10^{-8}	7.04	$MgCO_3\cdot3H_2O$	2.14×10^{-5}	4.67
$AgSCN$	1.1×10^{-12}	11.0	$Cd_3(PO_4)_2$	2.5×10^{-33}	32.6	$Mg(OH)_2$	1.8×10^{-11}	10.7
$AgCN$	1.15×10^{-1}	15.9	CdS	8.0×10^{-27}	26.1	$Mg_3(PO_4)_2\cdot8H_2O$	6.31×10^{-2}	25.2
$AgIO_3$	3.1×10^{-8}	7.51	$CoCO_3$	1.4×10^{-13}	12.8	$MnCO_3$	1.8×10^{-11}	10.7
$AgOH$	2.0×10^{-8}	7.71	CoC_2O_4	6.3×10^{-8}	7.2	$Mn(OH)_4$	1.9×10^{-13}	12.7
Ag_2CO_3	8.1×10^{-12}	11.0	$Co(OH)_2$(蓝)	6.31×10^{-1}	14.2	MnS(绿)	2.5×10^{-13}	12.6
$Ag_2C_2O_4$	3.5×10^{-11}	10.4	$CuBr$	5.3×10^{-9}	8.28	$NiCO_3$	6.6×10^{-9}	8.18
Ag_2CrO_4	2.0×10^{-7}	6.70	$CuCl$	1.2×10^{-6}	5.92	NiC_2O_4	4.0×10^{-10}	9.4
Ag_2S	6.3×10^{-50}	49.2	$CuCO_3$	2.34×10^{-1}	9.63	α-NiS	3.2×10^{-19}	18.5
Ag_2SO_3	1.5×10^{-14}	13.8	CuI	1.1×10^{-12}	11.9	$PbBr_2$	4.0×10^{-5}	4.41
Ag_2SO_4	1.4×10^{-5}	4.84	$Cu(OH)_2$	4.8×10^{-20}	19.3	$PbCl_2$	1.6×10^{-5}	4.79
Ag_3PO_4	1.4×10^{-16}	15.8	$Cu_3(PO_4)_2$	1.3×10^{-37}	36.9	$PbCO_3$	7.4×10^{-14}	13.1
Ag_3AsO_4	1.0×10^{-22}	22.0	Cu_2S	2.5×10^{-48}	47.6	$PbCrO_4$	2.8×10^{-13}	12.5
$Al(OH)_3$	4.57×10^{-3}	32.3	$FeCO_3$	3.2×10^{-11}	10.5	PbF_2	2.7×10^{-8}	7.57
Al_2S_3	2.0×10^{-7}	6.7	$Fe(OH)_2$	8.0×10^{-16}	15.1	$Pb(OH)_2$	1.2×10^{-15}	14.9
$BaCO_3$	5.1×10^{-9}	8.29	$Fe(OH)_3$	4.0×10^{-38}	37.4	$Pb(OH)_4$	3.2×10^{-66}	65.4
BaC_2O_4	1.6×10^{-7}	6.79	$FePO_4$	1.3×10^{-22}	21.8	$Pb_3(PO_4)_3$	8.0×10^{-43}	42.1
$BaCrO_4$	1.2×10^{-10}	9.93	FeS	6.3×10^{-18}	17.2	PbS	1.0×10^{-28}	28.0
$Ba_3(PO_4)_2$	3.4×10^{-23}	22.4	Hg_2Br_2	5.6×10^{-23}	22.2	$PbSO_4$	1.6×10^{-8}	7.79
$BaSO_4$	1.1×10^{-10}	9.96	Hg_2Cl_2	1.3×10^{-18}	17.8	$Sn(OH)_2$	1.4×10^{-28}	27.8
BaS_2O_3	1.6×10^{-5}	4.79	HgC_2O_4	1.0×10^{-7}	7.0	$Sn(OH)_4$	1.0×10^{-56}	56.0
$CaCO_3$	2.8×10^{-9}	8.54	Hg_2CO_3	8.9×10^{-17}	17.8	SnS	1.0×10^{-25}	25.0
$CaC_2O_4\cdot H_2O$	4.0×10^{-9}	8.4	Hg_2CrO_4	2.0×10^{-9}	7.0	$ZnCO_3$	1.4×10^{-11}	10.8
CaF_2	2.7×10^{-11}	10.5	Hg_2I_2	4.5×10^{-29}	16.0	$Zn(OH)_2$	2.09×10^{-1}	15.6
$Ca(OH)_2$	5.5×10^{-6}	5.26	HgI_2	2.82×10^{-2}	8.70	$Zn_3(PO_4)_2$	9.0×10^{-33}	32.0
$Ca_3(PO_4)_2$	2.0×10^{-29}	28.7	HgS(黑)	1.6×10^{-52}	51.8	α-ZnS	1.6×10^{-24}	23.8

附录Ⅹ　主要基团的红外特征吸收频率

基团	振动类型	波数 /cm^{-1}	强度	备注
一、烷烃类	CH 伸缩	3000～2850	中、强	分为反称与对称伸缩
	CH 弯曲(面内)	1490～1350	中、弱	
	C—C 伸缩(骨架振动)	1250～1140	中、弱	不特征，异丙基及特丁基有
—CH_3	CH 伸缩(反称)	2962±10	强	分裂为三个峰，此峰最有用
	CH 伸缩(对称)	2872±10	强	可分裂为两个峰
	CH 弯曲(反称，面内)	1450±20	中	
	CH 弯曲(对称，面内)	1380～1365	强	
—CH_2	CH 伸缩(反称)	2926±10	强	
	CH 伸缩(对称)	2853±10	强	
	CH 弯曲(面内)	1465±20	中	
—CH—	CH 伸缩	2890±10	弱	
	CH 弯曲(面内)	～1340	弱	
二、烯烃类	CH 伸缩	3100～3000	中、弱	
	C═C 伸缩	1695～1630	变	
	CH 弯曲(面内)	1430～1290	中	
	CH 弯曲(面外)	1010～650	强	
＞C═C＜ (顺式)	CH 伸缩	3050～3000	中	
	CH 弯曲(面内)	1310～1295	中	
	CH 弯曲(面外)	730～650	强	
＞C═C＜ (反式)	CH 伸缩	3050～3000	中	
	CH 弯曲(面外)	980～965	强	
单取代 —CH═CH_2	CH 伸缩(反称)	3092～3077	中	
	CH 伸缩(对称)	3025～3012	中	
	CH 弯曲(面外)	995～985	强	
	CH_2 弯曲(面外)	910～905	强	
三、炔烃类	CH 伸缩	～3300	中	
	C≡C 伸缩	2270～2100	中	
	CH 弯曲(面外)	645～615	强	

续表

基团	振动类型	波数 /cm^{-1}	强度	备注
四、取代苯类	CH 伸缩	3100～3000	变	一般三四个峰，特征峰
	泛频峰	2000～1667	弱	
	骨架振动($\nu_{C=C}$)	1650～1430	中、强	确定苯环存在最重要峰之一
	CH 弯曲(面内)	1250～1000	弱	
	CH 弯曲(面外)	910～665	强	确定取代位置最重要吸收峰
	苯环的骨架振动($\nu_{C=C}$)	1600±20		共轭环
		1500±25		
		1580±10		
		1450±20		
单取代	CH 弯曲(面外)	770～730	极强	五个相邻氢
	C═C 弯曲	710～695	强	环变形振动
邻双取代	CH 弯曲(面外)	770～730	极强	四个相邻氢
	C═C 弯曲	730～690	弱	环变形振动
间双取代	CH 弯曲(面外)	810～750	极强	三个相邻氢
		900～860	中	一个氢(次要)
	C═C 弯曲	710～690	中	环变形振动
对双取代	CH 弯曲(面外)	860～800	极强	二个相邻氢
	C═C 弯曲	730～690	弱	环变形振动
五、醇与酚类	OH 伸缩	3700～3200	变	
	OH 弯曲(面内)	1410～1260	弱	
	C—O 伸缩	1260～1000	强	
	O—H 弯曲(面外)	750～650	强	液态有此峰
OH 伸缩频率				
游离 OH	OH 伸缩	3650～3590	强	锐峰
分子间氢键	OH 伸缩(二聚缔合)	～3500	强	钝峰　稀释移动*
分子间氢键	OH 伸缩(多聚缔合)	～3320	强	钝峰
OH 弯曲或 C—O 伸缩				
伯醇(饱和)	OH 弯曲(面内)	～1400	强	
	C—O 伸缩	1075～1000	强	
仲醇(饱和)	OH 弯曲(面内)	～1400	强	
	C—O 伸缩	1125～1000	强	
叔醇(饱和)	OH 弯曲(面内)	～1400	强	
	C—O 伸缩	1210～1100	强	
酚类(ϕOH)	OH 弯曲(面内)	1390～1330	中	
	ϕ-O 伸缩	1260～1180	强	ϕ-O 伸缩即芳环上 ν_{C-O}
六、醚类	C—O—C 伸缩	1270～1010	强	或标 C—O 伸缩(下同)
脂链醚				
饱和醚	C—O—C 伸缩	1150～1060	强	
不饱和醚	C—O—C 伸缩	1225～1200	强	
芳醚	═C—O—C 伸缩(反称)	1270～1230	强	氧与侧链碳相连的芳醚
(氧与芳环相连)	═C—O—C 伸缩(对称)	1050～1000	中	同脂醚
	CH 伸缩	～2825	弱	含—CH_3 的芳醚(O—CH_3)

续表

基团	振动类型	波数/cm^{-1}	强度	备注
七、醛类 (—CHO)	CH 伸缩	2850～2710	弱	一般为～2820 cm^{-1}及～2720 cm^{-1}两个谱带
	C═O 伸缩	1755～1665	很强	
	CH 弯曲(面外)	975～780	中	
饱和脂肪醛	C═O 伸缩	～1725	强	CH 伸缩、CH 弯曲同上
	C—C 伸缩	1440～1325	中	
α,β-不饱和醛	C═O 伸缩	～1685	强	CH 伸缩、CH 弯曲同上
芳醛	C═O 伸缩	～1695	强	CH 伸缩、CH 弯曲同上
	C—C 伸缩	1415～1350	中	
	C—C 伸缩	1320～1260	中	与芳环上的取代基有关
	C—C 伸缩	1230～1160	中	
八、酮类 (>C═O)	C═O 伸缩	1700～1630	极强	
	C—C 伸缩	1250～1030	弱	
	泛频	3510～3390	很弱	
脂酮				
饱和链状酮	C═O 伸缩	1725～1705	强	
α,β-不饱和酮	C═O 伸缩	1690～1675	强	共轭而降低 40 cm^{-1}
β-二酮(烯醇式)	C═O 伸缩	1640～1540	强	宽,共轭螯合作用,非正常
芳酮类	C═O 伸缩	1700～1630	强	很宽谱带可能是振动偶合
	C—C 伸缩	1325～1215	强	
九、羧酸类 (—COOH)	OH 伸缩	3400～2500	中	在稀溶液中,单体酸为锐峰在～3350 cm^{-1};二聚体为宽峰,以～3000 cm^{-1}为中心
	C═O 伸缩	1740～1600	强	
	OH 弯曲(面内)	～1430	弱	
	C—O 伸缩	～1300	中	
	OH 弯曲(面外)	950～900	弱	二聚体
脂肪酸				
R—COOH	C═O 伸缩	1725～1700	强	
α,β-不饱和酸	C═O 伸缩	1705～1690	强	
芳酸	C═O 伸缩	1700～1680	强	二聚体
	C═O 伸缩	1670～1650	强	分子内氢键
十、酸酐	C═O 伸缩(反称)	1850～1800	强	共轭时每个谱带降 20 cm^{-1}
链酸酐	C═O 伸缩(对称)	1780～1740	强	
环酸酐	C═O 伸缩(反称)	1870～1820	强	共轭时每个谱带降 20 cm^{-1}
(五元环)	C═O 伸缩(对称)	1800～1750	强	
十一、酯类 (—C—O—R)	C═O 伸缩(泛频)	～3450	弱	
	C═O 伸缩	1770～1720	强	多数酯
	C—O—C 伸缩	1280～1100	强	
C═O 伸缩振动				
正常饱和酯类	C═O 伸缩	1744～1739	强	
α,β-不饱和酯类	C═O 伸缩	～1720	强	

续表

基团	振动类型	波数/cm^{-1}	强度	备注
十二、胺	NH 伸缩	3500～3300	中	伯胺强，中；仲胺极弱
	NH 弯曲（面内）	1650～1550		
	C—N 伸缩	1340～1020	中	
	NH 弯曲（面外）	900～650	强	
伯胺类（$C-NH_2$ 及 ϕ-NH_2）	NH 伸缩（反称）	～3500	中	
	NH 伸缩（对称）	～3400	中	
	NH 弯曲（面内）	1650～1590	强、中	
	C—N 伸缩（芳香）	1340～1250	强	
	C—N 伸缩（脂肪）	1220～1020	中、弱	
仲胺类（C—NH—C）	NH 伸缩	3500～3300	中	一个峰
	NH 弯曲（面内）	1650～1550	极弱	
	C—N 伸缩（芳香）	1350～1280	强	
	C—N 伸缩（脂肪）	1220～1020	中、弱	
叔胺类（$C-N\langle$）	C—N 伸缩（芳香）	1360～1310	中	
	C—N 伸缩（脂肪）	1220～1020	中、弱	
十三、酰胺（脂肪与芳香酰胺数据类似）	NH 伸缩	3500～3100	强	伯酰胺双峰，仲酰胺单峰
	C═O 伸缩	1680～1630	强	谱带Ⅰ
	NH 弯曲（面内）	1640～1550	强	谱带Ⅱ
	C—N 伸缩	1420～1400	中	谱带Ⅲ
十四、不饱和含氮化合物				
脂肪族氰	C≡N 伸缩	2260～2240	强	
α,β-芳香氰	C≡N 伸缩	2240～2220	强	
α,β-不饱和脂肪族氰	C≡N 伸缩	2235～2215	强	
十五、硝基化合物				
$R-NO_2$	NO_2 伸缩（反称）	1590～1530	强	
	NO_2 伸缩（对称）	1390～1350	强中	
$Ar-NO_2$	NO_2 伸缩（反称）	1530～1510	强	
	NO_2 伸缩（对称）	1350～1330	强	

注："┄"线以上为主要相关峰出现区间，线下为具体基团主要振动形式出现的具体区间。

附录Ⅺ 质子化学位移简表

基团	化学位移/ppm	基团	化学位移/ppm
$(CH_3)_4Si$	0	CH_3O	3.3～4.0
R_2NH	0.4～5.0	RCH_2X(X=Cl,Br,OR)	3.4～3.8
ROH(单体,稀溶液)	0.5	ArOH(聚合的)	4.5～7.7
RNH_2	0.5～2.0	$H_2C{=}C$	4.6～7.7
CH_3C	0.7～1.3	$RCH{=}CR_2$	5.0～6.0
$HCCNR_2$	1.0～1.8	$HNC{=}O$	5.5～8.5
CH_3CX(X=F,Cl,Br,I,OH,OR,OAr,N,SH)	1.0～2.0	ArH	6.0～9.5
		RHN	7.1～7.7
RCH_2R	1.2～1.4	苯	7.27
$RCHR_2$	1.5～1.8	HCOO	8.0～8.2
$CH_3C{=}C$	1.6～1.9	ArHN	8.5～9.5
$CH_3C{=}O$	1.9～2.6	ArCHO	9.0～10.0
$HC{\equiv}C$	2.0～3.1	RCHO	9.4～10.0
CH_3Ar	2.1～2.5	RCOOH(二聚体,非极性溶剂)	9.7～12.2
CH_3S	2.1～2.8	ArOH(分子内氢键)	10.5～12.5
CH_3N	2.1～3.0	$—SO_3H$	11.0～13.0
ArSH	2.8～4.0	RCOOH(单体)	11.0～12.2
ROH(聚合的)	3.0～5.2	烯醇	15.0～16.0

注:R 表示 H 或饱和取代基; Ar 表示芳烃基。

附录Ⅻ 质谱中常见的中性碎片与碎片离子

附表Ⅻ-1 常见的由分子离子脱掉的碎片

离子	碎片	离子	碎片
M−1	H	M−33	HS,CH_3+H_2O
M−15	CH_3	M−34	H_2S
M−16	O,NH_2	M−41	C_3H_5
M−17	OH,NH_3	M−42	CH_2CO,C_3H_6
M−18	H_2O	M−43	C_3H_7,CH_3CO
M−19	F	M−44	CO_2,C_3H_8
M−20	HF	M−45	COOH,OC_2H_5,CH_3CHOH
M−26	C_2H_2,$C{\equiv}N$	M−46	C_2H_5OH,NO_2
M−27	HCN,$CH_2{=}CH$	M−48	SO
M−28	CO,C_2H_4	M−55	C_4H_7
M−29	CHO,C_2H_5	M−56	C_4H_8,2CO
M−30	C_2H_6,CH_2O,NO	M−57	C_4H_9,C_2H_5CO
M−31	OCH_3,CH_2OH	M−58	C_4H_{10}
M−32	CH_3OH,S	M−60	CH_3COOH

附表Ⅻ-2　常见的碎片离子

m/z	组成或结构
15	$CH_3^{+\cdot}$
18	$H_2O^{+\cdot}$
26	$C_2H_2^{+\cdot}$
27	$C_2H_3^+$
28	$CO^{+\cdot}$，$C_2H_4^{+\cdot}$，$N_2^{+\cdot}$
29	CHO^+，$C_2H_5^+$
30	$CH_2=\overset{+}{N}H_2$
31	$CH_2=\overset{+}{O}$，CH_3O^+
36/38(3∶1)	$HCl^{+\cdot}$
39	$C_3H_3^+$
40	$C_3H_4^{+\cdot}$
41	$C_3H_5^+$
42	$C_2H_2O^{+\cdot}$，$C_3H_6^{+\cdot}$
43	CH_3CO^+，$C_3H_7^+$
44	$C_2H_6N^+$，$O=C=\overset{+}{C}NH_2$ $CO_2^{+\cdot}$、$C_3H_8^{+\cdot}$、$CH_2=CH(OH)^{+\cdot}$
45	$CH_2=\overset{+}{O}CH_3$，$CH_3CH=\overset{+}{O}H$
47	$CH_2=\overset{+}{S}H$
49/51(3∶1)	CH_2Cl^+
50	$C_4H_2^{+\cdot}$
51	$C_4H_3^+$
55	$C_4H_7^+$
80	$C_5H_6N^+$
81	$C_5H_5O^+$
83/85/87(9∶6∶1)	$HCCl_2^+$
85	$C_6H_{13}^+$，$C_4H_9CO^+$ 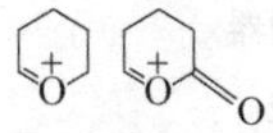
86	$CH_2=(OH)C_5H_7^+$ $C_4H_9CH=\overset{+}{N}H_2$
87	$CH_2=CH-C(=\overset{+}{O}H)-OCH_3$
91	$C_7H_7^+$
92	$C_7H_8^{+\cdot}$，$C_6H_6N^+$
91/93(3∶1)	
93/95(1∶1)	CH_2Br^+
94	$C_6H_6O^+$
95	$C_5H_5S^+$
97	$C_5H_5S^+$，$C_7H_{13}^+$
99	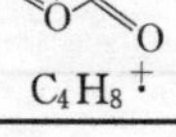
56	$C_4H_8^{+\cdot}$
57	$C_4H_9^+$，$C_2H_5CO^+$
58	$C_3H_8N^+$，$CH_2=C(OH)CH_3^{+\cdot}$
59	$COOCH_3^+$，$CH_2=C(OH)NH_2^{+\cdot}$ $C_2H_5CH=\overset{+}{O}H$，$CH_2=\overset{+}{O}-C_2H_5$
60	$CH_2=C(OH)OH^{+\cdot}$
61	$CH_3C(OH)=OH^+$，$CH_2CH_2SH^+$
65	$C_5H_5^+$
66	$H_2S_2^{+\cdot}$
68	$CH_2CH_2CH_2CN^+$
69	CF_3^+，$C_5H_9^+$
70	$C_5H_{10}^{+\cdot}$
71	$C_5H_{11}^+$，$C_3H_7CO^+$
72	$CH_2=C(OH)C_2H_5^{+\cdot}$
73	$C_3H_7CH=\overset{+}{N}H_2$ 及异构体 $C_5H_9O^+$，$COOC_2H_5^+$，$(CH_3)_3Si^+$
74	$CH_2\equiv C(OH)OCH_3^{+\cdot}$
75	$C_2H_5\overset{+}{C}(OH)_2$
77	$C_6H_5^+$
78	$C_6H_6^{+\cdot}$
79	$C_6H_7^+$
79/81(1∶1)	Br^+
80/82(1∶1)	$HBr^{+\cdot}$
105	$C_6H_5CO^+$，$C_8H_9^+$
106	$C_7H_8N^+$
107	$C_7H_7O^+$
107/109(1∶1)	$C_2H_4Br^+$
111	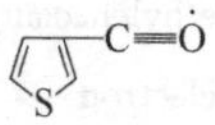
121	$C_8H_9O^+$
122	C_6H_5COOH
123	$C_6H_5COOH_2^+$
127	I^+
128	$HI^{+\cdot}$
130	$C_9H_8^+N^+$
135/137(1∶1)	
141	CH_2I^+
147	$(CH_3)_2Si=\overset{+}{O}-Si(CH_3)_3$
160	$C_{10}H_{10}NO^+$
190	$C_{11}H_{12}NO_2^+$

符号及缩写

符号	英文	中文
A	absorbance	吸光度
	area	面积
AAS	atomic absorption spectroscopy	原子吸收分光光度法
A_r	relative atomic mass	相对原子质量
A. R.	analytical reagent	分析纯试剂
a	acid	酸
a	activity	活度
[B]	equilibrium concentration of substance B	物质 B 的平衡浓度
b	base	碱
CE	capillary electrophoresis	毛细管电泳
c_B	analytical concentration of substance B	物质 B 的分析浓度
CV	coefficient of variation	变异系数(相对标准偏差,RSD)
D	1. distribution ratio	分配比
	2. diffusion coefficient	扩散系数
d	1. diameter	直径
	2. mean deviation	平均偏差
E	1. extraction rate	萃取率
	2. electro motive force	电动势
	3. absorptivity	吸光系数
EBT	eriochrome black T	铬黑 T
ECD	electron capture detector	电子俘获检测器
EDTA	ethylenediamine tetraacetic acid	乙二胺四乙酸
e	electron	电子
ep	end point	终点
F	1. fluorescence intensity	荧光强度
	2. stoichiometric factor	化学因数(换算因数)
FID	flame-ionization detector	氢火焰离子化检测器
f	1. degree of freedom	自由度
	2. activity coefficient	活度系数
f_s	symmetry factor	对称因子
GC	gas chromatography	气相色谱法
G. R.	guaranteed reagent	保证(纯)试剂
H	1. plate height	理论塔板高度
	2. magnetic field	磁场强度
HPLC	high-performance liquid chromatography	高效液相色谱法

续表

符号	英文	中文
I	1. ionic strength	离子强度
	2. electric current	电流
IEC	ion exchange chromatography	离子交换色谱
In	indicator	指示剂
ISE	ion selective electrode	离子选择电极
K	equilibrium constant	平衡常数
K'	1. conditional equilibrium constant	条件平衡常数
	2. conditional stability constant	条件稳定常数
K_a	acid dissociation constant	酸离解常数
K_{sp}	solubility product	溶度积常数
K_t	titration constant	滴定常数
$K_{x,y}$	potentiometric selectivity coefficient	电位选择性系数
$K_{稳}$	formation constant	络合稳定常数
k	capacity factor	保留因子
log	logarithm	对数
M	molar mass	摩尔质量
MS	mass spectrometry	质谱
m_B	mass of substance B	物质 B 的质量
mol	mole	摩尔
m/z	mass-to-charge ratio	质荷比
NMR	nuclear magnetic resonance	核磁共振
n	1. amount of substance	物质的量
	2. sample capacity	样本容量
N	theoretical plate	理论塔板数
Ox	oxidation state	氧化态
P	1. probability	概率
	2. confidence level	置信水平
RAD	relative average deviation	相对平均偏差
Red	reduced state	还原态
RSD	relative standard deviation	相对标准偏差
S	1. sample weight	试样质量
	2. standard deviation	标准偏差
	3. solubility	溶解度
	4. transformation coefficient	转换系数
sp	stoichiometric point	化学计量点
T	1. thermodynamic temperature	热力学温度
	2. transmittance	透光率

续表

符号	英文	中文
TCD	thermal conductivity detector	热导池检测器
TE	error of titration end	滴定终点误差
TISAB	total ion strength adjustment buffer	总离子强度调节剂
t	1. time	时间
	2. student's t-distribution	t 分布
t_R	retention time	保留时间
UV-vis	ultraviolet and visible spectrophotometry	紫外-可见分光光度法
u	linear velocity	线速度
V	volt	伏特
V	volume	体积
W	peak width	峰宽
$W_{1/2}$	peak width at half height	半峰宽
w	mass fraction	质量分数
XO	xylenol orange	二甲酚橙
$\bar{x}$	mean (average)	平均值
α	1. side reaction coefficient	副反应系数
	2. buffer capacity	缓冲容量
	3. significance level	显著性水平
β	cumulative stability constant	累积稳定常数
γ	1. correlation coefficient	相关系数
	2. magnetic ratio	磁旋比
δ	1. distribution fraction	分布系数
	2. population mean deviation	总体平均偏差
	3. chemical shift	化学位移
ε	molar absorption absorptivity	摩尔吸收系数
λ	wavelength	波长
μ	population mean	总体均值
σ	1. population standard deviation	总体标准偏差
	2. shielding constant	屏蔽常数
	3. wavenumber	波数
τ_f	fluorescence lifetime	荧光寿命
φ	fluorescence efficiency	荧光效率
$\varphi^{\ominus}$	standard electrode potential	标准电极电势
$\varphi^{\ominus'}$	conditional electrode potential	条件电位